常用办公软件
快速入门与提高

Office 2019

办公应用入门与提高

耿文红 王敏 姚亭秀◎编著

清华大学出版社

北京

内 容 简 介

全书分为 20 章，全面、详细地介绍了 Office 2019 中文版的特点、功能、使用方法和技巧。具体内容有：Microsoft Office 2019 概述，Office 2019 的基本设置，Word 2019 的基本操作，文本输入与编辑，格式化文本，表格与图文混排，文档排版技术，Excel 2019 的基本操作，数据录入与编辑，创建个性化表格，运用公式与函数，数据管理与分析，使用图表展示数据，打印与共享工作表，PowerPoint 的基本操作，加工处理文本，设计演示文稿，图形和图表的应用，制作动态幻灯片，演示、共享与发布等。

本书实例丰富，内容翔实，操作方法简单易学，不仅适合对动画制作感兴趣的初、中级读者学习使用，也可供从事相关工作的专业人士参考。

本书以二维码形式，附赠书中所有实例源文件以及实例操作过程录屏动画，供读者在学习中使用。

图书在版编目（CIP）数据

Office 2019 办公应用入门与提高 / 耿文红，王敏，姚亭秀编著 . — 北京 : 清华大学出版社，2021.1
（常用办公软件快速入门与提高）

ISBN 978 - 7 - 302 - 56260 - 3

Ⅰ . ① O… Ⅱ . ①耿… ②王… ③姚… Ⅲ . ①办公自动化 – 应用软件 Ⅳ . ① TP317.1

中国版本图书馆 CIP 数据核字（2020）第 152861 号

责任编辑：秦 娜 赵从棉
封面设计：李召霞
责任校对：赵丽敏
责任印制：宋 林

出版发行：清华大学出版社

网 址：http://www.tup.com.cn，http://www.wpbook.com
地 址：北京清华大学学研大厦 A 座 邮 编：100084
社 总 机：010-62770175 邮 购：010-62786544
投稿与读者服务：010-62776969，c-service@tup.tsinghua.edu.cn
质量反馈：010-62772015，zhiliang@tup.tsinghua.edu.cn

印 装 者：三河市铭诚印务有限公司
经 销：全国新华书店
开 本：210mm×285mm 印 张：40 字 数：1235 千字
版 次：2021 年 1 月第 1 版 印 次：2021 年 1 月第 1 次印刷
定 价：129.80 元

产品编号：074409-01

Microsoft Office 2019 是一套功能强大的办公应用程序，完美匹配 Windows 10 操作系统，用户可以在计算机和各类移动 PC 上获得完全相同的体验。

Microsoft Office 2019 专业版包含文字处理软件 Word ⬛、电子表格软件 Excel ⬛、演示文稿制作软件 PowerPoint ⬛、数据库软件 Access ⬛、笔记本软件 OneNote ⬛、个人信息管理程序和电子邮件通信软件 Outlook ⬛、桌面出版应用软件 Publisher ⬛和商务视频电话软件 Skype for Business ⑤八个应用组件，涵盖了绝大部分基础的日常办公工作。

本书以由浅入深、循序渐进的方式展开讲解，分别讲解了 Word、Excel 和 PowerPoint 这三个最重要的 Office 软件分支。从基础的安装知识到实际办公运用，以合理的结构和经典的范例对最基本和实用的功能都进行了详细的介绍，具有极高的实用价值。通过本书的学习，读者不仅可以掌握 Office 2019 的基础知识，还可以掌握一些 Office 2019 在办公应用方面的技巧，提高日常工作效率。

一、本书特点

☑ 实用性强

本书的编者都是在高校从事计算机辅助设计教学研究多年的一线人员，具有丰富的教学实践经验与教材编写经验，有一些执笔者是国内 Office 图书出版界知名的作者，已出版的一些相关书籍经过市场检验很受读者欢迎。多年的教学工作使他们能够准确地把握学生的心理与实际需求。本书是编者总结多年的设计经验以及教学的心得体会，历时多年的精心准备编写而成的，力求全面、细致地展现 Office 软件在办公应用领域的各种功能和使用方法。

☑ 实例丰富

本书的实例不管是数量还是种类都非常丰富。从数量上说，本书结合大量的办公应用实例，详细讲解 Office 的知识要点，让读者在学习案例的过程中潜移默化地掌握 Office 软件的操作技巧。

☑ 突出提升技能

本书从全面提升 Office 2019 实际应用能力的角度出发，结合大量的案例来讲解如何利用 Office 2019 软件进行日常办公，从而使读者了解 Office 2019，并能够独立地完成各种办公应用。

本书中有很多实例本身就是办公应用案例，经过作者精心提炼和改编，不仅可以保证读者能够学好知识点，更重要的是能够帮助读者掌握实际的操作技能，同时培养办公应用的实践能力。

二、本书的基本内容

全书分为 20 章，全面、详细地介绍 Office 2019 中文版的特点、功能、使用方法和技巧。具体内容有：Microsoft Office 2019 概述，Office 2019 的基本设置，Word 2019 的基本操作，文本输入与编辑，格式化文本，表格与图文混排，文档排版技术，Excel 2019 的基本操作，数据录入与编辑，创建个性化表格，运用公式与函数，数据管理与分析，使用图表展示数据，打印与共享工作表，PowerPoint 的基本操作，加工处理文本，设计演示文稿，图形和图表的应用，制作动态幻灯片，演示、共享与发布等。

三、关于本书的服务

☑ 本书的技术问题或有关本书信息的发布

读者如遇到与本书有关的技术问题，可以登录网站 www.sjzswsw.com 或将问题发到邮箱 win760520@126.com，我们将及时回复。欢迎加入图书学习交流群（QQ：361890823）交流探讨。

0-1 源文件

☑ 安装软件的获取

按照本书上的实例进行操作练习，以及使用 Office 2019 时，需要事先在计算机上安装相应的软件。读者可从网络中下载相应软件，或者从软件经销商处购买。QQ 交流群也会提供下载地址和安装方法的教学视频，有需要的读者可以关注。

☑ 电子资料

本书通过扫描二维码下载的方式提供了极为丰富的学习配套资源，包括所有实例源文件及相关资源以及实例操作过程录屏动画，供读者学习中使用。

四、关于作者

本书主要由河北省石家庄市高级技工学校的耿文红老师、河北省农业农村厅的王敏老师以及北京市第八十中学的姚亭秀老师编写，其中耿文红执笔编写了第 1~7 章，王敏执笔编写了第 8~14 章，姚亭秀编写了第 15~20 章。本书的编写和出版得到胡仁喜、刘昌丽、康士廷、闫聪聪、杨雪静、孟培、张亭、解江坤、井晓翠等的大力支持，值此图书出版发行之际，向他们表示衷心的感谢。同时，也深深感谢支持和关心本书出版的所有朋友。

书中主要内容来自作者几年来使用 Office 的经验总结，也有部分内容取自国内外有关文献资料。虽然笔者几易其稿，但由于时间仓促，加之水平有限，书中纰漏与失误在所难免，恳请广大读者批评指正。

作　者
2020 年 9 月

目 录

二维码目录

第 1 章

Microsoft Office 2019概述

本章导读

　　Microsoft Office 2019 是 Office 办公自动化套件最新发布的版本，仅能在 Windows 10 操作系统上运行。其完整套装包含 Word、Excel、PowerPoint、Outlook、OneNote、Access、Publisher 和 Skype for Business 等组件。使用 Office 2019 可以轻松实现办公自动化。

学习要点

- ❖ Microsoft Office 2019 简介
- ❖ 安装与卸载
- ❖ Office 2019 的新增功能
- ❖ 启动与退出 Office 组件
- ❖ 使用 Office 2019 的帮助

1.1 Microsoft Office 2019 简介

Microsoft Office 2019 是一套功能强大的办公应用程序，完美匹配 Windows 10 操作系统，用户可以在计算机和各类移动 PC 上获得完全相同的体验。Microsoft 公司提供了 Office 365 订阅版本和 Office 套装版本。Office 365 订阅版本包含 Microsoft Office 的使用权限及一些云端服务，只在订阅期内有效；Office 2019 的套装版本包括家庭学生版、小型企业版和专业版。不同版本中包含的 Office 程序组件也不同，本书主要介绍 Microsoft Office 2019 专业版。

Microsoft Office 2019 专业版包含文字处理软件 Word [W]、电子表格软件 Excel [X]、演示文稿制作软件 PowerPoint [P]、数据库软件 Access [A]、笔记本软件 OneNote [N]、个人信息管理程序和电子邮件通信软件 Outlook [O]、桌面出版应用软件 Publisher [A] 和商务视频电话软件 Skype for Business [S] 八个应用组件，涵盖了绝大部分基础的日常办公工作。

Office 2019 的各个组件有风格类似的用户界面，共享一般的命令、对话框和操作步骤，用户可以非常方便地熟练掌握各个组件的使用方法。此外，各组件之间可以协同工作。

1. 文字处理软件 Word

Microsoft Word 2019 是目前使用非常广泛的一种文档编辑工具，主要用于创建和编辑具有专业外观的文档，如信函、论文、报告、简历和书刊等，能满足绝大部分日常办公的需求。

2. 电子表格软件 Excel

Microsoft Excel 2019 是一种数据处理应用程序，能以电子表格的形式完成各种计算、分析和管理性工作，广泛地应用于管理、统计、财经、金融等众多领域。

3. 演示文稿制作软件 PowerPoint

Microsoft PowerPoint 能够制作集文字、图形、图像、声音以及视频剪辑等多媒体元素于一体的，具有极强的表现力和感染力的演示文稿，广泛地应用于演讲、产品演示、广告宣传、专家报告和教师教学等。

4. 数据库软件 Access

Microsoft Access 2019 是一个用于创建数据库以跟踪、管理数据信息的办公自动化处理系统，可以与 Word、Excel 等办公软件进行数据交换和互访，即使用户不懂深层次的数据库知识，也能用简便的方式创建、跟踪、报告和共享数据信息。

5. 电子邮件通信软件 Outlook

Microsoft Outlook 不仅仅是简单的 Email 客户端，还可以帮助用户更好地管理个人和商务信息，以及进行分组安排、管理日程，与其他 Office 程序进行信息共享，并从 Outlook 内部浏览和查找 Office 文件等。

6. 桌面出版应用软件 Publisher

Microsoft Publisher 包含创建和发布用于桌面打印、商业打印、电子邮件分发或在 Web 中查看的各种出版物所需的所有工具。同时集成了很多系统默认的设计模板，并增加了文件发布格式，能够提供比 Word 更加强大的页面掌控能力。

7. 商务视频电话软件 Skype for Business

Skype for Business 支持随时随地与参加会议和通话的人员联系。它支持即时消息、音频和视频呼叫、丰富的在线会议和一系列 Web 会议功能。

8. 笔记本软件 OneNote

OneNote 拥有自由且成体系的笔记系统，Office 2019 中的 OneNote 在技术上完全是一个新的

OneNote 版本，这个名为 OneNote for Windows 10 的新版本包括 Ink-to-Text 支持，这意味着手写文字将变为输入文本，以及更好地在连接设备之间进行同步。

本书将针对 Microsoft Office 2019 中常用的三大组件——Word、Excel、PowerPoint 进行详细介绍。

1.2 安装与卸载

相比于 Office 2016 及之前的版本，Office 2019 的安装条件和方法有了一些变化。

1.2.1 注意事项与配置要求

- ❖ 只能在 Windows 10 上安装，不支持 Windows 7 或 Windows 8.1。
- ❖ 不再提供 Windows Installer（MSI）的安装方法，使用从 Microsoft 下载中心免费下载的 Office 部署工具（ODT）执行配置和安装。
- ❖ 使用 Office 部署工具直接从 Office 内容交付网络（CDN）下载安装文件。
- ❖ 默认安装 Office 2019 的所有应用程序。
- ❖ 默认安装在系统盘，且不能更改安装位置。

在 Windows 10 上安装 Office 2019 所需的电脑配置如下。

- ❖ 操作系统：Windows 10 SAC 或 Windows 10 LTSC 2019。
- ❖ 处理器：1.6 GHz 或更快的 x86 或 x64 位处理器，2 核。
- ❖ 内存：2 GB RAM（32 位）；4 GB RAM（64 位）。
- ❖ 硬盘：4.0 GB 可用磁盘空间。
- ❖ 显示器：图形硬件加速需要 DirectX 9 或更高版本，且具有 WDDM 2.0 或更高版本，1280 × 768 屏幕分辨率。
- ❖ 浏览器：Microsoft Edge，Microsoft Internet Explorer 11，Win 10 版 Mozilla Firefox、Apple Safari 或 Google Chrome。
- ❖ .NET 版本：部分功能可能要求安装 .NET 3.5、4.6 或更高版本。
- ❖ 多点触控：需要支持触摸的设备才能使用多点触控功能。但始终可以通过键盘、鼠标或其他标准输入设备或可访问的输入设备使用所有功能。
- ❖ 其他要求和注意事项：某些功能因系统配置而异。某些功能可能需要其他硬件或高级硬件，或者需要连接服务器。

1.2.2 安装 Microsoft Office 2019

本节以安装 Microsoft Office 专业增强版 2019 为例，简要介绍在 Windows 10 操作系统中安装 Microsoft Office 2019 的操作步骤。

（1）进入 Microsoft 下载中心免费下载 Office 部署工具（ODT），它是一个以 exe 为后缀的可执行文件。

（2）双击下载的 exe 可执行文件，弹出如图 1-1 所示的许可协议对话框。

（3）选中对话框底部的复选框，然后单击右下角的 Continue 按钮，弹出"浏览文件夹"对话框，用于解压文件，如图 1-2 所示。

（4）选中存放解压文件的文件夹，建议新建一个文件夹，用于放置 ODT 的解压文件。单击"确定"按钮开始解压文件。完成后，弹出如图 1-3 所示的提示对话框。单击"确定"按钮关闭对话框。

下载的文件是一个自解压的压缩文件，运行后解压出一个 setup.exe 文件和 3 个示例配置文件，如图 1-4 所示。

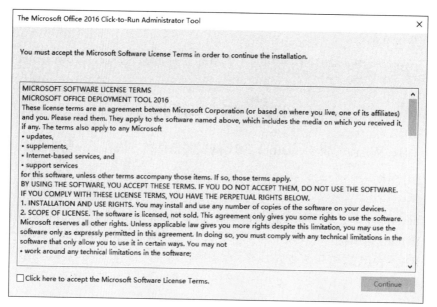

图1-1　许可协议对话框

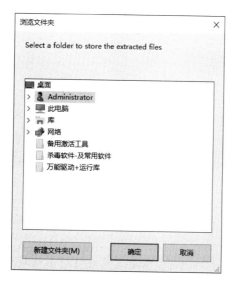

图1-2　"浏览文件夹"对话框

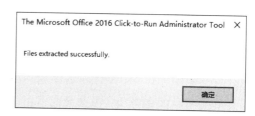

图1-3　提示对话框

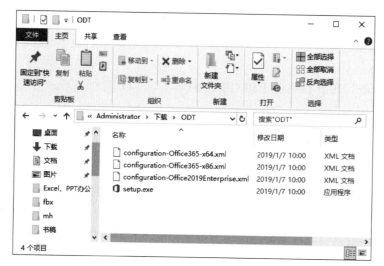

图1-4　解压的文件列表

其中，setup.exe 文件是 ODT，并且支持下载和安装 Office 2019 命令行工具。3 个配置文件是部署 Office 的示例文件，可以使用任何文本编辑器进行编辑。

接下来修改 xml 文件，配置 ODT 下载或安装 64 位 Office 专业增强版 2019 时使用的设置。

（5）使用记事本打开一个适用于 Office 2019 的 xml 文件，如图 1-5 所示。

图 1-5　打开 xml 文件

提示：　　　在安装批量许可版本的 Office 2019 之前，建议卸载所有早期版本的 Office。配置文件中的 RemoveMSI 可用于卸载使用 Windows Installer（MSI）安装的 2010 版、2013 版或 2016 版的 Office、Visio 或 Project。Office 2019 专业增强版涵盖了 Office 的大部分组件，但是不包括 Visio 2019 和 Project 2019，这两个组件要单独安装。如果不希望安装 2019 版的 Visio 和 Project，可将相应的代码删除。

（6）将语言版本 "en-us" 修改为 "zh-cn"，即修改为简体中文，然后将文件重命名为方便记忆的名称（例如 configuration.xml）。

接下来可以启用命令行窗口执行下载和安装命令。一个更简单的方法是分别创建下载和安装的批处理文件，双击即可运行相应的命令。

（7）新建一个文本文件，输入命令 "setup.exe /download configuration.xml"，如图 1-6 所示，然后保存为批处理文件 download.bat。该文件用于下载安装文件。

（8）新建一个文本文件，输入命令 "setup.exe /configure configuration.xml"，如图 1-7 所示，然后保存为批处理文件 install.bat。该文件用于安装下载的程序。

图 1-6　创建批处理文件

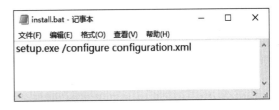

图 1-7　创建批处理文件

（9）双击批处理文件 download.bat，打开命令行窗口执行相应的命令，如图 1-8 所示。此时开始下载安装文件。

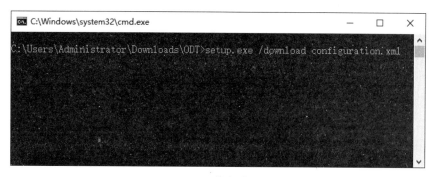

图 1-8　执行命令

下载完成后，命令行窗口自动关闭。此时，在指定的文件夹中可以看到新增了一个名为 Office 的文件夹。

（10）双击批处理文件 install.bat，打开命令行窗口执行相应的命令，即开始安装程序。

（11）安装完成后，启动 Office 2019 的一个组件。单击"文件"选项卡中的"帐户"命令，输入产品密钥进行激活。例如，激活后的 Word"帐户"任务窗格如图 1-9 所示。

图 1-9　激活产品

1.2.3　卸载 Microsoft Office 2019

（1）双击桌面上的"控制面板"快捷方式，打开控制面板，如图 1-10 所示。

（2）在控制面板中单击"程序"图标右侧的"卸载程序"，弹出"程序和功能"对话框。

（3）在对话框右侧的程序列表中选择"Microsoft Office 专业增强版 2019"，然后右击，在弹出的快捷菜单中单击"卸载"命令，如图 1-11 所示。

图 1-10　控制面板

图 1-11　卸载 Office 2019

1.3　Office 2019 的新增功能

1. 在线图标库

Office 2019 的在线图标库含有内容丰富、分类齐全的 SVG 图标，如图 1-12 所示。用户可以轻松地将可缩放矢量图形（SVG）插入 Word、Excel、Outlook 和 PowerPoint 中

2. 改进墨迹书写

墨迹书写功能常常用于智能手机，微软公司在 Office 2019 中也新增了墨迹效果，铅笔样式如图 1-13 所示。可以使用多种预置笔刷和自定义笔刷在 Word、Excel 和 PowerPoint 中随意书写，且画出来的图案

可以直接转换为图形，以便后期编辑使用。

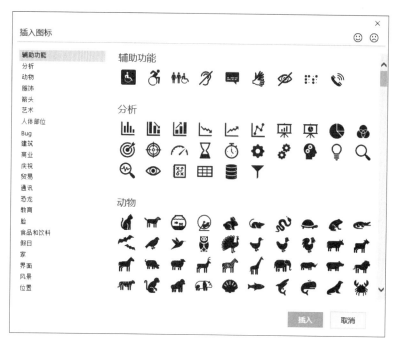

图 1-12　SVG 图标

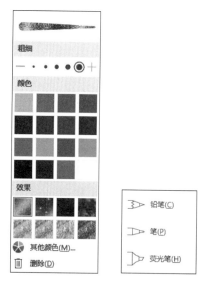

图 1-13　新增墨迹效果及铅笔样式

3. 新增 3D 模型

在 Office 2019 中，PowerPoint、Word、Excel 三大组件新增"3D 模型"工具，支持插入多种格式的 3D 模型。对于插入的 3D 模型，可以使用鼠标任意改变其大小及角度。

4. 全新"横向"翻页

Word 2019 为提高使用平板电脑或者轻薄本、超级本等设备的用户体验推出了全新的"横向"翻页模式，多页文档可以像书本一样横向叠放页面，并搭配有生动形象的翻页动画。

5. 沉浸式学习模式

为提高阅读的舒适度以及方便有阅读障碍的用户，Word 2019 的视图功能新增了"沉浸式学习"模式。

不仅能够通过调整页面色彩、文字间距、页面幅宽等使文件更易阅读，而且还融合了 Windows 10 的语音转换技术，由微软"讲述人"直接将文件内容朗读出来，大大提高了学习与阅读效率。

6. 新增多组新函数

Excel 2019 中新增了一些函数，比如多条件判断函数 IFS、多列合并函数 CONCAT 等，对于经常使用 Excel 表格办公的用户来说，将大大提高工作效率。

7. 多显示器显示优化

Office 2019 加入了多显示器显示优化功能，当用户使用不同分辨率的显示器时，使用多显示器显示优化功能，可以避免同一文档在不同显示器上出现显示效果出错的问题。

1.4　启动与退出 Office 组件

在使用 Office 2019 编辑文档之前，需要先了解如何启动与退出程序。本节以启动与退出 Word 2019 为例，介绍如何启动与退出 Office 2019 组件。其他组件如 Excel 和 PowerPoint 启动与退出的方法与此基本相同。

1.4.1　启动 Office 2019 组件

启动 Office 2019 组件有以下几种常用的方法。

- ❖ 从"开始"菜单栏启动：单击桌面左下角的"开始"按钮，在"开始"菜单中单击需要的应用程序图标。
- ❖ 从"开始"屏幕启动：在"开始"菜单栏中的应用程序图标上右击，在弹出的快捷菜单中选择将其固定到"开始"屏幕。然后在"开始"屏幕上单击对应的图标。
- ❖ 通过桌面快捷方式启动：在"开始"菜单中的应用程序图标上按下鼠标左键拖放到桌面上，即可在桌面上创建应用程序的快捷方式。然后双击桌面上的快捷图标。
- ❖ 通过任务栏启动：在"开始"菜单中的应用程序图标上按下鼠标左键拖放到任务栏上，即可在任务栏上添加应用程序图标。然后双击任务栏上的应用程序图标。
- ❖ 通过文件启动：双击指定应用程序生成的一个文件。例如，双击后缀名为 docx 的文件，可启动 Word 2019 应用程序，并打开该文件。

1.4.2　退出 Office 2019 组件

如果不再使用 Office 2019 的某个组件，可以退出该应用程序，以减少对系统内存的占用。退出 Office 2019 组件有以下几种常用的方法。

- ❖ 单击应用程序窗口右上角的"关闭"按钮 ✕。
- ❖ 右击标题栏，在弹出的快捷菜单中选择"关闭"命令。
- ❖ 在"文件"菜单选项卡中单击"关闭"命令。
- ❖ 右击桌面任务栏上的应用程序图标，在弹出的快捷菜单中选择"关闭窗口"命令。
- ❖ 单击应用程序的窗口，按 Alt+F4 组合键。

1.5　使用 Office 2019 的帮助

不熟悉 Office 2019 的用户在使用 Office 2019 过程中往往会遇到各种各样的问题，如找不到命令按钮的位置，不确定某个效果使用什么方法实现，或者不知道功能区中某个按钮的功能。此时，可以使用 Office 2019 的帮助服务查询遇到的问题。

Office 2019 提供了高效的帮助服务，用户可以在学习和使用软件的过程中随时对疑难问题进行查询，以快速了解各项功能和操作方式。

1.5.1 使用"帮助"面板

按 F1 键或者单击"帮助"菜单选项卡中的"帮助"按钮 ，可以打开"帮助"面板。如图 1-14 所示为 Word 2019 的"帮助"面板，用户可以在搜索框中输入想要执行的操作的字词和短语，也可以在窗口中选择常用的帮助选项。

单击"帮助"菜单选项卡中的"显示培训内容"按钮 ，也可以打开"帮助"面板，并以图标形式显示帮助主题，如图 1-15 所示。单击其中的一个主题，可以显示相关的帮助内容。

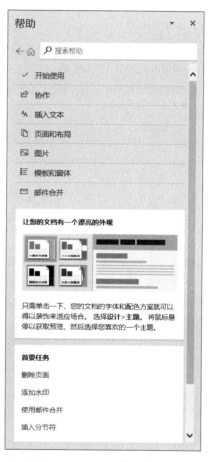

图 1-14　Word 2019 的"帮助"面板

图 1-15　Word 2019 的培训内容窗口

1.5.2 使用操作说明搜索框

使用 Office 2019 功能区的操作说明搜索框，也可以查找有关内容的帮助。如果搜索框下拉列表中没有需要的帮助选项，可以在搜索框中自定义帮助内容获得相关的帮助，如图 1-16 所示。

单击最下方的"智能查找"选项，或在右键快捷菜单中选择"智能查找"命令，无须用户打开互联网浏览器或手动运行搜索引擎，即可自动启动微软的必应（Bing）搜索引擎在网络上查找指定的帮助信息。

图 1-16　Word 操作说明搜索框

从用户指南开始学习

如果希望快速开始 Office 2019 组件程序的学习，使用 Office 2019 组件内置的帮助文档模板是一个不错的开始。

（1）在 Office 2019 组件的"开始"和"新建"任务窗格的模板列表中，可以看到内置的帮助文档图标。如图 1-17 所示为 Word 2019 的帮助文档图标。

图 1-17　Word 2019 的帮助文档图标

（2）单击图标，在弹出的模板预览窗口中单击"创建"按钮，即可新建一个用户指南文档，且在文档编辑窗口右侧打开"帮助"面板，如图 1-18 所示。

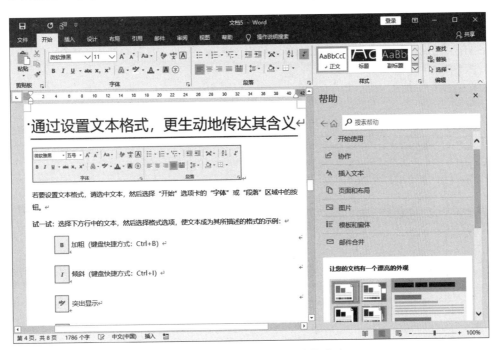

图 1-18　创建的 Word 用户指南

该文件与旧式的用户指南不同，不仅介绍了相应的办公软件的一些基础操作，还可以通过参阅文档中的红色文本"试一试"，进行相关的操作练习，以巩固对应的知识点。

答 疑 解 惑

1. 计算机的操作系统是 Windows 7 旗舰版，想试用 Office 2019 的一些新功能，能直接安装吗？

答：不能，Office 2019 只能在 Windows 10 上安装，不支持 Windows 7 或 Windows 8.1。

2. 计算机上已安装了 Office 2016，能直接再安装 Office 2019 吗？

答：不可以。在安装 Office 2019 之前，应先卸载 Office 2016，同时清除 Office 2016 的所有信息，包括证书、密钥。

学习效果自测

一、填空题

1. Office 2019 包括以下组件：字处理软件_____、_____、_____、_____、_____、_____、_____和_____。

2. Office 2019 的在线图标库中包含分类齐全的 SVG 图标，这些 SVG 图标是_____图，任意变形也不会损失图像质量。

3. 按_____键可以在文档编辑窗口右侧打开"帮助"面板，显示当前正在使用的应用程序的各种特定功能的帮助信息。

二、简答题

1. Office 2019 有哪些组件？分别用于哪些方面？

2. Office 2019 中有哪些新功能？

三、操作题

1. 使用多种方式启动和退出 Word 2019。

2. 分别使用操作说明搜索框和"帮助"面板获得 Office 帮助，查看 Office 2019 的新增功能。

第 2 章

Office 2019的基本设置

本章导读

　　Microsoft Office 2019 的各个组件具有风格相似的操作界面和配置方法。本章将简要介绍各个组件通用的界面定制方法，用户可以根据自己的喜好和工作习惯，修改应用程序的主题颜色，将常用的功能按钮添加到快速访问工具栏，或重新配置功能区。

学习要点

- ❖ 设置界面主题和状态栏
- ❖ 设置快速访问工具栏
- ❖ 配置功能区

2.1　设置界面主题和状态栏

Office 2019 界面的默认主题颜色是彩色，用户可以通过选项更改。此外，用户还可以根据工作需要设置状态栏上显示的信息。本节以 Word 2019 为例，介绍修改应用程序主题颜色，以及定制状态栏信息的操作方法。Excel 和 PowerPoint 中的操作与此类似。

2.1.1　设置界面主题颜色

在"文件"选项卡中单击"帐户"命令，在打开的"帐户"任务窗格中单击"Office 主题"右侧的下拉按钮，在展开的下拉列表框中选择需要的主题颜色，如图 2-1 所示。

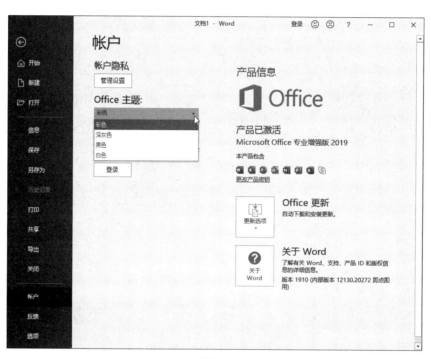

图 2-1　"帐户"任务窗格

此时返回到 Office 应用程序，即可看到应用指定主题颜色的界面效果。

提示：　在 Office 2019 中，只要修改了其中一个组件的界面主题颜色，其他的组件会随之自动改变。

此外，在"文件"选项卡中单击"选项"命令，在弹出的"Word 选项"对话框中也可以修改主题颜色。例如，在"Word 选项"对话框中切换到"常规"分类，然后单击"Office 主题"右侧的下拉按钮，在展开的下拉列表框中选择需要的颜色，如图 2-2 所示。

2.1.2　定制状态栏

状态栏是位于 Office 2019 应用程序窗口底部的信息栏，可以在文档编辑过程中显示多种信息。例如，Word 2019 的状态栏可统计当前文档的字数，显示当前文档的页数；Excel 的状态栏会显示选中的数据区域中数字的和；PowerPoint 的状态栏会显示当前幻灯片的编号和总张数。巧妙设置 Office 2019 状态栏，可以提高工作效率。

设置状态栏显示信息的具体操作步骤如下。

图 2-2　选择 Office 主题

（1）打开 Office 2019 应用程序窗口，在状态栏上右击显示快捷菜单。例如，Word 2019 的快捷菜单如图 2-3 所示。

图 2-3　Word 2019 的"自定义状态栏"快捷菜单

（2）根据需要选中或取消选中要显示或隐藏的项目。左侧显示有 ✔ 的项目会显示在状态栏中，否则暂时隐藏。

（3）单击快捷菜单之外的位置，即可关闭快捷菜单。

2.2 设置快速访问工具栏

快速访问工具栏位于程序主界面标题栏的左侧区域，其中放置了几个最常用的操作按钮。用户可以根据需要自定义快速访问工具栏。本节以 Word 2019 为例介绍自定义快速访问工具栏的方法。

2.2.1 增删快捷按钮

快速访问工具栏可以承载 Office 2019 所有的操作命令和按钮。用户可以将需要的按钮添加到快速访问工具栏中，也可以将不常用的按钮从快速访问工具栏中删除。

（1）打开应用程序窗口，单击快速访问工具栏右侧的"自定义快速访问工具栏"按钮，打开一个下拉菜单，如图 2-4 所示。

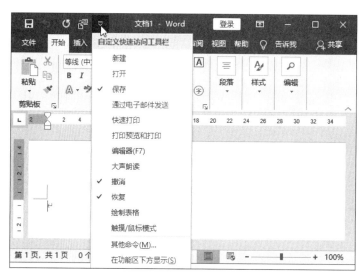

图 2-4 Word 2019 的"自定义快速访问工具栏"下拉菜单

（2）在下拉列表框中选中需要添加到快速访问工具栏中的命令选项，即可将选择的按钮添加到快速访问工具栏中；取消选中某个命令选项，可将对应的按钮从快速访问工具栏中删除。

例如，添加"大声朗读"按钮的快速访问工具栏如图 2-5 所示。

右击要删除的按钮，在弹出的快捷菜单中选择"从快速访问工具栏删除"命令，也可以删除快捷按钮。

如果图 2-4 所示的下拉列表框中没有需要添加的按钮，可以在菜单功能区中找到需要的按钮，然后右击，在弹出的快捷菜单中选择"添加到快速访问工具栏"命令，如图 2-6 所示。

图 2-5 添加效果　　　　　　　　　　　图 2-6 使用快捷菜单添加按钮

提示:　　　如果要把某个功能组中的全部按钮添加到快速访问工具栏中,可以右击该功能组的空白位置,然后在弹出的快捷菜单中选择"添加到快速访问工具栏"命令。

2.2.2　批量增删快捷按钮

如果需要增加/删除多个命令,一个个增加/删除就显得比较麻烦了。Office 2019提供了在快速访问工具栏中批量增加//删除多个按钮的方法。

(1)单击快速访问工具栏右侧的"自定义快速访问工具栏"按钮 ,在弹出的下拉菜单中选择"其他命令"选项,打开对应的选项对话框。

(2)单击左侧窗格中的"快速访问工具栏",在"从下列位置选择命令"下拉列表框中选择需要添加的命令所在的选项卡,然后在下方的命令列表框中选择需要的命令,如图2-7所示。

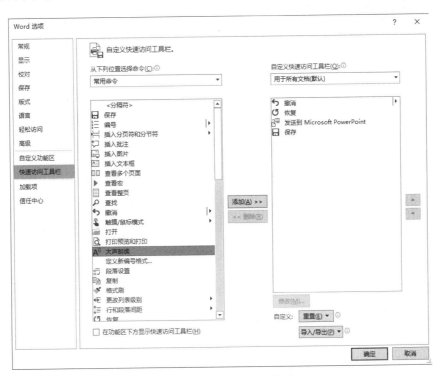

图2-7　"Word选项"对话框

(3)单击"添加"按钮,即可将该命令添加到"自定义快速访问工具栏"下拉列表框中。如果需要同时删除多个快捷按钮,则在"自定义快速访问工具栏"下拉列表框中选择不需要的按钮,然后单击"删除"按钮。

(4)添加或删除完成后单击"确定"按钮,即可在快速访问工具栏中添加或删除指定的按钮。

2.2.3　调整快捷按钮的顺序

快速访问工具栏中各个按钮的使用频率各不相同,用户可以根据工作需要,将经常要使用的按钮放在前面,方法如下。

(1)单击快速访问工具栏右侧的"自定义快速访问工具栏"按钮 ,在弹出的下拉菜单中选择"其他命令"选项,打开如图2-7所示的对话框。

(2)切换到"快速访问工具栏"分类,在"自定义快速访问工具栏"下拉列表框下方的列表框中选择要调整顺序的按钮,然后单击列表框右侧的"上移"按钮 或"下移" 按钮。

（3）完成设置后，单击"确定"按钮关闭对话框。

2.2.4 改变快速访问工具栏的位置

在 Office 2019 中，快速访问工具栏默认显示在应用程序窗口左上角，用户可以根据使用习惯，将快速访问工具栏移到功能区下方。

单击"自定义快速访问工具栏"按钮，在下拉列表框中选择"在功能区下方显示"选项，即可将快速访问工具栏移到功能区下方，如图 2-8 所示。

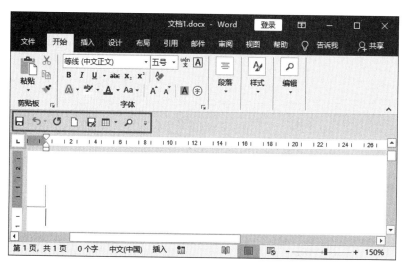

图 2-8　快速访问工具栏显示在功能区下方

如果要恢复默认的显示位置，单击"自定义快速访问工具栏"按钮，在下拉列表框中选择"在功能区上方显示"命令即可。

2.3　配置功能区

功能区位于标题栏的下方，包含了 Office 应用程序几乎所有的操作命令。用户可暂时隐藏功能区和工具提示信息，扩大文档编辑窗口，以便于查阅 Office 文档；也可以自定义功能区，增加或减少选项卡和功能组。

2.3.1 设置工具提示信息

Office 2019 提供了屏幕提示功能，将鼠标指针移到功能区的某个按钮上，可显示该按钮的名称、快捷键（如果有的话）和有关操作信息，如图 2-9 所示。如果不希望出现这样的提示，还可以将其隐藏。

（1）在"文件"选项卡中单击"选项"命令，打开对应的选项对话框。

（2）切换到"常规"分类，在"用户界面选项"区域单击"屏幕提示样式"右侧的下拉按钮，在弹出的下拉列表框中选择"不在屏幕提示中显示功能说明"选项，如图 2-10 所示。

（3）单击"确定"按钮关闭对话框，即可取消显示工具提示。

此时将鼠标指针移到功能区的按钮上时，只显示按钮名称和快捷键。

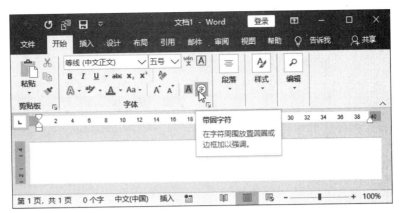

图 2-9 显示工具提示信息

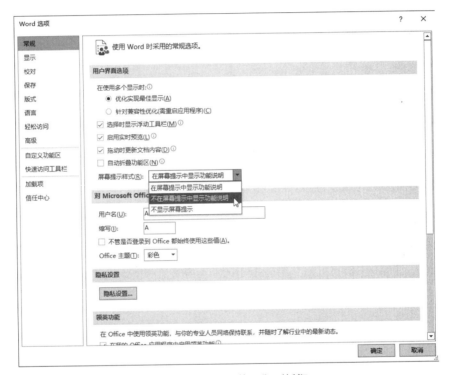

图 2-10 "Word 选项"对话框

2.3.2 自定义菜单功能区

为了提高工作效率,用户可以自定义菜单功能区,增加新的选项卡与功能组,或将常用的功能命令集中在一个选项卡或功能组中。

以 Word 2019 为例,要在功能区中添加或删除按钮,可以在"文件"选项卡中单击"选项"命令,打开"Word 选项"对话框。然后切换到如图 2-11 所示的"自定义功能区"分类中进行设置。

1. 添加 / 删除按钮

(1)在"自定义功能区"下拉列表框中选择要添加或删除按钮的选项卡类别。可以选择"主选项卡"或"工具选项卡"。

(2)在"自定义功能区"下拉列表框下方的选项卡列表框中单击选项卡左侧的"展开"按钮 ⊞ 展开选项卡,然后单击需要添加或删除按钮的功能组。

如果选中选项卡名称左侧的复选框,则对应的选项卡将显示在功能区,否则不显示。

图 2-11 "自定义功能区"选项

如果要删除某个命令，只需要展开对应的功能组以后，选中该按钮，然后单击"删除"按钮即可。选中功能组以后单击"删除"按钮，可以删除功能组中的所有按钮。

如果要在选项卡中添加按钮，可以执行以下操作。

（3）在"从下列位置选择命令"下拉列表框中选中对应的选项卡类别，然后在下方的列表框中展开按钮列表，选中要添加的按钮，再单击"添加"按钮，即可将指定的按钮添加到所选的选项卡功能组中。

例如，将"绘图"选项卡中的"重播"功能组中的所有命令添加到"开始"选项卡中，如图 2-12 所示。

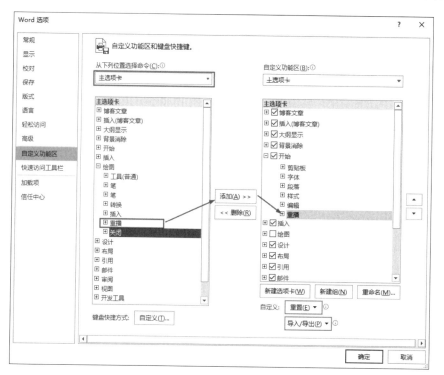

图 2-12 添加按钮到选项卡中

（4）设置完成后，单击"确定"按钮保存设置。

2. 自定义选项卡或功能组

在 Office 2019 中，用户还可以自定义选项卡和功能组。

（1）在"自定义功能区"下拉列表框中选中一个主选项卡，单击"新建选项卡"按钮，即可在选定的选项卡下方创建一个新的选项卡，其中默认包含一个自定义功能组，如图 2-13 所示。

图 2-13　新建选项卡

（2）选中新建的自定义选项卡，单击"重命名"按钮，在打开的"重命名"对话框中输入选项卡名称，如图 2-14 所示。然后单击"确定"按钮关闭对话框。

（3）在"新建组（自定义）"上右击弹出快捷菜单，如图 2-15 所示。单击"重命名"命令，在打开的"重命名"对话框中输入新建组的名称，如图 2-16 所示。然后单击"确定"按钮关闭对话框。

图 2-14　"重命名"对话框

图 2-15　快捷菜单

图 2-16　"重命名"对话框

（4）在自定义的功能组中添加命令。在"从下列位置选择命令"下拉列表框中选择"不在功能区中的命令"，然后在下方的列表框中选择需要的命令，单击"添加"按钮，即可将指定的命令添加到右侧的自定义功能组中，如图 2-17 所示。

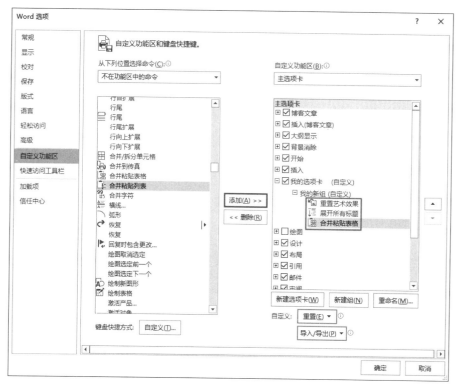

图 2-17　在新建的选项卡中添加命令

（5）如果要添加多个功能组，可单击"新建组"按钮，然后重复步骤（3）和步骤（4）添加按钮。

（6）完成设置后，单击"确定"按钮关闭对话框。此时返回应用程序，在菜单功能区即可看到新添加的选项卡和自定义的功能组。

如果要删除自定义的选项卡或功能组，只需要选择要删除的选项卡或功能组，然后右击，从弹出的快捷菜单中选择"删除"命令即可。

提示：
不能删除功能区中系统预置的功能组和按钮，只能删除自定义添加到功能区中的按钮。

2.3.3　隐藏或显示功能区

用户可根据需要暂时隐藏功能区，增大文档的显示空间。本节以 Word 2019 为例，简要介绍隐藏或显示功能区常用的几种方法。

1. 使用"功能区显示选项"按钮

单击标题栏右侧的"功能区显示选项"按钮，在如图 2-18 所示的下拉列表框中选择一种功能区的显示模式。

❖ 自动隐藏功能区：隐藏整个功能区，并自动最大化程序窗口，且在屏幕的右上角显示按钮。单击该按钮可临时显示功能区；单击文档内部将自动隐藏功能区。

❖ 显示选项卡：只显示选项卡名称，单击选项卡才显示其中的命令。

❖ 显示选项卡和命令：始终显示选项卡名称及其中的所有按钮。

图 2-18　"功能区显示选项"
下拉列表框

2. 使用右键菜单

右击功能区中的一个按钮或空白处，在弹出的快捷菜单中单击"折叠功

能区"命令,如图 2-19 所示,即可隐藏功能区,只显示选项卡的名称。

若要恢复显示功能区,可右击任意一个选项卡,在弹出的快捷菜单中选择"折叠功能区"命令。

图 2-19　快捷菜单

3. 使用快捷键

按快捷键 Ctrl+F1 或者单击功能区右下角的"折叠功能区"按钮 ⌃,可隐藏功能区,只显示选项卡的名称。

此时,单击任意一个选项卡,可临时显示选项卡中的按钮,且右下角显示一个图钉样的"固定功能区"按钮 ⌶,如图 2-20 所示。单击该按钮可始终显示按钮。

图 2-20　固定功能区

双击功能区的选项卡,也可恢复显示整个功能区。

答 疑 解 惑

1. 如何取消显示 Office 组件启动时的开始屏幕?

答:在"文件"选项卡中单击"选项"命令,打开对应的选项对话框。在"常规"分类的"启动选项"栏中,取消选中"此应用程序启动时显示开始屏幕"复选框,然后单击"确定"按钮。

2. 如何修改 Office 组件的主题颜色?

答:在"文件"选项卡中单击"选项"命令,打开对应的选项对话框。切换到"常规"分类,在"对 Microsoft Office 进行个性化设置"选项区域,单击"Office 主题"右侧的下拉按钮,在弹出的下拉列表框中选择主题颜色。

3. 怎样将 Word 功能区和快速访问工具栏快速恢复为默认设置?

答:在"文件"选项卡中单击"选项"命令打开"Word 选项"对话框。切换到"自定义功能区"或"自定义快速访问工具栏"分类,单击其中的"重置"下拉按钮,在下拉列表框中单击"重置所有自定义项"命令。然后在弹出的提示对话框中单击"是"按钮,即可将功能区和快速访问工具栏快速恢复为默认设置。

4. 如何显示或隐藏 Word 应用软件的屏幕提示?

答:在"文件"选项卡中单击"选项"命令,在弹出的"Word 选项"对话框中单击"常规"分类,在"用户界面选项"区域的"屏幕提示样式"下拉列表框中,选择所需的选项。

5. 如何快速最大化 Office 2019 组件中应用程序的窗口?

答:双击应用程序窗口的标题栏,即可快速地最大化窗口。

学习效果自测

一、选择题

1. Excel 2019 是(　　)软件。

A. 文字编辑　　　　B. 演示　　　　C. 操作系统　　　　D. 绘制表格

2. 下列方法不能启动 PowerPoint 2019 的是（　　）。
   A. 单击程序列表中的 PowerPoint 2019 图标   B. 单击 PowerPoint 桌面快捷方式
   C. 双击文件"新品发布 .pptx"   D. 单击快速启动栏上的 PowerPoint 图标

3. 如果在 Word 2019 中最小化文档窗口，则（　　）。
   A. 会将指定的文档关闭   B. 会关闭文档及其窗口
   C. 文档的窗口关闭   D. 窗口缩小到任务栏上显示

4. 下列关于快速访问工具栏的说法错误的是（　　）。
   A. 可以删除其中的工具按钮   B. 可以在其中添加工具按钮
   C. 不能移动位置   D. 可以调整其中的按钮的排列顺序

5. 下列不能隐藏功能区的操作是（　　）。
   A. 单击选项卡
   B. 双击选项卡
   C. 在功能区右击，在弹出的快捷菜单中选择"折叠功能区"命令
   D. 在标题栏上单击"功能区显示选项"按钮，在弹出的下拉菜单中选择"自动隐藏功能区"命令

二、操作题

1. 将 PowerPoint 应用程序的主题颜色修改为黑色。

2. 在 Word 2019 的状态栏上显示当前鼠标指针所在的行号。

3. 在 Excel 2019 的快速访问工具栏中添加"记录单"按钮。

第 3 章

Word 2019的基本操作

本章导读

作为一款专业的文字处理软件，Word 的操作对象为文档。在使用 Word 2019 编辑文档之前，需要掌握文档的一些基本操作，包括新建、保存、打开和关闭文档等。在编辑不同要求的文档时，还可以选择合适的视图模式以更好地完成编辑、排版工作。如果打开的文档过多，还可以利用多窗口功能对窗口进行拆分、并排查看、切换等操作。

学习要点

❖ 新建文档

❖ 打开和关闭文档

❖ 保存文档

❖ 切换文档视图

❖ 窗口操作

3.1 新 建 文 档

输入和编辑文本的操作都是在文档中进行的,因此要进行文本操作,首先要学会新建 Word 文档。新建文档包括新建一个空白文档和使用模板新建文档两种。

3.1.1 新建空白文档

空白文档是指文档中没有任何内容的文档。新建一个空白文档有如下几种常用的方法。

方法一:启动 Word 2019 后,在开始界面单击"空白文档"图标,如图 3-1 所示,即可新建一个名称类似于"文档 1"的空白文档。再次新建文档,系统会以"文档 2""文档 3"……的顺序对新文档命名。

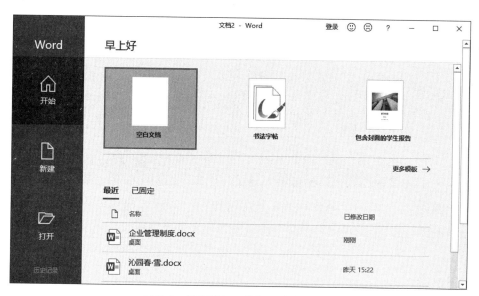

图 3-1 从开始界面选择"空白文档"

方法二:打开"文件"菜单,在"新建"任务窗格中单击"空白文档"图标,如图 3-2 所示,也可新建 Word 文档。

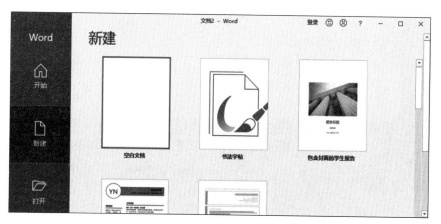

图 3-2 在"新建"任务窗格中新建空白文档

方法三:在桌面上右击,在弹出的快捷菜单中选择"新建"命令级联菜单中的"Microsoft Word 文档"选项,如图 3-3 所示。

图 3-3　通过快捷菜单新建 Word 文档

 提示:　　打开 Word 文档后，可以单击快速访问工具栏中的"新建"按钮▤，或直接按快捷键 Ctrl+N 创建新的空白文档。

新建的空白文档如图 3-4 所示。

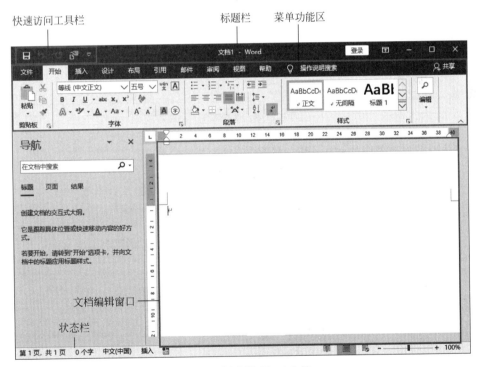

图 3-4　新建的 Word 文档

标题栏位于程序窗口的最上方，从左到右依次为快速访问工具栏 █ ⤺ ⟳ ▯ ▾ ，文档名称、应用程序名称和窗口控制按钮 ━ ▢ ✕ 。

菜单功能区包含 Word 2019 的 10 个基本的常用选项卡，每个选项卡以功能组的形式管理相应的按钮。

提示： 选项卡的大多数功能组右下角都有一个称为功能扩展按钮的小图标 □，将鼠标指针指向该按钮时，可以预览到对应的对话框或窗格；单击该按钮，可打开相对应的对话框或者窗格。

文档编辑区是输入文字、编辑文本和处理图片的工作区域。

状态栏位于窗口底部，用于显示当前文档的页数 / 总页数、字数、输入语言，以及输入状态等信息。右侧的视图切换按钮 ▤ ▤ ▤ 用于选择文档的视图方式；显示比例调节工具 ──────────── ＋ 100% 用于调整文档的显示比例。

3.1.2 使用模板创建文档

除了通用型的空白文档外，Word 还内置了多种文档模板，如新闻稿模板、报告模板等。另外，Office 网站也提供了丰富的特定功能模板。借助这些模板，用户可以创建比较专业的 Word 文档。

1. 套用内置模板

（1）启动 Word 2019，打开"文件"菜单，在"新建"任务窗格中可以选择内置的模板，如图 3-5 所示。

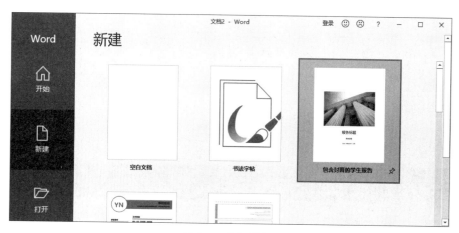

图 3-5　选择模板

（2）单击选择的模板，弹出如图 3-6 所示的预览窗口。

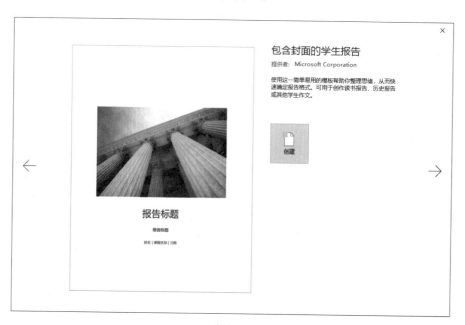

图 3-6　模板预览窗口

（3）单击"创建"按钮，即可套用模板生成一个文档，如图 3-7 所示。

2. 套用联机模板

如果对内置的模板不满意，可以搜索更多的 Office 联机模板。

（1）在"新建"任务窗格中的搜索框内输入搜索关键字（如"海报"），如图 3-8 所示。

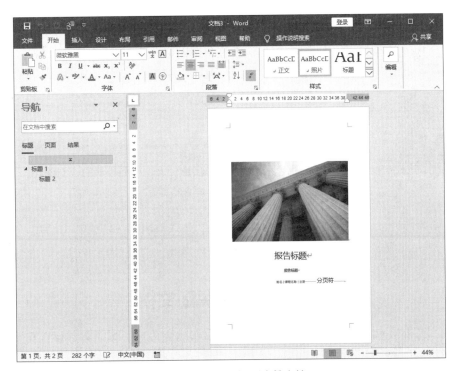

图 3-7　基于模板创建的文档

图 3-8　搜索"海报"

（2）单击搜索框右侧的"开始搜索"按钮 🔍，或直接按 Enter 键进行搜索。搜索完成，即可显示搜索结果，如图 3-9 所示。

提示：　在下载 Office 网站提供的模板时，Word 2019 会进行正版验证，非正版的 Word 2019 版本无法下载 Office Online 提供的模板。

图 3-9 "海报"的搜索结果

（3）单击需要的模板，在弹出的模板下载对话框中单击"创建"按钮，即可套用指定模板创建一个文档。

3.2 打开和关闭文档

如果要编辑计算机中已有的文档，首先要将其打开，编辑完成后，还需将其保存和关闭。

3.2.1 打开文档

1. 直接打开

对于已经存在的 Word 文档，常用的打开方式是进入该文档的存放路径，然后双击文档图标；或右击 Word 文档，在弹出的快捷菜单中选择"打开"命令。

2. 从启动界面打开

在启动 Word 2019 程序之后，"开始"任务窗格中会显示最近正在使用或者编辑过的文档，如图 3-10 所示。这些文档按时间顺序排列，单击需要的文档名称即可打开对应的文档。

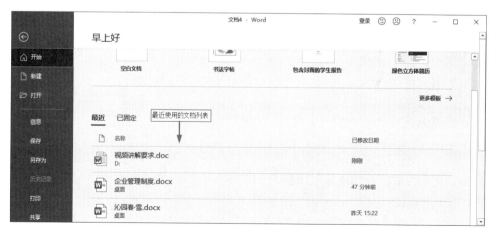

图 3-10 Word 2019 启动界面

3. 在"打开"任务窗格中打开

如果在启动界面没有找到需要打开的文档，还可以单击启动界面右下角的"更多文档"选项，在弹出的"打开"任务窗格中选择文档所在位置，如图 3-11 所示。

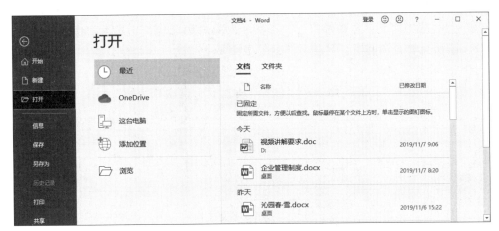

图 3-11 "打开"任务窗格

- ❖ 最近：在右侧窗格中列出的最近使用过的文档或文件夹中选择文件打开。
- ❖ OneDrive：打开存储到 OneDrive 中的文档。
- ❖ 这台电脑：在右侧窗格中显示的储存位置打开文件。
- ❖ 添加位置：在 Office 365 SharePoint 或 OneDrive 中选择需要的文档并打开。
- ❖ 浏览：在"打开"对话框中选择文件并打开。

提示： 如果要一次打开多个文档，可在"打开"对话框中单击一个文件名，按住 Ctrl 键后单击要打开的其他文件。如果要打开多个相邻的文件，可以按住 Shift 键后单击需要的最后一个文件。

单击"打开"下拉按钮，在如图 3-12 所示的下拉菜单中可以选择打开方式。

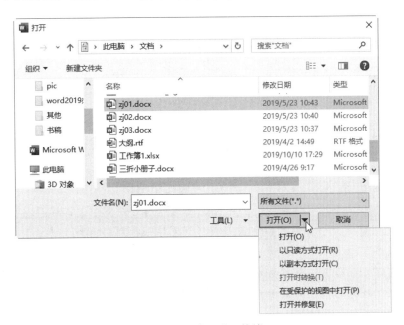

图 3-12 "打开"对话框

- ❖ 打开：以默认方式打开文档。

❖ 以只读方式打开：打开文档之后，只允许浏览阅读，打开的文档标题栏中会显示"只读"字样，禁止对文档进行修改。

❖ 以副本方式打开：自动生成并打开选定文档的一个副本。副本与原文档存放在相同路径下，删除修改内容不影响原文档。

❖ 在受保护的视图中打开：主要用于打开存在安全隐患的文档，在受保护视图模式下打开文档后，大多数编辑功能都将被禁用，功能区下方将显示警告信息。如果信任该文档并需要编辑，可单击"启用编辑"按钮获取编辑权限。

❖ 打开并修复：与直接打开文档相似，可以检测并尝试修复受损文档。

3.2.2 关闭文档

关闭不需要的文件既可节约一部分内存，也可以防止误操作。关闭文件有以下几种常用的方法。

❖ 在"文件"选项卡中单击"关闭"命令。

❖ 单击窗口右上角的"关闭"按钮 ✕。

❖ 右击标题栏，在弹出的快捷菜单中选择"关闭"命令。

❖ 右击桌面任务栏中的应用程序图标，在弹出的快捷菜单中选择"关闭窗口"命令。

❖ 按快捷键 Alt+F4。

关闭 Word 文档时，如果没有对文档进行保存，会弹出如图 3-13 所示的提示框，询问用户是否对文档所做的修改进行保存。

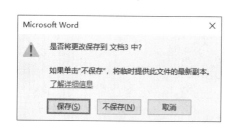

图 3-13 提示框

❖ "保存"按钮：保存当前文档后关闭该文档。

❖ "不保存"按钮：对当前文档不进行保存就直接关闭文档。

❖ "取消"按钮：关闭该提示框并返回文档。

3.3 保 存 文 档

在编辑文档时，及时保存文档是一个非常重要的习惯。文档只有经过保存才能存储到计算机硬盘或者云端，以便再次进行查看或者编辑。

3.3.1 保存新建的文档

在建立新文档时，Word 会自动赋予文档一个默认名称，例如"文档 1"。为便于查找和区分文档，建议在计算机的存储空间中为文档指定一个有意义的名称，也就是保存文档并重命名。

（1）在"文件"选项卡中选择"保存"命令，或者单击快速访问工具栏上的"保存"按钮 🔚，或直接按快捷键 Ctrl+S，切换到如图 3-14 所示的"另存为"任务窗格。

（2）选择保存文档的位置。

❖ 最近：在"另存为"任务窗格右侧列出的最近使用过的文件夹中选择保存路径。

❖ OneDrive：将新建的文档存储到 OneDrive 中。将文件保存到 OneDrive 后，可以与他人共享和协作，也可从其他设备（计算机、平板电脑或手机）访问文档。

❖ 这台电脑：在"另存为"任务窗格右侧显示的文件夹列表中选择文件的保存路径。

❖ 添加位置：在"另存为"任务窗格右侧选择将文档保存到 Office 365 SharePoint 或 OneDrive。

提示：　　Office 365 SharePoint 或 OneDrive 是微软提供的云存储服务，用户注册后可以获得免费的存储空间，用于保存文件，以便在多个设备上同时使用。

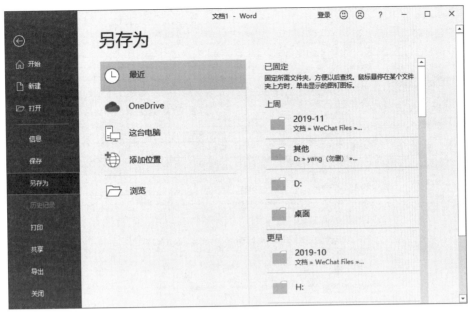

图 3-14 "另存为"任务窗格

❖ 浏览：单击该选项打开"另存为"对话框，设置保存路径、名称以及保存格式。

（3）设置文档的名称、保存格式以及保存路径以后，单击"另存为"对话框中的"保存"按钮，即可保存文档。

> **提示：** 如果在新建的 Word 文档的第一行输入了文字，在保存文档时，"文件名"将自动填充文档第一行的内容。

3.3.2 保存已经保存过的文档

如果对已经保存过的文档又进行了编辑和修改，保存文件时可以选择"文件"选项卡中的"保存"命令，或者单击快速访问工具栏上的"保存"按钮 📙，或直接按快捷键 Ctrl+S，在原有位置使用原来的名称和格式进行保存。

如果希望保存文档的同时保留修改之前的文档，可以在"文件"选项卡中选择"另存为"命令，然后在打开的对话框中修改保存路径或文件名称。

3.3.3 自动保存文档

如果在编辑过程中总是忘记保存文档，可以根据需要设置自动保存的格式、时间间隔和保存路径等。设置自动保存后，无论文档是否进行了编辑修改，系统都会根据设置的保存格式、保存时间间隔和保存路径自动进行文档保存。

（1）在"文件"选项卡中单击"选项"命令，打开"Word 选项"对话框。

（2）切换到"保存"分类，在"将文件保存为此格式"右侧的下拉列表框中指定文件自动保存的格式。

（3）在"保存自动恢复信息时间间隔"右侧的文本框中输入自动保存的时间间隔。

（4）在"自动恢复文件位置"文本框中指定自动恢复文件保存的位置，如图 3-15 所示。

（5）完成设置后，单击"确定"按钮关闭对话框。

> **提示：** 自动保存的时间间隔以 5~10 分钟为宜，若时间过长，则发生意外时不能及时保存文档内容；若时间过短，频繁保存会降低计算机的运行速度。设置自动保存时，建议用户新建一个用于存储自动恢复文档的专用文件夹，方便以后查找文件，不建议保存在系统安装盘。

图 3-15　设置自动保存

3.4　切换文档视图

文档视图指文档在屏幕中的显示方式，Word 2019 提供了五种视图模式，每种视图模式都有自身的特点，用户可以根据需要选择使用。

此外，Word 2019 新增了一种全新的阅读模式——沉浸式学习，使用沉浸式学习工具可以更方便地阅读，且不会影响文档原有的内容格式。

3.4.1　切换视图模式

默认情况下，Word 的视图模式为页面视图，用户可以根据实际操作需要，通过"视图"选项卡中的"视图"功能区或状态栏中的视图按钮来切换文档的视图模式，如图 3-16 和图 3-17 所示。

图 3-16　"视图"功能区

图 3-17　"视图"按钮

1. 页面视图模式

页面视图模式是 Word 文档默认的视图模式，是可以集浏览、编辑、排版为一体的视图模式，绝大多数的文档编辑操作都需要在此模式下进行。

在页面视图模式中显示的文档与打印效果一致，所见即所得，如图 3-18 所示。

2. 阅读视图模式

阅读视图模式是为了方便阅读、浏览文档而设计的视图模式，该模式最大的特点就是利用最大的空间、

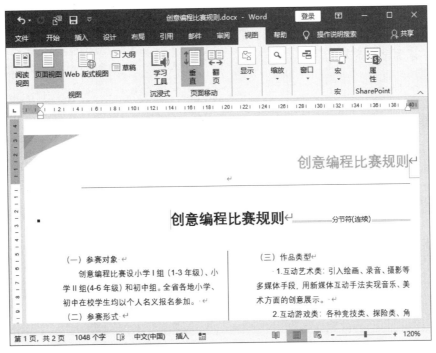

图 3-18　页面视图

最大限度地为用户提供优良的阅读体验。在阅读视图模式下，不能对文档内容进行编辑操作，从而避免因操作失误而改变文档内的内容。

　　在阅读视图模式下，Word 隐藏了诸如开始、插入、设计、布局等文档编辑选项卡及其功能区，仅仅提供了"文件""工具""视图"三个基本工具按钮，扩大了 Word 的显示区域，如图 3-19 所示。此外，在该视图模式下，对阅读功能进行了优化，单击页面左右两侧的◀箭头或▶箭头可以实现模拟书本阅读般的阅读体验。

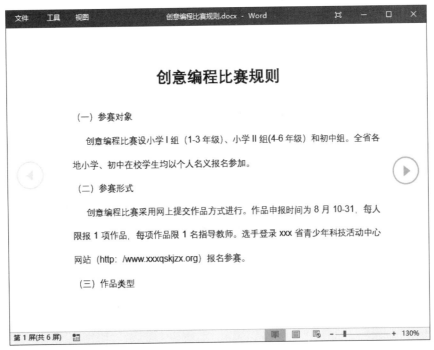

图 3-19　阅读视图模式

在阅读视图模式下，单击阅读工具栏上的"工具"按钮，利用如图3-20所示的下拉列表框中的命令选项，可以在文档中查找或翻译相关内容。单击"视图"按钮，在如图3-21所示的下拉列表框中可以设置视图的相关选项，如导航窗格、显示批注、页面颜色、布局等。

图 3-20 "工具"下拉列表框

图 3-21 "视图"下拉列表框

3. Web 版式视图模式

Web 版式视图模式是为浏览编辑网页类型的文档而设计的视图，可以直接查看文档在浏览器中显示的样子，如图 3-22 所示。在 Web 版式视图模式下，文档显示为一个不带分页符的长页面，不显示页眉、页码等信息。如果文档中含有超链接，超链接会显示为带下划线的文本。

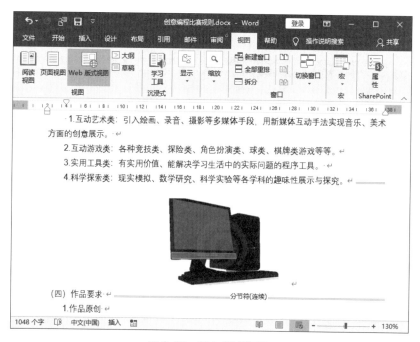

图 3-22 Web 版式视图

4. 大纲视图模式

大纲视图模式主要用于设置和显示文档标题的层级结构，如图 3-23 所示，并可以方便地折叠和展开各种层级的文档，广泛用于较长文档的快速浏览和设置。

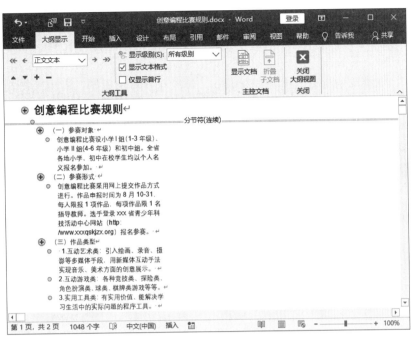

图 3-23　大纲视图模式

5. 草稿视图模式

草稿视图模式下仅显示标题和正文，取消了页面边距、分栏、页眉页脚等元素的显示。在草稿视图模式下，图片、自选图形以及艺术字等对象将以空白区域显示，页与页之间用虚线表示，如图 3-24 所示。

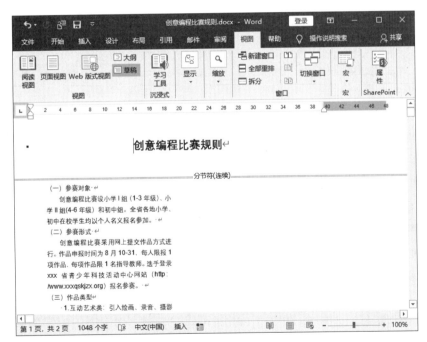

图 3-24　草稿视图模式

3.4.2　调整文档显示比例

在查看或编辑文档时，通过调整文档的显示比例可以放大或缩小文档。放大文档能够更方便地查看文档内容，缩小文档可以在一屏内显示更多内容。调整文档显示比例的操作方法有以下几种。

1. 通过"显示比例"对话框

（1）打开需要调整显示比例的文档,切换到"视图"选项卡,单击"显示比例"功能组中的"显示比例"按钮🔍,如图 3-25 所示。

（2）打开如图 3-26 所示的"显示比例"对话框,可以在"显示比例"栏中选择系统提供的比例,也可以在"百分比"微调框中自定义设置文档显示的比例。

❖ 页宽：文档将按照页面宽度进行缩放。

❖ 整页：文档窗口中一屏显示一整页的内容。

❖ 多页：文档窗口中同时排列显示所有页面。

> **提示：** 这里,"整页""多页"和"文字宽度"显示方式只有在页面视图模式下才可使用,其他视图模式下不可用。另外,这些设置项在功能区的"显示比例"功能组中都可以找到对应的按钮,可以直接使用。

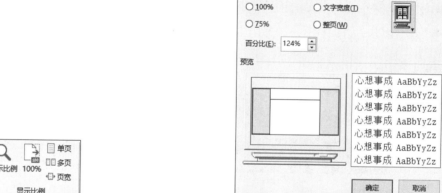

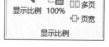

图 3-25　显示比例

图 3-26　"显示比例"对话框

（3）设置完后单击"确定"按钮,返回文档即可。

2. 通过状态栏

Word 程序窗口底部的状态栏右侧有一个滚动条,如图 3-27 所示。拖动滚动条上的滑块可以直接设置页面的显示比例；单击滑块左侧的"缩小"按钮➖,文档显示比例减小 10%；单击滑块右侧的"放大"按钮➕,显示比例增大 10%。

图 3-27　文档滚动条

此外,"放大"按钮右侧的数字表示文档内容当前的显示比例,单击它可以打开如图 3-26 所示的"显示比例"对话框。

3. 通过鼠标快捷键

按住 Ctrl 键的同时向上滑动鼠标中键,可放大显示比例；向下滑动中键,则缩小显示比例。

3.4.3　使用沉浸式学习工具

Word 2019 新增了沉浸式学习模式功能,能够通过调整页面色彩、文字间距、页面幅宽等,增强文件的可读性。这项功能还融合了 Windows 10 系统的语音转换技术，由微软"讲述人"直接将文件内容朗读出来，大大提高了学习与阅读效率，以及阅读的舒适度，方便了阅读有障碍的人。

在 Word 2019 文档窗口中，切换到"视图"选项卡，在"沉浸式"功能组中单击"学习工具"按钮，打开如图 3-28 所示的"沉浸式 / 学习工具"选项卡。

图 3-28　"沉浸式 / 学习工具"选项卡

- ❖ 列宽：用于调整文字内容占整体版面的范围，有"很窄""窄""适中""宽"四种列宽效果。
- ❖ 页面颜色：改变背景底色。
- ❖ 行焦点：突出显示文档中一定数量的行，以突出阅读焦点。
- ❖ 文字间距：增大单词、字符和行之间的距离。
- ❖ 音节 A·Z：在西文音节之间显示分隔符。
- ❖ 大声朗读：将文字内容转为语音朗读出来，并在朗读时突出显示文本。

3.5　窗　口　操　作

在用 Word 2019 编辑文档的时候，可能需要同时打开多个不同的文档，或是修改同一个文档的时候，需要上下文对应。此时来回切换会非常麻烦，利用多窗口操作可以提高编辑效率。

3.5.1　新建窗口

在编辑文档时，有时需要在文档的不同部分进行操作，如果通过定位文档或者用鼠标滚动文档的操作方法会比较麻烦。这时通过新建窗口，Word 会基于原文档内容创建一个或多个命名有些区别、内容完全相同的窗口，如图 3-29 所示。新建窗口后，标题栏中会用"：1、：2、：3…"之类的标号来区别新建的窗口。

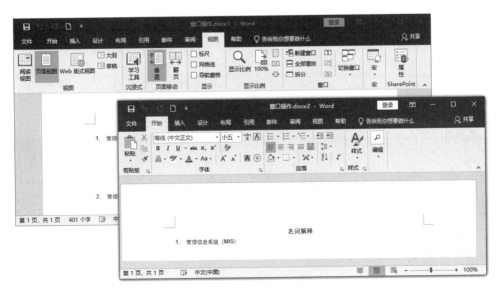

图 3-29　新建窗口

在任意一个窗口中进行操作,都会在其他文档窗口中同时显示,如图 3-30 所示。关闭新建的文档窗口,原文档名称自动恢复,同时保存所做的相关修改,如图 3-31 所示。

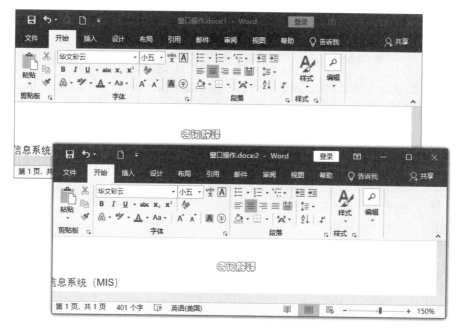

图 3-30 修改文档

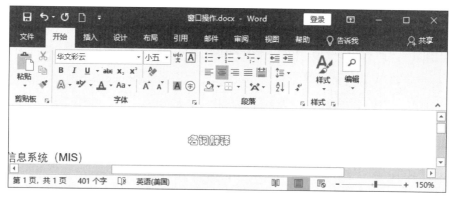

图 3-31 文档效果

3.5.2 拆分窗口

在进行 Word 文档处理时,常常需要查看同一文档中不同部分的内容。如果文档很长,且需要查看的内容又分别位于文档前后部分,采用反复拖动滚动条的方法将极大降低办公效率,此时拆分文档窗口是一个不错的解决办法。

所谓拆分窗口,是指将当前文档窗口分割为两个显示同一文档内容的独立窗口。由于它们都是同一窗口的子窗口,因此都是激活的,且都可以进行编辑。这种方法可以节省空间,并能迅速在文档的不同部分之间进行切换。

（1）打开需要拆分的 Word 2019 文档,在"视图"选项卡的"窗口"功能组中单击"拆分"按钮。

此时,文档中出现一条拆分线,文档窗口被拆分为上、下两个子窗口,可以分别拖动滚动条调整显示的内容,并进行编辑操作,如图 3-32 所示。

拖动窗格上的拆分线,可以调整两个窗口的大小。

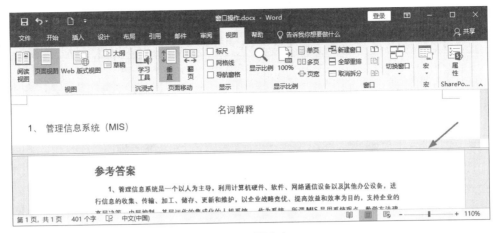

图 3-32　拆分窗口

（2）如果不再需要拆分显示窗口，在"窗口"功能组中单击"取消拆分"按钮即可。

取消拆分窗口之后，文档窗口将恢复成一个独立的窗口，在子窗口中对文档进行的编辑操作同步更新。

对比、编辑长文档

拆分文档窗口是将窗口拆分成两个部分，而不是将文档拆分为两个文档，在这两个窗口中对文档进行编辑处理都会对文档产生影响。因此，如果需要对比长文档前后的内容并进行编辑，可以拆分窗口后在一个窗口中查看文档内容，而在另一个窗口中对文档进行编辑。

同样，如果需要将文档的前段内容复制到相隔多个页面的某页面中，可以在一个窗口中显示复制文档的位置，在另一个窗口中显示粘贴文档的位置。

3.5.3　并排查看窗口

通过并排查看窗口功能，可以同时查看、比较两个文档。如果同时打开三个及以上文档，在并排查看时会要求选择一个并排比较的文档。

（1）打开要并排查看的多个 Word 文档，在其中一个文档窗口中切换到"视图"选项卡，然后在"窗口"功能组中单击"并排查看"按钮。

（2）在弹出的"并排比较"对话框中选择一个要并排比较的 Word 文档，如图 3-33 所示，单击"确定"按钮关闭对话框。

图 3-33　"并排比较"对话框

此时，两个文档会以并排的形式分布显示在屏幕中，方便对两个文档进行对比和查看，如图3-34所示。

图3-34　并排显示文档

默认情况下，并排查看两个Word文档时，使用滚轮可同步翻页，即滚动一个文档窗口时，用于对比的另一个窗口也同时滚动。如果不需要同时滚动两个文档，则单击"窗口"功能组中的"同步滚动"按钮，即可取消该按钮的选中状态。

3.5.4　多窗口切换

打开了多个文档时，用户通常会在任务栏中切换不同文档窗口。如果打开的文档过多，在任务栏中切换可能不太方便。使用Word 2019自带的"切换窗口"功能，可以便捷地在不同文档中进行切换。

在"视图"选项卡的"窗口"功能组中，单击"切换窗口"下拉按钮，在如图3-35所示的下拉列表框中列出了当前所有打开的Word文档列表。单击文档名称即可切换到对应的文档窗口。

图3-35　"切换窗口"下拉列表框

3.5.5　窗口重排

如果用户同时打开了多个Word文档进行编辑，利用窗口重排功能可同时显示所有的Word文档窗口，而不必反复切换窗口进行编辑。

在任意一个文档窗口中，单击"窗口"功能组中的"全部重排"按钮，即可将所有Word文档窗口进行重排，并显示在可视范围内，如图3-36所示。

此时，在需要的文档窗口中单击，即可激活指定窗口进行编辑。

提示： 　如果同时显示的文档窗口过多，每个文档所占的空间将会变小，从而影响操作。建议只重排显示2~3个文档窗口。

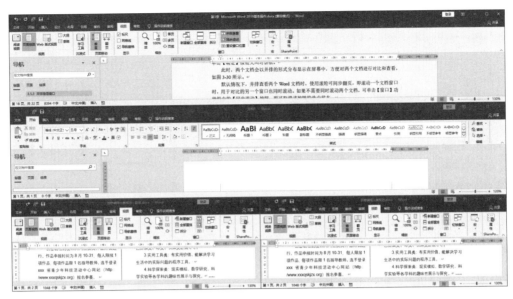

图 3-36　窗口重排效果

答 疑 解 惑

1. 在 Word 2019 中新建的文档默认保存为 docx 格式，如何更改文件保存的默认格式？

答：单击"文件"选项卡中的"选项"命令打开"Word 选项"对话框。切换到"保存"分类，在"保存文档"选项组中的"将文件保存为此格式"下拉列表框中选择要保存的格式。

2. 如何修改 Word 的主题颜色？

答：打开"Word 选项"对话框，在"常规"选项的"对 Microsoft Office 进行个性化设置"选项组中，单击"Office 主题"右侧的下拉按钮，在弹出的下拉列表框中可以选择 Word 的主题颜色。

3. 如何快速最大化 Word 窗口？

答：双击 Word 窗口的标题栏，即可快速最大化 Word 窗口。

4. 在 Word 2019 中，"保存"和"另存为"命令有什么区别？

答：对于新建的文档，"保存"和"另存为"命令的作用是相同的，都会弹出"另存为"对话框，可以选择保存的位置和名称等。

对于已经保存过的文档，两者则是有区别的。

（1）保存：不会弹出"另存为"对话框，只是对原来的文件进行覆盖。

（2）另存为：弹出"另存为"对话框，用于指定保存的位置和名称。如果不改变路径和名称，则会替换原文件；如果修改路径或名称，则不会影响文件的原件，而是保存一个全新的文件。

5. 如何快速调整 Word 页面的显示比例？

答：在 Word 文档中按下 Ctrl 键的同时滚动鼠标中键，即可放大或者缩小文档页面。

学习效果自测

一、选择题

1. 在 Word 窗口的状态栏中不能显示的信息是（　　　　）。

    A. 当前选中的字数　　　　　　　　　　　　B. 改写状态

    C. 当前页面中行数和列数　　　　　　　　　D. 当前编辑的文件名

2. 在"文件"选项卡中选择"打开"命令，则（　　　）。

    A. 打开的是 Word 文档　　　　　　　　　B. 只能一次打开一个 Word 文件

    C. 可以同时打开多个 Word 文件　　　　　D. 打开的是 Word 图表

3. 一个 Word 文档中既有文字又有图表，在快速访问工具栏上单击"保存"按钮，则（　　　）。

    A. 只保存其中的工作表　　　　　　　　　B. 文字和图表分别保存到两个文件中

    C. 只保存其中的图表　　　　　　　　　　D. 将文字和图表保存到一个文件中

4. 在新建的 Word 2019 文档中，按下（　　　）组合键可以打开"另存为"对话框对文档进行保存。

    A. Ctrl+A　　　　　　B. Shift+C　　　　　　C. Ctrl+S　　　　　　D. Shift+S

5. 新建一个 Word 2019 文档，文档名称自动显示为"文档 1"，在第一行输入文本"201908 会议记录摘要"后，如果使用默认名称保存文档，则该文档的文件名是（　　　）。

    A. 201908 会议记录摘要 .docx　　　　　　B. 文档 1.docx

    C. 会议记录摘要 .docx　　　　　　　　　D. 201908 文档 1.docx

二、填空题

1. Word 2019 提供了五种视图模式，分别是_____、_____、_____、_____和_____。

2. 使用"_____"选项卡"_____"功能组中的按钮可以调整页面的显示比例。如果单击_____按钮，则文档将按照页面宽度进行缩放；单击_____按钮，则文档窗口中将完整显示一个页面的内容。

3. 在编辑文档时，如果希望不需要来回滚动文档就能编辑文档的不同部分，可以在"窗口"选项卡中单击"_____"按钮，Word 将基于原文档内容创建一个或多个内容完全相同的窗口。

4. 通过_____窗口，可将当前文档窗口分割为两个独立的部分，不需进行屏幕切换，就可在文档的不同部分之间传递信息。

第 **4** 章

文本输入与编辑

本章导读

　　作为一款文字处理软件，Word 应用程序最强大、出色的功能是文本输入与编辑。本章将着重介绍使用 Word 输入文本与常用符号，对文本内容进行选择、复制、移动和删除等编辑操作，以及使用修订和批注功能对文本进行审阅的操作方法。熟练掌握这些操作，可以进行文字编辑、提升办公效率。

学习要点

- ❖ 输入文本与符号
- ❖ 编辑文本
- ❖ 修订和批注文档

4.1 输入文本与符号

无论多么复杂的文档，都是从输入文本开始的。掌握 Word 的输入方法，是编辑各种文档的基础和前提。

4.1.1 定位插入点

启动 Word 文档之后，在文档编辑区域不停闪烁的光标"|"为插入点，插入点所在的位置就是输入文本的位置。下面介绍定位插入点的方法。

1. 通过鼠标定位

Word 2019 默认启用"即点即输"功能，也就是说，在 Word 文档编辑窗口中的任意位置单击（如果在空白处，需双击），即可定位插入点。

2. 使用键盘定位

（1）按键盘上的方向键，光标将向相应的方向移动。

（2）按 Ctrl+"←"键或 Ctrl+"→"键，光标向左或右移动一个汉字或英文单词。

（3）按 Ctrl+"↑"键或 Ctrl+"↓"键，光标移至本段的开始或下一段的开始。

（4）按 Home 键，光标移至本行行首。按 Ctrl + Home 键，光标移至整篇文档的开头位置。

（5）按 End 键，光标移到本行行尾。按 Ctrl + End 键，光标移至整篇文档的开头位置。

（6）按 Page Up 键，光标上移一页。按 Page Down 键，光标下移一页。

4.1.2 设置输入模式

Word 中提供了两种文本输入模式：插入和改写。按键盘上的 Insert 键，或右击状态栏，在弹出的快捷菜单中选中"改写"或"插入"命令，可在两种模式之间进行切换。

1. 插入模式

该模式通常用于在文档中插入新的内容。在插入模式下，把插入点光标定位到需要插入文字的位置，输入文字时，输入位置后面的文本内容自动后移，为新字符提供空间。

如图 4-1 所示，光标插入点定位在"考核"前面，输入文本"年度"后，可以看到输入的文字直接插在了"考核"前面，后面的文本按顺序后移。

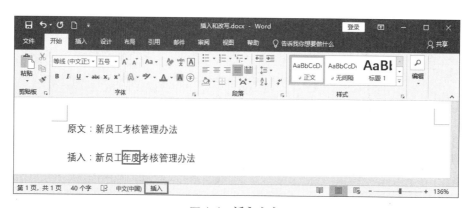

图 4-1　插入文字

2. 改写模式

这种模式通常用于删除文档中某些不满意的或者错误的文本。在改写模式下，将插入点光标放置到需要改写的文字前面，输入的文字将逐个替代其后的文字。

如图4-2所示，将光标插入点定位在"考核"前面，输入文本"年度"后会发现输入的文字"年度"替换掉了"考核"二字，而后面的文本位置却没有发生改变。

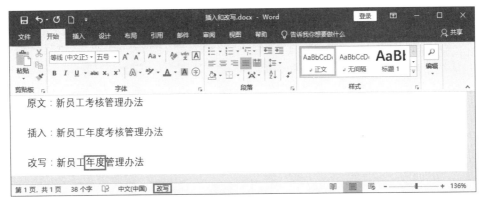

图4-2　改写文字

4.1.3　切换输入法

使用键盘或鼠标可以在中英文输入法之间灵活切换，并能随时更改英文的大小写状态。

使用键盘切换输入法常用的组合键如下。

❖ 中文输入法之间切换：Ctrl + Shift。

❖ 中英文间切换：Ctrl + Space（空格键）。

❖ 英文大小写切换：Caps Lock，或者在英文输入法小写状态下按住 Shift 键，可临时切换到大写（大写下可临时切换到小写）。

❖ 半角、全角的切换：Shift + Space。

除了键盘之外，还可以使用鼠标调用或切换中文输入法。单击任务栏中的输入法指示图标，弹出当前系统中安装的输入法列表。单击要使用的输入法，即可切换到该输入法状态，任务栏上的输入法指示器图标也随之发生相应的变化。

4.1.4　输入文字与标点

文字输入主要包括英文和中文输入。如果输入的文本满一行，Word 2019 将自动换行。如果不满一行就要开始新的段落，可以按 Enter 键换行，此时在上一段的段末会出现段落标记↵。

标点所在的按键通常显示有两个符号，上面的符号叫做上档字符，下面的叫做下档字符。下档符号直接按键输入，如逗号（，）、句号（。）和分号（；）。上档符号可以使用 Shift+ 符号键实现。例如，按住 Shift+ 冒号所在的符号键，可以输入一个冒号。

提示：　　　Word 提供了人工分行的功能，可以在段落的任何位置开始一个新行。只需将插入点置于想要开始的新行位置，按 Shift+Enter 键，Word 就会插入一个换行符，并把插入点移到下一行的开端。

输入日期和时间

在 Word 文档中输入当前系统日期的年份时，Word 会自动提醒用户按 Enter 键输入默认格式的完整日期，如图4-3所示，直接按 Enter 键就可输入。

此外，按快捷键 Alt + Shift + D 可快速插入系统当前日期；按 Alt + Shift + T 快捷键可插入系统当前时间。

如果要输入其他格式的当前日期，除了手动输入，还可以通过"日期和时间"对话框进行设置。

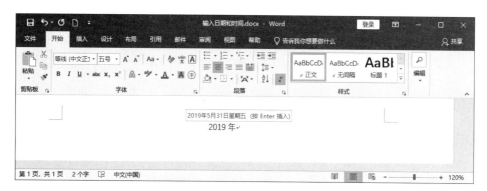

图 4-3   显示默认格式的日期

（1）将光标放置在文档中需要插入时间或日期的位置。

（2）在"插入"选项卡的"文本"功能组中，单击"日期和时间"按钮，弹出如图 4-4 所示的"日期和时间"对话框。

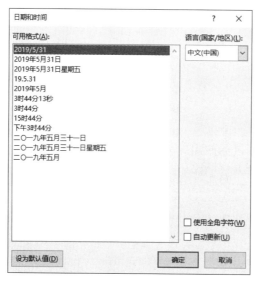

图 4-4   "日期和时间"对话框

❖ 可用格式（A）：在列表框中选择需要的日期和时间格式，单击即可应用。

❖ 语言（国家/地区）（L）：从下拉列表框中可以选择日期和时间的显示语言类型。

（3）设置完成后，单击"确定"按钮关闭对话框。

输入大写中文数字

工作中经常会遇到将阿拉伯数字转换成中文大写数字的情况，尤其是从事会计、审计、财务、出纳等工作的人员。除了使用汉字输入法一个一个输入以外，还可以使用 Word 提供的编号功能，实现阿拉伯数字与大写数字的一键转换，具体操作步骤如下。

（1）选中需要转换的数字，在"插入"选项卡的"符号"功能组中单击"编号"按钮。

（2）在弹出的"编号"对话框中，设置"编号类型"为大写数字格式，如图 4-5 所示。

（3）单击"确定"按钮关闭对话框，即可看到转换结果。

图 4-5   "编号"对话框

4.1.5   插入公式

Word 内置了一些常用的公式，用户可以直接选择使用，也可以自己定义内置中没有的公式。另外，在 Word 2019 中，可以用新增加的墨迹公式功能实现手写公式。

1. 内置公式

将插入点定位到需要插入公式的文档位置，在"插入"选项卡的"符号"功能组中单击"公式"按钮 π，即可弹出常用的公式下拉列表，如图 4-6 所示。例如单击"二项式定理"选项，就可以在定位点插入对应的公式。

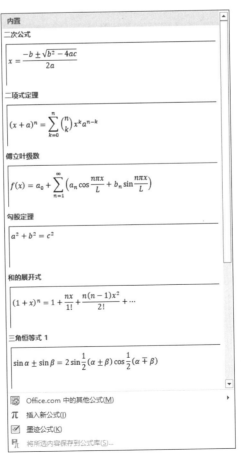

图 4-6   常用公式列表

选中插入的公式，在功能区会出现"公式工具 / 设计"选项卡，用户可以根据需要在公式编辑窗口中对公式进行数值的修改、替换，如图 4-7 所示。

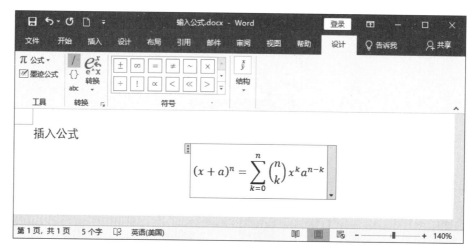

图 4-7　插入"二项式定理"

2. 自定义公式

如果公式下拉列表中没有所需的公式，用户可以根据自身需求自定义公式。具体操作方法如下。

（1）将插入点定位到需要插入公式的文档位置。

（2）在"插入"选项卡的"符号"功能组中单击"公式"按钮，在下拉列表框中选择"插入新公式"命令，则会在插入点位置弹出如图 4-8 所示的"在此处键入公式"控件。

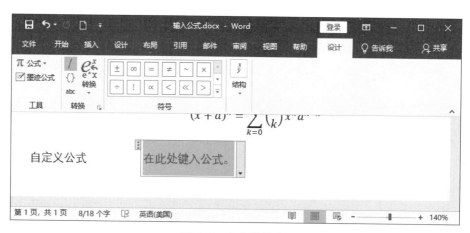

图 4-8　自定义公式

（3）在"公式工具 / 设计"选项卡的"结构"命令组中选择合适的公式结构，如单击选择一个名称为"下标 - 上标"的公式结构，如图 4-9 所示。

（4）在"公式工具 / 设计"选项卡的"符号"命令组中选择所需符号类型，就可以在"下标 - 上标"的公式结构占位符中输入相应的内容了，如图 4-10 所示。

3. 墨迹公式

"墨迹公式"是一种手写输入公式功能，可实现数学公式的手写识别，操作非常方便、快捷。

（1）将插入点定位到需要插入公式的位置。

（2）在"插入"选项卡的"符号"功能组中单击"公式"按钮 π，在下拉列表中选择"写入墨迹公式"选项，弹出如图 4-11 所示的"数学输入控件"对话框。

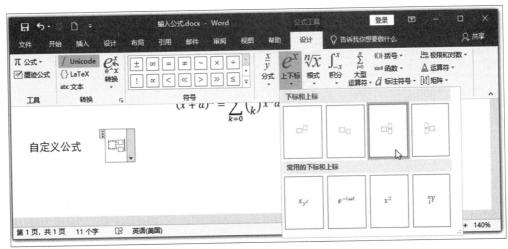

图 4-9　选择公式结构命令组

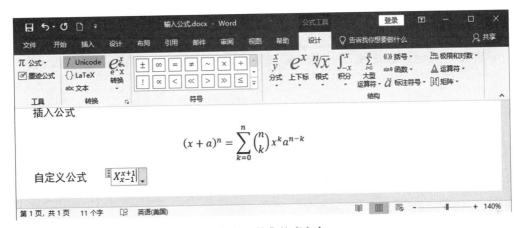

图 4-10　输入公式内容

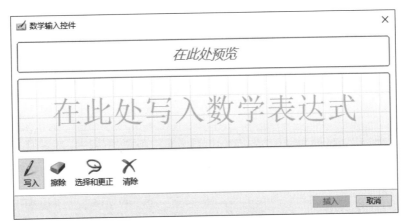

图 4-11　"数学输入控件"对话框

（3）按下鼠标左键拖动，在黄色区域中书写公式就可以了，如图 4-12 所示。

（4）完成输入后单击"写入"按钮，就可以看到刚才书写的公式已经转换成标准形式插入文档中了，如图 4-13 所示。

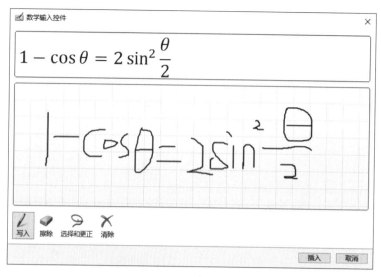

图 4-12　手写公式

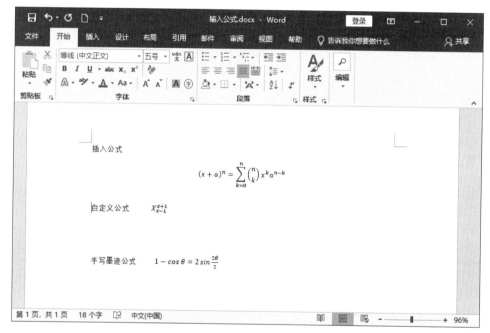

图 4-13　插入公式

提示:　　　用户不用担心自己的手写字母不好看，墨迹公式的识别能力是非常强的。不过书写的时候还是有些小技巧的，首先是识别错了之后不要着急改，继续写后面的，它会自动进行校正；如果实在较正不过来，可以选择"清除"图标工具进行擦除重写；还有一个办法，就是通过"选择和更正"工具选中识别错误的符号，将会弹出一个下拉菜单，从中选择正确的符号即可。

4.1.6　插入特殊符号

在日常文本输入过程中会经常用到符号，有些输入法也带有一定的特殊符号，除了直接使用键盘输入常用的基本符号之外，有时会用到键盘上不存在的符号，如☆、⊙、♀、♂等。Word 2019 的符号样式库提供了众多的符号供文档输入时使用，直接选择这些符号就能插入文档中。

（1）单击"插入"选项卡"符号"功能组中的"符号"命令下拉按钮Ω，弹出"符号"命令下拉列表框，可以看到一些常用的符号，如图 4-14 所示。单击需要的符号，即可将其插入 Word 2019 文档中。

（2）如果符号面板中没有需要的符号，则单击"其他符号（M）"选项，打开如图 4-15 所示的"符号"对话框。

图 4-14　选择符号

图 4-15　"符号"对话框

（3）在"符号（S）"选项卡中单击"字体（F）"右侧的下三角按钮，可以选择需要的一种符号的字体类型。

（4）在"子集（U）"下拉列表框中可以选择字符代码子集选项。

（5）选择需要的字符后，单击"插入"按钮。

知识拓展：

连字符和不间断空格

输入的文本到达行的末尾时，Word 会自动执行分行功能。有时会遇到在行的末尾输入一些比较特殊的、不太适合分两行显示的文本，如果进行人工分行，可能会使段落中的行参差不齐。这时可以插入连字符或不间断空格。

（1）在如图 4-15 所示的"符号"对话框中，切换到"特殊字符（P）"选项卡，如图 4-16 所示。

图 4-16　"特殊字符"选项卡

（2）选择需要的字符后，单击"插入"按钮。

当带有连字符的单词、数字或短语位于行尾时，使用不间断连字符"-"代替一般的连字符可以避免断字。例如，可以用"不间断连字符"避免电话号码"021-33786085"在行尾时被断开；使单词"good-bye"始终保持在同一行中。在键盘上按快捷键 Ctrl+Shift+"-"也可输入不间断连字符。

当单词或短语位于行尾时，使用可选连字符"¬"可以控制断字的具体位置。例如，当英文单词 misunderstand 位于行尾时，用可选连字符"¬"可以将整体单词断开为"mis-understand"，而不是"misunder-stand"。在键盘上按快捷键 Ctrl+"-"也可输入可选连字符。

Word 文档中含有可选连字符的英文单词如果没有处于行尾，则默认情况下不显示可选连字符。用户可以在"文件"菜单中单击"选项"选项，在弹出的"Word 选项"对话框的"显示"选项区中选中"可选连字符"复选框，设置成一直显示可选连字符。

使用不间断空格"。"代替普通空格，可以将连续的几个单词看作是一个整体，而不再把它们分开，使该词组保持在同一行文字中。例如，在缩写的称呼和姓名"Mr. Wang"之间使用不间断空格，系统不会认为这是两个单词而将它们分开。在键盘上按 Ctrl+Shift+Space 键也可以输入不间断空格。

上机练习——创建"安全注意事项"文档

本节练习在空白文档中输入中英文混合的文本内容，并添加键盘上没有的特殊符号。通过对操作步骤的详细讲解，帮助读者掌握在文档的不同编辑区域定位光标输入点，灵活切换中英文输入法和英文的大小写状态的操作方法。

4-1　上机练习——创建"安全注意事项"文档

新建一个空白的 Word 2019 文档并保存，在文档中定位插入点，输入中文字体标题文本；再切换英文输入法和英文大小写快捷键输入英文文本的内容；换行后，调整输入法，输入括号、数字和中文文本；然后利用"符号"对话框插入特殊符号和不间断连字符，最终效果如图 4-17 所示。

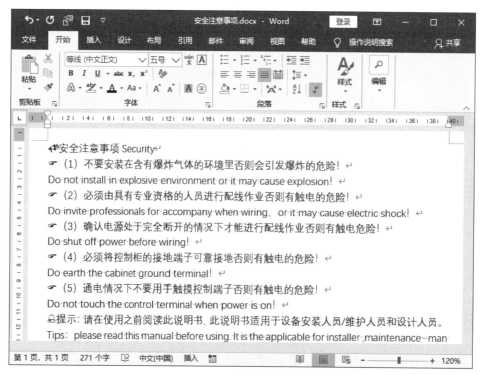

图 4-17　"安全注意事项"文档

操作步骤

（1）启动 Word 2019，新建一个空白的 Word 文档，在快速访问工具栏中单击"保存"按钮打开"另存为"对话框，将文档命名为"安全注意事项"进行保存。

（2）切换到中文输入法，在光标闪烁的位置输入标题文本"安全注意事项"。然后按快捷键 Ctrl + Space 切换到英文输入法，并按下英文大小写切换键 Caps Lock，输入英文大写字母 S，如图 4-18 所示。

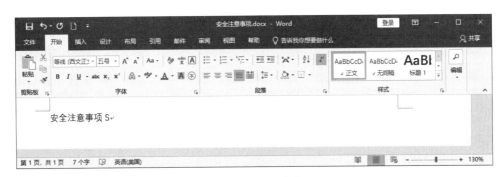

图 4-18　输入标题文本（1）

（3）再次按下英文大小写切换键 Caps Lock，切换到英文小写输入状态，输入单词的剩余字母部分，如图 4-19 所示。

图 4-19　输入标题文本（2）

（4）按 Enter 键换行，按 Ctrl + Space 键切换到中文输入状态，然后按住 Shift 键的同时按下左括号"（"和右括号"）"键输入括号，并把插入点移动到括号内，输入数字 1，如图 4-20 所示。

图 4-20　输入括号和数字

（5）按住键盘上的"→"键，将光标向右移动一个字符，在中文输入法状态下输入第二行的中文文本，如图 4-21 所示。

（6）按 Shift+"！"键，输入感叹号，如图 4-22 所示。

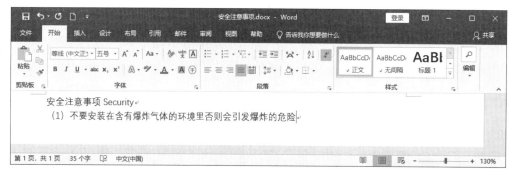

图 4-21　输入中文

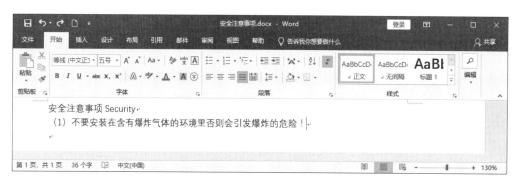

图 4-22　输入标点符号

（7）在第三行的行首双击，即可将插入点定位在第三行的行首。按快捷键 Ctrl + Space 切换到英文输入状态，配合英文大小写切换键 Caps Lock 输入第三行的英文文本，然后在行尾输入标点符号"！"，结果如图 4-23 所示。

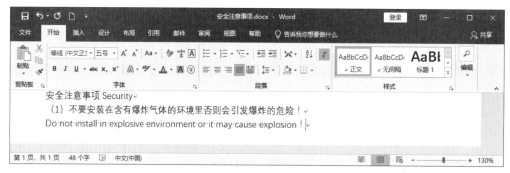

图 4-23　输入英文和标点

（8）按照同样的方法输入其他文本并保存。

接下来插入特殊字符。

（9）将插入点定位到第一行标题文本的左侧，切换到"插入"选项卡，在"符号"功能组中单击"符号"按钮Ω，在弹出的符号下拉列表框中选择"其他符号（M）"选项，弹出"符号"对话框。

（10）在"符号（S）"选项卡的"字体（F）"下拉列表框中选择 Webdings 选项，然后从下面的符号列表框中选择"🔊"，如图 4-24 所示。

（11）单击"插入"按钮，即可在文档中的鼠标定位点插入一个相应的符号，如图 4-25 所示。

（12）将插入点定位到第二行的行首，在"符号"选项卡的"字体"下拉列表框中选择 Wingdings 选项，然后在符号列表框中选择"☞"符号，单击"插入"按钮，文档效果如图 4-26 所示。

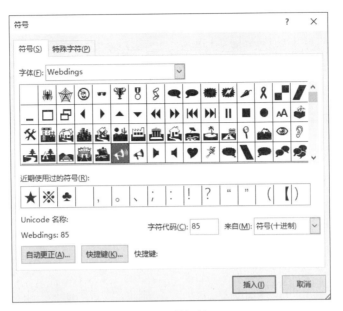

图 4-24　选择符号

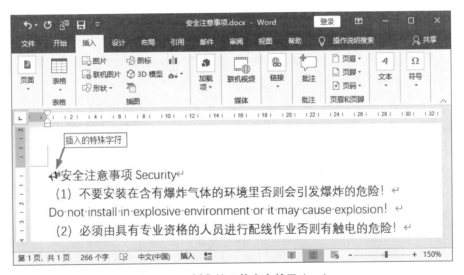

图 4-25　插入符号的文本效果（一）

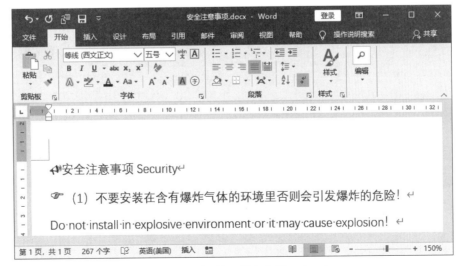

图 4-26　插入符号的文本效果（二）

（13）参照以上步骤，在剩余文档的适合位置插入符号"☞"和"🔔"，效果如图4-27所示。

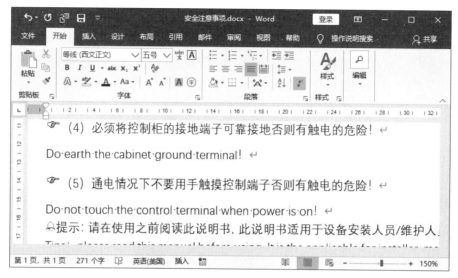

图4-27　插入符号的文本效果（三）

（14）选中最后一行的行尾连字符"-"，在"符号"对话框中切换到"特殊字符"选项卡，然后在"字符"列表框中选择"不间断连字符"选项，如图4-28所示。

（15）单击"插入"按钮，即可将选定的普通连字符"-"换成不间断连字符。然后单击"符号"对话框右上角的"关闭"按钮，关闭对话框。文本的最终效果如图4-17所示。

图4-28　"特殊字符"选项卡

4.2　编辑文本

在Word中编辑文本时，常用的操作有选择、复制、粘贴、查找和替换等。熟练掌握这些操作是快速编辑文档的基础，可以提高文本编辑效率。

4.2.1　选取文本

在编辑文本之前，选取需要操作的文本，被选取的文本将以灰底显示在屏幕上。选取文本后，所进行的所有操作就只作用于选定的部分了。下面介绍几种常用的选取方式。

1. 用鼠标选取文本

鼠标是选择文本的出色工具。

- ❖ 选取一个词组：双击词组。
- ❖ 选取任意文本：把"I"形的鼠标指针指向要选取的文本开始处，按住鼠标左键并扫过要选取的文本，当拖动到选取文本的末尾时，松开鼠标左键。
- ❖ 选取一句：这里的一句是以句号为结束标记的一部分文本。按住Ctrl键，再单击句中的任意位置。
- ❖ 选取连续区域的文本：先把光标插入点移到要选取文本的开始处，按住Shift键不放，单击要选取文本的末尾。这种方法更适合于选取跨页内容。
- ❖ 选取分散的文本：先拖动鼠标选中第一个文本区域，再按住Ctrl键不放，拖动鼠标选择其他不相邻的文本，选择完成后释放Ctrl键。
- ❖ 纵向选取文本：按住Alt键的同时拖动鼠标。

使用选取栏选取文本区域

选取栏是位于文档窗口左边界的白色区域，即在文本段落开始之前。当把鼠标指针放在选取栏上时，鼠标指针将变成↗形状，这与鼠标指针在文本中所呈现的"I"形标记明显不同。利用选取栏可以很便捷地选择多行文本和段落。

- ❖ 选取一行文本：单击这行左侧的选取栏。
- ❖ 选取连续多行文本：将鼠标指针移到第一行左侧的选取栏中，按住鼠标左键在各行的选取栏中拖动。
- ❖ 选取一段：双击该段左侧的选取栏，也可连续三击该段中的任意部分。
- ❖ 选取多段：将鼠标指针移到第一段左侧的选取栏中，双击选取栏并在其中拖动。
- ❖ 选取整篇文档：按住Ctrl键，单击文档中任意位置的选取栏。

2. 用键盘选取文本

用鼠标选取文本固然方便，但是不容易选择准确，尤其是在要选取大量文本的情况下，此时可以通过键盘选取文本。下面介绍用键盘选定文本时常用的快捷键组合。

- ❖ 选择光标左、右的一个字符：Shift+"←"、Shift+"→"。
- ❖ 选择光标上、下的一行文本：Shift+"↑"、Shift+"↓"。
- ❖ 选择光标左、右的一个单词：Shift+Ctrl+"←"、Shift+Ctrl+"→"。
- ❖ 选择光标到所在行首、尾的文本：Shift+Home、Shift+End。
- ❖ 选择光标到文档开始、结尾的文本：Shift+Ctrl+Home、Shift+Ctrl+End。
- ❖ 选择整篇文档：Ctrl+A。

扩展选定文本

选择小范围文本时，可以按下鼠标左键来拖动。但对于大面积文本(包括其他嵌入对象)的选中、跨页选中或选中后需要撤销部分选中范围时，单用鼠标拖动的方法就显得难以控制。此时可以开启扩展选定模式来选择文本，提高效率。

使用扩展选定模式选择文本的具体操作如下：

右击状态栏，在弹出的快捷菜单中选中"选定模式"选项，设置后状态栏中将显示选定模式信息，便于进行之后的扩展选择文本操作，如图 4-29 所示。在 Word 文档中按 F8 功能键将开启 Word 中的"扩展（选择）"特性。Word 状态栏中将显示"扩展式选定"，如图 4-30 所示。

图 4-29　选中"选定模式"选项

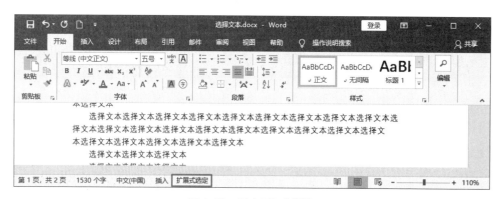

图 4-30　开启 F8 功能键

在扩展特性中，可以通过键盘上的"↑""↓""←""→"键选择文本。这种选择文本的方法是从插入点开始，按不同的键向不同的方向选择文本。具体使用方法及结果如下：

❖ 在键盘上按"↑"方向键，则选中从插入点光标开始向左的本行文本和上一行文本。

❖ 在键盘上按"↓"方向键，则选中从插入点光标开始向右的本行文本和下一行文本。

❖ 在键盘上按"←"方向键，则从插入点光标开始向左逐字选中文本。

❖ 在键盘上按"→"方向键，则从插入点光标开始向右逐字选中文本。

❖ 在键盘上按 Enter 键，则将选中插入点之后的整个段落。

如果需要退出扩展选择文本，可以按 Esc 键，也可双击"扩展式选定"改变状态。此外，也可以通过按 F8 功能键，选中 Word 2019 文档中的文本，操作如下。

❖ 按 1 下：设置选取的起点。
❖ 连续按 2 下：选取一个字或词。
❖ 连续按 3 下：选取一个句子。
❖ 连续按 4 下：选取一段。
❖ 连续按 5 下：选中当前节（如果文档中没有分节则选中全文）。
❖ 连续按 6 下：选中全文。

3. 取消文本的选定

如果发现选定的文本并不是所需要的，可以取消文本的选定状态。

❖ 在选定文本的任意位置单击。
❖ 把插入点移到文本相应的位置，按键盘上的方向键"→""←""↑""↓"，或者按 PageUp、PageDown、Home、End 键。

4.2.2　移动和复制

剪切、复制和粘贴是编辑文本时最常用的操作，熟练使用这三个操作可以提高文本的编辑效率。

1. 移动文本

在编辑文档的过程中，如果要将某个词语或段落移动到其他位置，可通过剪切 / 粘贴操作来完成。对文本进行剪切后，原位置上的文本将消失不见，在新的位置上执行粘贴操作，原文本显示在新位置。具体操作如下。

（1）选择需要移动的内容。

（2）单击"开始"选项卡"剪贴板"功能组中的"剪切"命令 ✂，或在选择的文本上右击，在弹出的快捷菜单中单击"剪切"命令。

（3）将光标移至插入点，选择"开始"选项卡"剪贴板"功能组中的"粘贴"命令 📋。

提示：　选中文本后，按 Ctrl+X 键执行剪切命令；按 Ctrl+V 键执行"粘贴"命令。

在这里要提请读者注意的是，粘贴文本时还可以选择粘贴类型，类型不同，粘贴的效果也不同。单击"粘贴"按钮 📋 下方的下拉按钮 ▾，可以看到粘贴的类型有四种："保留源格式" 📋、"合并格式" 📋、"图片" 📋 和"只保留文本" 📋，如图 4-31 所示。

图 4-31　粘贴选项

❖ 保留源格式：粘贴后的文本保留其原来的格式，不受新位置格式的控制。
❖ 合并格式：不仅可以保留原有格式，还可以应用当前位置中的文本格式。
❖ 图片：将文本粘贴为图片格式。
❖ 只保留文本：无论原来的格式是什么样的，粘贴文本后，只保留文本内容。

如果这四个选项都不能满足要求，可以单击"选择性粘贴"命令，在如图 4-32 所示的"选择性粘贴"对话框中选择一种需要的格式。

2. 复制文本

如果输入的内容与已有的内容相同，可通过复制 / 粘贴操作提高工作效率。复制文本的操作与移动文本类似，不同的是选定的文本不会被删除。

（1）选择需要复制的文本。

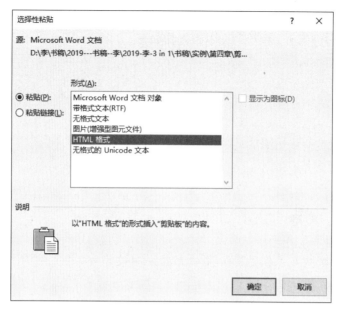

图 4-32 "选择性粘贴"对话框

（2）选择"开始"选项卡"剪贴板"功能组中的"复制"命令 ，或在选择的文本上右击，在弹出的快捷菜单中单击"复制"命令。

提示：

选中文本后，按快捷键 **Ctrl+C** 执行复制命令。

（3）将光标移至插入点，选择"开始"选项卡"剪贴板"功能组中的"粘贴" 命令。

4.2.3 撤销、恢复与重复操作

在编辑文档时，Word 会自动记录最近的一系列操作，用户可以很方便地撤销前几步的操作、恢复被撤销的步骤，或是重复刚做的操作。

1. 撤销操作

在快速访问工具栏中单击"撤销"按钮，或按快捷键 **Ctrl+Z**，可以撤销最近一次的操作。单击按钮右侧的下拉按钮，可以在弹出的下拉列表框中选择要撤销的操作，如图 4-33 所示。

2. 恢复操作

恢复操作可以取消之前的撤销操作。在快速访问工具栏中单击"恢复"按钮，或按快捷键 **Ctrl + Y**，可以恢复被撤销的最近一次操作。连续按下该组合键多次，可以恢复被撤销的多个操作。

图 4-33 撤销按钮下
拉列表框

3. 重复操作

在没有进行任何撤销操作的情况下，"恢复"按钮 会显示为"重复"按钮 ，单击"重复"按钮或者按 F4 键，可重复执行最近一次的编辑操作。

提示：

如果无法重复上一项操作，"重复"命令将变为"无法重复"。

4.2.4　删除文本

在编辑文本的过程中，可能会输入一些错误或者多余的文字，需要对其进行删除。删除文本的操作方法如下。

（1）按 Backspace 键或按 Delete 键，其中按 Backspace 键删除光标前的一个字符，而按 Delete 键则删除光标后的一个字符。

（2）要删除大块的文本，可以先选取文本块，然后按 Delete 键或者按 Backspace 键。

（3）选取文本，单击"常用"工具栏中的"剪切"按钮将选中的文本删除。

（4）按 Ctrl + Backspace 组合键，可以删除光标插入点前一个单词或短语。

（5）按 Ctrl + Delete 组合键，可以删除光标插入点后一个单词或短语。

4.3　修订和批注文档

在编辑文档时，使用修订功能可以记录文档的修改信息。如果需要对文档进行一些附加说明，又不希望显示在文档中，可以使用批注。

4.3.1　使用修订

修订是指对 Word 文档所做的插入和删除操作，可以记录文档的修改信息，它是文档内容的一部分，方便对比和查看原文档与修改文档之间的变化。

修订的内容会通过修订标记显示出来，方便对比查看原文档和修改文档之间的变化，并且不会对原文档进行实质性的删减。

1. 修订文档

（1）打开文档，切换到"审阅"选项卡，在"修订"功能组中，单击"修订"按钮 下方的下拉按钮 ，在弹出的下拉列表框中选择"修订"选项，如图 4-34 所示。

图 4-34　修订选项

（2）"修订"按钮呈选中状态显示，表示文档呈修订状态。在修订状态下更改任何内容都会显示出修订标记，如图 4-35 所示。

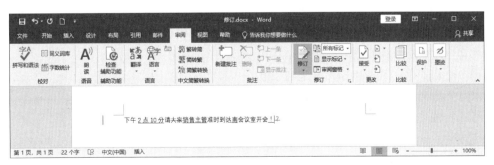

图 4-35　使用修订

（3）当所有的修订工作完成后，单击"修订"选项组中的"修订"按钮下方的下拉按钮，在弹出的下拉列表框中再次选择"修订"选项，即可退出修订状态。

提示：　　Word 2019 为修订提供了 4 种显示状态，分别是简单标记、所有标记、无标记、原始状态，默认情况下，Word 2019 以简单标记显示修订内容。为了便于查看文档中的修改，建议将修订的显示状态设置为"所有标记"。

2. 设置修订格式

文档处于修订状态时，对文档所做的编辑将以不同的标记或颜色进行区分显示，根据操作需要，还可以自定义设置修订格式。具体操作步骤如下。

（1）切换到"审阅"选项卡，单击"修订"功能组右下角的"功能扩展"按钮 ，打开如图 4-36 所示的"修订选项"对话框。

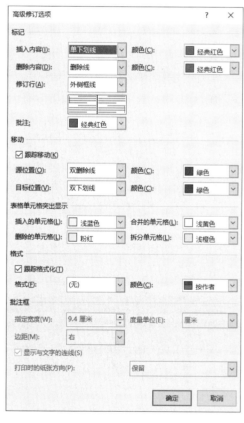

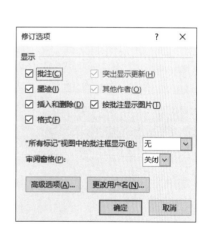

图 4-36 "修订选项"对话框　　　　　图 4-37 "高级修订选项"对话框

（2）单击"高级选项"按钮，打开如图 4-37 所示的"高级修订选项"对话框，主要功能选项说明如下。

❖ 插入内容：设置修订时插入内容的标记样式。
❖ 删除内容：设置修订时删除内容的标记样式。
❖ 修订行：设置修订文本行的标记显示的位置。
❖ 颜色：设置插入内容和删除内容的颜色。
❖ 跟踪移动：移动段落时，Word 是否进行跟踪显示。
❖ 跟踪格式化：当文字或段落格式发生变化时，是否在窗口右侧的标记区中显示格式变化的参数。

（3）完成所有的设置后，单击"确定"按钮，返回"修订选项"对话框。单击"更改用户名"按钮，在打开的"Word 选项"对话框中设置新的用户名，如图 4-38 所示。

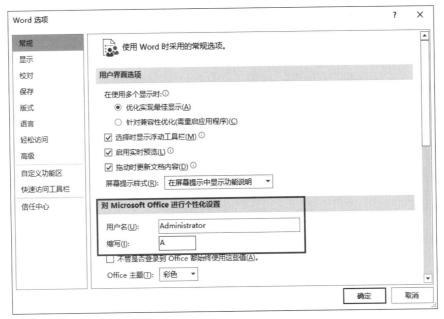

图 4-38　修改用户名

（4）设置完成后单击"确定"按钮，返回"修订选项"对话框，单击"确定"按钮关闭对话框。随后在修订状态下的文档中添加的新内容将显示新的用户名。

3. 接受与拒绝修订

利用修订功能，可以直观地显示 Word 文档中所做的修改记录，根据实际需要，可以逐条接受或拒绝修订，也可以一次性全部接受或拒绝所有修订。

（1）打开 Word 文档，将光标插入点定位在某条修订中。

（2）如果要接受所做的修订，则单击"审阅"选项卡"更改"功能组中的"接受"按钮☑下方的下拉按钮 ▾ ，在弹出的下拉列表框中选择所需的接受选项，如图 4-39 所示。

（3）如果要拒绝所做的修订，切换到"审阅"选项卡，单击"更改"功能组中的"拒绝"按钮☒下方的下拉按钮 ▾ ，在弹出的下拉列表框中选择所需的拒绝选项，如图 4-40 所示。

图 4-39　选择"接受此修订"选项

图 4-40　选择"拒绝更改"选项

提示：

在"拒绝"/"接受"下拉列表框中,若选择"拒绝并移到下一处"/"接受并移动到下一条"选项，则当前修订即可被拒绝/接受，与此同时，光标插入点自动定位到下一条修订中。

4.3.2　使用批注

批注是对文档附加的注释、说明、建议、意见等信息，由批注标记、连线和批注框构成。

提示：

批注并不是文档的一部分，不会显示在文本中。当不再需要某条批注时，可将其删除。

1. 添加批注

（1）选定要添加批注的文本，切换到"审阅"选项卡，单击"批注"功能组中的"新建批注"按钮，如图 4-41 所示。

图 4-41 单击"新建批注"按钮

（2）窗口右侧将自动添加一个批注框，在批注框中输入批注文本，即可创建批注，如图 4-42 所示。

图 4-42 添加批注

2. 隐藏或删除批注

添加批注后，可以对批注进行隐藏或删除操作。选择需要隐藏或删除的批注，切换到"审阅"选项卡的"批注"功能组，单击"显示批注"或"删除"按钮，即可隐藏或删除批注；再次单击"显示批注"按钮可显示批注。

提示： 单击"更改"功能组中的"接受"按钮，文档中依然会显示批注；单击"拒绝"按钮，将删除批注。

3. 答复与解决批注

在查看批注之后，还可以对批注进行答复；如果某个批注中提出的问题已经得到解决，可以对批注进行解决设置。具体操作步骤如下。

将光标插入点定位到需要进行答复的批注框内，单击"答复"按钮，在出现的回复栏中直接输入答复内容即可。

如果批注中提出的问题已经得到了解决，可以在该批注中单击"解决"按钮，将其设置为已解决状态。将批注设置为已解决状态后，该批注将以灰色状态显示，且不可再对其编辑操作。若要激活该批注，则单击批注框中的"重新打开"按钮。

4.3.3 设置批注和修订的显示方式

Word 提供了三种显示批注和修订的方式，分别是在批注框中显示修订、以嵌入方式显示所有修订、仅在批注框中显示批注和格式设置。默认情况下，Word 以"仅在批注框中显示批注和格式设置"的方式显示批注，可以根据实际需要更改批注的显示方式，具体操作步骤如下。

切换到"审阅"选项卡，在"修订"功能组中单击"显示标记"按钮，在弹出的下拉列表框中选择"批注框"选项，在弹出的级联列表中选择需要的方式即可，如图 4-43 所示。

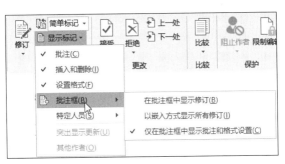

图 4-43　单击"批注框"选项

❖ 在批注框中显示修订：选择此方式时，所有批注和修订将以批注框的形式显示在标记区中。

❖ 以嵌入方式显示所有修订：所有批注与修订将以嵌入的形式显示在文档中。

❖ 仅在批注框中显示批注和格式设置：标记区中将以批注框的形式显示批注和格式更改，而其他修订会以嵌入的形式显示在文档中。

上机练习——审阅《区域销售经理岗位说明书》

　　本节练习使用修订功能和批注功能对文档进行修改和审阅，通过对操作步骤的详细讲解，读者可学会使用"高级修订选项"对话框设置修订和批注格式，并使用不同的用户名在文档中对批注进行答复。

4-2　上机练习——审阅《区域销售经理岗位说明书》

　　首先将文档设置为修订状态，然后打开"高级修订选项"对话框，设置在文档中插入和删除的内容显示的线型和颜色，然后对文档内容进行修改。接下来设置批注框格式，最后在文档中添加批注，并更换用户名对相关批注进行答复。最终效果如图 4-44 所示。

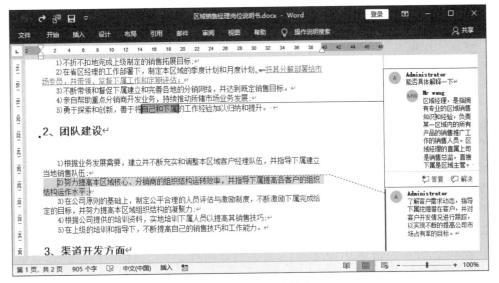

图 4-44　修订并批注的效果

操作步骤

（1）打开文档，切换到"审阅"选项卡，在"修订"功能组中单击"修订"下拉按钮 ▾，在弹出的下拉列表框中选择"修订"选项，进入修订状态。

（2）单击"修订"功能组右下角的"功能扩展"按钮 ⌐，打开如图 4-45 所示的"修订选项"对话框，保留默认设置。

（3）单击"高级选项"按钮，打开"高级修订选项"对话框。在"插入内容"下拉列表框中选择"单下划线"，"颜色"为"蓝色"；在"删除内容"下拉列表框中选择"双删除线"，"颜色"为"红色"；在"修订行"下拉列表框中选择"外侧框线"，并选中"显示与文字的连线"复选框，如图 4-46 所示。

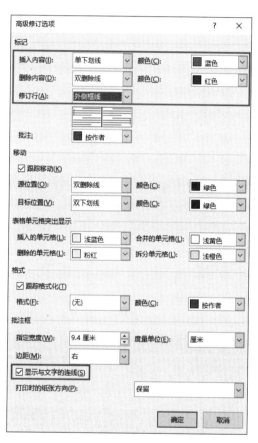

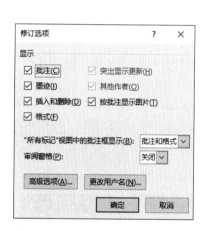

图 4-45 "修订选项"对话框　　　　　　图 4-46 "高级修订选项"对话框

（4）将光标插入点定位到要修订的位置，对文档内容进行删除和插入，修订的内容将按图 4-46 指定的格式显示。

例如，删除的内容上显示一条红色的双删除线，添加的内容显示为蓝色，且下方显示蓝色单下划线，如图 4-47 所示。

（5）完成所有的修订工作后，单击"修订"功能组中的"修订"按钮，退出修订状态。

接下来添加批注。

（6）在"审阅"选项卡的"修订"功能组中单击右下角的"功能扩展"按钮 ⌐，打开如图 4-45 所示的"修订选项"对话框。单击"高级选项"按钮，弹出如图 4-46 所示的"高级修订选项"对话框。

（7）在"批注"下拉列表框中设置批注文本的显示颜色为"紫罗兰"；设置"指定宽度"为"6厘米"，"度量单位"为"厘米"，"边距"为"右"，如图 4-48 所示。

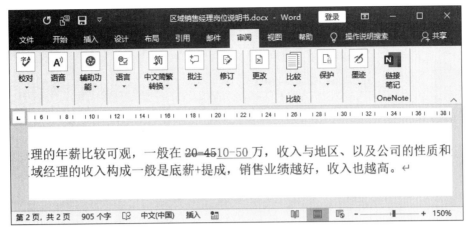

图 4-47　修订文本的效果

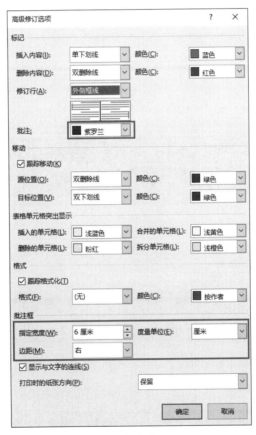

图 4-48　"高级修订选项"对话框

（8）设置完成后，单击"确定"按钮返回到"修订选项"对话框。单击"更改用户名"按钮，打开"Word 选项"对话框，设置用户名为 Administrator，如图 4-49 所示。设置完成后单击"确定"按钮，返回到"修订选项"对话框，单击"确定"按钮即可。

（9）选中要添加批注的文本，在"审阅"选项卡的"批注"功能组中单击"新建批注"按钮，窗口右侧将出现一个紫色的批注框，选中的文本也使用紫色突出显示，在批注框中可以输入批注文本，如图 4-50 所示。使用相同的方法，添加其他批注。

（10）在"审阅"选项卡的"修订"功能组中单击右下角的"功能扩展"按钮 ，打开"修订选项"对话框。单击"更改用户名"按钮，在打开的"Word 选项"对话框中将用户名更改为 Mr wang，然后单击"确定"按钮关闭对话框。

图 4-49 "Word 选项"对话框

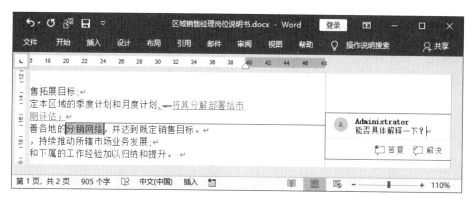

图 4-50 添加批注框并输入文本

（11）将光标插入点定位到第一个批注内，单击"答复"按钮，即可以新的用户名称 Mr wang 在回复栏中输入答复内容，如图 4-51 所示。

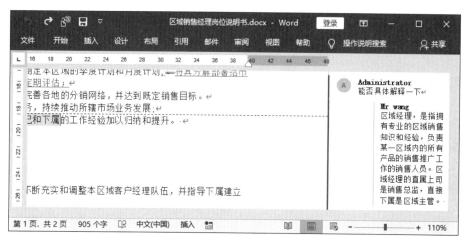

图 4-51 答复批注

（12）使用相同的方法答复其他批注，最终效果如图 4-44 所示。

答 疑 解 惑

1. 定位光标是鼠标光标吗？

答："定位光标"与"鼠标光标"是不一样的。"定位光标"是指编辑文档时闪烁的竖线位置，是文档对象的插入点；"鼠标光标"是指鼠标的指针，在不同的编辑区域显示为不同的形状。

2. 怎样使用鼠标复制或移动文本？

答：使用鼠标拖放文本是短距离内，尤其是在同一页文档中移动或复制文本的一种简便方法。

选中要移动的文本，将鼠标指针移到文本上按下左键拖动，拖动时显示一条竖线指示移动的位置。移动目标位置时释放鼠标，即可将文本移动到目标位置。如果拖动的同时按住 Ctrl 键，可以在新位置复制文本。

3. 半角状态和全角状态有什么区别？

答：在半角状态下，一个英文字母、英文中的标点或阿拉伯数字只占一格（一个字节）的位置，汉字和中文标点占两格（两个字节）位置。

在全角状态下，所有字符（包括汉字、英文字母、标点、阿拉伯数字）都占两格（两个字节）的位置。

4. 怎样将常用的输入法设置为默认输入法？

答：执行以下操作步骤可以设置默认的输入法。

（1）在 Windows 操作系统的"开始"菜单中单击"设置"按钮，打开"Windows 设置"窗口，单击"时间和语言"图标按钮。

（2）在打开的窗口中单击"区域和语言"选项打开"区域和语言"窗口。

（3）单击"高级键盘设置"选项，在弹出的窗口中选择"替代默认输入法"选项，然后在下拉列表框中选择需要的输入法。

学习效果自测

一、选择题

1. 在 Word 2019 中输入文本时，当前输入的文字显示在（　　）。

　　A. 鼠标光标处　　　　B. 插入点　　　　C. 文件尾部　　　　D. 当前行尾部

2. 在 Word 2019 中按住（　　）键的同时拖动鼠标左键，可以选择一个矩形文本块。

　　A. Ctrl　　　　　　　B. Shift　　　　　C. Alt　　　　　　D. Tab

3. 在 Word 2019 中，执行两次"剪切"操作，则剪贴板中（　　）。

　　A. 仅有第一次被剪切的内容　　　　　　B. 仅有第二次被剪切的内容

　　C. 有两次被剪切的内容　　　　　　　　D. 内容被清除

4. 在编辑文档时，按（　　）键可以切换中英文输入法。

　　A. Ctrl+Shift　　　　B. Ctrl+Space　　　C. Ctrl+Alt　　　　D. Shift+Space

5. 如果要在输入法列表中切换输入法，可以按（　　）键。

　　A. Ctrl+Shift　　　　B. Ctrl+Space　　　C. Windows+Space　　D. Shift+Space

6. 要把相邻的两个段落合并为一个段落，可以执行的操作是（　　）。

　　A. 将插入点定位在前段末尾，单击"撤销"按钮

　　B. 将插入点定位于前段末尾，按 Backspace 键

　　C. 将插入点定位于后段开头，按 Delete 键

D. 删除两个段落之间的段落标记

二、操作题

1. 新建一个 Word 文档，命名为"沁园春·雪 .docx"，然后在其中输入诗词内容和标点，且标点符号在中文全角状态下输入。

2. 利用批注和修订功能，对 Word 文档"沁园春·雪 .docx"中的部分诗句进行批注和修订。

第 5 章

格式化文本

本章导读

　　所谓格式化文本，是指对文本进行格式设置，如字体、字形、效果、对齐方式、缩进、段间距和行间距等，对文本的显示外观进行修饰，从而美化文档，使文本结构清晰、层次分明，易于阅读和理解。

学习要点

❖ 设置文本格式
❖ 设置段落格式
❖ 创建列表
❖ 实例精讲——格式化诗词鉴赏

5.1 设置文本格式

在 Word 文档中输入的文本默认中文字体为宋体，英文字体为 Times New Roman，字号为五号。为了使文档更加有特色，吸引人，可以根据需要设置文本的字体、大小、颜色、样式等。

5.1.1 字体、字号和字形

字体是指字符的形状，分为中文字体和西文字体（通常英文和数字使用），可以根据需要分别进行设置。

字号是指字体的大小。改变字号可以把不同层次的文本从大小上区分开，使文章更具层次感，以方便阅读。

字形是附加于文本的属性，包括常规、加粗、倾斜等。Word 2019 默认的字形为常规字形。

在编辑文档时，可以根据需要修改文本的字体、字号和字形，操作步骤如下。

（1）选中要设置字体的文本，在"开始"选项卡中找到如图 5-1 所示的"字体"功能组。

选中文本后，文本区域的右上角出现一个如图 5-2 所示的浮动工具栏。该工具栏与"字体"功能组基本相同，利用它可以快捷地设置文本的格式。

图 5-1 "字体"功能组

图 5-2 浮动工具栏

（2）单击"字体"列表框右侧的下拉按钮，在弹出的字体下拉列表框中选择字体。

（3）单击"字号"文本框 五号 右侧的下拉箭头，在弹出的字号下拉列表框中选择字号。

我国国家标准规定字号的计量单位是"号"，在 Word 中默认用汉字标示，例如二号、五号，数字越小，文字越大。还有一种西方的衡量单位——"磅"，磅值用阿拉伯数字标示（1 磅 = 1/72 英寸），磅值越大，英文字体（或数字）越大。

（4）根据需要单击字形按钮。例如，单击"加粗"按钮 **B**，选定文本的笔划线条将变得更粗一些；单击"倾斜"按钮 *I*，文本将倾斜一定的角度。

字形按钮是一种开关按钮，选中时为按下状态，文本以指定的外观呈现；再次单击将恢复原来的状态。

如果一篇文档中既有英文也有中文，全部设置为中文字体，则英文字符可能不美观，与汉字也不好对齐。此时，可以利用"字体"对话框，分别设置中文和英文字体。具体操作如下。

（1）在文档中选定要改变字体的文本。

（2）单击"开始"选项卡中"字体"功能组右下角的扩展按钮，或右击，在弹出的快捷菜单中选择"字体"选项，打开"字体"对话框。

（3）在"中文字体"下拉列表框中选择需要的中文字体；在"西文字体"下拉列表框中选择需要的西文字体。在"预览"框中可以预览设置效果，如图 5-3 所示。

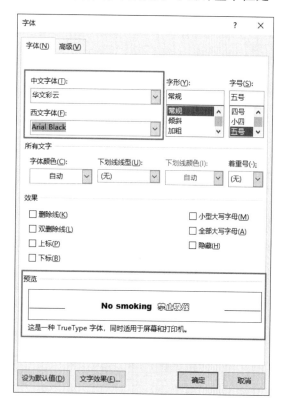

图 5-3 "字体"对话框

（4）单击"确定"按钮关闭对话框，结果如图 5-4 所示。

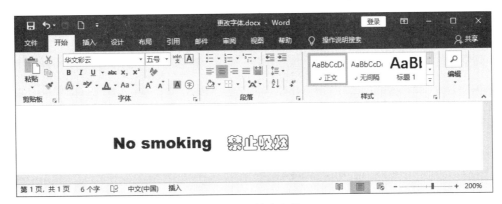

图 5-4　修改字体

5.1.2　颜色和效果

为了突出强调或美化某部分文本，可以为文本设置不同的颜色。此外，Word 还提供了强大的文字特效，可以为选择的文字设置阴影、映像、发光、柔化边缘，以及三维格式等华丽的特效。

（1）选定要设置颜色和效果的文本。

（2）单击"开始"选项卡"字体"功能组中的"字体颜色"按钮 A 右侧的下拉按钮 ，在如图 5-5 所示的颜色列表框中选择颜色。

如果颜色列表中没有想用的颜色，可以单击"其他颜色"选项，在打开的"颜色"对话框中选择更多的颜色。如果选择"渐变"选项，将以所选文本的颜色为基准设置颜色渐变。

除了文本的显示颜色，还可以设置突出显示颜色，使文本像使用了荧光笔一样更加醒目。

选定需要突出显示的文本，在"开始"选项卡的"字体"功能组中，单击"文本突出显示"按钮 右侧的下拉按钮 ，在弹出的颜色列表框中选择一种颜色即可。

（3）单击"文本效果和版式"按钮 A ，在弹出的下拉列表框中选择各种文字特效，如图 5-6 所示。

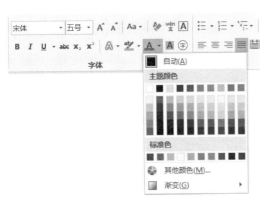

图 5-5　字体颜色列表框

图 5-6　"文本效果和版式"列表

5.1.3　边框和底纹

在 Word 文档中，边框和底纹对文字都有修饰的作用，如果运用得当，不仅可以增加美观性，也可以突出文档中的重点内容。在 Word 中，可以为字符添加边框和底纹，也可以为整个段落添加边框和底纹。

1. 字符边框和底纹

字符边框是指环绕文字显示一个边框。

（1）选定要设置边框的文本，在"开始"选项卡的"字体"功能组中单击"字符边框"按钮A，即可对所选文本添加 Word 2019 默认的黑色、单线（0.5 磅、细实线）边框，结果如图 5-7 所示。

字符边框

图 5-7　设置字符边框

字符底纹

图 5-8　设置字符底纹

字符底纹类似于给文字添加一个有颜色或图案的背景。

（2）选定要设置底纹的文本，在"开始"选项卡的"字体"功能组中单击"字符底纹"按钮A，即可对所选文本添加 Word 2019 默认的灰色底纹，结果如图 5-8 所示。

使用"字体"功能组中的"字符边框"按钮A和"字符底纹"按钮A只能添加默认样式的边框和底纹，如果要自定义边框和底纹的样式，则要利用"边框和底纹"对话框。利用"边框和底纹"对话框还可以很方便地设置段落的边框和底纹。

2. 段落边框和底纹

（1）选定要设置边框和底纹效果的文本段落。

（2）在"开始"选项卡的"段落"功能组中，单击"边框"按钮▦▾右侧的下拉按钮▾，在弹出的下拉列表框中选择"边框和底纹"选项，弹出如图 5-9 所示的"边框和底纹"对话框。

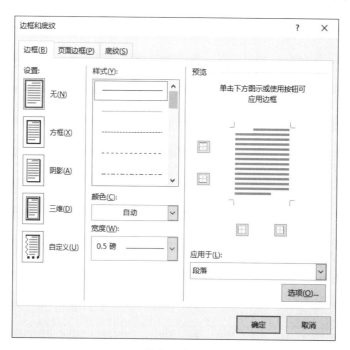

图 5-9　"边框和底纹"对话框

（3）在"边框"选项卡中设置边框样式。各命令功能如下。

❖ 设置：选择边框类型。

❖ 样式：选择边框的线型。

❖ 颜色：设置边框颜色。

❖ 宽度：指定边框粗细。

❖ 预览：可以预览设置的段落边框效果。单击预览区域的图示可以添加或取消边框的任一条边框线。

❖ 应用于：选择边框应用的对象，可以是段落或文字。如图5-10所示为字符边框与段落边框的区别。

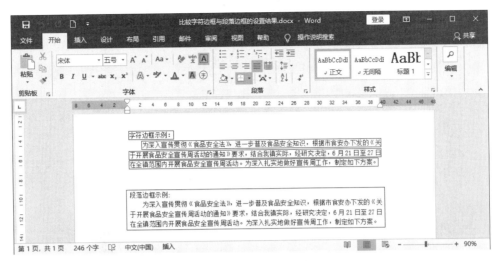

图5-10　边框效果示例

字符边框是固定的，不能任意添加或是删除任何一条边；而段落边框可以分别自定义上、下、左、右、内、外边的边框。

（4）单击"选项"按钮，在如图5-11所示的"边框和底纹选项"对话框中设置边框与正文内容上、下、左、右的距离。单击"确定"按钮，返回"边框和底纹选项"对话框。

（5）切换到"底纹"选项卡，设置底纹的填充颜色和图案，然后在"应用于"下拉列表框中选择底纹要应用的对象，如图5-12所示。

图5-11　"边框和底纹选项"对话框

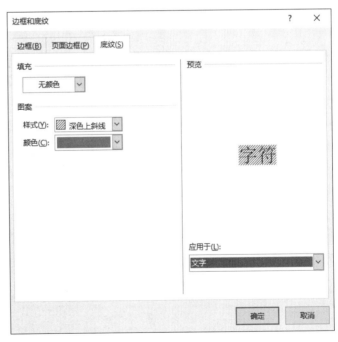

图5-12　"边框和底纹"对话框

应用于段落的底纹是一整块矩形色块；应用于文字的底纹仅显示在所选文字区域，文字上下行的空白处不显示底纹，如图5-13所示。

（6）单击"确定"按钮，完成底纹设置。

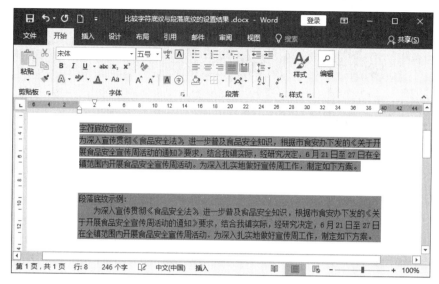

图 5-13　底纹效果示例

上机练习——客户满意度调查表

本节练习给段落添加边框和底纹。通过对操作步骤的讲解，读者可以掌握为段落添加不同样式、颜色和宽度的边框，以及填充颜色和图案底纹的方法。

5-1　上机练习——客户满意度调查表

首先选中需要添加边框和底纹的段落，然后打开"边框和底纹"对话框，根据需要在不同的选项卡中设置边框和底纹的样式，结果如图 5-14 所示。

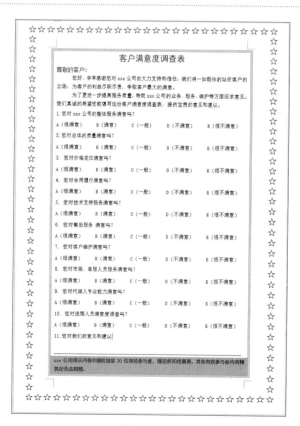

图 5-14　"边框和底纹"文本示例

操作步骤

（1）打开已输入内容、还未设置格式的 Word 文档"客户满意度调查 .docx"。

（2）按 Ctrl+A 组合键选取整篇文本，在"开始"选项卡的"段落"功能组中单击"边框"下拉按钮，在弹出的下拉列表框中选择"边框和底纹"命令，如图 5-15 所示。

图 5-15　选择"边框和底纹"命令

（3）在弹出的"边框和底纹"对话框中，切换到"边框"选项卡。在"设置"区域选择"方框"；在"样式"列表框中选择一种边框线型；在"颜色"下拉列表框中选择边框颜色为"绿色"；在"宽度"下拉列表框中设置线宽为"0.75 磅"；然后在"应用于"下拉列表框中选择边框设置的范围为"段落"，如图 5-16所示。

（4）单击"选项"按钮，在弹出的"边框和底纹选项"对话框中，设置边框和底纹与正文的间距为上、下 2 磅，左、右 6 磅，如图 5-17 所示。

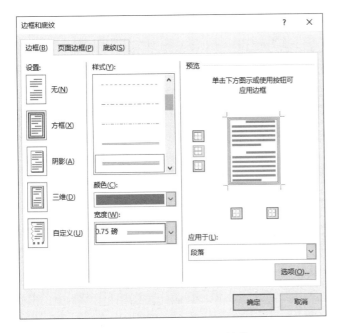

图 5-16　"边框和底纹"对话框

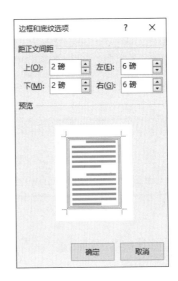

图 5-17　"边框和底纹选项"对话框

（5）单击"确定"按钮，返回"边框和底纹"对话框。在"页面边框"选项卡的"艺术型"下拉列表框中选择一种样式，设置"宽度"为"20磅"；在"应用于"下拉列表框中选择"整篇文档"，如图5-18所示。

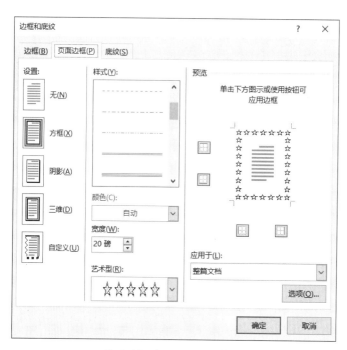

图5-18　设置"页面边框"

（6）单击"确定"按钮关闭对话框，文本效果如图5-19所示。

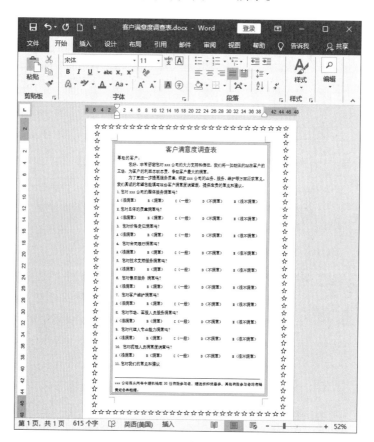

图5-19　文本效果

（7）选择最后一行文本，再次打开"边框和底纹"对话框，并切换到"底纹"选项卡。在"填充"下拉列表框中选择底纹颜色为"浅绿"；在"样式"下拉列表框中设置底纹填充样式为"10%"，颜色为"红色"；在"应用于"下拉列表框中选择"段落"选项，如图 5-20 所示。

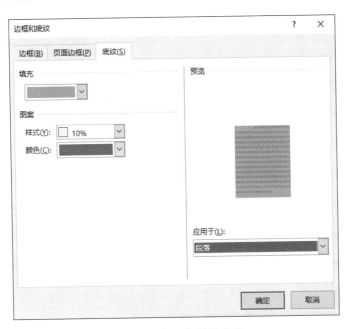

图 5-20　设置段落的底纹

（8）单击"确定"按钮关闭对话框，文本的最终效果如图 5-14 所示。

5.1.4　更改大小写

Word 2019 提供了英文大小写切换功能，可以根据不同需要快速修改英文字符的大小写，具体操作如下。

（1）选定要更改大小写的英文单词，在"开始"选项卡的"字体"功能组中单击"更改大小写"按钮 Aa▾，打开如图 5-21 所示的"更改大小写"下拉列表框。

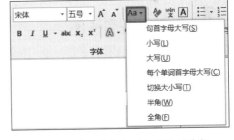

图 5-21　"更改大小写"下拉列表框

❖ 句首字母大写：把每个句子的第一个字母改为大写。

❖ 小写：把所选字母改为小写。

❖ 大写：把所选字母改为大写。

❖ 每个单词首字母大写：把每个单词的第一个字母改为大写。

❖ 切换大小写：将所选大写字母改为小写，小写字母改为大写。

❖ 半角：把所选的英文字母或数字改为半角字符。

❖ 全角：把所选的英文字母或数字改为全角字符。

（2）单击所需的选项之后，文本即转换成所需格式。

5.1.5　上标和下标

上标和下标在科学公式和数值单位中使用非常广泛，在 Word 中可以很方便地将文本设置为上标和下标，以符合相应文档的要求。具体操作如下。

（1）选中需要设置为下标的文本，如图 5-22 所示。

（2）在"开始"选项卡的"字体"功能组中单击"下标"按钮 x_2。采用同样的方法，选中文本，单击"上标"按钮 x^2，结果如图 5-23 所示。

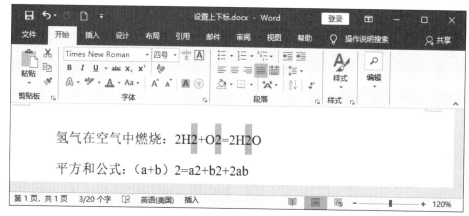

图 5-22　选中文本

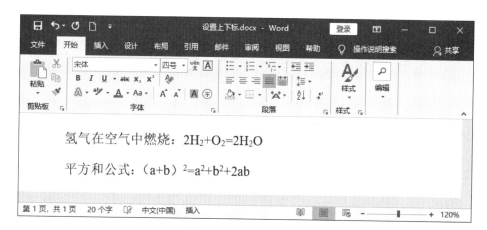

图 5-23　设置下标和上标

5.1.6　带圈字符和拼音

带圈字符是指通过圆形、正方形、三角形、菱形等符号，将单个汉字、数字或字母圈起来。具体操作步骤如下。

（1）选中要设置带圈效果的字符，在"开始"选项卡的"字体"功能组中单击"带圈字符"按钮⊕，弹出如图 5-24 所示的"带圈字符"对话框。

图 5-24　"带圈字符"对话框

（2）设置圈号和样式，以及要显示在圈号中的文本。各选项功能如下。

❖ 样式：设置带圈字符的显示方式。选择"缩小文字"选项，则会缩小字符，以适应圈的大小；选择"增大圈号"选项，则会增大圈号，以适应字符的大小，如图 5-25 所示。如果选择"无"选项，可以去除带圈字符的圈号。

❖ 文字：输入一个将显示在指定圈号中的汉字，也可以是两个数字或字母。

❖ 圈号：选择圈号形状。

图 5-25 "带圈字符"样式示例

（3）单击"确定"按钮完成设置。

利用"拼音指南"命令可以在所选文字上方添加拼音以标明其发音，操作步骤如下：

（1）选中需要添加拼音的文字，在"开始"选项卡的"字体"组中单击"拼音指南"按钮 ，弹出如图 5-26 所示的"拼音指南"对话框。

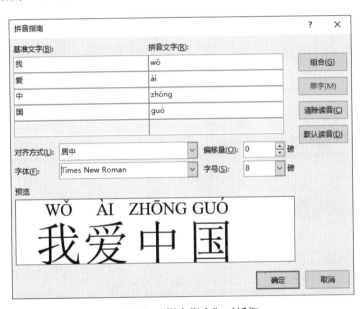

图 5-26 "拼音指南"对话框

可以看到在"基准文字"框中显示了选定的文字，在"拼音文字"框中自动填充了对应的拼音。

（2）根据需要在"对齐方式"下拉列表框中选择拼音对齐方式，在预览框中可以看到设置后的效果；在"字体"下拉列表框中选择拼音的字体；在"字号"下拉列表框中选择拼音文字的大小。

（3）单击"确定"按钮完成设置。

如果要删除拼音文字，应先选定文本，然后在"拼音指南"对话框中单击"清除读音"按钮。

5.1.7 字符宽度与间距

在 Word 2019 中，还可以使字符按照设置的比例在横向发生变化，而高度保持不变。

（1）选定要调整字符宽度的文本，在"开始"选项卡的"字体"功能组中单击"功能扩展"按钮 ，打开"字体"对话框。

（2）切换到"高级"选项卡，在"缩放"下拉列表框中选择需要的缩放比例，如图 5-27 所示。

如果下拉列表框中没有合适的缩放比例，可以直接在"缩放"框中输入所需的比例，在"预览"框中可以实时预览设置效果。

字符间距是指相邻字符之间的距离，即字符之间的水平间距。Word 提供了 3 种字符间距选项——标准、加宽、紧缩，以方便用户精确地调整字符间距。默认为"标准"字距。

（3）在"间距"下拉列表框中选择需要的间距类型，然后单击"磅值"右侧上、下按钮微调字符的间距，也可以直接输入所需的数值（最大值是 1584 磅，最小值是 0 磅），如图 5-28 所示。在"预览"框中可以预览设置效果。

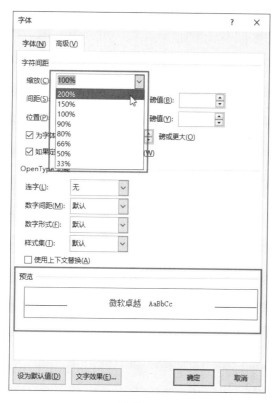

图 5-27　"缩放"下拉列表框

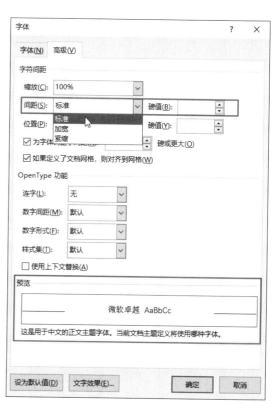

图 5-28　设置间距

提示：　　　"加宽"选项的磅值越大，相邻字符间的距离就越大；"紧缩"选项的磅值越大，相邻字符间的距离就越小。

（4）设置完成之后，单击"确定"按钮，返回文档编辑窗口。

5.1.8　使用格式刷复制格式

"格式刷"是一种快速应用格式的工具，可以将指定的文本格式、段落格式快速复制到不同的文本、段落，解决文档中大量的重复性操作。具体操作步骤如下。

（1）选中需要复制格式的文本或者段落，在"开始"选项卡的"剪贴板"功能组中单击"格式刷"按钮 。

（2）当鼠标指针呈现刷子状 时，按住鼠标左键不放，再拖动鼠标选择需要设置相同格式的文本，如图 5-29 所示。

（3）释放鼠标，被拖动的文本将应用相同的格式，如图 5-30 所示。

提示：　　　再次单击"格式刷"按钮或按 Esc 键，可退出复制格式状态。

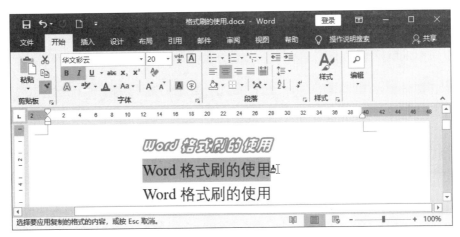

图 5-29　拖动鼠标选择文本

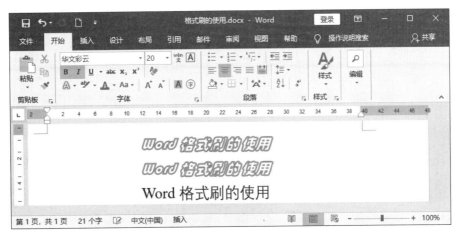

图 5-30　文本效果

5.2　设置段落格式

段落格式指用于控制段落外观的格式设置。例如，缩进、对齐、行距和段间距。熟练掌握常用的段落格式设置方法，可提高排版效率，快速创建美观、整齐的文档。

5.2.1　段落缩进

段落缩进是指文本和页边距之间的距离，可以使段落结构更加清晰，方便阅读。其设置步骤如下。

（1）选定要缩进的段落。如果只需要对一个段落设置缩进，只需要将插入点定位到该段落中即可；如果需要缩进多个段落，则选中多个段落。

（2）在"开始"选项卡的"段落"功能组中单击"功能扩展"按钮，打开"段落"对话框。切换到"缩进和间距"选项卡，在"缩进"选项区中分别设置"左侧""右侧"和"特殊"格式的缩进值，如图 5-31 所示。

- ❖ 左侧：设置段落从左页边距缩进的距离，正值代表向右缩，负值代表向左缩。
- ❖ 右侧：设置段落从右页边距缩进的距离，正值代表向左缩，负值代表向右缩。
- ❖ 特殊：包含首行缩进和悬挂缩进两项。首行缩进能控制段落第一行第一个字的起始位置；悬挂缩进能控制段落第一行以外的其他行的起始位置。
- ❖ 缩进值：设置首行缩进或悬挂缩进的缩进量。

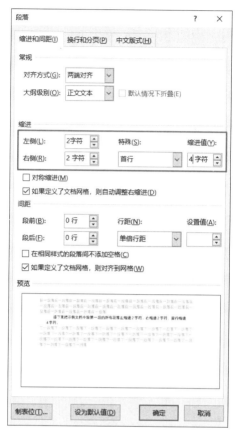

图 5-31　"缩进和间距"选项卡

（3）单击"确定"按钮完成设置。设置不同缩进选项的文本效果如图 5-32 所示。

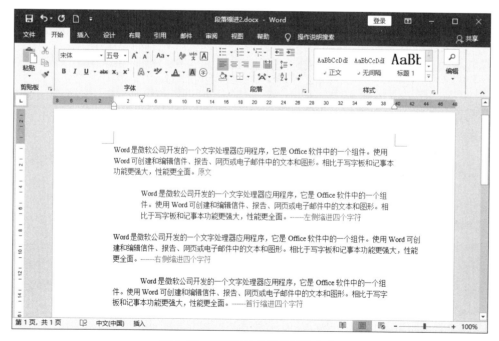

图 5-32　应用不同缩进选项的文本

　　在"开始"选项卡的"段落"功能组中单击"减少缩进量"按钮 或者"增加缩进量"按钮 ，也可以快速调整段落缩进量。

5.2.2 段落对齐

段落对齐用于指定段落中的文字在水平方向上和垂直方向上的排列方式，因此分为水平对齐和垂直对齐两种。

（1）选中要设置水平对齐方式的段落，单击"开始"选项卡"段落"功能组中相对应的按钮即可，如图 5-33 所示。

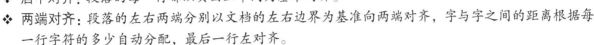
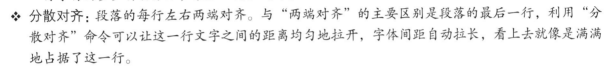

居中对齐　两端对齐

左对齐　右对齐　分散对齐

图 5-33 "段落"功能组

- ❖ 左对齐：段落的每一行都以页面左侧为基准对齐。
- ❖ 右对齐：段落的每一行都以页面右侧为基准对齐。
- ❖ 居中对齐：段落的每一行都以页面正中间为基准对齐。
- ❖ 两端对齐：段落的左右两端分别以文档的左右边界为基准向两端对齐，字与字之间的距离根据每一行字符的多少自动分配，最后一行左对齐。
- ❖ 分散对齐：段落的每行左右两端对齐。与"两端对齐"的主要区别是段落的最后一行，利用"分散对齐"命令可以让这一行文字之间的距离均匀地拉开，字体间距自动拉长，看上去就像是满满地占据了这一行。

提示： 　快捷键为：Ctrl+E，居中对齐；Ctrl+R，右对齐；Ctrl+Shift+J，分散对齐；Ctrl+L，左对齐；Ctrl+J，两端对齐。

如果段落中使用了不同字号的文字，文档在垂直方向上就很难对齐。通过设置垂直对齐方式，可以调整其相对位置。

（2）单击"开始"选项卡"段落"功能组右下角的扩展功能按钮🔽，在弹出的"段落"对话框中切换到"中文版式"选项卡。

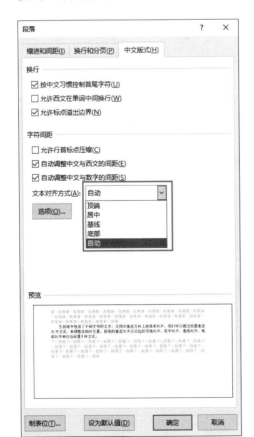

图 5-34 "中文版式"选项卡

（3）展开"文本对齐方式"下拉列表框，可以看到 Word 提供了 5 种垂直对齐方式，如图 5-34 所示。

- ❖顶端：段落中所有字符以中文字符顶端为基准对齐。
- ❖居中：段落中所有字符以中文字符的中线为基准对齐。
- ❖基线：段落中所有字符以中文字符的基线为基准对齐。
- ❖底部：段落中所有字符以中文字符底端为基准对齐。
- ❖自动：自动调整字符的对齐方式。

（4）选择一种字符对齐方式后，单击"确定"按钮完成设置。

5.2.3 行间距和段间距

行间距是指段落中行与行之间的垂直距离；段间距是指相邻两个段落之间的距离。

Word 默认的行距是单倍行距，对于五号字来说恰好合适，对于其他字号来说，可能需要调整行间距。

（1）把插入点移动到要设置行距的段落中。如果要同时设置多个段落的行距，则选定多个段落。

（2）在"开始"选项卡的"段落"功能组中单击"功能扩展"按钮🔽，在弹出的"段落"对话框中切换到"缩进和间距"选项卡。

（3）单击"行距"下拉按钮，在如图 5-35 所示的下拉列表框中选择需要的行距选项。

（4）在"段前"文本框中输入与段前的间距，在"段后"文本框中输入与段后的间距，如图5-36所示。

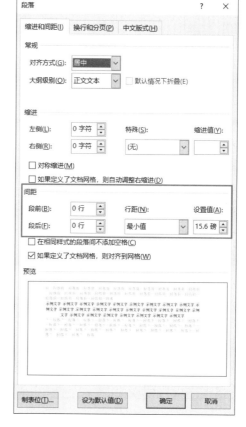

图5-36 "缩进和间距"选项卡

图5-35 "行距"下拉列表框

（5）设置完成后，单击"确定"按钮。

5.3 创 建 列 表

列表有符号列表和编号列表之分。使用项目符号和编号，可以对文档中具有并列关系的内容进行组织，或者将有先后顺序的内容进行编号，从而使文本内容的层次结构更加清晰、更具条理和可读性。

5.3.1 项目列表

如果要为已经输入的文本添加项目符号，可以执行以下操作。

（1）选定要添加项目符号的段落，在"开始"选项卡的"段落"功能组中，单击"项目符号"按钮≡▼右侧的下拉按钮▼，打开项目符号列表，如图5-37所示。

（2）单击需要的项目符号的样式即可添加项目符号，如图5-38所示。

在Word 2019中，不仅可以为段落设置内置的项目符号，还可以自定义项目符号，操作步骤如下。

（1）选定要添加自定义项目符号的段落；在"开始"选项卡的"段落"功能组中，单击"项目符号"按钮≡▼右侧的下拉按钮▼，在弹出的下拉列表框中选择"定义新项目符号"选项。

（2）在弹出的"定义新项目符号"对话框中，根据需要设置项目符号的相关样式和格式，如图5-39所示。

❖ 符号：单击该按钮弹出"符号"对话框，可以从中选择符号作为项目符号，如图5-40所示。

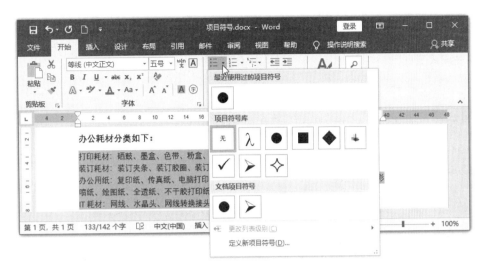

图 5-37　项目符号样式

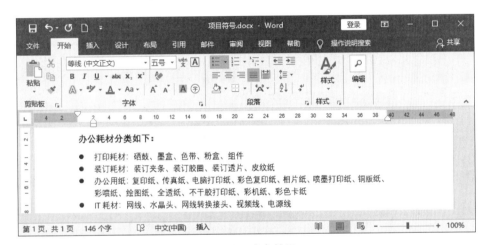

图 5-38　文本效果

图 5-39　"定义新项目符号"对话框

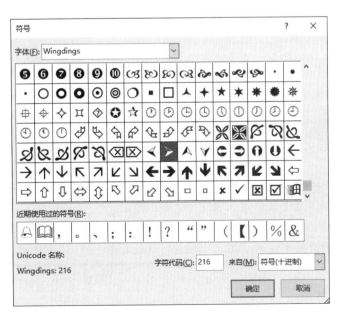

图 5-40　"符号"对话框

❖ 图片：单击该按钮弹出"插入图片"窗口，可以导入图片作为项目符号。

❖ 字体：单击该按钮打开"字体"对话框，可以设置项目符号的字体、大小、颜色等格式。

❖ 对齐方式：设置项目符号的对齐方式。

（3）单击"确定"按钮完成设置。

5.3.2 编号列表

如果要为文本段落添加项目编号，可以执行以下操作步骤。

（1）选定要添加编号的段落。

（2）在"开始"选项卡的"段落"功能组中，单击"编号"按钮右侧的下拉按钮，打开编号样式列表，如图 5-41 所示。

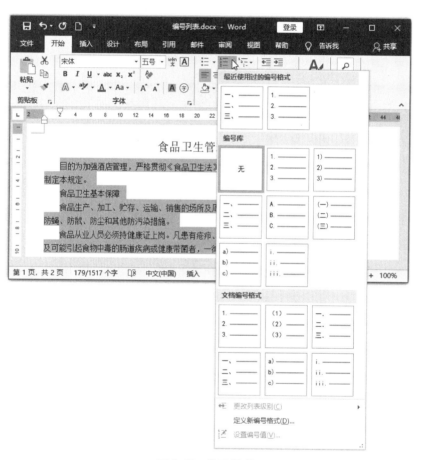

图 5-41　编号样式

（3）单击需要的编号样式，即可添加编号，效果如图 5-42 所示。

除了使用 Word 默认的内置编号样式外，用户还可以自定义编号的样式，具体操作步骤如下。

（1）选定要自定义编号样式的段落。

（2）在"开始"选项卡的"段落"功能组中，单击"编号"按钮右侧的下拉按钮，在弹出的下拉列表框中选择"定义新编号格式"命令。

（3）在弹出的"定义新编号格式"对话框中，根据需要设置编号的相关格式，如图 5-43 所示。

❖ 编号样式：选择编号的样式。

❖ 字体：单击此按钮，打开"字体"对话框，根据需要设置编号的字体、字号、颜色、下划线等格式。

❖ 编号格式：灰色阴影编号代码表示不可修改或删除，根据实际需要在代码前面或后面输入必要的字符即可。例如，在前面输入"第"，在后面输入"条"，并将默认添加的小点删除，即变成"第 A 条"。

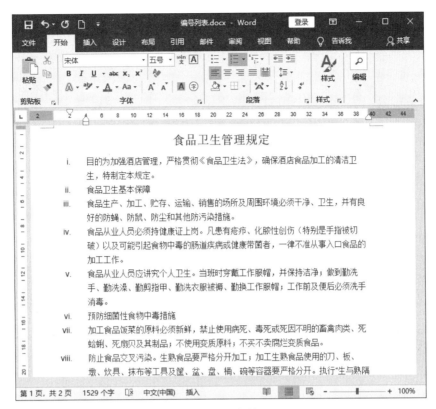

图 5-42　文本效果

❖ 对齐方式：设置编号的对齐方式。

如果文本段落前已经存在一组项目编号，对其他段落添加相同样式的编号时，既可以继续前一组的编号，也可以重新开始编号。操作方法如下。

在"开始"选项卡的"段落"功能组中，单击"编号"按钮右侧的下拉按钮，在弹出的下拉列表框中选择"设置编号值"命令，在弹出的"起始编号"对话框中设置起始编号数值，如图 5-44 所示。

图 5-43　"定义新编号格式"对话框

图 5-44　"起始编号"对话框

提示: 　选中需要继续编号的段落并右击,在弹出的快捷菜单中选择"继续编号"选项,即可继续前一组编号;选中"重新开始于1"选项可重新开始编号。

上机练习——食品安全宣传周方案

练习目标 　本节练习自定义项目编号。通过对操作步骤的讲解,读者可以掌握自定义项目编号的方法,从而使文档结构层次清晰。

5-2 上机练习——食品安全宣传周方案

设计思路 　首先选中需要自定义项目编号的文本段落,然后打开"定义新项目编号"对话框,根据需要自定义一种项目编号,结果如图5-45所示。

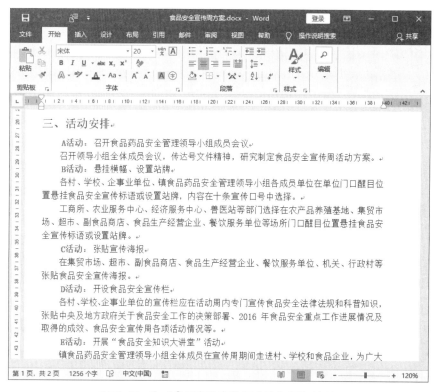

图5-45 为"食品安全宣传周方案"添加编号

操作步骤

(1)打开文档,按住Ctrl键选中多个需要添加自定义编号的段落,如图5-46所示。

(2)在"开始"选项卡的"段落"功能组中单击"编号"按钮右侧的下拉按钮,在弹出的下拉列表框中选择"定义新编号格式"命令,打开"定义新编号格式"对话框。

(3)在"定义新编号格式"对话框的"编号样式"下拉列表框中选择"A,B,C,…"选项,此时"编号格式"文本框中将出现"A."字样,将"A"后面的"."改为":",然后插入文本"活动",结果如图5-47所示。

(4)单击"定义新编号格式"对话框中的"字体"按钮,在弹出的"字体"对话框中设置"字形"加粗,"字体颜色"为红色。单击"确定"按钮返回"定义新编号格式"对话框,将"对齐方式"设置为"居中",如图5-48所示。单击"确定"按钮,返回文档。

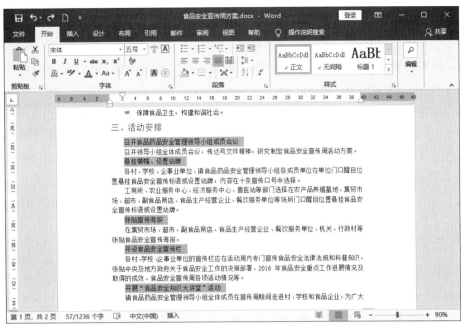

图 5-46　选择文本

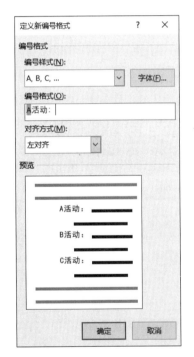

图 5-47　"定义新编号格式"对话框

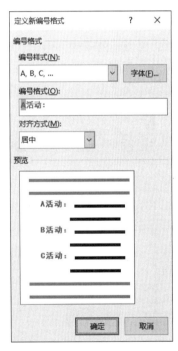

图 5-48　设置字体和对齐方式

（5）保持段落的选中状态，单击"编号"按钮右侧的下拉按钮，在弹出的下拉列表框中选择自定义的编号样式，如图 5-49 所示。文档的最终效果如图 5-45 所示。

5.3.3　多级列表

默认情况下，添加的项目符号或编号级别为单级列表，所有项都拥有相同的层次结构和缩进格式。通过更改项目符号或编号列表级别可以创建多级列表，增强 Word 文档的逻辑性。Word 2019 允许创建最多 9 个层次的多级列表。

图 5-49　选择需要的编号样式

　　对于含有多个顺序或者层次的段落，为了更加清晰地体现层次结构，可以使用多级列表，具体操作方法如下。

　　（1）选中需要创建列表的段落，在"开始"选项卡的"段落"功能组中单击"多级列表"按钮右侧的下拉按钮 ，在弹出的下拉列表框中选择需要的列表样式，如图 5-50 所示。

　　（2）此时所有段落的编号级别为 1 级，效果如图 5-51 所示。

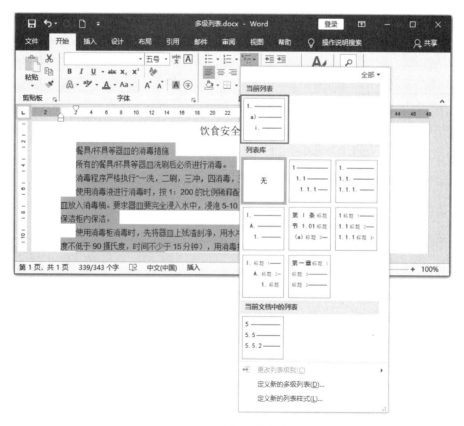

图 5-50　多级列表样式

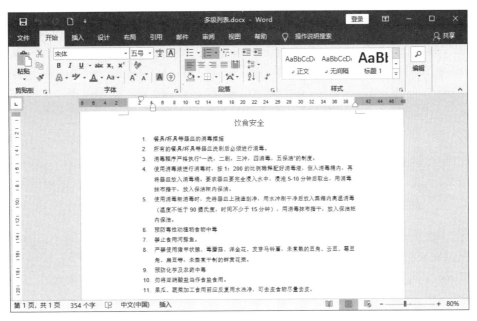

图 5-51　文本效果

（3）选中需要调整级别的段落，单击"多级列表"按钮右侧的下拉按钮 ，在弹出的下拉列表框中选择"更改列表级别"选项，从中选择 2 级选项，如图 5-52 所示。

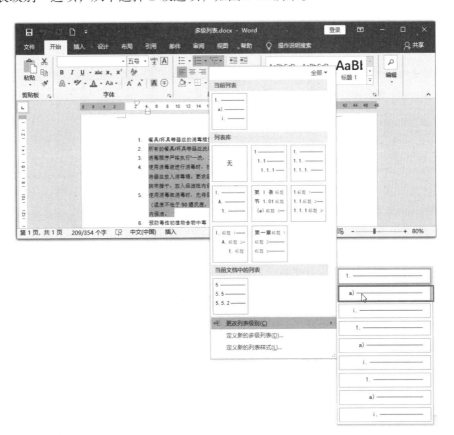

图 5-52　选择 2 级选项

此时，所选段落的级别调整为 2 级，其他段落的编号也随之依次发生更改，效果如图 5-53 所示。

（4）按照上述操作方法，对其他段落调整编号级别即可。

除了使用 Word 内置的列表样式外，还可以自定义多级列表，具体操作方法如下。

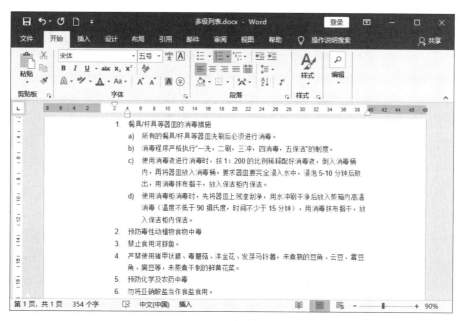

图 5-53　文本效果

（1）选中要创建为列表的段落，在"开始"选项卡的"段落"功能组中，单击"多级列表"按钮右侧的下拉按钮 ▾，在弹出的下拉列表框中选择"定义新多级列表"命令。然后在打开的"定义新多级列表"对话框中，单击左下角的"更多"按钮，显示完整的选项，如图 5-54 所示。

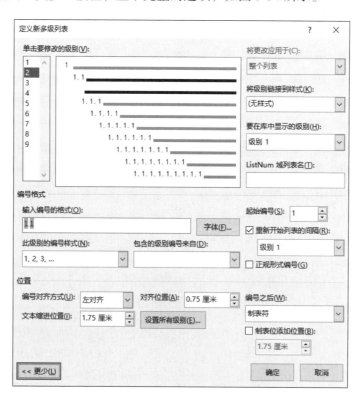

图 5-54　"定义新多级列表"对话框

（2）根据需要自定义新的多级列表。该对话框中常用选项的功能如下。

❖ 单击要修改的级别：选择要更改的列表级别，共九个级别。

❖ 将更改应用于：选择需要应用更改的位置。

❖ 输入编号的格式：保持灰色阴影编号代码不变，根据实际需要在代码前面或后面输入字符。

> 如果不小心删除了"输入编号的格式"文本框中的数字,不能手动输入数字,而应该在"包含的级别编号来自"下拉列表框中选择"级别 1",在"此级别的编号样式"下拉列表框中选择阿拉伯数字"1,2,3,…"。数字之间的点号需要手动输入。

- ❖ 此级别的编号样式:指定一个包含指定样式的初始级别编号。
- ❖ 起始编号:选择列表开始的编号。默认值为 1。若要在特定级别之后重新开始编号,则选中"重新开始列表的间隔"复选框,在列表中选择一个级别。
- ❖ 文本缩进位置:为文本缩进指定一个值。
- ❖ 设置所有级别:设置相应级别的项目符号 / 编号,文字的位置,以及附加缩进量。
- ❖ 编号之后:输入应跟在每个编号后的分隔符。

(3)设置完成后,在预览框中预览列表效果,然后单击"确定"按钮,完成自定义设置。

5.4　实例精讲——格式化诗词鉴赏

本节练习应用多种方式改变诗词文本格式,通过练习对诗词文本中的字体、字号、字形、颜色等进行设置,以及添加拼音、删除线、着重号等格式的综合应用操作,巩固和掌握格式化文本的方法步骤,使文本更加美观,条理更加清晰,重点更加突出。

5-3 实例精讲——格式化诗词鉴赏

首先选中标题行,设置字号、文字效果、边框和底纹进行美化。然后对诗词部分的重点词汇添加颜色、文本突出、重点符号、拼音等格式,利用字符间距和位置功能加大诗词部分的字符间距,调整个别字符位置。最后利用"字符带圈"功能和"删除线"功能对注释和译文部分进行格式设置,结果如图 5-55 所示。

图 5-55　诗词鉴赏

操作步骤

（1）新建一个空白文档，保存为"诗词鉴赏.docx"，然后在其中输入文本内容，如图5-56所示。

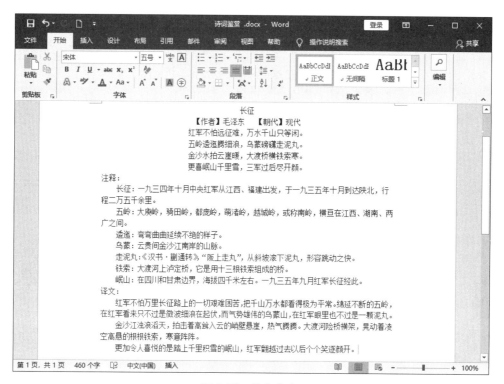

图5-56　输入文本

（2）选定诗词标题"长征"，在"开始"选项卡的"字体"功能组中设置字体为"华文行楷"，字号为"初号"，效果如图5-57所示。

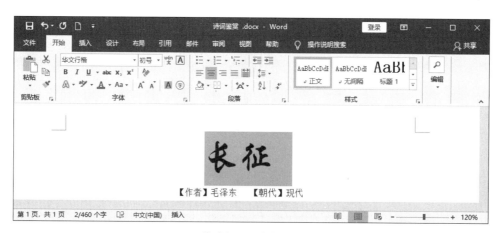

图5-57　修改标题"字体"和"字号"

（3）单击"文本效果"下拉按钮 Ａ・，在弹出的下拉列表框中选择文字特效"填充：金色，主题色；软棱台"，效果如图5-58所示。

（4）在"开始"选项卡的"段落"功能组中单击"边框"下拉按钮 ⊞ ・，在弹出的下拉列表框中选择"边框和底纹"命令，打开"边框和底纹"对话框，分别按图5-59和图5-60设置段落的边框和底纹。

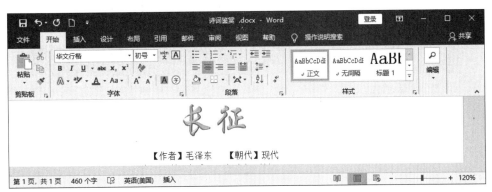

图 5-58　文本效果

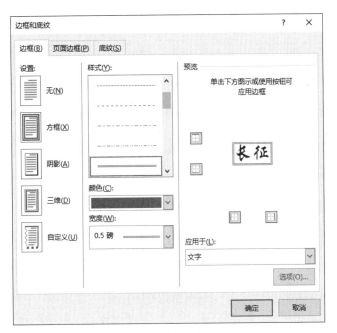

图 5-59　"边框"选项卡

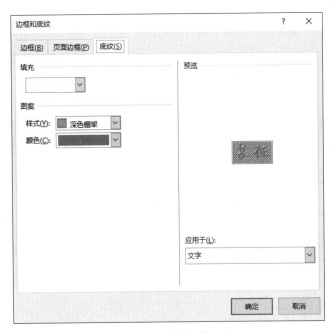

图 5-60　"底纹"选项卡

（5）设置完成后单击"确定"按钮，返回文本，效果如图5-61所示。

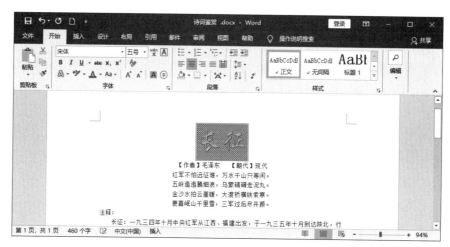

图5-61　设置标题边框和底纹

（6）选中文本"【作者】毛泽东【朝代】现代"，在弹出的快速格式工具栏中设置字体为"楷体"，字号为"二号"。然后单击"加粗"按钮 **B** 和"倾斜"按钮 *I*，效果如图5-62所示。

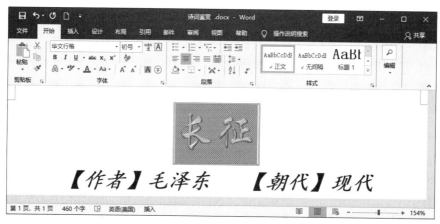

图5-62　设置字体"加粗"和"倾斜"

（7）选中文本"毛泽东"，单击"开始"选项卡"字体"功能组右下角的扩展按钮 🔲，在弹出的"字体"对话框的"下划线线型"下拉列表框中选择单实线的下划线，下划线颜色为"红色"。单击"确定"按钮返回文档，效果如图5-63所示。

图5-63　文本效果

（8）选中诗的正文部分，设置字体为"楷体"，字号为"二号"，效果如图5-64所示。

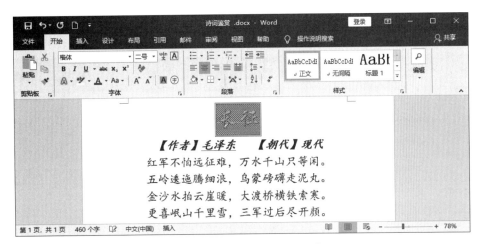

图5-64　更改文本"字体"和"字号"

（9）选中文本"逶迤"，在"开始"选项卡的"字体"功能组中，单击"拼音指南"按钮，在弹出的"拼音指南"对话框中，选择对齐方式为"居中"，字体为"宋体"，字号为"11"。单击"确定"按钮返回文本，效果如图5-65所示。

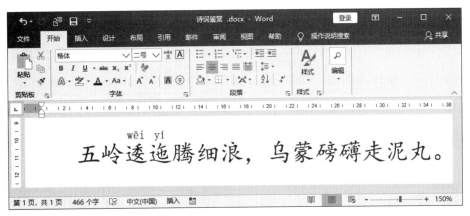

图5-65　添加拼音

（10）再次选中文本"逶迤"，在"开始"选项卡的"字体"功能组中，单击"字体颜色"下拉按钮，从弹出的颜色列表框中选择"红色"；单击"文本突出显示"下拉按钮，在弹出的颜色列表中单击"黄色"色块，文本效果如图5-66所示。

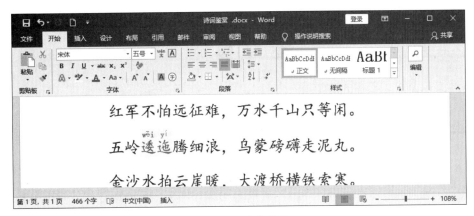

图5-66　文本效果

（11）选中诗的第一句，再按住 Ctrl 键选择第三句和第四句，单击"开始"选项卡"字体"功能组右下角的扩展按钮 ⌐、，在弹出的"字体"对话框中切换到"高级"选项卡，设置"位置"为"下降"，"磅值"为"30 磅"。单击"确定"按钮返回文本，效果如图 5-67 所示。

图 5-67　更改"位置"后的文本效果

（12）选中文字"注"，在"开始"选项卡的"字体"功能组中，单击"带圈字符"按钮 ⊛，在弹出的"带圈字符"对话框中设置样式"增大圈号"，"圈号"选择"圆形"，如图 5-68 所示，然后单击"确定"按钮关闭对话框。使用相同的方法，为文字"释""译""文"加上同样的圈号，效果如图 5-55 所示。

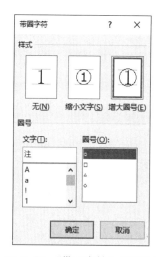

图 5-68　"带圈字符"对话框

答 疑 解 惑

1. 如何快速更改 Word 文本字号？

答：选中要调整字号的文本，执行以下操作之一，可快速更改字号。

（1）按住组合键 Shift+Ctrl 的同时按">"键，可以变大字号；按"<"键，可以减小字号。

（2）使用组合键 Ctrl+"]"放大字号，Ctrl+"["缩小字号。

（3）单击"字体"功能组中的"增大字号"按钮 A＾，或"减小字号"按钮 A˅。

2. 在文档中经常要用到同一种中文和英文字体，如何将指定的字体设置为文档的默认字体？

答：打开一个文档，在"开始"选项卡中单击"字体"功能组右下角的扩展按钮，打开"字体"对话框。

设置要使用的中文字体和西文字体后，单击对话框底部的"设为默认值"按钮，弹出如图 5-69 所示的对话框。

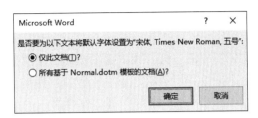

图 5-69　提示对话框

如果只在当前文档中应用指定的字体设置，选择"仅此文档"单选按钮；如果希望后续创建的每一个文档都应用指定的字体格式，则选择"所有基于 Normal.dotm 模版的文档"单选按钮。

3. 怎样使用格式刷？

答：选中包含要复制的格式的文本，单击"格式刷"按钮，然后选中要应用格式的文本，可以粘贴一次格式，并自动退出复制状态。如果双击"格式刷"按钮，则可将复制的格式应用到多处文本。

4. 创建列表时，按 Enter 键不能自动添加项目符号和编号，怎么解决？

答：执行以下操作步骤，可在输入时自动应用项目符号和编号。

（1）在"文件"选项卡中单击"选项"命令，打开"Word 选项"对话框。

（2）切换到"校对"选项卡，单击"自动更正选项"按钮，在打开的"自动更正"对话框中切换到"键入时自动套用格式"选项卡。

（3）在"键入时自动应用"区域选中"自动项目符号列表"复选框和"自动编号列表"复选框，如图 5-70 所示。然后单击"确定"按钮关闭对话框。

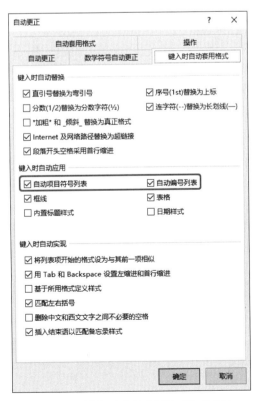

图 5-70　"键入时自动套用格式"选项卡

学习效果自测

一、选择题

1. "开始"选项卡"字体"功能组中的"**B**"和"*I*"按钮的作用分别是（　　　）。

　　A. 加粗，加下划线　　　B. 倾斜，加下划线　　　C. 倾斜，加粗　　　D. 加粗，倾斜

2. 在 Word 2019 文档中，将一部分文本格式修改为三号隶书，然后紧接这部分内容输入新的文字，则新输入的文字字号和字体为（　　　）。

　　A. 四号楷体　　　　　　B. 五号隶书　　　　　　C. 三号隶书　　　　D. 无法确定

3. 下列有关格式刷的说法错误的是（　　　）。

　　A. 在复制格式前需先选中原格式所在的文本

　　B. 单击格式刷只能复制一次，双击格式刷可多次复制，直到按 Esc 键为止

　　C. 格式刷既可以复制格式，也可以复制文本

　　D. 格式刷在"开始"选项卡的"剪贴板"功能组中

4. 使用 Word 2019 编辑文本时，使用标尺不能改变（　　　）。

　　A. 首行缩进位置　　　B. 左缩进位置　　　　　C. 右缩进位置　　　　D. 字体

5. 在 Word 2019 的编辑状态下，若要调整段落的左、右边界，比较快捷的方法是使用（　　　）。

　　A. 工具栏　　　　　　B. 菜单　　　　　　　　C. 标尺　　　　　　　D. 格式栏

6. 在 Word 文档中选择了一个段落并设置段落首行缩进 1 厘米，则（　　　）。

　　A. 该段落的首行起始位置距页面的左边距 1 厘米

　　B. 文档中各个段落的首行都缩进 1 厘米

　　C. 该段落的首行起始位置为段落的左缩进位置右边 1 厘米

　　D. 该段落的首行起始位置为段落的左缩进位置左边 1 厘米

二、操作题

新建一个空白的 Word 文档，输入或复制多段文字后，按以下要求排版。

（1）将标题字体设置为"华文行楷"，字形设置为"常规"，字号设置为"一号"，居中显示，段前、段后各 1 行。

（2）将正文"左缩进"设置为"2 字符"，行距设置为"25 磅"。

（3）将除标题以外的所有正文加上方框边框，并填充灰色，15% 底纹。

第 6 章

表格与图文混排

　　表格是编辑文档时较常见的一种文字、数据组织形式。在 Word 2019 中，文本与表格可以相互转换，即灵活地在不同风格的版式之间进行切换。

　　此外，Word 2019 还提供强大的图形对象编辑功能，在 Word 文档中适当配上图片、形状、文本框、SmartArt 图形和图表等对象，通过设置图文布局，可以创建版面美观、图文并茂的文档，吸引读者注意，并能帮助读者更加深刻地理解文档内容。

学 习 要 点

- ❖ 表格的应用
- ❖ 使用插图
- ❖ 对齐、排列图形对象
- ❖ 实例精讲——项目规划三折页设计

6.1 表格的应用

表格的基本组成元素是单元格，单元格之间用边框线进行分隔。创建表格后，可以像编辑一个独立的文档一样编辑单元格中的内容。

6.1.1 创建表格

Word 2019 提供了多种创建表格的方法，不仅可以通过表格模型或对话框创建表格，还可以手动绘制表格。下面简要介绍几种常用的创建表格的方法。

（1）将插入点定位在文档中要插入表格的位置，然后在"插入"选项卡的"表格"功能组中单击"表格"按钮⊞。

（2）在出现的 10 列 8 行表格模型上按住鼠标左键，沿左上角向右拖动指定表格的列数，向下拖动指定表格的行数，选中的单元格区域显示为橙色，如图 6-1 所示。在文档中也可以预览插入表格的效果。

图 6-1 创建表格

提示： 表格模型顶部出现的 "m×n 表格" 表示将创建 m 列 n 行的表格。使用这种方法创建的表格最多有 8 行 10 列，并且没有任何样式，列宽按照窗口自动调整。如果在图 6-1 所示的下拉列表框中选择"快速表格"命令，可以创建一个自带内置样式的表格。

（3）松开鼠标左键，即可插入指定行数和列数的表格，如图 6-2 所示。

表格创建后，就可以在表格中输入所需的内容了，其方法与在文档中输入内容的方法相似，只需将光标插入点定位到需要输入内容的单元格内，即可输入内容。

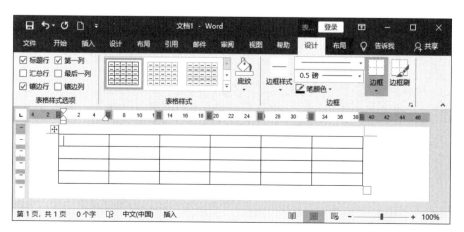

图 6-2 6×4 表格效果图

　　如果在创建表格时需要指定表格的列宽和表格宽度，则要利用"插入表格"对话框，具体操作方法如下。

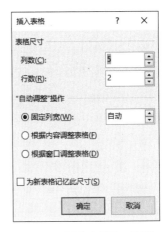

图6-3　"插入表格"对话框

　　（1）将插入点定位在文档中要插入表格的位置，在"插入"选项卡的"表格"功能组中单击"表格"按钮，在弹出的下拉菜单中选择"插入表格"命令，打开如图6-3所示的"插入表格"对话框。

　　（2）分别指定表格的列数和行数，然后在"'自动调整'操作"选项区中设置自动调整表格宽度的方式。

❖ 固定列宽：可以在微调框中输入或选择列的宽度。如果使用默认的"自动"选项，则各列在页面上平均分布。

❖ 根据内容调整表格：列宽自动适应内容的宽度。

❖ 根据窗口调整表格：表格的宽度与窗口的宽度相适应。

　　（3）如果希望下一次打开"插入表格"对话框时，自动显示之前设置的尺寸参数，则选中"为新表格记忆此尺寸"复选框。

　　（4）单击"确定"按钮完成设置。

使用鼠标绘制表格

　　Word 2019 提供了"绘制表格"功能，可以帮助用户绘制不规则表格，以及带有斜线表头的表格。

　　（1）打开"插入"选项卡，在"表格"功能组中单击"表格"按钮，从弹出的下拉菜单中选择"绘制表格"选项。

　　（2）当鼠标指针显示为笔的形状时，将光标定位在要插入表格的起始位置，然后按住鼠标左键拖动，待到合适的大小后，释放鼠标即可绘制表格的边框。

　　（3）在表格边框的任意位置单击，选择一个起点，按住鼠标左键不放并拖动，可以绘制表格中的行线和列线；在一个单元格中选择一个起点，按住鼠标左键向对角方向拖动，可绘制一个斜线表格，如图6-4所示。

图6-4　绘制斜线表格

　　（4）如果在绘制过程中出现错误，可以切换到"表格工具"的"布局"选项卡，单击"绘图"功能组中的"橡皮擦"按钮，或按住 Shift 键不放，当鼠标指针变成橡皮形状时，直接单击错误线条，即可删除。

　　（5）绘制完成之后，按 Esc 键退出表格绘制模式。

6.1.2　选定表格区域

　　要对表格或者表格中的部分区域进行操作，首先要选定操作区域。选择的区域不同，操作方法也不同。

1. 选取整个表格

将光标置于表格中的任意位置，表格的左上角和右下角将出现表格控制点。单击左上角的控制点⊞，或右下角的控制点□，即可选取整个表格，如图 6-5 所示。

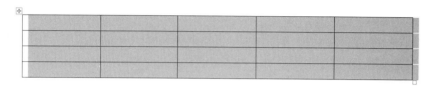

图 6-5　使用鼠标选取整个表格

2. 选取单元格

❖ 选取单个单元格：将鼠标指针置于单元格的边缘，当指针变为黑色实心箭头时单击。
❖ 选取多个连续单元格：将鼠标指针置于第一个单元格的左边缘，当指针变为黑色实心箭头时，按住左键拖动到最后一个单元格。

提示：

　　选取连续的多个单元格区域的方法是，先选中第一个单元格，然后按住 Shift 键单击另一个单元格，则以两个单元格为对角顶点的矩形区域内的所有单元格都将被选中。

❖ 选取多个不连续单元格：选中第一个要选择的单元格后，按住 Ctrl 键的同时单击其他单元格。

3. 选取行

❖ 选取一行：将鼠标指针移到某行的左侧，当指针变为白色箭头时单击。
❖ 选取连续的多行：将鼠标指针移到某行的左侧，当指针变为白色箭头时，按住鼠标左键向下或向上拖动，即可选取连续的多行。
❖ 选取不连续的多行：选中第一行后，按住 Ctrl 键分别选取其他行。

4. 选取列

❖ 选取一列：将鼠标指针移到某列的顶部，当指针变为黑色箭头时单击。
❖ 选取连续的多列：将鼠标指针移到某列的顶部，当指针变为黑色箭头时，按住鼠标左键拖动。
❖ 选取不连续的多列：选中第一列后，按住 Ctrl 键单击其他列的顶部。

6.1.3　修改表格结构

默认创建的表格通常不符合设计需要，需要根据实际情况插入或删除一些行、列或者单元格，或者合并、拆分单元格。

1. 插入行、列、单元格

（1）将光标定位于表格中需要插入行、列或者单元格的位置。

（2）打开"表格工具 / 布局"选项卡，在如图 6-6 所示的"行和列"功能组中选择需要的按钮即可。或者在光标定位后右击，从弹出的快捷菜单中选择"插入"选项，在其级联菜单中选择相应的选项，如图 6-7 所示。

如果在如图 6-7 所示的快捷菜单中选择"插入单元格"命令，可以打开如图 6-8 所示的"插入单元格"对话框，在这里可以选择插入单元格的方式。

如果要删除单元格、行或列，则选中相应的表格元素之后，在如图 6-6 所示的"行和列"功能组中单击"删除"下拉按钮，弹出如图 6-9 所示的下拉菜单。根据需要选择相应的命令即可。

图 6-6　"行和列"功能组

图 6-7　"插入"级联菜单

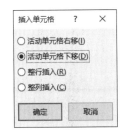

图 6-8　"插入单元格"对话框

图 6-9　"删除"下拉菜单

提示： 　　选取某个单元格后，按 Delete 键只能删除该单元格中的内容，不会从结构上删除单元格。在"删除单元格"对话框中选中"删除整行"/"删除整列"选项，可以删除包含选定的单元格内容在内的整行 / 整列单元格。

2. 合并单元格

（1）选定要进行合并操作的单元格。

（2）打开"表格工具 / 布局"选项卡，在"合并"功能组中单击"合并单元格"按钮，或者右击，在弹出的快捷菜单中选择"合并单元格"命令。

合并单元格后，原来单元格的列宽和行高合并为当前单元格的列宽和行高，如图 6-10 所示。

3. 拆分单元格

（1）选定要进行拆分操作的单元格。

（2）打开"表格工具 / 布局"选项卡，单击"合并"功能组中的"拆分单元格"按钮，或者右击，在弹出的快捷菜单中选择"拆分单元格"命令，弹出如图 6-11 所示的"拆分单元格"对话框。

图 6-10　合并单元格效果图

图 6-11　"拆分单元格"对话框

（3）指定拆分操作后的行数和列数。

如果选择了多个单元格，可以选中"拆分前合并单元格"复选框，则进行拆分操作前将先合并选定的单元格，再按照设置拆分合并后的单元格，如图 6-12 所示。

原表格　　　　　将单元格 1 拆分为 1 列 2 行　将单元格 1、2、3、4 拆分为 4 列 1 行

图 6-12　"拆分单元格"效果图

（4）单击"确定"按钮关闭对话框。

6.1.4　调整行高和列宽

创建表格时，表格的行高和列宽都是默认值，根据操作需要可以调整表格的行高与列宽。Word 2019 提供了多种调整表格行高与列宽的方法。

图 6-13　拖动鼠标调整行高

1. 使用鼠标拖动进行调整

将鼠标指针移到需要调整行高的行的下边框上，当指针变为双向箭头形状 ↕ 时，按下鼠标左键拖动到合适的位置后释放，如图 6-13 所示，整个表格的高度会随着行高的改变而改变。

将鼠标指针移到需要调整列宽的列的边框上，当指针变成双向箭头形状 ↔ 时，按下鼠标左键拖动到合适位置即可。

> **提示：** 调整列宽时，按住 Ctrl 键拖动鼠标，则边框左边一列的宽度发生变化，边框右边的各列也发生均匀的变化，而整个表格的总体宽度不变；按住 Shift 键拖动鼠标，则边框左边一列的宽度发生变化，整个表格的总体宽度随之改变。

2. 自动调整行高和列宽

将插入点定位在表格中，打开"表格工具/布局"选项卡，在"单元格大小"功能组中单击"自动调整"按钮，从如图 6-14 所示的下拉菜单中选择相应的选项，即可便捷地调整表格的行与列。

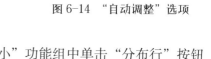

图 6-14　"自动调整"选项

❖ 根据内容自动调整表格：表格的列宽根据表格中内容的宽度而改变。

❖ 根据窗口自动调整表格：表格的宽度自动变为页面的宽度。

❖ 固定列宽：列宽不变，内容宽度超出列宽时自动换行。

如果希望表格中的所有行高、所有列宽都能均分，在"单元格大小"功能组中单击"分布行"按钮 ⊞，或者"分布列"按钮 ⊞ 即可。

如果对表格尺寸的精确度要求较高，可以使用"表格属性"对话框精确设置行高与列宽，具体操作方法如下。

（1）将光标定位在需要调整的行或者列中的任意单元格内。

（2）打开"表格工具/布局"选项卡，单击"单元格大小"功能组右下角的"功能扩展"按钮 ⬓，弹出"表格属性"对话框。

（3）在"行"选项卡中，选中"指定高度"复选框，输入行高度，如图 6-15 所示。单击"上一行"或"下一行"按钮可以选定上一行或下一行进行操作。

（4）切换到"列"选项卡，选中"指定宽度"复选框，并输入列宽，如图 6-16 所示。单击"前一列"或"后一列"按钮可以选定前一列或后一列进行操作。

（5）单击"确定"按钮完成操作。

图6-15 "行"选项卡

图6-16 "列"选项卡

表头跨页显示

默认情况下，同一表格占用多个页面时，表头（即标题行）只在首页显示，其他页面均不显示，从而影响阅读。如果希望表格分页后每页的表格自动显示标题行，可以进行如下操作。

（1）将光标置于表格的标题行中右击，从弹出的快捷菜单中选择"表格属性"命令，打开"表格属性"对话框。

（2）切换到"行"选项卡，选中"在各页顶端以标题行形式重复出现"复选框，如图6-17所示。

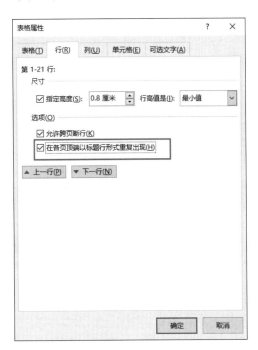

图6-17 选中"在各页顶端以标题行形式重复出现"复选框

（3）单击"确定"按钮关闭对话框。

6.1.5　设置单元格边距和间距

单元格边距是指单元格中正文与上、下、左、右边框线的距离。单元格间距则是指单元格与单元格之间的距离，默认为零。

设置单元格边距和间距的操作方法如下。

（1）将光标置于表格的任一单元格中右击，从弹出的快捷菜单中选择"表格属性"命令，打开"表格属性"对话框。

（2）在"表格"选项卡中单击"选项"按钮，弹出如图 6-18 所示的"表格选项"对话框。

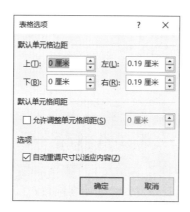

图 6-18　"表格选项"对话框

（3）在"上""下""左""右"框中分别输入要设置的单元格边距。

（4）选中"允许调整单元格间距"复选框，然后输入要设置的单元格间距。

（5）单击"确定"按钮完成操作。

6.1.6　美化表格外观

创建表格后，通常还需要对表格进行美化。Word 2019 内置了丰富的表格样式，提供现成的边框和底纹设置，可以很便捷地美化表格。

打开"表格工具 / 设计"选项卡，单击"表格样式"下拉按钮，在弹出的下拉列表框中选择需要的外观样式，如图 6-19 所示，即可应用指定的表格样式。

如果样式列表中没有合适的样式，还可以自定义表格边框和底纹。

1. 设置表格边框

表格的边框包括整个表格的外边框和内部单元格的边框线。选中表格，切换到"表格工具 / 设计"选项卡中如图 6-20 所示的"边框"功能组。单击"边框"功能组中的各项按钮，可以快速设置表格边框。

"边框样式"按钮：单击该按钮弹出如图 6-21 所示的边框样式下拉列表，从中可以选择边框的颜色、线型和粗细，还可以直接利用"边框取样器"快速为边框应用设置好的边框效果。

"笔样式"下拉列表：单击该按钮可以选择一种笔样式，如图 6-22 所示，此时鼠标指针变成笔状，按住鼠标左键不放，同时在需要修改样式的边框线上划动，松开鼠标左键，即可修改表格的线条样式。

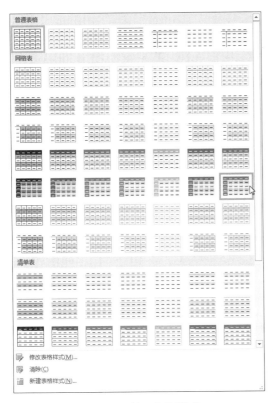

图 6-19 使用表格样式

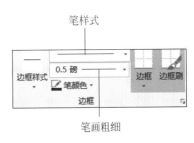

图 6-20 "边框"功能组

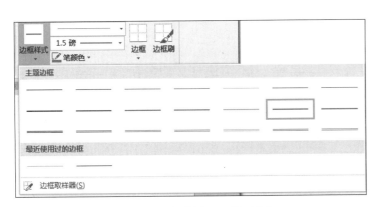

图 6-21 "边框样式"下拉列表框

图 6-22 "笔样式"下拉列表框

　　"笔划粗细"按钮：单击该按钮，从弹出的下拉列表框中可以选择不同磅值的笔划，如图 6-23 所示。此时鼠标指针变成笔状，按住鼠标左键不放，同时在需要修改的表格框线上划动，松开鼠标左键即可修改表格边框的线宽。

　　"笔颜色"按钮：单击该按钮，在弹出的下拉列表框中可以选择一种边框颜色，如图 6-24 所示。

　　"边框"按钮：单击该按钮，在弹出的下拉列表框中可以指定边框应用的位置，如图 6-25 所示。

　　使用"边框和底纹"对话框也可以设置表格的边框，操作方法与设置段落边框的方法基本相同，不同的是在"应用于"下拉列表框中可以指定边框应用的对象为"单元格"或"表格"，如图 6-26 所示。

2. 设置表格底纹

　　选中表格，切换到"表格工具 / 设计"选项卡，在"表格样式"功能组中单击"底纹"下拉按钮 ▼，在如图 6-27 所示的下拉列表框中选择一种底纹颜色。

图 6-23 "笔划粗细"下拉列表框

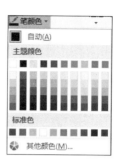

图 6-24 "笔颜色"下拉列表框

图 6-25 边框下拉列表框

图 6-26 "应用于"下拉列表框

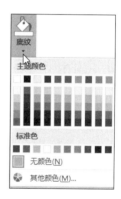

图 6-27 "底纹"下拉列表框

通过"边框和底纹"对话框也可以设置表格的底纹，操作方法与设置段落底纹的方法基本相同，不同的是在"应用于"下拉列表框中可以指定底纹应用的对象为"单元格"或"表格"。

上机练习——制作会议记录表

本节练习利用 Word 2019 制作一张会议记录表，通过对操作步骤的详细讲解，读者可以掌握创建表格、选定表格元素、修改表格结构，以及调整行高和列宽的操作方法。

6-1 上机练习——制作会议记录表

首先插入一个多行多列的表格，通过合并和拆分单元格操作创建基本布局。然后选择多个有相同格式的单元格，设置单元格中文本的字体和字号，以及对齐方式。最后在表格底部添加一行单元格，最终效果如图 6-28 所示。

操作步骤

（1）新建一个空白的 Word 文档，并输入文档标题文本。选中文本，设置字体为"黑体"，字号为"小一"，段落对齐方式为"居中"，如图 6-29 所示。

为使标题文本与表格之间有一定间距，可以设置文本的段后距。

（2）选中文本，单击"段落"功能组右下角的扩展按钮，在打开的"段落"对话框中，设置文本的段后间距为"1 行"，然后单击"确定"按钮关闭对话框。

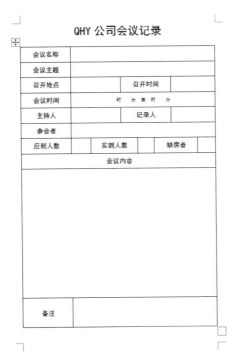

图 6-28　会议记录表

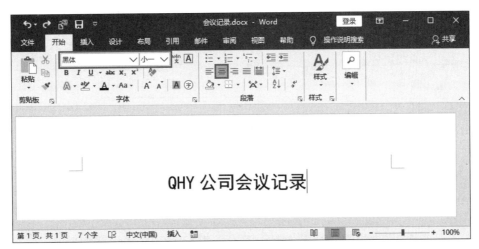

图 6-29　输入标题文本并格式化

（3）按 Enter 键换行，切换到"插入"选项卡，单击"表格"按钮，在弹出的下拉菜单中选择"插入表格"命令，然后在弹出的对话框中设置表格列数为 3，行数为 9，如图 6-30 所示。

（4）单击"确定"按钮，即可插入指定行数和列数的表格，如图 6-31 所示。

（5）选中第一行第二列和第三列的单元格，在"表格工具 / 布局"选项卡中单击"合并单元格"按钮，将选中的两列单元格合并为一个单元格。采用同样的方法合并其他单元格，效果如图 6-32 所示。

（6）在第一行第一列的单元格中按下鼠标左键向下拖动到第七行第一列单元格，释放鼠标，然后按下 Ctrl 键，在第八行左侧单击，即可选中多个单元格。在"开始"选项卡中设置单元格内容的字体为"黑体"，字号为"四号"，且水平居中对齐，效果如图 6-33 所示。

图 6-30　"插入表格"对话框

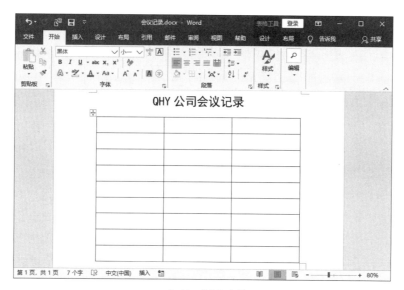

图 6-31　插入表格

图 6-32　合并单元格后的效果

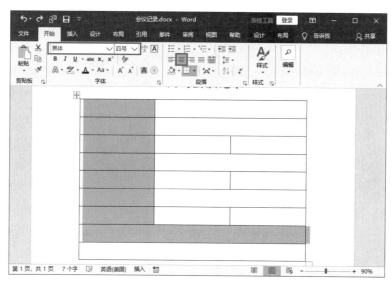

图 6-33　选中多个单元格并格式化

（7）在图 6-33 选中的单元格中依次输入文本，如图 6-34 所示。

接下来根据要填入的记录内容拆分单元格。

（8）选中第三行第三列的单元格，在"表格工具 / 布局"选项卡中单击"拆分单元格"按钮，在弹出的"拆分单元格"对话框中，设置拆分后的列数为 2，行数为 1。单击"确定"按钮，即可将选中的单元格合并为两列单元格，效果如图 6-35 所示。按照同样的方法，将第五行第三列拆分为两个单元格。

图 6-34　在单元格中输入文本　　　　　　　　图 6-35　拆分单元格的效果

（9）选中第七行第二列和第三列的单元格，单击"拆分单元格"按钮，在弹出的"拆分单元格"对话框中，设置拆分后的列数为 5。单击"确定"按钮，即可将选中的两列单元格拆分为五列单元格，如图 6-36 所示。

（10）将鼠标指针移到第三行第二列单元格右侧的边框线上，当指针变为双向箭头时，按下鼠标左键向左拖动，调整单元格的列宽。采用同样的方法，根据单元格中将填入的内容调整其他单元格的列宽，结果如图 6-37 所示。

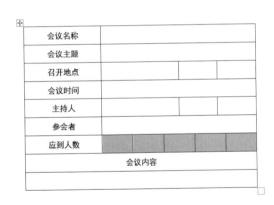

图 6-36　拆分单元格的效果　　　　　　　　图 6-37　调整单元格列宽后的效果

（11）单击表格左上角的控制点 ⊞ 选中整个表格，在"表格工具 / 布局"选项卡的"对齐方式"功能组中单击"水平居中"按钮，如图 6-38 所示，使表格中的文本在单元格中居中显示。

（12）选中第一行第二列单元格，在"开始"选项卡中设置字体为"宋体"，字号为"五号"。然后双击"剪贴板"功能组中的"格式刷"按钮，在除最后一行以外的其他空白单元格中单击，复制格式后，在第四行第二列单元格中输入文本，如图 6-39 所示。

（13）将鼠标指针移到表格最后一行的下边框上，当指针变为双向箭头时按下鼠标左键向下拖动，调整单元格高度，效果如图 6-40 所示。

（14）将光标定位在最后一行单元格右侧，按 Enter 键，将自动在单元格下方添加一行高度与之相同的单元格。按照上一步的方法调整单元格的行高，效果如图 6-41 所示。

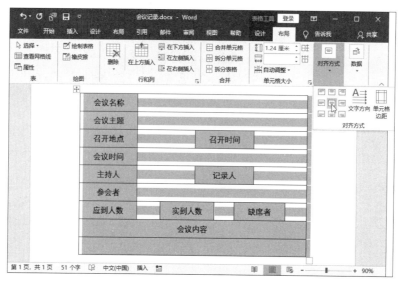

图 6-38　设置单元格内容的对齐方式

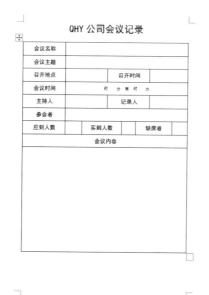

图 6-39　设置单元格格式并输入文本

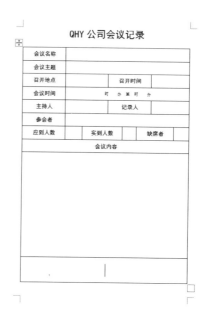

图 6-40　调整单元格高度　　　　　　　　图 6-41　插入行并调整行高

（15）选中最后一行单元格，单击"拆分单元格"按钮，在弹出的"拆分单元格"对话框中，设置拆分后的列数为2。然后设置单元格内容的格式，并输入文本，最终效果如图6-28所示。

转换表格和文本

在Word 2019中，可以将输入好的文本转换成表格，也可以把编辑好的表格转换成文本。

 注意　要将文本转换为表格，首先需要格式化文本，即把文本中的每一行用段落标记隔开，每一列用分隔符（逗号、空格、制表符等其他特定字符）分开，否则系统将不能正确识别表格的行列分隔，从而发生错误。

将格式化以后的文本转换成表格，可以按照如下步骤操作。

（1）选定要转换为表格的文本。示例文本如图6-42所示，文本的每行用段落标记符隔开，列用空格进行分隔。

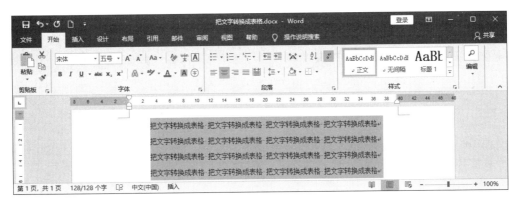

图6-42　"文字转换成表格"示例文本

（2）单击"插入"选项卡，在"表格"功能组中单击"表格"按钮，在弹出的下拉菜单中选择"文本转换成表格"命令，弹出"将文字转换成表格"对话框，并根据所选文本自动填充相应的参数，如图6-43所示。

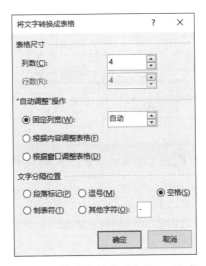

图6-43　"将文字转换成表格"对话框

（3）根据需要设置转换参数。

❖ 表格尺寸：根据段落标记符和列分隔符自动填充"行数"和"列数"文本框，用户也可以根据需要进行修改。

❖ "自动调整"操作：设置列宽和表格宽度的自动调整方式。选择"固定列宽"单选按钮可以为所有列指定宽度；选择"根据内容调整表格"单选按钮可以根据每列中的文本宽度自动调整列宽；选择"根据窗口调整表格"单选按钮可在文档窗口的宽度发生更改时自动调整表格宽度。

❖ 文字分隔位置：选择将文本转换成行或列的位置。选择段落标记指示文本要开始的新行的位置。选择逗号、空格、制表符等特定的字符指示文本分成列的位置。

（4）单击"确定"按钮返回文档，即可将选中文本转换成表格，如图6-44所示。

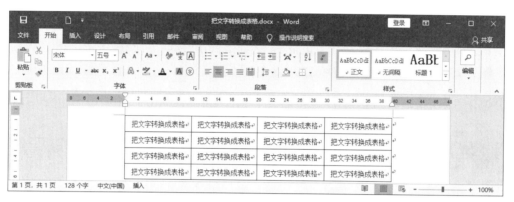

图 6-44 空格符分隔的文字转换成表格

提示：　　　在输入文本内容时，若要以逗号分隔文本内容，则逗号必须在英文状态下输入。如果连续的两个分隔符之间没有输入内容，则转换成表格后，两个分隔符之间的空白将转换成一个空白的单元格。

将表格转换为文本，可以去除表格线，仅将表格中的内容按原来的顺序提取出来，但是会丢失一些特殊的格式。

（5）在表格中选定要转换成文字的部分单元格，或整个表格。

提示：　　　如果将光标置于表格中的任意位置进行转换，会将整个表格转换为文本。

（6）选择"表格工具 / 布局"选项卡，在"数据"功能组中单击"转换为文本"按钮，打开如图6-45所示的"表格转换成文本"对话框。在该对话框的"文字分隔符"选项区中，选择合适的文字分隔符。

❖ 段落标记：每个单元格的内容以段落标记进行分隔。

❖ 制表符：每个单元格的内容以制表符进行分隔，每行单元格的内容为一个段落。

❖ 逗号：每个单元格的内容以逗号进行分隔，每行单元格的内容为一个段落。

❖ 其他字符：输入特定字符用作分隔符。

❖ 转换嵌套表格：将嵌套表格中的内容也转换为文本。

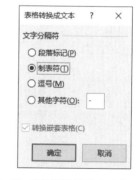

图 6-45 "表格转换成文本"对话框

（7）单击"确定"按钮，返回文档，就可以看到表格转换成文本的效果。分别选中段落标记、制表符、逗号和其他字符（-）为分隔符的转换效果如图6-46所示。

文字转换成表格↵	文字转换成表格	文字转换成表格	文字转换成表格	文字转换成表格↵
文字转换成表格↵	文字转换成表格	文字转换成表格	文字转换成表格	文字转换成表格↵
文字转换成表格↵	文字转换成表格	文字转换成表格	文字转换成表格	文字转换成表格↵
文字转换成表格↵	文字转换成表格	文字转换成表格	文字转换成表格	文字转换成表格↵

"制表符"分隔格式

文字转换成表格，文字转换成表格，文字转换成表格，文字转换成表格↵
文字转换成表格，文字转换成表格，文字转换成表格，文字转换成表格↵
文字转换成表格，文字转换成表格，文字转换成表格，文字转换成表格↵
文字转换成表格，文字转换成表格，文字转换成表格，文字转换成表格↵

"逗号"分隔格式

文字转换成表格-文字转换成表格-文字转换成表格-文字转换成表格↵
文字转换成表格-文字转换成表格-文字转换成表格-文字转换成表格↵
文字转换成表格-文字转换成表格-文字转换成表格-文字转换成表格↵
文字转换成表格-文字转换成表格-文字转换成表格-文字转换成表格↵

"段落标记"分隔格式　　　　　　　　"其他字符"分隔格式

图 6-46　不同分隔符文本效果

6.2　使 用 插 图

为了使文档更加美观、具有表现力，可以在其中使用插图对象，例如图片、形状、SmartArt 图形和图表。在 Word 2019 中，不仅可以很方便地插入各种插图对象，还可以利用相应的选项卡调整图形图像的大小、样式、色彩等格式。

6.2.1　插入图片

在 Word 2019 中，不仅可以插入计算机系统中收藏的图片，还可以从网络提供的联机图片中导入图片，甚至可以使用屏幕截图功能直接从屏幕中截取图片。

将光标插入点定位到需要插入图片的位置，切换到"插入"选项卡，在"插图"功能组中可以看到插入图片的三种功能按钮：图片、联机图片和屏幕截图，如图 6-47 所示。

（1）"图片"按钮🖼️：单击该按钮打开如图 6-48 所示的"插入图片"对话框，从中选择需要的图片，单击"插入"按钮，即可将图片插入到文档中。

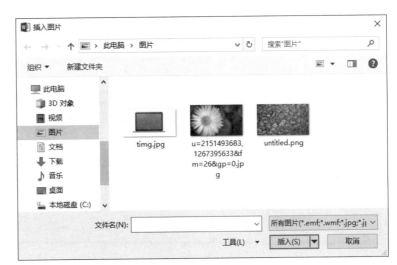

图 6-47　插入图片的 3 个按钮　　　　　　图 6-48　"插入图片"对话框

（2）"联机图片"按钮🖼️：单击该按钮打开如图 6-49 所示的"在线图片"对话框，可以搜索、筛选指定分类、大小、类型、布局、颜色的图片。

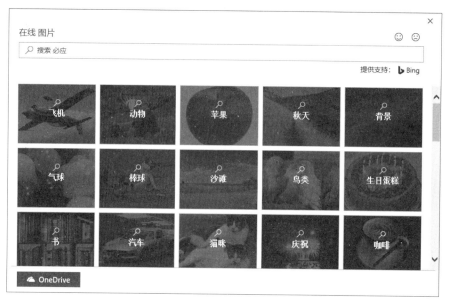

图 6-49 "在线图片"对话框

（3）"屏幕截图"按钮 ：单击该按钮，在弹出的下拉列表框中的"可用的视窗"选项区以缩略图的形式显示当前所有活动窗口，单击即可截取指定的窗口，并插入文档中。选择"屏幕剪辑"选项，当前文档窗口自动缩小，进入屏幕剪辑状态，按住鼠标左键不放，拖动鼠标截取区域，选中的区域将高亮显示，如图 6-50 所示。松开鼠标左键，则 Word 自动将截取的屏幕图像插入文档中。

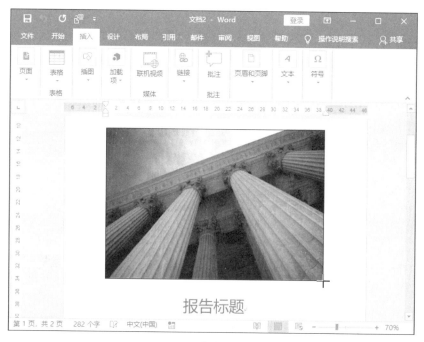

图 6-50 选中截取区域

6.2.2 编辑图片

在文档中插入图片后，通常还需要对图片的大小、角度和显示外观进行调整。

1. 调整大小和角度

使用鼠标可以快速、便捷地调整图片的大小和角度。

（1）选中图片，图片四周出现控制手柄o，顶部显示旋转手柄，如图 6-51 所示。

（2）将鼠标指针停放在圆形控制手柄上，当指针变成双向箭头时，按住鼠标左键拖动，即可改变图片的大小。

选中图片后，在菜单功能区可以看到"图片工具 / 格式"选项卡，在"大小"功能组中可以对图片的宽度和高度进行精确调整。

（3）将鼠标指针移到旋转手柄 上，此时指针显示为 ，按住鼠标左键拖动到合适角度后释放，可以旋转图片，如图 6-52 所示。

图 6-51　选中图片　　　　　　　　　　　　图 6-52　旋转图片

在"图片工具 / 格式"选项卡的"排列"功能组中，单击"旋转"按钮 ，在弹出的下拉菜单中可以选择需要的旋转角度，如图 6-53 所示。

单击"其他旋转选项"命令，在打开的"布局"对话框中可以精确地设置图片的大小和旋转角度，如图 6-54 所示。

图 6-53　"旋转"下拉菜单

图 6-54　"布局"对话框

2. 删除图片背景

如果图片背景的风格或颜色与文档的主体风格不符，用户不需要启动其他图片处理软件，在 Word 2019 中就可以轻松去除图片中的背景。具体操作方法如下。

（1）选中需要删除背景的图片，切换到"图片工具／格式"选项卡，单击"调整"功能组中的"删除背景"按钮，系统自动使用颜色标识要删除的背景区域，如图 6-55 所示。

（2）单击"优化"功能组中的"标记要保留的区域"按钮，利用绘图方式标记出需要保留的背景区域，如图 6-56 所示。

（3）单击"优化"功能组中的"标记要删除的区域"按钮，利用绘图方式标记出需要删除的背景区域。

（4）绘制完毕后，在"背景消除"选项卡的"关闭"功能组中单击"保留更改"按钮，完成背景删除，效果如图 6-57 所示。

图 6-55　标识背景区域

图 6-56　标记要保留的区域

图 6-57　删除背景效果图

3. 设置艺术效果

在 Word 2019 中，可以轻松实现为图片添加艺术效果。选中需要设置艺术效果的图片，在"图片工具／格式"选项卡中的"调整"功能组中单击"艺术效果"按钮，在如图 6-58 所示的下拉列表框中选择需要的艺术效果选项即可。

应用一种艺术效果后，在如图 6-58 所示的下拉列表框中单击"艺术效果"选项，可以在文档窗口右侧打开如图 6-59 所示的"设置图片格式"面板。在这里，用户可以修改艺术效果。

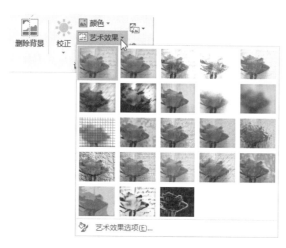
图 6-58　艺术效果下拉列表框

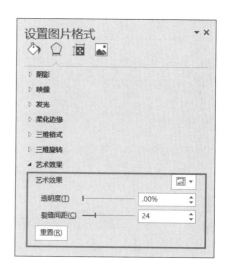
图 6-59　"设置图片格式"面板

4. 应用图片样式

利用 Word 2019 内置的图片样式可以快速创建风格各异的图片。

（1）选中要应用图片样式的图片，切换到"图片工具 / 格式"选项卡，打开如图 6-60 所示的"图片样式"列表。

（2）单击需要的样式，即可应用到图片，如图 6-61 所示。

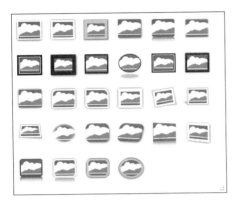

图 6-60　图片样式列表

原图　　　　　　　　　　添加"金属椭圆"图片样式

图 6-61　"图片样式"效果图

如果内置的样式列表中没有合适的图片样式，用户还可以利用"图片工具 / 格式"选项卡中的"图片边框"按钮 、"图片效果"按钮 、"图片版式"按钮 自定义图片样式。

6.2.3　设置图文布局

默认情况下，图片以嵌入方式插入文档中，此时图片的移动范围受到限制。若要自由移动或对齐图片等，可以修改图片的文字环绕方式。

选中需要调整布局的图片，在"图片工具 / 格式"选项卡的"排列"功能组中，单击"环绕文字"按钮，在弹出的下拉菜单中可以选择需要的环绕方式，如图 6-62 所示。

图 6-62　"环绕文字"下拉菜单

❖ 嵌入型：图片嵌入文本某一行中。

❖ 四周型：文字以矩形方式环绕在图片四周。

❖ 紧密型环绕：如果图片是矩形，则文字以矩形方式环绕在图片周围；如果图片是不规则图形，则文字将紧密环绕在图片四周。

❖ **穿越型环绕**：文字穿越不规则图片的空白区域环绕图片。

❖ **上下型环绕**：文字环绕在图片上方和下方，图片的左右不出现文字。

❖ **衬于文字下方**：图片在下，文字在上，文字将覆盖图片。

❖ **浮于文字上方**：图片在上，文字在下，图片将覆盖文字。

❖ **编辑环绕顶点**：用户可以编辑文字环绕区域的顶点，实现更个性化的环绕效果。

选中图片时，图片右上角显示"布局选项"按钮 。单击该按钮，在如图 6-63 所示的下拉列表框中也可以便捷地设置图文布局。

图 6-63　图文布局选项

如果需要更多环绕效果，可在如图 6-62 所示的"环绕文字"下拉菜单中选择"其他布局选项"命令，或在如图 6-63 所示的"布局选项"下拉列表框中单击"查看更多"选项，打开如图 6-64 所示的"布局"对话框进行更多设置。

图 6-64　"布局"对话框

6.2.4　绘制形状

Word 2019 提供了八种类型的内置形状，几乎囊括了常用的图形，利用这些形状可以绘制出各种复杂图形。

（1）选择"插入"选项卡，单击"插图"功能组中的"形状"按钮 ⬚，打开形状下拉列表框，如图 6-65 所示。

（2）在形状列表框中选择需要的形状，鼠标指针显示为十字形。在要绘制的起点处按下鼠标左键拖动，拖到终点时释放鼠标，即可绘制指定的形状。

> 提示：　拖动的同时按住 Shift 键，可以约束形状的比例，或创建规范的正方形或圆形。如果要反复添加同一个形状，可以在形状列表中需要的形状上右击，在弹出的快捷菜单中选择"锁定绘图模式"命令（如图 6-66 所示），即可在文档中多次绘制同一形状，而不必每次都选择形状。按 Esc 键可以取消锁定。

图 6-65　"形状"下拉列表框

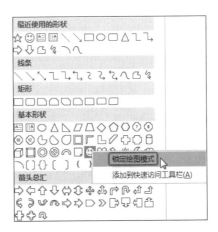

图 6-66　锁定绘图模式

（3）选中绘制的形状，切换到"绘图工具 / 格式"选项卡，在如图 6-67 所示的"形状样式"功能组中设置形状的效果。

图 6-67　"形状样式"功能组

❖ "形状样式"下拉列表框：打开内置形状样式列表，从中选择一种样式应用于形状。

❖ "形状填充"按钮 ⬚：单击该按钮，在弹出的下拉列表框中可以设置形状的填充效果。

❖ "形状轮廓"按钮 ：单击该按钮，在弹出的下拉列表框中可以设置形状的轮廓样式。
❖ "形状效果"按钮 ：单击该按钮，在弹出的下拉列表框中可以设置形状的外观效果，如阴影、发光、映像或三维旋转。

　　绘制一个形状后，Word 2019 自动切换到"绘图工具 / 格式"选项卡，利用其中的"插入形状"功能组可以很方便地在文档中插入其他形状。

使用画布插入形状

　　形状既可以直接插入文档中，也可以插入绘图画布中。将形状插入绘图画布中，可以方便排版和整体删除。

（1）把光标定位到要绘制画布的位置，单击"插入"选项卡中的"形状"按钮 ，在弹出的下拉菜单中选择底部的"新建画布"命令，即可在文档中插入一块与文档宽度相同的画布，如图 6-68 所示。

（2）按照插入形状的方法在画布中插入形状，如图 6-69 所示。

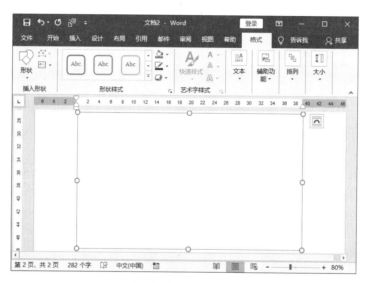

图 6-68　插入画布

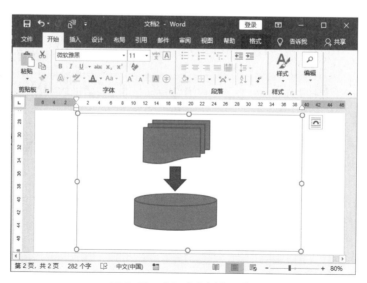

图 6-69　在画布中插入形状

6.2.5　在形状中添加文本

在文档中插入的形状是不包含文字的，通常还需要在形状中添加文本，具体操作步骤如下。

（1）绘制一个形状，或选中一个形状后右击，在弹出的快捷菜单中选择"添加文字"命令，然后输入文本，如图 6-70 所示。

（2）选中文本，在"开始"选项卡中设置字体、段落或对齐方式。设置文本格式后的效果如图 6-71 所示。

图 6-70　输入文本

图 6-71　设置文本格式

 注意　在形状中输入文本以后，文本与形状形成一个整体，如果旋转或翻转形状，文字也会随之旋转或翻转。

6.2.6　使用文本框

文本框可以看作是一种图形对象，可以将文字和其他图形、图片、表格等对象在页面中独立于正文放置，并方便地定位。

Word 2019 提供了多种内置文本框，通过这些文本框可以便捷地制作出美观实用的文档。具体操作方法如下。

（1）打开"插入"选项卡，在"文本"功能组中单击"文本框"下拉按钮，从如图 6-72 所示的下拉列表框中选择一种内置的文本框样式，即可快速将其插入文档的指定位置。例如，选择"花丝引言"，结果如图 6-73 所示。

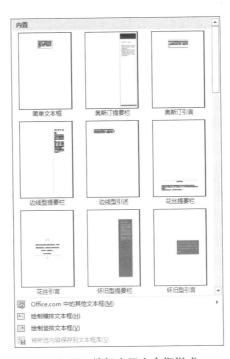

图 6-72　选择内置文本框样式

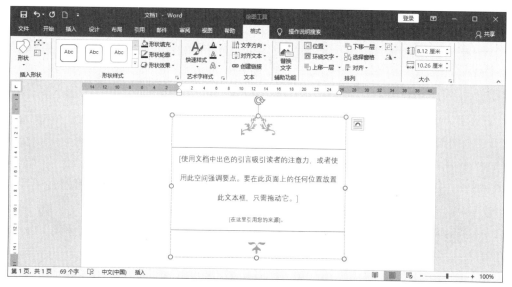

图 6-73　插入"花丝引言"内置文本框效果图

（2）选中文本框中的占位符，按 Delete 键将其删除，然后输入文本或插入图片、图形、艺术字等对象，并设置字符格式和图片、图形、艺术字格式。效果如图 6-74 所示。

提示：　　　当某个文本框处于选中状态时，单击"文本框"按钮，弹出的菜单中不显示内置样式。需单击文本框以外的任意位置取消选中文本框，才可显示内置样式。

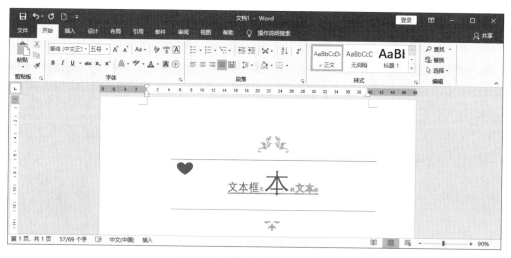

图 6-74　编辑文本框文本内容

除了插入内置的文本框，用户还可以根据实际需要手动绘制横排或者竖排文本框，具体操作方法如下。

（1）打开"插入"选项卡，在文本功能组中单击"文本框"下拉按钮，从弹出的下拉菜单中选择"绘制横排文本框"或"绘制竖排文本框"命令。

这两种文本框的绘制方法相同，不同的是其中的文字排列方向不同。横排文本框中的文字是横排的，竖排文本框中的文字是竖排的。

（2）当鼠标指针变为十字形状时，移到要绘制文本框的起点处，按住鼠标左键拖动到目标位置释放鼠标，即可绘制一个以起始位置和终止位置为对角顶点的空白文本框，如图 6-75 所示。

（3）在文本框中输入文本或其他页面对象，效果如图 6-76 所示。

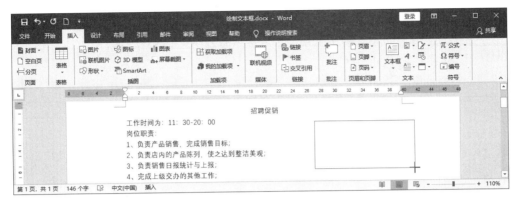

图 6-75　绘制文本框

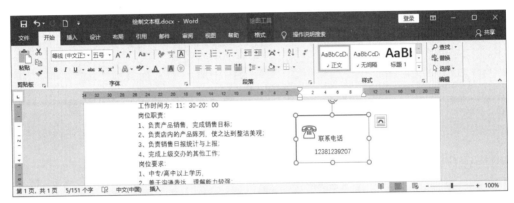

图 6-76　输入文本效果图

绘制文本框以后，如图 6-77 所示的 "绘图工具 / 格式" 选项卡自动被激活，利用该选项卡可以格式化文本框。

图 6-77　"绘图工具 / 格式" 选项卡

❖ 形状样式：用于设置文本框的形状填充、形状轮廓和形状效果。
❖ 艺术字样式：用于设置文本框中文本的填充、轮廓和效果。
❖ 文本：用于设置文本框中文本的方向以及对齐方式。
❖ 排列：用于设置文本框的位置、文本框与文字的环绕方式、文本框的放置层级，以及文本框的对齐方式。
❖ 大小：用于设置文本框的大小。

上机练习——制作 "垃圾分类" 小报

本节练习使用 Word 2019 制作一张关于 "垃圾分类" 的小报，主要涉及图片、形状、文本框的相关知识点。通过对操作步骤的讲解，读者可以进一步掌握在 Word 中绘制并编辑形状、格式化文本框，以及图形环绕文字的操作方法。

6-2　上机练习——制作 "垃圾分类" 小报

设计思路　首先绘制形状，并在形状中添加文本。然后插入文本框，设置文本框的填充样式。接下来输入文本、插入图片。通过为图片设置不同的环绕方式，实现图文混排的布局效果，如图 6-78 所示。

图 6-78　"垃圾分类"小报效果图

操作步骤

（1）新建一个空白的 Word 文档，保存为"垃圾分类 .doc"。打开"插入"选项卡，单击"插图"功能组中的"形状"按钮，在弹出的形状列表中选择"带形：上凸"。然后在文档中按下鼠标左键拖动，绘制形状，如图 6-79 所示。

（2）选中形状，切换到"绘图工具 / 格式"选项卡，单击"形状填充"按钮，设置填充色为绿色；单击"形状轮廓"按钮，设置形状轮廓颜色为黑色，粗细为 1.5 磅，效果如图 6-80 所示。

图 6-79　绘制形状

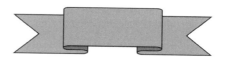

图 6-80　设置形状的填充色和轮廓线

（3）将鼠标指针移到形状底边上的黄色控制手柄上，按下鼠标左键拖动，调整形状的外观，如图 6-81 所示。

（4）右击形状，在弹出的快捷菜单中选择"编辑文字"命令，然后输入文本。选中输入的文本，在弹出的快速格式工具栏中设置字体为"方正舒体"，字号为"小一"，颜色为蓝色，如图 6-82 所示。

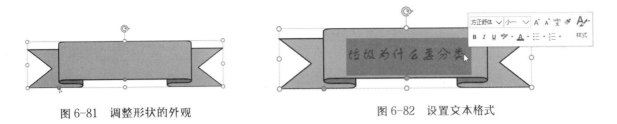

图 6-81　调整形状的外观　　　　　　图 6-82　设置文本格式

（5）单击形状右侧的"布局选项"按钮，在弹出的选项列表中单击"嵌入型"，如图 6-83 所示。

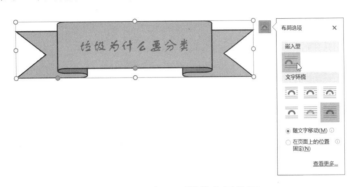

图 6-83　设置形状的布局选项

（6）将定位点插入形状右侧，单击"段落"功能组右下角的扩展按钮，在弹出的"段落"对话框中设置"段后"为"2 行"。单击"确定"按钮关闭对话框后，按 Enter 键换行并输入文本。选中输入的文本，设置字体为"黑体"，字号为"小四"；然后再次打开"段落"对话框，设置"段后"为"0 行"，"行距"为"1.5 倍行距"，效果如图 6-84 所示。

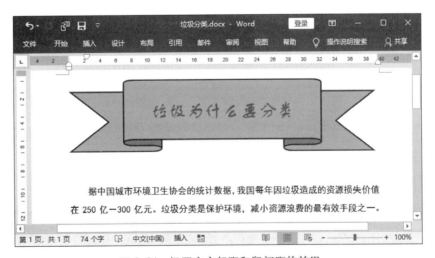

图 6-84　设置文本行距和段间距的效果

（7）在"插入"选项卡"文本"功能组中单击"文本框"下拉按钮，在弹出的下拉菜单中选择"绘制横排文本框"命令，按下鼠标左键拖动，在文档中绘制一个文本框。单击"绘图工具格式"选项卡"形状样式"功能组右下角的扩展按钮，在打开的"设置形状格式"面板中设置填充方式为"渐变填充"，类型为"路径"，然后修改第一个和第二个停止点的颜色为白色，第三个停止点的颜色为蓝色，如图 6-85 所示。

（8）在文本框中输入文本，设置字体为"楷体"，字号为"小三"，字形加粗；然后单击"绘图工具/格式"选项卡"艺术字样式"功能组右下角的扩展按钮，在打开的"设置形状格式"面板中切换到"文本选项"下的"布局分类"，设置"垂直对齐方式"为"中部对齐"，并选中"根据文字调整形状大小"复选框，如图 6-86 所示。

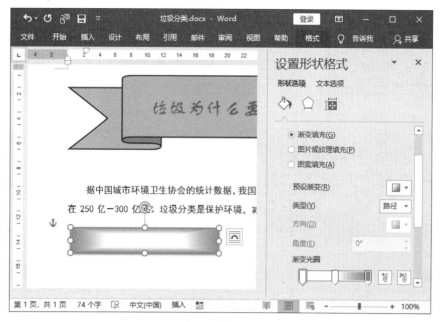

图 6-85　设置文本框的填充样式

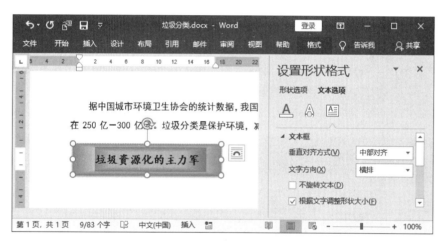

图 6-86　设置文本框属性

（9）单击文本框右侧的"布局选项"按钮,在弹出的选项列表中单击"嵌入型",然后按 Enter 键换行,输入文本,如图 6-87 所示。

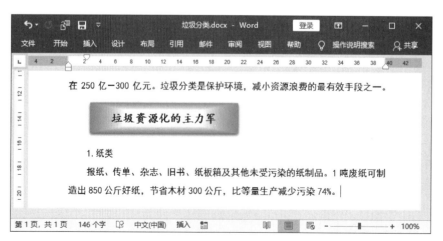

图 6-87　输入文本的效果

（10）将光标定位在文本末尾，在"插入"选项卡中单击"图片"按钮，在弹出的对话框中选择需要的图片，插入图片的效果如图 6-88 所示。

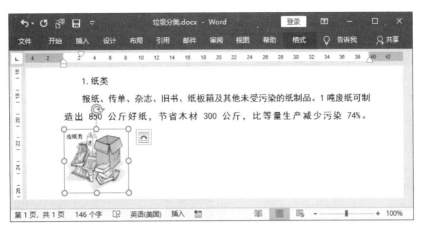

图 6-88　插入图片

（11）单击图片右侧的"布局选项"按钮，在弹出的选项列表中设置文本的环绕方式为"四周型"，然后拖动图片到合适的位置，如图 6-89 所示。

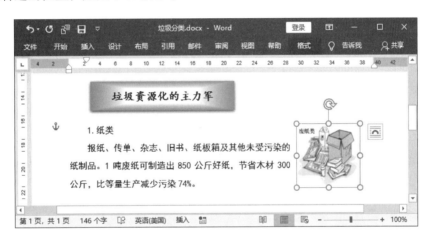

图 6-89　"四周型"环绕方式

（12）将光标定位在文本末尾，按 Enter 键换行，输入其他文本，然后在文本末尾插入三张图片，效果如图 6-90 所示。

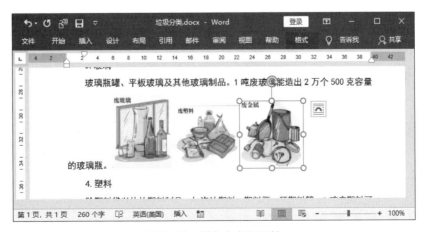

图 6-90　插入文本和图片

（13）分别选中插入的图片，单击图片右侧的"布局选项"按钮，在弹出的选项列表中设置文本的环绕方式，依次为"紧密型环绕""穿越型环绕"和"上下型环绕"。然后将图片拖放到合适的位置，效果如图 6-91 所示。

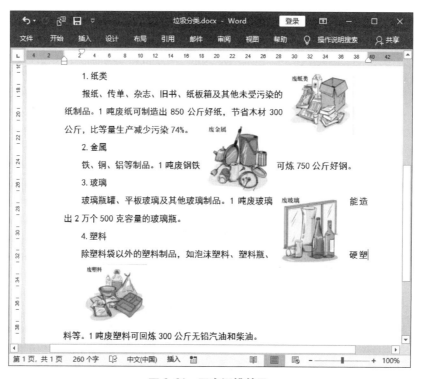

图 6-91　图文混排效果

（14）在文本末尾按 Enter 键另起一行，在"插入"选项卡中单击"图片"按钮，在弹出的对话框中选择需要的图片。然后在"图片工具格式"选项卡的"排列"功能组中单击"环绕文字"下拉按钮，在弹出的下拉菜单中选择"衬于文字下方"命令，如图 6-92 所示。

图 6-92　选择"衬于文字下方"命令

（15）拖动图片到合适的位置，并保存文档。最终效果如图 6-78 所示。

6.2.7　创建 SmartArt 图示

Word 2019 提供了 SmartArt 图形功能，利用一系列内置的视觉表示形式，用户可以轻松制作表示某种关系的逻辑图或组织结构图。

（1）选择"插入"选项卡，在"插图"功能组中单击 SmartArt 按钮 ，弹出如图 6-93 所示的"选择 SmartArt 图形"对话框。

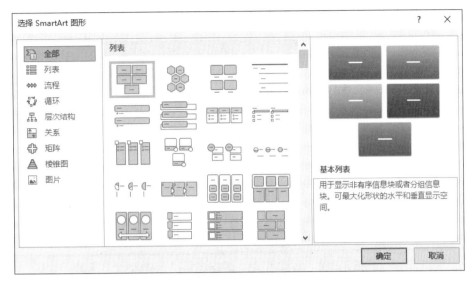

图 6-93 "选择 SmartArt 图形"对话框

- ❖ 列表：用于显示非有序信息或者分组信息。
- ❖ 流程：用于显示任务、流程或工作流中的顺序步骤。
- ❖ 循环：用于显示具有连续循环过程的流程。
- ❖ 层次结构：用于显示层次递进或上下级关系。
- ❖ 关系：用于显示不同对象彼此之间的关系。
- ❖ 矩阵：用于显示各部分与整体之间的关系。
- ❖ 棱锥图：用于显示比例、互连、层次或包含关系。
- ❖ 图片：用于显示以图片表示的构思。

（2）在对话框左侧选择图示类型，在中间的"列表"区域单击需要的布局，单击"确定"按钮，即可在工作区插入图示布局。例如，选择"层次结构"分类中的"组织结构"图，效果如图 6-94 所示。

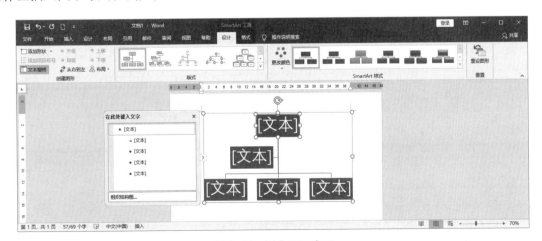

图 6-94 插入图示布局

（3）在文本框中输入图示文本，或者在图示左侧的文本窗格中输入文本，效果如图 6-95 所示。

默认生成的图示布局可能不符合设计需要，通常需要在 SmartArt 图形中添加或删除形状。

（4）单击最靠近要添加新形状的位置的现有形状,然后在 SmartArt 工具"设计"选项卡的"创建图形"功能组中单击"添加形状"按钮,在弹出的下拉菜单中选择形状添加的位置,如图 6-96 所示。

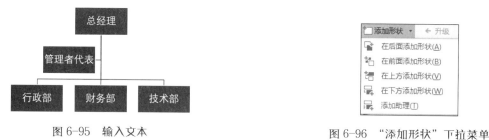

图 6-95　输入文本　　　　　　　　　　　图 6-96　"添加形状"下拉菜单

例如,选择在"技术部"后边添加三个形状,并输入相关文本的效果如图 6-97 所示。

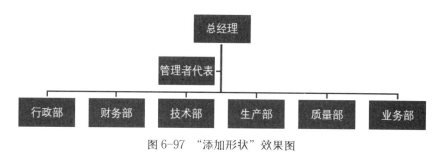

图 6-97　"添加形状"效果图

如果要删除 SmartArt 图形中的某个形状,单击要删除的形状,然后按 Delete 键;如果要删除整个 SmartArt 图形,则单击 SmartArt 图形的边框,然后按 Delete 键。

创建 SmartArt 图形后,用户还可以轻松地改变 SmartArt 图形的配色方案和外观样式。

（5）选中图示,在 SmartArt 工具的"设计"选项卡中单击"更改颜色"按钮,更改图示的主题颜色;在"SmartArt 样式"下拉列表框中单击一种样式,可应用指定的样式效果,如图 6-98 所示。

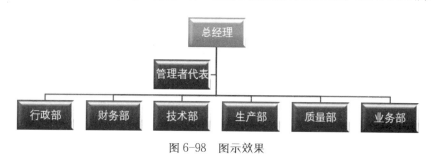

图 6-98　图示效果

（6）切换到 SmartArt 工具的"格式"选项卡,在"艺术字样式"功能组中可以更改文本的显示效果。

6.2.8　制作图表

图表是以图形的方式组织和呈现数据的一种信息表达方式。Word 2019 提供了丰富的图表类型,在文档中使用恰当的图表可以让文档更加直观、形象。

（1）在"插入"选项卡的"插图"功能组中,单击图表按钮 📊 打开如图 6-99 所示的"插入图表"对话框。

（2）在对话框的左侧列表中选择一种需要的图表类型,在右侧栏中选择需要的图表样式,然后单击"确定"按钮,即可在文档中插入图表,同时启动 Excel 2019 应用程序,用于编辑图表中的数据,如图 6-100 所示。

（3）在 Excel 工作表中编辑图表数据,Word 文档窗口中的图表将随之更新。输入完成后,关闭

Excel 窗口。

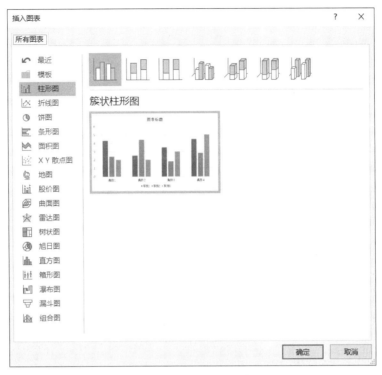

图 6-99 "插入图表"对话框

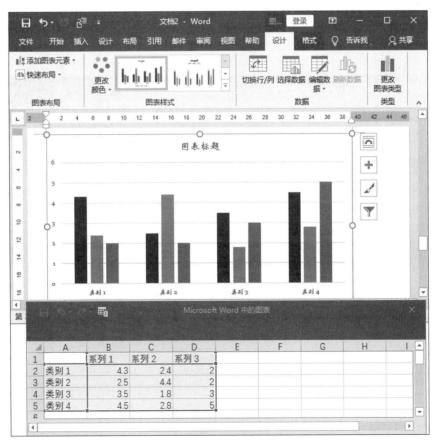

图 6-100 创建图表

图表由许多图表元素构成，在编辑图表之前，读者有必要先认识一下图表的基本组成元素，如图 6-101 所示。

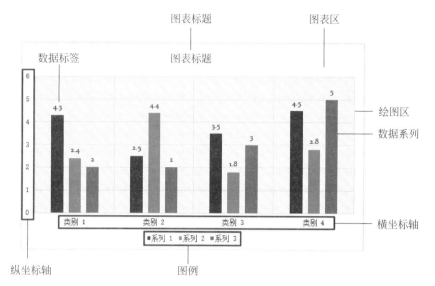

图 6-101　图表的基本组成示例

（4）选中图表，将鼠标指针移至图表四周的控制点上，当指针变为双向箭头时，按下鼠标左键拖动到合适的大小后释放，调整图表的大小。

创建好图表后，通常还需要修改图表的格式，使图表更美观、更易于阅读。Word 提供了许多内置的图表样式，利用这些样式，可迅速对图表进行美化。

（5）选中图表，切换到"图表工具 / 设计"选项卡，在"图表样式"下拉列表框中选择需要的图表样式，所选样式即可应用到图表中，如图 6-102 所示。

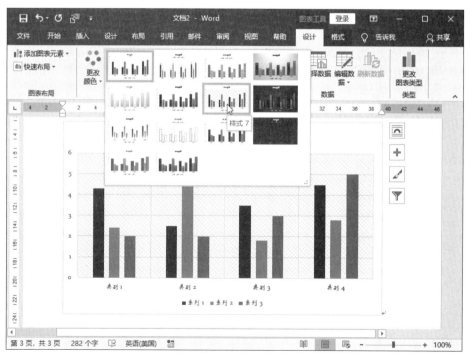

图 6-102　应用图表样式

（6）在"图表样式"功能组中单击"更改颜色"按钮，在弹出的下拉列表框中可以修改数据系列的颜色方案，如图 6-103 所示。

默认情况下，图表区显示为白色，用户可以根据设计需要修改图表的背景和边框。

（7）双击图表的空白区域，打开如图 6-104 所示的"设置图表区格式"面板，在"填充"区域可以设置图表背景的填充样式，在"边框"区域可以详细设置图表边框的样式。

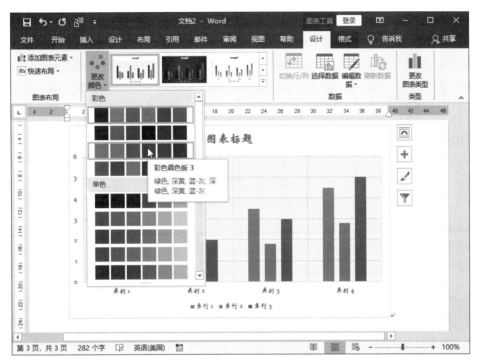

图 6-103　更改数据系列颜色

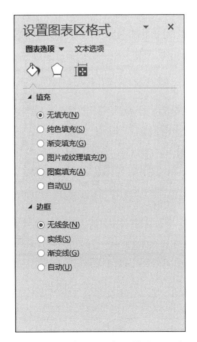

图 6-104　"设置图表区格式"面板

如果发现图表中的数据有误，或者需要在图表中添加或删除数据系列，可以按照以下操作步骤进行修改。

（8）选中图表，切换到"图表工具 / 设计"选项卡，在"数据"功能组中单击"编辑数据"下拉按钮 ▼，在弹出的下拉菜单中选择相应的命令选项，编辑源数据。完成修改后，关闭 Excel 窗口，图表中的数据系列随之更新。

❖ **编辑数据**：在图表的下方打开一个 Excel 窗口，从中修改与当前图表相关联的数据，或插入、删除数据列。

提示：
默认情况下，在 Excel 工作表中添加或删除列，即可在图表中增加或删除对应的数据系列；在 Excel 工作表中添加或删除行，即可增加或删除图表坐标轴中的分类信息。

❖ **在 Excel 中编辑数据**：直接打开与图表数据相关联的 Excel 窗口。

如果要删除图表中的某个数据系列，还可以直接在图表中选择要删除的数据系列，然后右击，在弹出的快捷菜单中选择"删除"命令。读者要注意的是，通过此方法删除数据系列后，在图表对应的 Excel 数据表中仍然可以看到该数据系列对应的数据。

默认情况下，创建的图表中不显示数据标签。在有些实际应用中，显示数据标签可以使图表数据更直观。

（9）选中图表，单击图表右侧的"图表元素"按钮 ➕，在弹出的图表元素列表中选中"数据标签"复选框，即可在图表中显示数据标签，如图 6-105 所示。如果只选中了一个数据系列，则只在指定的数据系列上显示数据标签。

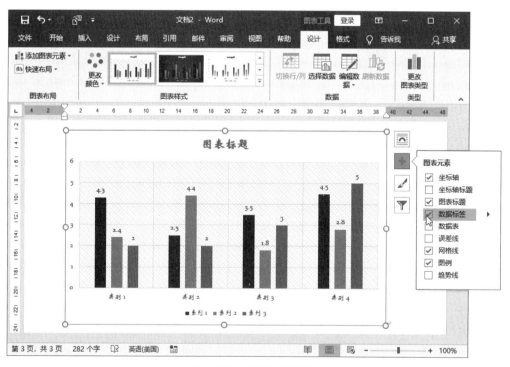

图 6-105　添加数据标签

（10）单击"数据标签"复选框右侧的级联按钮 ▶，在如图 6-106 所示的下拉列表框中可以选择数据标签的显示位置。

如果默认的数据标签不能满足设计需要，则可以在图 6-106 所示的下拉列表框中单击"更多选项"命令，在如图 6-107 所示的"设置数据标签格式"面板中可以自定义数据标签的外观及文本选项。

（11）如果要设置某个图表元素的格式，可以在图表中双击该图表元素，打开对应的设置面板进行设置。

图 6-106　显示数据标签　　　　　图 6-107　"设置数据标签格式"面板

6.3　对齐、排列图形对象

在工作表中插入多个图形对象之后，往往还需要对插入的对象进行对齐、排列以及叠放次序等操作。

6.3.1　对齐与分布

对齐图形可以分为两类，一类是图形与页面对齐，另一类是多个图形对齐。图形与页面对齐又可分为与页面边界对齐和与页边距对齐。所谓分布图形，就是平均分配各个图形之间的间距，分为横向分布和纵向分布两种。

在 Word 2019 文档中设置图形对齐与分布方式的操作方法如下。

（1）按住 Ctrl 或 Shift 键选中要对齐的多个图形对象，如图 6-108 所示。

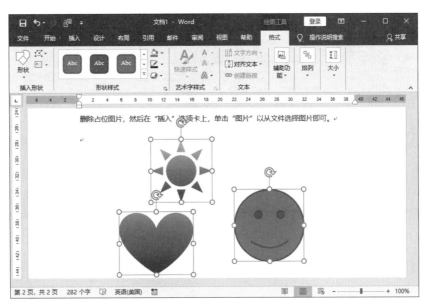

图 6-108　选择对齐对象

（2）在"绘图工具/格式"选项卡中，单击"排列"功能组中的"对齐"按钮![icon]，在如图6-109所示的下拉菜单中择对齐方式。

❖ 左对齐：所有选中的图形对象按最左侧对象的左边界对齐。

❖ 水平居中：所有选中的图形对象横向居中对齐。

❖ 右对齐：所有选中的图形对象按最右侧对象的右边界对齐。

❖ 顶端对齐：所有选中的图形对象按最顶端对象的上边界对齐。

❖ 垂直居中：所有选中的图形对象纵向居中对齐。

❖ 底端对齐：所有选中的图形对象按最底端对象的下边界对齐。

❖ 横向分布：选定的三个或三个以上的图形对象在页面的水平方向上等距离排列。

❖ 纵向分布：选定的三个或三个以上的图形对象在页面的垂直方向上等距离排列。

❖ 对齐页面：选中的图形对象将以整个页面为基准进行对齐。

❖ 对齐边距：选中的图形对象将以页面的边距为基准进行对齐。

❖ 对齐所选对象：以选中的对象为基准进行对齐。

选中不同的对齐参照物，对齐的效果也不同。例如，使用三种不同的对齐参照物时，图6-108中的三个对象左对齐的效果分别如图6-110（a）、（b）、（c）所示。

图6-109　对齐和分布子菜单

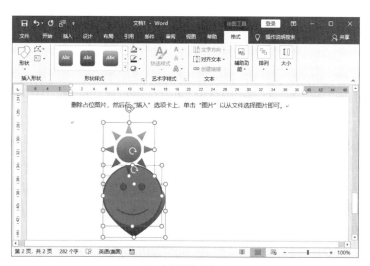

(a) 对齐所选对象

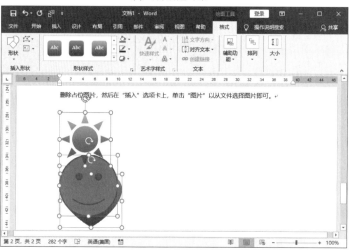

(b) 对齐边距

图6-110　左对齐效果

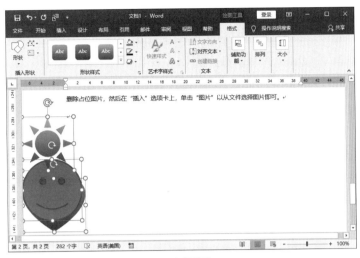

(c) 对齐页面

图 6-110 （续）

6.3.2 叠放图形

如果文档中的图形对象发生重叠，默认情况下，后添加的图形显示在先添加图形的上方，从而挡住下方图形。用户可以根据需要改变它们的叠放层次，具体操作方法如下。

（1）选择要改变层次的绘图对象。

图 6-111 "选择"窗格

如果绘图对象堆叠在一起，不方便选择，可以在"排列"功能组中单击"选择窗格"按钮，打开如图 6-111 所示的"选择"窗格。在这里，用户可以查看当前文档中的所有对象，单击即可选中。

（2）打开"绘图工具 / 格式"选项卡，在"排列"功能区中选择相应的按钮，或右击，从弹出的快捷菜单中选择相应的命令进行设置。

❖ 上移一层：单击该按钮打开如图 6-112 所示的下拉菜单。选择"上移一层"命令，可将选中的图形移动到与其相邻的上方图形的上面；选择"置于顶层"命令，可将选中的图形移动到所有图形的最上面；选择"浮于文字上方"命令，可将选中的图形移动到文字的上方。

❖ 下移一层：单击该按钮打开如图 6-113 所示的下拉菜单。选择"下移一层"命令，可将选中的图形移动到与其相邻的下方图形的下面；选择"置于底层"命令，可将选中的图形移动到所有图形的最下面；选择"浮于文字下方"命令，可将选中的图形移动到文字的下方。

图 6-112 "上移一层"下拉菜单

图 6-113 "下移一层"下拉菜单

此外，使用"选择"窗格中的"上移一层"按钮▲或"下移一层"按钮▼也可以很方便地调整图形的叠放次序。单击按钮还可以修改对象在文档中的可见性。

注意 如果图形的环绕方式为"嵌入型",则无法在"选择"窗格中进行隐藏操作。

6.4 实例精讲——项目规划三折页设计

 本节练习使用 Word 2019 制作一个项目规划方案的三折小册子,通过对操作步骤的详细讲解,读者可掌握使用表格布局页面、将图片裁剪为形状、创建 SmartArt 图形,以及编辑形状、调整图片颜色效果的操作方法。

6-3 实例精讲——项目规划三折页设计

 首先插入一个表格,创建三折页的基本布局;然后插入图片和文本,通过将图片裁剪为形状,形成特殊的图片效果;接下来创建 SmartArt 图形,以独特的图形化形式展示项目特色;最后绘制形状、添加图文,并隐藏表格边框,最终结果如图 6-114 所示。

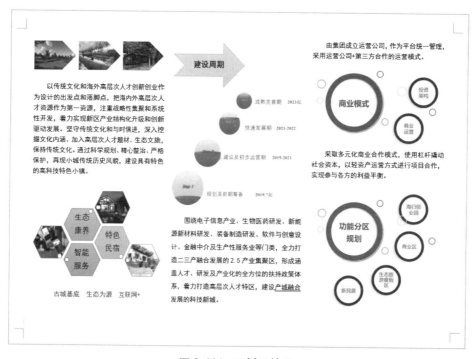

图 6-114 三折页效果

操作步骤

(1)新建一个空白的 Word 文档,在"布局"选项卡中单击"页面设置"功能组右下角的扩展按钮,在弹出的"页面设置"对话框中切换到"页边距"选项卡,设置上边距为 1.2 厘米,其余边距为 1 厘米;然后设置纸张方向为"横向",如图 6-115 所示。单击"确定"按钮关闭对话框。

(2)切换到"插入"选项卡,单击"表格"下拉按钮,在弹出的表格模型中拖动鼠标选中一行三列,然后单击,即可在文档中插入一个一行三列的表格。

(3)将光标定位在表格中,在"表格工具/布局"选项卡的"对齐方式"功能组中单击"单元格边距"按钮,在弹出的"表格选项"对话框中,设置边距为 0 厘米,单元格间距为 0.5 厘米,如图 6-116 所示。

(4)单击"确定"按钮关闭对话框,然后拖动表格的下边框调整单元格的高度,效果如图 6-117 所示。

图 6-115　设置页边距和纸张方向

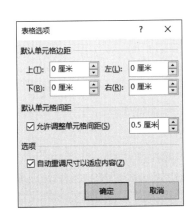

图 6-116　设置单元格边距和间距

图 6-117　设置单元格间距和行高的效果

（5）在第一列单元格中单击，然后单击"插入"选项卡中的"图片"按钮，在弹出的对话框中选择一幅图片插入单元格中。插入的图片默认以原始大小显示，如图 6-118 所示。

（6）选中图片，在"图片工具 / 格式"选项卡中单击"裁剪"下拉按钮，在弹出的下拉菜单中选择"纵横比"命令，然后在级联菜单中的"横向"区域选择"3：2"，如图 6-119 所示。

提示：　　本例中用到的大部分图片比例约为 3：2，所以在这里将图片裁剪为 3：2，方便调整图片大小和对齐。

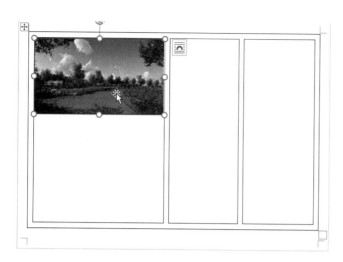

图 6-118　插入图片的效果

图 6-119　设置图片裁剪的纵横比

（7）在"大小"功能组中修改图片的宽度或高度。然后重复步骤（5）和步骤（6）插入其他图片，并修改图片的大小，效果如图 6-120 所示。

（8）选中一张图片，在"图片工具/格式"选项卡中单击"裁剪"下拉按钮，在弹出的下拉菜单中选择"裁剪为形状"命令，然后在弹出的形状列表中选择"箭头：五边形"。采用同样的方法将其他图片裁剪为形状，效果如图 6-121 所示。

图 6-120　插入图片的效果

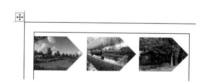

图 6-121　将图片裁剪为形状的效果

（9）将光标放在最后一张图片右侧，按 Enter 键后输入文本。选中文本，单击"开始"选项卡"段落"功能组右下角的扩展按钮，在打开的"段落"对话框中设置首行缩进，段前和段后均为 1 行，行距为 1.2 倍。然后设置字体为"黑体"，字号为"小四"，效果如图 6-122 所示。

（10）在文本的下一行位置单击，然后单击"插入"选项卡中的 SmartArt 按钮，在弹出的对话框中单击"图片"分类，在图形列表中选择"六边形群集"，单击"确定"按钮插入指定的 SmartArt 图形布局，如图 6-123 所示。

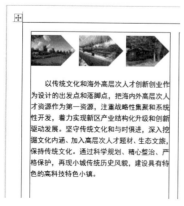

图 6-122　设置文本格式的效果

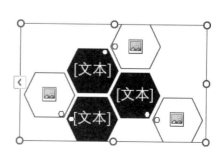

图 6-123　插入的 SmartArt 图形布局

（11）单击文本占位符，输入要显示的文本；单击图片占位符，在弹出的对话框中选择要显示的图像，结果如图 6-124 所示。

（12）单击 SmartArt 图形的边框，在"SmartArt 工具 / 设计"选项卡中单击"更改颜色"下拉按钮，将配色方案修改为"彩色范围 - 个性色 5 至 6"；然后在"SmartArt 样式"下拉列表框中选择"细微效果"，结果如图 6-125 所示。

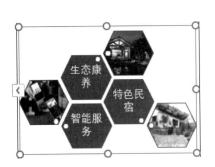

图 6-124　填充文本和图像

图 6-125　格式化 SmartArt 图形的效果

（13）在 SmartArt 图形下方输入文本，并设置文本居中对齐，单倍行距，显示颜色为蓝色。至此，第一栏内容制作完成，如图 6-126 所示。

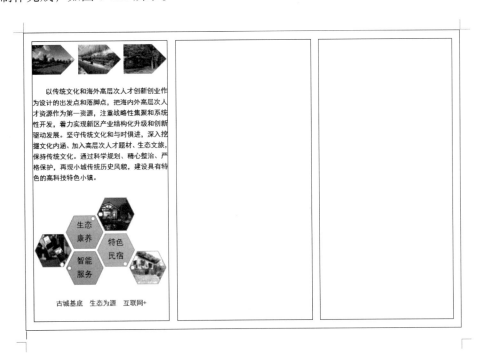

图 6-126　三折页的第一栏效果

（14）在第二列单元格中插入定位点，单击"插入"选项卡中的"形状"下拉按钮，在形状列表中选择"箭头：燕尾形"，按下鼠标左键拖动绘制一个箭头。然后在形状中添加文本，并设置形状和文本的颜色，效果如图 6-127 所示。

图 6-127　格式化形状和文本的效果

（15）在"插入"选项卡中单击"图片"按钮，在弹出的对话框中选择一幅图片插入文档，然后调整图片的大小，效果如图 6-128 所示。

接下来调整图片的颜色效果，使图片与页面整体的色调相融合。

（16）选中图片，在"图片工具/格式"选项卡的"调整"功能组中单击"颜色"下拉按钮，在弹出的颜色效果列表中选择"橙色，个性色 2 浅色"。然后单击"校正"下拉按钮，设置"亮度：−20%对比度：+40%"，效果如图 6-129 所示。

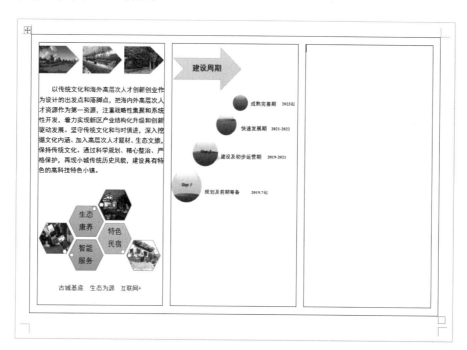

图 6-128　插入图片的效果

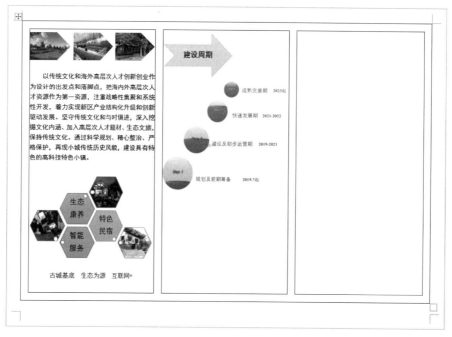

图 6-129　调整图片颜色的效果

（17）按照与上述相同的步骤，在页面中插入图片和文字，效果如图 6-130 所示。

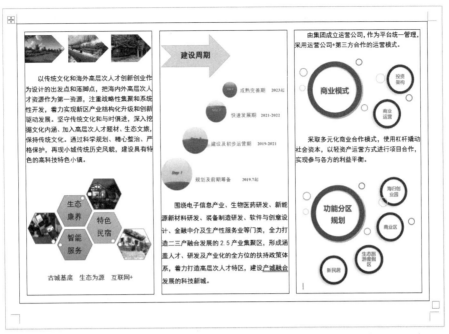

图 6-130　在表格中插入图文

（18）单击表格左上角的控制点 ⊞ 选中整个表格，切换到"开始"选项卡，在"段落"功能组中单击"边框"下拉按钮，在弹出的下拉列表框中选择"无框线"，最终效果如图 6-114 所示。

答 疑 解 惑

1. 怎样将一个表格的尺寸设置为默认的表格大小？

答：在"插入表格"对话框中设置表格大小参数后，选中"为新表格记忆此尺寸"复选框，则再次打开"插入表格"对话框时，将自动显示之前设置的尺寸参数。

2. 怎样在表格的顶端添加空行？

答：如果要在表格顶端加一个非表格的空白行，可以将插入点放置在第一行单元格中或右侧，然后按 Ctrl+Shift+Enter 组合键。

如果表格位于文档的最顶端，一个更为简捷的方法是把插入点放置在第一行第一列单元格的最前面，然后按 Enter 键。

3. 在 Word 2019 进行屏幕截图操作时，进入屏幕剪辑状态后，如果想放弃截图该怎么办？

答：进入屏幕剪辑状态后，如果想放弃截图，可以按 Esc 键退出截图状态。

4. 在利用鼠标调整图片大小时,拖动图片 4 个角的控制点与拖动图片四边中点处的控制点有什么不同？

答：如果拖动图片 4 个角上的控制点,图片会等比例缩放大小；如果拖动图片四条边中点处的控制点,则只能调整图片的高度或者宽度。

学习效果自测

选择题

1. 下列关于表格的说法错误的是（　　　）。

　A. 使用表格模型能创建任意行或列的表格

　B. 利用"插入表格"菜单选项，可以插入指定行数和列数的表格

C. 按住 Alt 键的同时拖动表格右边线或者下边线，可以精确调整表格的列宽和行高

D. 单击左上角的控制点⊞，或右下角的控制点☐，可选取整个表格

2. 选择某个单元格后，按 Delete 键将（　　　）。

    A. 删除该单元格中的内容　　　　　　　　B. 删除整个表格

    C. 取消表格的操作　　　　　　　　　　　D. 打开删除表格的对话框

3. 如果在 Word 2019 的文字中插入图片，则图片只能放在文字的（　　　）。

    A. 右侧　　　　　　　B. 中间　　　　　　　C. 下方　　　　　　　D. 以上均可

4. 下面有关图片操作的说法错误的是（　　　）。

    A. 按住 Shift 键拖动图片角上的控点，可以按照比例改变图片的大小

    B. 按住 Ctrl 键拖动图片角上的控点，可以按照比例改变图片的大小

    C. 可以将多张图片组合在一起进行操作

    D. 可以将图片裁剪为形状

5. 如果要用矩形工具画出正方形，绘制时应按下（　　　）键。

    A. Ctrl　　　　　　　B. Shift　　　　　　　C. Alt　　　　　　　D. Ctrl+Alt

6. 下面有关在 Word 2019 中操作文本框的说法正确的是（　　　）。

    A. 不可与文字叠放　　　　　　　　　　　B. 文字环绕方式多于两种

    C. 随着框内文本内容的增多而增大　　　　D. 文字环绕方式只有三种

第 **7** 章

文档排版技术

本章导读

　　如果一个长文档没有层次感和恰当的页面设置，文字看起来就很散乱，缺乏条理性。Word 2019 提供了许多便捷的工具帮助使用户快速创建结构清晰的长文档，例如，利用页眉页脚添加文档附加信息；运用特殊版式美化版面；使用分隔符组织不同主题的内容；创建目录和索引显示文档的纲要，等等。

学习要点

- ❖ 设置页面布局
- ❖ 设置页眉和页脚
- ❖ 设置特殊版式
- ❖ 使用分隔符划分文档内容
- ❖ 创建书目、索引和参考
- ❖ 实例精讲——旅游杂志版面设计

7.1 设置页面布局

在 Word 文档中，用户可以根据需要对页面进行设置，包括设置纸张大小和方向、页边距、文档背景等属性。

7.1.1 纸张大小和方向

Word 2019 提供了多种纸张大小样式，用户应根据文档内容的多少或打印要求设置纸张的大小和方向。

（1）打开 Word 文档，在"布局"选项卡的"页面设置"功能组中单击"纸张大小"按钮，在弹出的"纸张大小"下拉列表框中可以看到 Word 2019 提供的 13 种纸张大小样式，如图 7-1 所示。

（2）单击需要的样式选项，即可改变默认的纸张大小。如果没有合适的纸张大小，则单击"其他纸张大小"选项打开如图 7-2 所示的"页面设置"对话框，在"纸张大小"下拉列表框中选择"自定义大小"选项，然后分别在"宽度"和"高度"微调框中输入纸张的尺寸，在"应用于"下拉列表框中选中要应用的范围，默认为"整篇文档"。系统默认的纸张方向为纵向，用户可以根据需要修改纸张的方向。

（3）在"布局"选项卡的"页面设置"功能组中单击"纸张方向"按钮，在弹出的下拉列表框中选择纸张方向。

设置的纸张方向默认应用于整篇文档，用户可以单击"页面设置"功能组右下角的功能扩展按钮打开"页面设置"对话框，在"页边距"选项卡中修改纸张方向，并在"应用于"下拉列表框中选择要应用的范围，如图 7-3 所示。

图 7-1 "纸张大小"下拉列表框

图 7-2 "纸张"选项卡

图 7-3 "页边距"选项卡

7.1.2 页边距

页边距是页面的正文区域与纸张边缘之间的空白距离。页边距在文档排版中十分重要，页边距太窄会影响文档的装订，太宽会影响文档的美观且浪费纸张。在进行文档排版时，一般应先设置页边距，然后再进行排版，否则文档内容的版式可能会发生混乱。

Word 2019 提供了几种常用的页边距规格，用户可以直接套用，也可以根据需要自定义页边距。

（1）打开 Word 文档，在"布局"选项卡的"页面设置"功能组中单击"页边距"按钮▥，弹出如图 7-4 所示的页边距下拉列表框，其中包含 5 种内置页边距设置。

（2）单击需要的页边距设置，即可应用该边距样式。

如果下拉列表框中没有合适的页边距设置，可以单击"自定义页边距"选项打开"页面设置"对话框，在如图 7-5 所示的"页边距"选项卡中自定义上、下、左、右的边距。

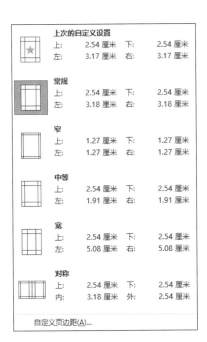

图 7-4　内置页边距尺寸列表

图 7-5　"页边距"选项卡

如果文档需要装订，为了不遮盖住文档中的文字，需要在文档的两侧或顶部添加额外的边距空间，也就是装订线边距。

（3）在"装订线"微调框中设置边距，在"装订线位置"下拉列表框中选择装订的位置，然后在"应用于"下拉列表框中指定设置的页边距应用的范围。

（4）完成设置后，单击"确定"按钮，即可按照指定的尺寸设置文档页边距。

7.1.3　页面背景

在 Word 2019 中，可以为文档添加水印、设置页面的背景填充方式和边框。为文档添加背景可以起到渲染文档的作用，使文档更加美观。

（1）打开"设计"选项卡，在"页面背景"功能组中单击"页面颜色"按钮，打开如图 7-6 所示的"页面颜色"下拉菜单。

（2）选择填充颜色。

❖ 主题颜色、标准色：单击任何一个色块，即可使用指定的颜色填充页面背景。

❖ 无颜色：填充透明色。

❖ 其他颜色：单击该选项打开"颜色"对话框，从中选择颜色，或自定义颜色。

如果觉得纯色背景有些单调，希望使用渐变色、纹理、图案或图片填充页面背景，可以执行下面的操作步骤。

（3）在如图7-6所示的"页面颜色"下拉菜单中单击"填充效果"选项，打开如图7-7所示的"填充效果"对话框，在这里，可以分别设置渐变、纹理、图案和图片填充。

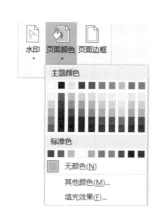

图7-6 "页面颜色"下拉菜单

图7-7 "填充效果"对话框

❖ "渐变"选项卡：在"颜色"选项区指定渐变的颜色，在"底纹样式"选项区选择渐变的方向。

❖ "纹理"选项卡：选择一种纹理作为页面的背景。

❖ "图案"选项卡：选择一种基准图案，并设置图案的前景色和背景色。

❖ "图片"选项卡：选择一个图片文件作为文档的背景。

上机练习——制作读书卡

本节练习使用 Word 2019 制作一张读书卡，重点讲解页面的设置，例如页面的大小、边距、纸张方向和页面背景等，以及一些图片的相关操作。通过这些基本的操作，读者可以自行动手设计出更加美观大方的读书卡。

7-1 上机练习——制作读书卡

首先新建一个空白文档，在"页面设置"对话框中设置纸张大小、页边距以及方向；然后设置页面的背景图像；最后插入内置的文本框，并调整其中的字体和格式，以及文本框的装饰图案，最终效果如图7-8所示。

图 7-8　读书卡效果图

操作步骤

（1）启动 Word 2019，新建一个空白文档，命名为"读书卡 .docx"进行保存。

（2）切换到"布局"选项卡，单击"页面设置"功能组右下角的功能扩展按钮 ，在弹出的"页面设置"对话框中设置纸张宽 27 厘米，高 16 厘米，如图 7-9 所示。

（3）切换到"页边距"选项卡，设置上、下页边距为 3.17 厘米，左、右页边距为 2.54 厘米，然后设置纸张方向为"横向"，如图 7-10 所示。

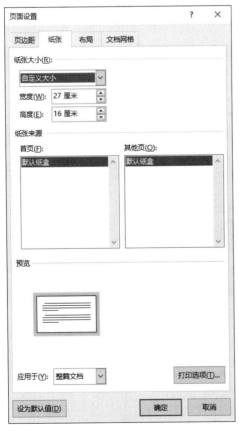

图 7-9　设置纸张大小

图 7-10　设置页边距和方向

（4）切换到"设计"选项卡，在"页面背景"功能组中单击"页面颜色"下拉按钮，在弹出的下拉菜单中选择"填充效果"命令。然后在打开的"填充效果"对话框中切换到"图片"选项卡，单击"选择图片"命令，在弹出的对话框中选择需要的填充图片，如图 7-11 所示。

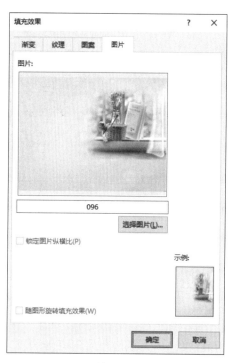

图 7-11　"填充效果"对话框

（5）单击"确定"按钮关闭对话框，即可看到页面填充背景图像的效果，如图 7-12 所示。

图 7-12　设置页面背景的效果

（6）切换到"插入"选项卡，在"文本"功能组中单击"文本框"下拉按钮，在弹出的内置文本框列表中选择"花丝引言"，即可在页面中添加一个指定样式的文本框，如图 7-13 所示。

（7）选中文本框中的占位文本，输入需要的文本内容，并调整文本框的大小和位置，效果如图 7-14 所示。

（8）选中文本框，打开"绘图工具 / 格式"选项卡，在"艺术字样式"功能组中单击"文本填充"按钮，在弹出的下拉列表框中修改文本的颜色为"褐色"。然后选中文本，在"开始"选项卡中设置字体为"等线"，字号为"四号"，效果如图 7-15 所示。

图 7-13 添加"花丝引言"文本框

图 7-14 在文本框中输入内容

图 7-15 设置文本格式的效果

（9）选中文本框顶部的装饰图案，切换到"图片工具 / 格式"选项卡，在"调整"功能组中单击"颜色"下拉按钮,在弹出的下拉列表框中将图案着色修改为"绿色"。然后单击"校正"下拉按钮,调整图案的亮度和对比度。采用同样的方法调整文本框底部图案的颜色效果,最终结果如图7-8所示。

7.1.4 添加水印

水印是指将文本或图片以水印的方式设置为页面背景,可以用于美化文档或声明版权。

Word 2019提供了三大类型共12种内置样式以供用户直接套用,如果内置的水印样式不能满足用户需要,也可以自行设计水印样式。

(1)打开Word文档,切换到"设计"选项卡,在"页面背景"功能组中单击"水印"按钮,打开如图7-16所示的水印样式列表框。

(2)单击需要的水印样式,即可应用到文档中。例如,应用"机密1"水印样式的效果如图7-17所示。

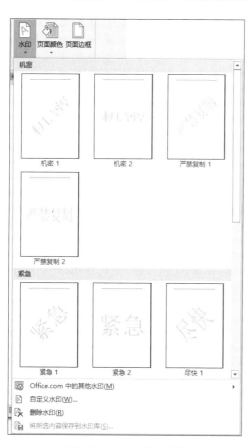

图7-16 内置水印列表框

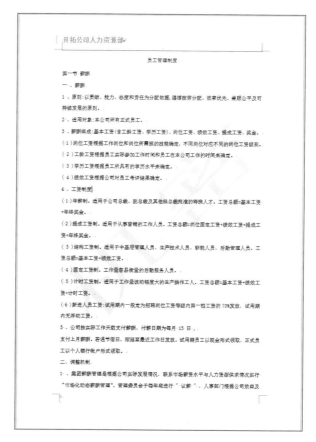

图7-17 应用"机密1"样式的水印效果

如果Word提供的水印样式不能满足实际需要,可以在水印下拉列表框中选择"自定义水印"命令,打开如图7-18所示的"水印"对话框自定义水印样式。

❖ 图片水印:设计图片样式的水印。单击"选择图片"按钮,在打开的"插入图片"对话框中选中要插入的水印图片,单击"插入"按钮返回"水印"对话框,然后在"缩放"下拉列表框中设置图片的缩放。如果希望图片水印清晰显示,取消选中"冲蚀"复选框。

❖ 文字水印:设计文字水印。在"文字"文本框中输入水印内容,然后在其他选项中设置字体、字号、颜色和版式等效果。

如果要删除文档中的水印,可以打开"设计"选项卡,在"页面背景"功能组中单击"水印"按钮,从弹出的菜单中选择"删除水印"命令。

图 7-18 "水印"对话框

7.2 设置页眉和页脚

页眉、页脚是显示在页边距中的图形或文字,分别位于文档页的顶部和底部,通常用于显示文档的附加信息,例如文档名称、章节名称、时间日期或公司徽标,等等。

7.2.1 插入页眉和页脚

(1)打开 Word 文档,在"插入"选项卡的"页眉和页脚"功能组中单击"页眉"按钮,展开页眉列表菜单,可以看到 Word 2019 提供了丰富的页眉样式,如图 7-19 所示。

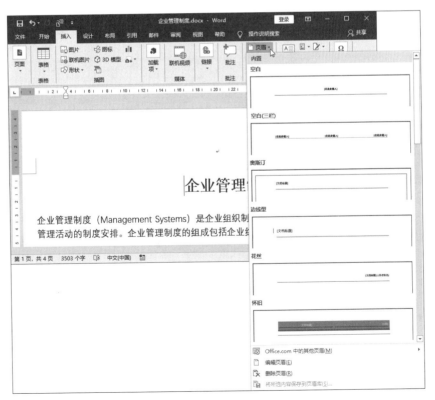

图 7-19 页眉样式列表

（2）单击需要的内置页眉样式，文档自动进入页眉编辑区，并应用相应的页眉样式。例如，选中"运动型（奇数页）"样式的页眉如图 7-20 所示。

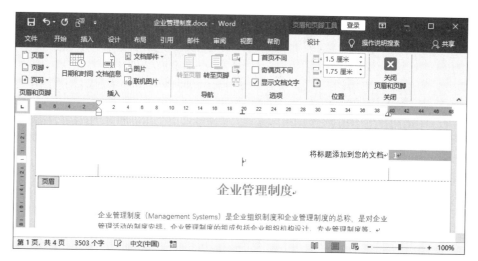

图 7-20 "运动型（奇数页）"页眉样式效果

（3）选中页眉中的占位符，输入页眉文字或插入图形对象。对输入的页眉内容可以像普通文本和图形对象一样进行格式化。

（4）完成页眉内容的编辑后，在"页眉和页脚工具 / 设计"功能组中单击"页脚"按钮，在弹出的页脚下拉列表框中选择需要的样式，然后编辑页脚内容并格式化，如图 7-21 所示。

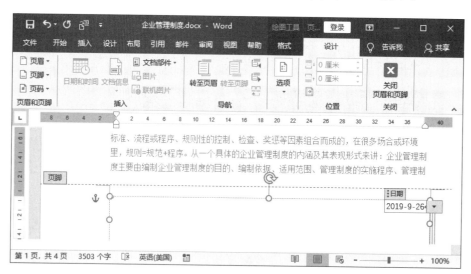

图 7-21 输入并编辑页脚文本格式

（5）完成所有编辑后，在"页眉和页脚工具 / 设计"选项卡的"关闭"功能组中单击"关闭页眉和页脚"按钮，完成设置。

使用内置的页眉页脚样式可能会与其他用户的文档样式雷同，为此用户可以自行设计页眉页脚样式，创建独特的个性页眉页脚。操作步骤如下。

（1）在文档页眉或页脚处双击，激活页眉和页脚编辑区域，并自动切换到如图 7-22 所示的"页眉和页脚工具 / 设计"选项卡。

（2）设置页眉页脚选项。如果需要单独为首页设置不同的页眉、页脚效果，应选中"选项"功能组中的"首页不同"复选框。如果需要为奇偶页创建不同的页眉、页脚,则选中"选项"功能组中的"奇偶页不同"复选框。

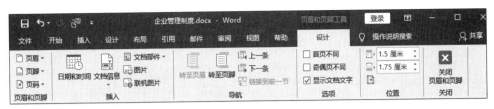

图 7-22　页眉和页脚工具的"设计"选项卡

（3）编辑页眉或页脚内容。根据需要直接单击"插入"功能组中相关的功能按钮，可以插入日期和时间、图片等对象，以及文件路径、属性等文档信息和图文集。创建首页不同的页眉、页脚时，应分别编辑首页和其他页的页眉或页脚效果。创建奇偶页不同的页眉、页脚时，应分别编辑奇数页和偶数页的页眉或页脚效果。

（4）修改页眉或页脚内容的文本或图形属性，操作方法与正文的操作方法相同。

（5）单击"导航"功能组中的"转至页脚"按钮 📄 或"转至页眉"按钮 📄，自动转至当前的页脚或页眉，然后编辑内容。单击"上一条"按钮 📄 或"下一条"按钮 📄，可以在不同的页眉或页脚之间进行导航。

（6）编辑完成后，可以单击"设计"选项卡中的"关闭页眉和页脚"按钮退出编辑界面。奇偶页不同的页眉和页脚效果如图 7-23 所示。

图 7-23　奇偶页不同的页眉和页脚效果

7.2.2　插入页码

页码是显示在文档的每一页上以表明页面次序的编号，用以统计书籍的页数，便于阅读和检索。

在 Word 2019 中插入页码时可以指定页码插入的位置和页码的编号格式，具体操作步骤如下。

（1）打开需要插入页码的 Word 文档，切换到"插入"选项卡，单击"页眉和页脚"功能组中的"页码"按钮，弹出如图 7-24 所示的"页码"下拉菜单。

（2）在下拉菜单中选择页码插入的位置，可以在页面顶端、底端或页边距中，然后在弹出的级联菜单中单击需要的页码样式。

> **提示：** 部分 Word 内置的页眉、页脚样式提供了添加页码的功能，插入页眉、页脚的同时会自动插入页码。

（3）单击"设置页码格式"命令，打开如图 7-25 所示的"页码格式"对话框，设置页码的编号样式。

图 7-24 "页码"下拉菜单

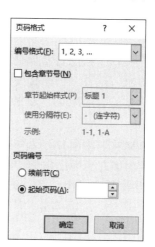

图 7-25 "页码格式"对话框

❖ 编号格式：在预置的 11 种编号格式中选择页码编号样式。

❖ 包含章节号：在添加的页码中包含章节号。在"章节起始样式"下拉列表框中选择包含章节号的级别，然后在"使用分隔符"下拉列表框中选择分隔符。

❖ 页码编号：设置页码的起始值。选中"续前节"单选按钮，则延续上一节的页码续排；选中"起始页码"单选按钮，可以自定义当前的起始页码。

（4）单击"确定"按钮关闭对话框，返回 Word 文档。在"页眉和页脚工具 / 设计"选项卡的"关闭"功能组中单击"关闭页眉和页脚"按钮，即可看到设置页码后的效果。

7.3 设置特殊版式

在报纸、杂志中经常会见到一些带有特殊效果的文档，如首字下沉、文档分栏等，使用 Word 2019 也可以轻松实现这些效果。

7.3.1 首字下沉

首字下沉是突出显示段落中第一个字符的一种独具风格的排版方式，可迅速吸引阅读者的目光。

（1）打开 Word 文档，将光标定位在要设置首字下沉的段落中。

（2）切换到"插入"选项卡，单击"文本"功能组中的"首字下沉"按钮 A，弹出如图 7-26 所示的"首字下沉"下拉菜单。可以看到 Word 2019 提供了两种首字下沉的方式，选择需要的下沉方式。

❖ 下沉：下沉字符紧靠其他的文字，不能随意移动。

❖ 悬挂：下沉的字符可以随意移动位置。

（3）如果需要进一步设置下沉选项，可单击"首字下沉选项"命令，在如图 7-27 所示的"首字下沉"对话框中进行设置。

❖ 位置：设置下沉的方式，在图标中可以看到下沉效果。如果要取消首字下沉效果，则单击"无"选项。

❖ 选项：设置段落首字的字体、文字下沉的行数，以及下沉字符距正文的距离。

（4）完成设置后单击"确定"按钮。

图 7-27 "首字下沉"对话框

图 7-26 "首字下沉"下拉菜单

7.3.2 分栏排版

默认情况下，Word 页面中的内容显示为单栏，使用 Word 的分栏功能可以将版面分成多栏，使版面看起来紧凑、美观。在 Word 2019 中，不仅可以指定栏数、栏宽和栏间距，还可以设置分栏长度。

（1）打开 Word 文档，单击"布局"选项卡"页面设置"功能组中的"栏"按钮，在如图 7-28 所示的下拉菜单中选择相应的分栏选项。

（2）如果要进一步设置分栏方式，则在如图 7-28 所示的下拉菜单中单击"更多栏"命令，打开如图 7-29 所示的"栏"对话框进行设置。

图 7-28 "栏"下拉菜单

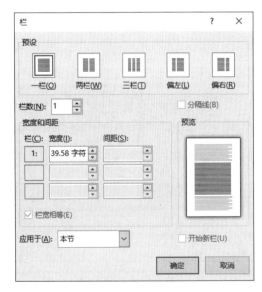

图 7-29 "栏"对话框

❖ 预设：选择一种预置的分栏方式。

❖ 栏数：设置需要的栏数。

❖ 分隔线：设置各栏之间是否显示分隔线。

❖ 宽度和间距：指定每栏的宽度和间距。

❖ 栏宽相等：默认各栏宽度相同，设置第一栏的栏宽，其他栏的宽度会自动调整为与第一栏相等。取消选中该复选框可以分别设置各栏的宽度。

❖ 应用于：选择分栏应用的范围。

（3）单击"确定"按钮完成分栏。

提示: 　　如果希望文档的部分内容多栏显示，其他单栏显示，可以选定需要分栏的文本后，执行上述操作对选定文本进行分栏。

将文档内容分栏后，还可以根据排版需要调整栏的宽度。

注意 　　如果只要调整某一栏的宽度，首先应在如图 7-29 所示的"栏"对话框中取消选中"栏宽相等"复选框，然后进行调整。

（4）显示水平标尺，将鼠标指针移到要改变栏宽的左边界或右边界处，指针变为双向箭头⟷时，按住鼠标左键拖动，此时文档中显示一条黑色的虚线指示边界位置，如图 7-30 所示。释放鼠标左键，即可调整栏宽。

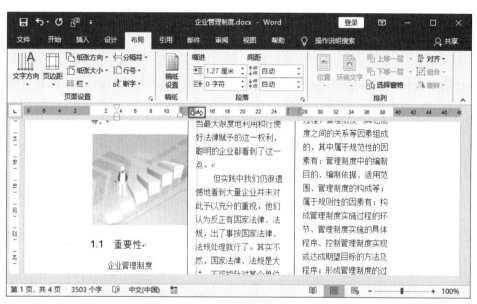

图 7-30　通过拖动鼠标的方式调整栏宽

提示: 　　如果要精确设置栏宽，应在按下鼠标左键拖动的同时按住 Alt 键。

创建等长栏

在对文档内容进行分栏后，常常会出现各栏内容不平衡的局面，有的栏内容很多，而有的栏内容很少，甚至没有内容，如图 7-31 所示，很不美观。通过创建等长栏可以平均分配每一栏的长度，很好地解决这个问题。

（1）将光标定位于需要平衡栏长的文档末尾处，在"布局"选项卡的"页面布局"功能组中单击"分隔符"按钮┝┥。

（2）在弹出的分隔符下拉列表框中选择"分节符"栏中的"连续"选项，各栏即可变为等长，如图 7-32 所示。

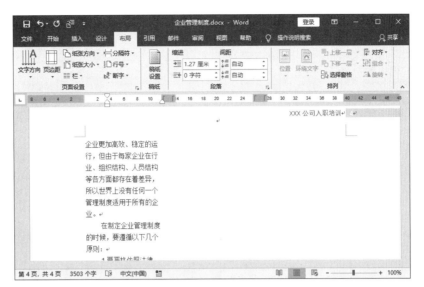

图 7-31　不平均的栏长效果

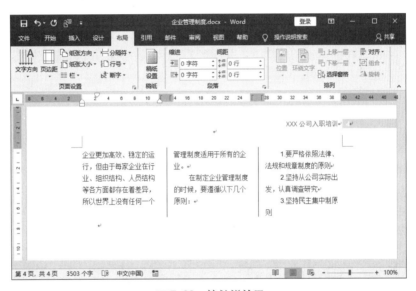

图 7-32　等长栏效果

上机练习——"乌镇"简介

本节练习如何使用中文排版，通过灵活应用纵横混排、合并字符、双行合一等功能，用户可以自行动手设计、制作出别具一格的具有中国特色的文档排版。

7-2　上机练习——"乌镇"简介

首先启动 Word 2019，新建一个名为"乌镇"的文档，在其中输入文本内容，并对文档的字体、字号进行设置。利用"布局"选项卡，在"页面设置"功能组中单击"文字方向"按钮，在弹出的下拉菜单中选择"垂直"命令，将文档中的文字方向变成垂直排版；在"插入"选项卡的"文本"功能组中单击"首字下沉"按钮，在弹出的下拉菜单中选择"首字下沉选项"命令，将文档的首字按照需要进行字体和位置设置；最后利用"开始"选项卡的"段落"功能组中的"中文版式"功能分别对文档中的文本设置"纵横混排""合并字符"效果，最终效果如图 7-33 所示。

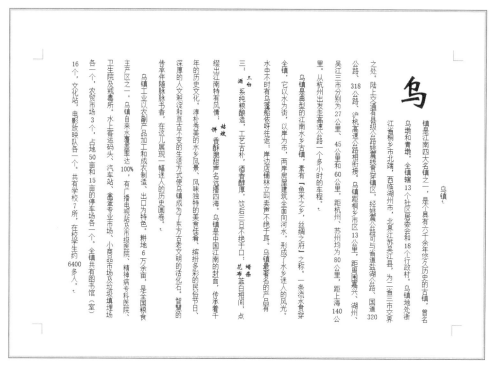

图 7-33 排版效果

操作步骤

（1）在 Word 2019 中新建一个名为"乌镇"的文档，并在其中输入文本内容，然后按 Ctrl+A 组合键，选中所有文本，设置文本的字体为"宋体"，字号为"小四"。

（2）将光标定位到文档任意位置，切换到"布局"选项卡，在"页面设置"功能组中单击"文字方向"按钮，在弹出的下拉菜单中选择"垂直"命令，如图 7-34 示，文档中将以从上至下、从左到右的方式排列诗词内容。

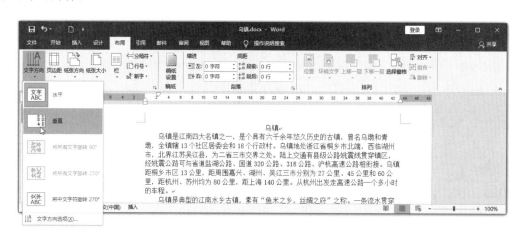

图 7-34 选择"垂直"命令

（3）将光标定位到正文第一段中，切换到"插入"选项卡，在"文本"功能组中单击"首字下沉"按钮，在弹出的下拉菜单中选择"首字下沉选项"命令，如图 7-35 所示。

（4）在弹出的"首字下沉"对话框的"位置"选项区中选择"下沉"选项；在"选项"选项区中在"字体"下拉列表框中选择"华文新魏"选项，在"下沉行数"微调框中输入"3"，在"距正文"微调框中输入"0.5 厘米"，如图 7-36 所示。设置完成后单击"确定"按钮，文本效果如图 7-37 所示。

图 7-35 "首字下沉选项"命令

图 7-36 "首字下沉"对话框

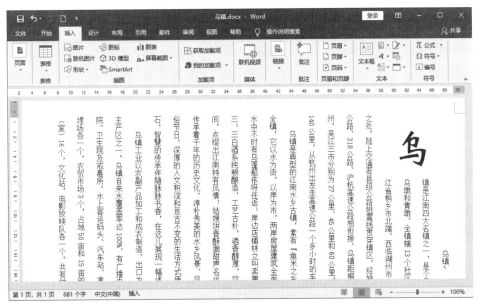

图 7-37 首字下沉

（5）选中文档中的阿拉伯数字"13"，在"开始"选项卡的"段落"功能组中单击"中文版式"按钮，在弹出的下拉菜单中选择"纵横混排"命令，如图 7-38 所示。

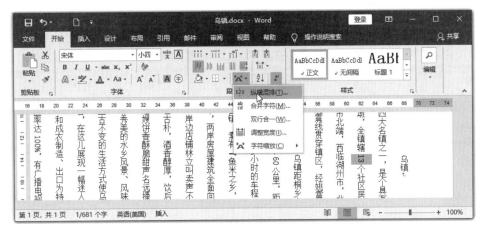

图 7-38 选择"纵横混排"命令

（6）此时系统打开"纵横混排"对话框，如图 7-39 所示，在其中选中"适应行宽"复选框，Word 将自动调整文本行的宽度，单击"确定"按钮。按照同样的方法将剩余文本中的阿拉伯数字进行纵横混排，结果如图 7-40 所示。

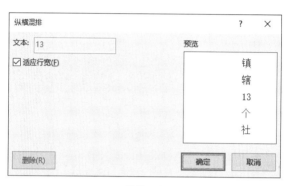

图 7-39 "纵横混排"对话框

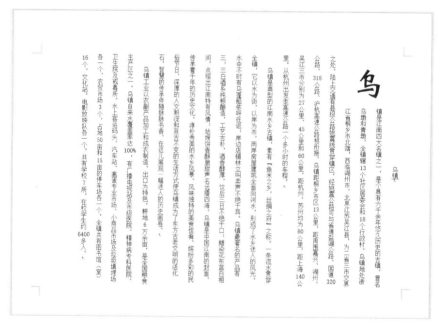

图 7-40 显示纵横混排效果

（7）选中第二段的文本"三白酒"，切换到"开始"选项卡，在"段落"功能组中单击"中文版式"按钮，在弹出的下拉菜单中选择"合并字符"命令，如图 7-41 所示。

图 7-41 选择"合并字符"命令

（8）此时系统打开"合并字符"对话框，在"字体"下拉列表框中选择"华文新魏"选项，在"字号"下拉列表框中选择"12"，如图 7-42 所示，单击"确定"按钮。

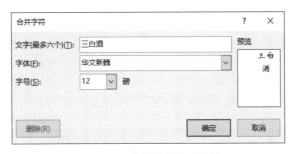

图 7-42　"合并字符"对话框

（9）按照同样的方法对"蜡染花布"和"姑嫂饼"也使用"合并字符"功能，最终结果如图 7-33 所示。

7.4　使用分隔符划分文档内容

在编排长篇文档时，合理地进行分页和分节能使文档结构更清晰。

7.4.1　使用分页符分页

分页符是用于标记一页终止并开始下一页的一种分隔符。默认情况下，当某一页的文档内容到达最后一行的右边界时，会随着文档内容的增加自动进入下一页。如果没有足够的文本行填充，通常需要手动按 Enter 键进入下一页。利用分页符可以一键实现文档内容分隔，精确分页。

（1）打开 Word 文档，将光标插入点定位到需要分页的位置。

（2）打开"布局"选项卡，单击"页面设置"功能组中的"分隔符"按钮，在弹出的下拉菜单中选择"分页符"命令，如图 7-43 所示。

图 7-43　选择"分页符"命令

❖ 分栏符：在分栏文档中，将分栏符之后的内容移至另一栏显示。如果文档为单栏，则效果与分页符相同。

❖ 自动换行符：从指定位置强制换行，并显示换行标记↓。

提示： 将光标定位在需要分页的位置，单击"插入"选项卡"页面"功能组中的"分页"按钮，或直接按 Ctrl+Enter 组合键也可实现分页。

插入分页符后，上一页的内容结尾处会显示分页符标记，如图 7-44 所示。

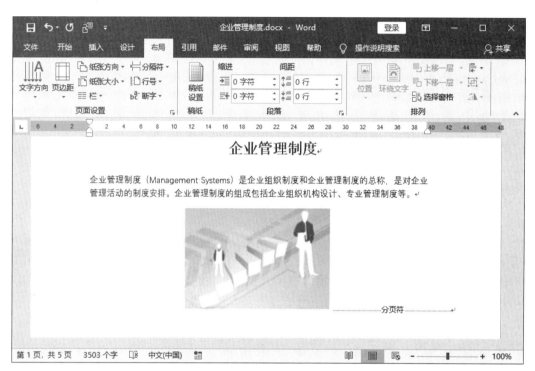

图 7-44 插入"分页符"的效果

7.4.2 使用分节符分节

使用分节符可以将文档内容按结构分为不同的"节"，在不同的"节"使用不同的页面设置或版式。

（1）打开 Word 文档，在需要分节的位置单击插入光标。

（2）切换到"布局"选项卡，单击"页面设置"功能组中的"分隔符"按钮，在如图 7-43 所示的下拉菜单中选择需要的分节符。

❖ 下一页：插入点之后的内容作为新节内容移到下一页。

❖ 连续：插入点之后的内容换行显示，但可设置新的格式或版面，通常用于混合分栏的文档。

❖ 偶数页：插入点之后的内容转到下一个偶数页开始显示。如果插入点在偶数页，则 Word 自动插入一个空白页。

❖ 奇数页：插入点之后的内容转到下一个奇数页开始显示。如果插入点在奇数页，则 Word 自动插入一个空白页。

插入分节符后，上一页的内容结尾处显示分节符的标记。此时，可以对同一文档的前后两节进行不同的版面设置。例如，前后两节设置不同的纸张方向，效果如图 7-45 所示。

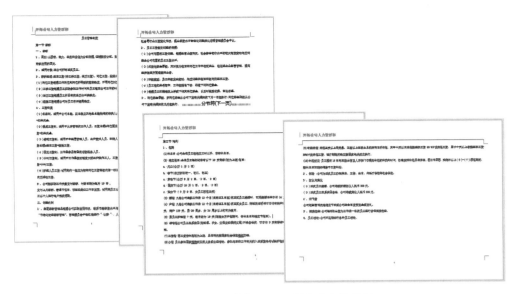

图 7-45　前后两节设置不同纸张方向的效果

7.5　创建书目、索引和参考

在编排长篇文档，尤其是学术类论文时，通常要创建目录以便查阅，摘录文档中的术语或主题并标明出处和页数以便检阅，或添加引用文献的标注以尊重他人的成果版权。这些看似烦琐的操作在 Word 2019 中都能迎刃而解。

7.5.1　创建、更新目录

对于 Word 长篇文档来说，目录是不可或缺的重要组成部分。使用目录可以轻松地在长文档中浏览、定位和查找内容。Word 提供了自动创建目录的功能，如果修改了文档的结构标题，相应的目录可快速自动更新。

（1）选中需要显示在目录中的标题，使用"开始"选项卡"样式"功能组中的样式命令将标题设置为相应的级别。

注意　　Word 依据标题的大纲级别判断各标题的层级，从而创建目录。因此，如果大纲级别设置为"正文文本"，或大纲级别低于目录要包含的级别时，相应的标题不会被提取到目录中。

（2）将光标定位于文档中需要插入目录的位置，一般在文档开头。

（3）单击"引用"选项卡"目录"功能组中的"目录"按钮，在如图 7-46 所示的下拉列表框中选择需要的目录样式，即可插入指定样式的目录。

提示：　　在选择目录样式时，如果选择"手动目录"选项，将在光标插入点插入一个目录模板，此时需要用户手动设置目录中的内容。这种方式效率非常低，不建议用户选择此选项。

如果用户希望自定义目录的标题级别、页码显示方式、制表符前导符等，可在如图 7-46 所示的下拉列表框中选择"自定义目录"命令，然后在如图 7-47 所示的"目录"对话框中进行设置。

- ❖ 显示页码：在目录中自动添加标题所在页的页码。
- ❖ 页码右对齐：设置页码的对齐方式。
- ❖ 使用超链接而不使用页码：使用超链接导航到相应的标题内容。

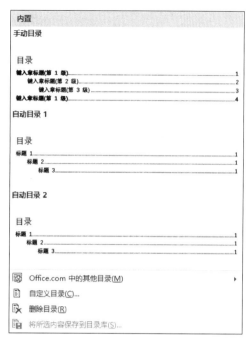

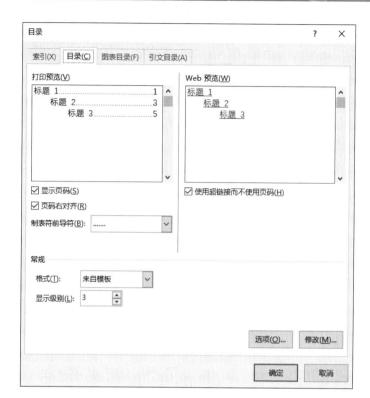

图 7-46　目录下拉列表框 　　　　　　　　　图 7-47　"目录"对话框

❖ **制表符前导符**：设置目录中的标题与页码之间的分隔符。

❖ **格式**：选择一种预置的目录格式。

❖ **显示级别**：指定在目录中显示的标题的最低级别。

❖ **选项**：单击该按钮打开"目录选项"对话框，可以将各级目录和各级标题对应起来。

❖ **修改**：单击该按钮打开"样式"对话框，可以修改各级目录的样式。

（4）设置完成后，单击"确定"按钮，即可插入目录。此时，按住 Ctrl 键单击某条目录，可快速跳转到对应的位置。

如果修改、新增或删除了某些标题，只需对目录执行更新操作，即可使目录结构与文档保持一致。

（5）将光标定位到目录中右击，在弹出的快捷菜单中选择"更新域"命令，或直接按功能键 F9，打开如图 7-48 所示的"更新目录"对话框。

（6）根据需要选择"只更新页码"或"更新整个目录"单选按钮，然后单击"确定"按钮。

图 7-48　"更新目录"对话框

如果文档的标题没有改动，可以选择"只更新页码"单选按钮，只更新目录中的页码；如果修改了文档标题和内容，则选择"更新整个目录"单选按钮，同时更新目录中的标题和页码。

7.5.2　创建、更新索引

索引是一种检寻文档资料的便捷工具，利用它可以将文档中的内容或项目分类摘录，标明页数并按一定次序排列，附在文档之后或单独编印成册，以便读者查阅。

在 Word 2019 中创建索引的具体操作步骤如下。

首先标记索引项，将要索引的内容用代码的形式标记出来。

（1）在文档中选定要标记为索引项的内容，切换到"引用"选项卡，在"索引"功能组中单击"标记条目"按钮，弹出如图 7-49 所示的"标记索引项"对话框。

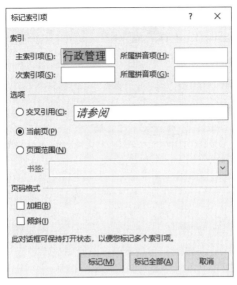

图 7-49 "标记索引项"对话框

（2）"主索引项"文本框中自动填充为选定的文档内容，可以保留默认设置，也可以指定主索引项。如果主索引项为多音字，需要在其后的"所属拼音项"文本框中设置它的正确读音，以便在索引中能正确排序。

同一主索引项可以包含多个次索引项，例如：要查找"社会主义核心价值观"，可以先在索引中找到主索引项"社会主义"，然后找次索引项"核心"和"价值观"。

（3）在"次索引项"文本框中编辑下一级的索引项内容。方法与设置主索引项相同。

（4）在"选项"区域设置索引的显示方式。

如果希望通过指定的文本内容而不是页码进行检索，则选中"交叉引用"单选按钮，并在其后的文本框中输入交叉引用的内容。

如果希望通过对应的页码检索，则选中"当前页"单选按钮。

如果希望通过一个页码范围检索，则选中"页面范围"单选按钮。

注意　　使用这种索引方式需要在指定页码范围的文档中创建书签，然后在"书签"下拉列表框中选中创建的书签。

（5）在"页码格式"选项区设置页码文本的字形，可以加粗或倾斜。

（6）单击"标记"按钮，即可将当前所选文字标记为一个索引项。如果要将所有与所选文字相同的内容标记为索引项，则单击"标记全部"按钮。

（7）重复上面的步骤标记其他索引项。

提示：　　如果要标记的索引项很多，可以不关闭"标记索引项"对话框，在文档中选择要标记的内容后，再次单击"标记索引项"对话框，可以连续标记索引项。

（8）完成所有标记后单击"关闭"按钮关闭"标记索引项"对话框。在文档中可以查看标记索引项的文本，效果如图 7-50 所示。

注意　　图 7-50 是打开了 Word 的"显示编辑标记"功能的显示效果，能在文档中显示索引项的 XE 域代码。在文档中显示 XE 域代码可能会增加额外的页面，从而导致创建的索引页码不正确。建议读者在创建索引之前最好隐藏编辑标记。

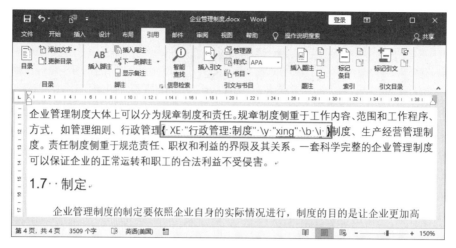

图 7-50　出现索引标记的文本效果

在文档中标记好所有的索引项之后，就可以创建索引了。

（9）将光标定位于文档中需要插入索引的位置，一般位于文档的末尾。单击"索引"功能组中的"插入索引"按钮，弹出如图 7-51 所示的"索引"对话框。

（10）在"类型"选项区选择索引的布局类型，通常多级索引选择"缩进式"；在"栏数"微调框中指定索引中的分栏数；在"语言"下拉列表框中选择索引使用的语言；在"排序依据"下拉列表框中设置索引项的排序依据；然后设置页码对齐方式，指定索引项和页码之间的分隔符。

（11）在"格式"下拉列表框中选择一种索引样式。

使用"来自模板"样式时，单击"修改"按钮可以打开"样式"对话框修改索引项的文字格式。

（12）设置完成后，单击"确定"按钮即可在文档指定位置插入索引。

图 7-51　"索引"对话框

如果创建索引后又修改了文档内容，索引与文档可能不一致，此时需要对索引进行更新。将光标定位在索引内右击，在弹出的快捷菜单中选择"更新域"命令；或者单击"索引"功能组中的"更新索引"按钮；也可以单击选中整个索引，然后按 F9 键更新索引。

对于不需要的索引项，可以选中对应的 XE 域代码，按 Delete 键将其删除。

> **提示：** 如果要删除文档中的所有索引项，可以按 Ctrl+H 组合键打开"查找和替换"对话框，切换到英文输入状态下，在"查找内容"文本框中输入"^d"，"替换为"文本框内留空，然后单击"全部替换"按钮即可，如图 7-52 所示。

图 7-52 "查找和替换"对话框

7.5.3 使用题注

如果长篇文档中包含大量的图片、图表、公式、表格，手动添加编号会非常耗时，而且容易出错。如果后期又增加、删除或者调整了这些页面元素的位置，还需要重新编号排序。使用 Word 2019 提供的题注功能可以为图片、公式、表格等不同类型的对象添加自动编号，修改后还可以自动更新。

（1）选择需要插入题注的对象，例如图片、图表、公式、表格，单击"引用"选项卡"题注"功能组中的"插入题注"按钮 ，打开如图 7-53 所示的"题注"对话框。

此时，"题注"文本框中自动显示题注类别和编号，不要修改该内容。

（2）在"标签"下拉列表框中选择需要的题注标签，"题注"文本框中的题注类别自动更新为指定标签。

如果下拉列表框中没有需要的标签，可以单击"新建标签"按钮，在弹出的"新建标签"对话框的"标签"文本框中输入新的标签。

题注由标签、编号和说明信息 3 部分组成。如果不希望在题注中显示标签，则选中"从题注中排除标签"复选框。

（3）在"位置"下拉列表框中选择题注的显示位置。

（4）单击"编号"按钮，在如图 7-54 所示的"题注编号"对话框中可以修改编号样式，设置编号中

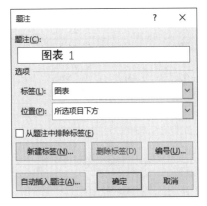

图 7-53 "题注"对话框

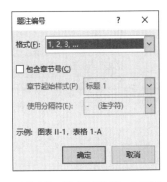

图 7-54 "题注编号"对话框

是否包含章节编号。在"章节起始样式"下拉列表框中可以选择要作为题注编号中第1个数字的样式；在"使用分隔符"下拉列表框中选择分隔符样式。

（5）如果希望插入某种页面对象时自动插入题注，单击"自动插入题注"按钮，在如图7-55所示的"自动插入题注"对话框中选择要自动添加题注的对象，还可以根据需要设置题注的标签和显示位置。

（6）如果创建的标签有误，在"标签"下拉列表框中选中要删除的标签，然后单击"删除标签"按钮。

（7）完成全部设置后，单击"确定"按钮插入题注。

对插入到文档中的题注可以像普通文档一样设置格式和样式。

如果在文档中插入了新的题注，其后所有同类标签的题注编号将自动更新。如果删除了某个题注，可以使用更新域的方法更新其后的所有相关题注。

图 7-55 "自动插入题注"对话框

7.5.4 使用脚注和尾注

脚注和尾注都包含两个部分：注释标记和注释文本。注释标记是标注在需要注释的文字右上角的标号，注释文本是详细的说明文本。

脚注一般显示在每一页的末尾，用于注释文档中难以理解的内容；而尾注通常出现在整篇文档的结尾处，用于说明引用文献的出处。

1. 添加脚注

在 Word 2019 中，一个页面可以添加多个脚注，系统将根据注释标记的位置自动调整注释标记的编号。

（1）将光标定位在需要插入脚注的位置，单击"引用"选项卡"脚注"功能组中的"插入脚注"按钮AB[1]，自动跳转到该页面的底端，如图7-56所示。

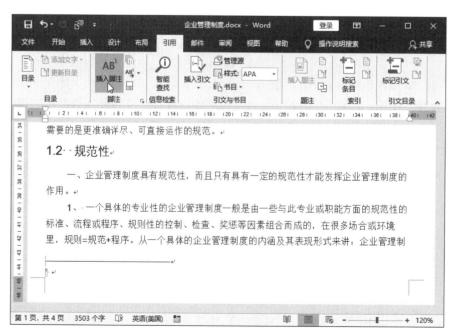

图 7-56 单击"插入脚注"按钮

（2）直接输入脚注的注释内容。

（3）输入完成后，将鼠标指针移到插入脚注的位置，将自动显示脚注文本。

如果要修改脚注格式和布局，继续执行以下操作步骤。

（4）单击"引用"选项卡"脚注"功能组中右下角的"功能扩展"按钮，打开"脚注和尾注"对话框，如图 7-57 所示。

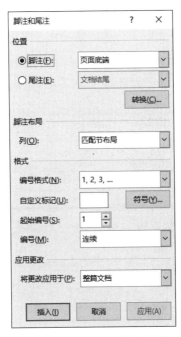

图 7-57 "脚注和尾注"对话框

（5）在"脚注"右侧的下拉列表框中选择脚注的显示位置；在"格式"区域可以修改脚注的编号样式、起始编号以及编号接续的方式。单击"符号"按钮，可以在弹出的"符号"对话框中选择一种特殊符号作为脚注的注释标记。

（6）在"将更改应用于"下拉列表框中选择设置的脚注样式应用的范围，然后单击"应用"按钮完成操作。

（7）如果只是修改脚注的注释文本，直接在脚注区修改文本内容即可。

如果要移动脚注，则选中脚注的注释标记后，按下鼠标左键拖动到所需的位置释放即可。复制脚注与复制文本的操作相同。选中脚注标记后，按 Delete 键可删除脚注。

提示：
移动、复制或删除脚注后，Word 会自动调整脚注的编号，无须手动调整。

2. 添加尾注

与脚注类似，在一个页面中可以添加多个尾注，Word 会根据尾注注释标记的位置自动调整顺序并编号。

（1）将光标置于需要插入尾注的位置，单击"引用"选项卡"脚注"功能组中的"插入尾注"按钮，打开如图 7-58 所示的"脚注和尾注"对话框。

（2）在"尾注"下拉列表框中选择尾注的显示位置，可以在节的结尾，也可以在文档结尾；在"格式"区域设置尾注的编号格式、起始编号和编号接续的方式；在"将更改应用于"下拉列表框中选择设置的尾注格式要应用的范围。

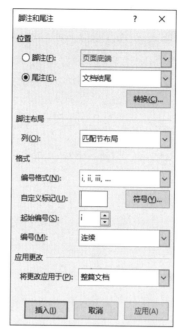

图 7-58　"脚注和尾注"对话框

（3）单击"插入"按钮，Word 将自动跳转到节的末尾或文档末尾，并显示指定的标记，如图 7-59 所示。

（4）输入尾注内容。输入完成后，将鼠标指针移到插入尾注的文本上，将自动显示尾注文本说明。

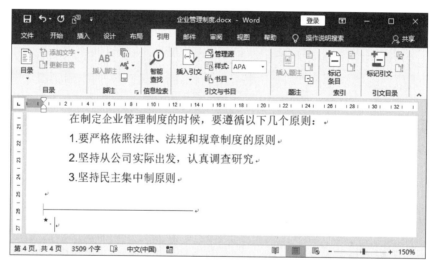

图 7-59　插入尾注标记

修改、移动、复制、删除、更新尾注的方法与脚注相同，在此不再赘述。

7.6　实例精讲——旅游杂志版面设计

本节练习使用 Word 2019 设计旅游杂志的一个版面，通过对操作步骤的详细讲解，读者可掌握设置页面布局、使用分节符划分文档内容、应用首字下沉和分栏创建特殊版式为奇偶页添加不同的页眉和页脚，以及插入页码的操作方法。

7-3　实例精讲——旅游杂志版面设计

设计思路

　　首先设置页面布局，选中"奇偶页不同"选项，以便为不同的页面设置不同的页眉页脚。然后添加图文和分节符，以在连续页面中创建不同风格的版式；接下来对文档内容进行分栏，并设置首字下沉；最后添加页眉、页脚和页码。最终效果如图7-60所示。

图 7-60　版面效果

操作步骤

　　（1）新建一个空白的 Word 文档，在"布局"选项卡中，单击"页面设置"功能组右下角的扩展按钮打开"页面设置"对话框。在"纸张"选项卡中设置页面大小为 A4；在"页边距"选项卡中按图 7-61 所示设置页边距和纸张方向。

　　（2）切换到"布局"选项卡，选中"奇偶页不同"复选框，然后设置页眉和页脚与页面边界的距离，如图 7-62 所示。设置完成后，单击"确定"按钮关闭对话框。

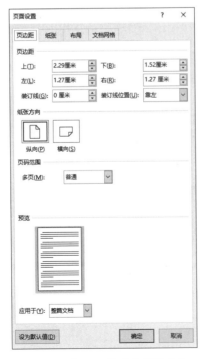

图 7-61　设置页边距和纸张方向

图 7-62　设置页眉和页脚选项

（3）在第一行输入文本"揽尽芳华 /City"，然后为中英文字符设置不同的字体、字号和颜色，效果如图 7-63 所示。

（4）单击"插入"选项卡中的"形状"按钮，在弹出的形状列表中选择"箭头：虚尾"，按下鼠标左键在文档中绘制形状，并修改形状填充色。然后将鼠标指针移到箭头位置的黄色控制手柄上，按下鼠标左键向左拖动，调整箭头的外观，如图 7-64 所示。

图 7-63　格式化文本的效果　　　　　　　　　图 7-64　调整形状的外观

（5）单击形状右侧的"布局选项"按钮🖼，在弹出的布局选项列表中单击"嵌入型"。然后在下一行插入图片，效果如图 7-65 所示。

图 7-65　插入图片的效果

（6）在图片的下一行输入文本。选中文本，在弹出的快速格式工具栏中设置字体为"等线"，字号为"四号"。单击"段落"功能组右下角的扩展按钮，在弹出的"段落"对话框中设置缩进方式为"首行"；在"间距"区域设置段前距为"1 行"，段后距为"0 行"，行距为"1.5 倍行距"，效果如图 7-66 所示。

图 7-66　设置文本段落格式的效果

本例将在下一页采用与当前页面单栏排版不同的双栏版式，因此需要对文档内容进行分节。

（7）将光标定位在文本末尾，切换到"布局"选项卡，在"页面设置"功能组中单击"分隔符"下拉按钮，然后在下拉菜单中的"分节符"列表中选择"下一页"命令，即可在指定位置插入一个分节符，并自动新建一个空白页面。在"段落"功能组中选择"显示 / 隐藏编辑标记"按钮，可看到插入的分节符标记，如图 7-67 所示。

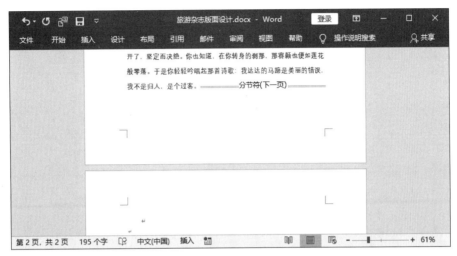

图 7-67　插入"下一页"分节符

（8）在第二页输入文本、插入图片，并设置文本的段落格式和图片的对齐方式，如图 7-68 所示。

图 7-68　第二页的页面效果

（9）选中第二页的所有图文，切换到"布局"选项卡，在"页面设置"功能组中单击"栏"下拉按钮，在弹出的下拉菜单中选择"更多栏"命令，打开"栏"对话框。在"预设"区域选择"两栏"，并选中"分隔线"复选框，如图 7-69 所示。

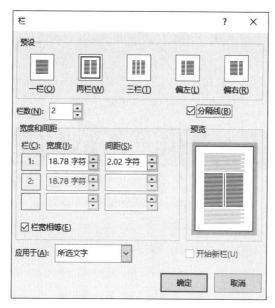

图 7-69 "栏"对话框

（10）单击"确定"按钮关闭对话框，即可将选中的文档内容分为两栏，并显示分隔线，如图 7-70 所示。

图 7-70　分栏效果

（11）将光标定位在第一段文本中，在"插入"选项卡的"文本"功能组中单击"首字下沉"下拉按钮，在弹出下拉菜单中选择"下沉"命令。此时的文档效果如图 7-71 所示。

接下来分别为奇数页和偶数页添加页眉、页脚。

（12）双击文档的页眉位置，进入页眉、页脚编辑窗口，在第一页的页眉位置输入文本并格式化，如图 7-72 所示。

图 7-71　首字下沉效果

图 7-72　设置奇数页的页眉

（13）选中页眉内容及段落标记，在"开始"选项卡的"段落"功能组中单击"边框"下拉按钮，在弹出的下拉菜单中单击"下框线"命令，取消显示页眉中的下框线，效果如图 7-73 所示。

图 7-73　取消显示页眉中的下框线

（14）将光标定位在奇数页的页脚位置，单击"插入"选项卡中的"图片"按钮，在弹出的对话框中选择一幅图像作为页脚。然后在"段落"功能组中单击"左对齐"按钮，效果如图 7-74 所示。

图 7-74　设置奇数页的页脚内容

（15）在"页眉和页脚工具 / 设计"选项卡中单击"下一条"按钮，切换到偶数页页眉。然后单击

"插入"选项卡中的"图片"按钮，在弹出的对话框中选择一幅图像作为页眉，并设置图片右对齐，效果如图 7-75 所示。

图 7-75　设置偶数页页眉

（16）按照与上一步相同的方法，在偶数页页脚中插入图片，并设置图片右对齐，效果如图 7-76 所示。

图 7-76　设置偶数页页脚

（17）在"页眉和页脚工具 / 设计"选项卡中单击"页码"下拉按钮，在弹出的下拉菜单中选择"设置页码格式"命令，打开"页码格式"对话框。在"编号格式"下拉列表框中选择页码格式，然后设置起始页码，如图 7-77 所示。设置完成后，单击"确定"按钮关闭对话框。

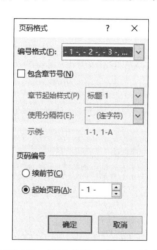

图 7-77　设置奇数页的页码格式

（18）选中奇数页页脚中的图片，单击图片右侧的"布局选项"按钮，设置文字环绕方式为"衬于文字下方"。取消选中图片，在"段落"功能组中单击"居中对齐"按钮，然后单击"页码"下拉按钮，在下拉菜单中选择"当前位置"命令，在弹出的级联菜单中选择一种内置的页码样式，例如"圆角矩形"。效果如图 7-78 所示。

图 7-78　插入奇数页页码

（19）将光标定位在偶数页页脚中，在"页眉和页脚工具／设计"选项卡中单击"页码"下拉按钮，在弹出的下拉菜单中选择"设置页码格式"命令打开"页码格式"对话框。在"编号格式"下拉列表框中选择页码格式，然后设置页码编号"续前节"，如图 7-79 所示。设置完成后，单击"确定"按钮关闭对话框。

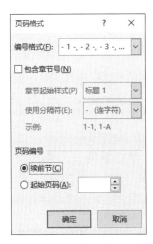

图 7-79　设置偶数页的页码格式

（20）选中偶数页页脚中的图片，单击图片右侧的"布局选项"按钮，设置文字环绕方式为"衬于文字下方"。取消选中图片，在"段落"功能组中单击"居中对齐"按钮，然后单击"页码"下拉按钮，在下拉菜单中选择"当前位置"命令，在弹出的级联菜单中选择一种内置的页码样式，例如"圆角矩形"。效果如图 7-80 所示。

图 7-80　插入偶数页页码

（21）在"页眉和页脚工具设计"选项卡中单击"关闭页眉和页脚"按钮。至此，实例制作完成。切换到"视图"选项卡，在"缩放"功能组中单击"多页"按钮，即可预览文档的效果，如图 7-60 所示。

答 疑 解 惑

1. 使用"文档网格"的文档在打印时会显示网格吗？

答：使用"文档网格"对话框设置的网格，通常用于设置页面的字符数，只是在页面中显示，并不会打印出来。此外，对文档设置了文档网络后，文档内容会自动与网格对齐，即按照指定的字符跨度和行跨度进行排列。

2. 怎样删除页眉和页脚？

答：双击页眉或页脚区进入编辑状态，删除所有的内容后退出，即可删除页眉和页脚。或者在"插入"选项卡的"页眉和页脚"功能组中单击"页眉"或"页脚"功能按钮，在弹出的下拉菜单中选择"删除页眉"或"删除页脚"命令。

3. 分页符与分节符有什么区别？

答：分页符与分节符的区别在于，分页符只能用于精确分页；而分节符既能精确分页，还能创建可以单独设置的节，从而实现同一文件多种纸张尺寸、纸张方向横竖混排、多种页眉页脚、多种分栏样式等效果。

4. 如何删除脚注或尾注的横线格式?

答: 执行以下操作步骤可删除脚注或尾注的横线格式。

(1) 在"草稿视图"状态下, 单击"引用"选项卡, 在"脚注"功能组中选择"显示备注"按钮, 在文档的最下方显示"脚注"的编辑栏。

(2) 在"脚注"下拉列表框中选择"脚注分隔符"选项, 选中短的分割横线, 按 Delete 键即可删除。

(3) 在"脚注"下拉列表框中选择"脚注延续分隔符"选项, 选中长的分割横线, 按 Delete 键即可删除。

此时切换回"页面视图"状态, 即可看到脚注的横线格式已被删除。

尾注的横线格式删除方法与脚注相同。

5. Word 中创建的目录或索引不能更新怎么办?

答: 在文档中插入的目录或索引其实是以域的方式插入的, 所以当引用的内容变化时, 可以使用更新域的方法进行更新。更新域的操作为选定需要更新的域后按 F9 键。

如果删除了引用对象, 更新域后会出现"错误, 未找到引用源!"的提示。

学习效果自测

一、选择题

1. 下列关于编辑页眉、页脚的叙述, 不正确的是 ( )。
   A. 文档内容和页眉、页脚可在同一窗口编辑　　B. 文档内容和页眉、页脚一起打印
   C. 编辑页眉、页脚时不能编辑文档内容　　　　D. 页眉、页脚也可以进行格式设置

2. 在 Word 2019 中, 可以使用"( )"选项卡中的命令为文档设置页码。
   A. 插入　　　　　　B. 设计　　　　　　C. 布局　　　　　　D. 引用

3. 在 Word 2019 中, 页眉和页脚的作用范围是 ( )。
   A. 页　　　　　　　B. 全文　　　　　　C. 节　　　　　　　D. 段

4. 在 Word 文档中, 如果要指定每页中的行数, 可以通过 ( ) 进行设置。
   A. 在"开始"选项卡的"段落"功能组　　　B. 在"插入"选项卡的"页眉页脚"功能组
   C. 在"布局"选项卡的"页面设置"功能组　　D. 无法设置

5. 在文档中使用 ( ) 功能, 可以标记某个范围或插入点的位置, 为以后在文档中定位提供便利。
   A. 题注　　　　　　B. 书签　　　　　　C. 尾注　　　　　　D. 脚注

6. ( ) 是将书中所有重要的词语按照指定方式排列而成的列表, 同时给出了每个词语在书中出现的所有位置对应的页码。
   A. 目录　　　　　　B. 书签　　　　　　C. 索引　　　　　　D. 尾注

二、填空题

1. "页面设置"对话框有_____、_____、_____和_____四个选项卡。

2. 在 Word 2019 中, 使用_____选项卡的_____功能组可以设置页面的水印、页面边框、页面颜色和背景图案。

3. 使用_____分隔符可将插入点之后的内容作为新节内容移到下一页; _____分隔符可将插入点之后的内容换行显示, 但可设置新的格式或版面。

4. 在 Word 中创建目录时, 依据标题的_____判断各标题的层级。

第 8 章

Excel 2019的基本操作

本章导读

　　Microsoft Excel 2019 是微软办公套件 Office 2019 中的一个重要组件，集数据、图形、图表于一体，可以电子表格的形式计算、管理数据。它凭借强大的数据处理、分析和辅助决策能力，广泛应用于管理、统计、金融等众多领域，是办公自动化应用中不可或缺的一个有力工具。

学习要点

❖ 认识 Excel 2019
❖ 工作簿的基本操作
❖ 工作表的基本操作
❖ 单元格的基本操作

8.1 认识 Excel 2019

在学习 Excel 的基本操作之前，读者有必要先熟悉 Excel 的工作界面，并根据自己的喜好和需要配置工作环境，以提高办公效率。

8.1.1 工作界面

启动 Excel 2019 后，在开始界面单击"空白工作簿"图标，如图 8-1 所示，即可创建一个空白的工作簿，如图 8-2 所示。

图 8-1　开始界面

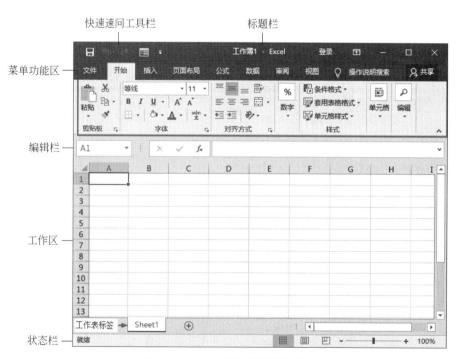

图 8-2　Excel 2019 的工作界面

位于工作界面顶端的标题栏显示当前打开的工作簿名称，右侧的"登录"按钮用于登录 Excel 账户以使用安装、续订以及订阅服务；"功能区显示选项"按钮 用于切换功能区选项卡和命令的可见性。

菜单功能区使用直观的图标表示一些常用的命令，并且将功能相近的图标集中在一个选项卡中，方便用户操作。利用选项卡可以执行 Excel 中几乎所有的命令。

编辑栏左侧是名称框，用于定义被激活的单元格或单元格区域的名称；右侧的编辑区用于编辑、显示活动单元格的内容或使用的公式。

> **提示：**
> 如果没有为单元格定义名称，名称框中将显示活动单元格的地址。如果选中的是单元格区域，则显示相应的行数和列数。

工作区是编辑表格数据的主要区域，左边界处的数字为行编号，顶部的字母为列编号，灰色网格线分隔的小方格为单元格，绿框包围的单元格为活动单元格。底部的工作表标签用于标记工作表的名称，如 Sheet1。

状态栏用于显示与当前操作有关的状态信息。例如，选中一个空白单元格时，状态栏左侧显示"就绪"字样。状态栏右侧为调整视图方式和显示比例的功能图标，将鼠标指针移到图标上，可以显示工具提示。

8.1.2　工作簿、工作表和单元格的关系

初次接触 Excel 的用户可能会混淆工作簿和工作表的概念，下面简要介绍工作簿、工作表和单元格的概念、区别以及相互关系。这些概念是学习和使用 Excel 的基础，读者应熟练掌握。

工作簿即 Excel 文档，是 Excel 默认用于储存并处理工作数据的文件格式，后缀名为 xlsx（Excel 2003 之前的后缀名为 xls）。工作簿的名称显示在 Excel 工作窗口顶部，例如图 8-2 中的"工作簿 1"。

工作表是 Excel 用于存储和管理数据的二维表格，也称作电子表格。一个工作簿最多可以包含 255 张工作表，工作表属于工作簿，存在于工作簿之中。工作表的名称显示在表格底部的工作表标签上，例如图 8-2 中的"Sheet1"。单击工作表标签，可以在工作表之间进行切换，当前活动工作表的标签显示为白底绿字。

单元格是工作表中以灰色网格线分隔的小方格，是工作表的基本组成单位。每个单元格都有固定的地址，使用行号和列号标识。例如，A3 单元格位于第 3 行 A 列。

> **提示：**
> 每个工作表最多包含 65536 行，256 列，共 65536×256 个单元格。

活动单元格指当前选中的单元格，以绿色的粗线边框环绕，例如图 8-2 中的 A1 单元格。

8.2　工作簿的基本操作

工作簿是 Excel 对数据进行存储、管理的基本文件，掌握工作簿的基本操作是进行各种数据处理的前提和基础。

8.2.1　新建工作簿

在 Excel 2019 中新建工作簿主要有两种方式，一种是创建空白的工作簿，另一种是基于 Excel 的内置模板创建工作簿。

（1）启动 Excel 2019，显示如图 8-3 所示的"开始"任务窗格。

（2）选择要创建的工作簿样式。

单击"空白工作簿"图标，即可创建一个空白工作簿；单击一种模板图标，即可基于对应的模板创建一个已包含基本布局和格式的工作簿。

单击"更多模板"选项，可切换到"新建"任务窗格显示模板列表，如图 8-4 所示。在"新建"任务窗格顶部输入关键字可以搜索更多联机模板。

图 8-3 "开始"任务窗格

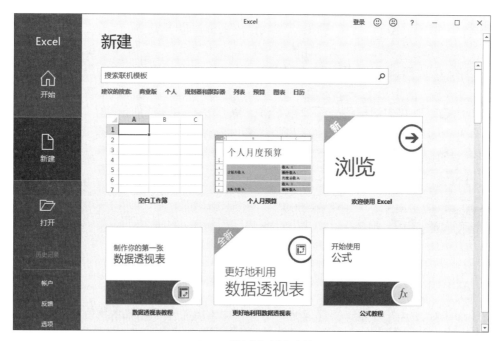

图 8-4 "新建"任务窗格

当然，用户也可以启动 Excel 2019 后，直接进入"新建"任务窗格选择要新建的工作簿样式。如果已进入编辑窗口，单击快速访问工具栏上的"新建"按钮□，可创建一个空白的工作簿。

提示：　　默认情况下，快速访问工具栏上没有"新建"按钮□。单击快速访问工具栏右侧的下拉按钮 ▼，在弹出的下拉菜单中单击"新建"命令，可将该命令添加到快速工具栏上。

新建的空白工作簿如图 8-5 所示,标题栏上的"工作簿 1"为工作簿的名称,A1 单元格为活动单元格,Sheet1 为默认创建的工作表名称。

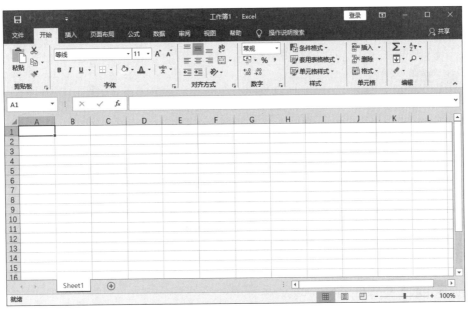

图 8-5 新建的空白工作簿

8.2.2 保存工作簿

处理 Excel 文件时，应时常保存文件以避免因断电、宕机等意外导致数据丢失。在 Excel 中保存文件有以下几种常用的方法。

❖ 单击快速访问工具栏上的"保存"按钮。

❖ 按快捷键 Ctrl+S。

❖ 单击"文件"选项卡中的"保存"命令。

如果打开的文件已命名，执行以上操作将直接保存。如果打开的是还未命名的新文件，执行以上操作将弹出如图 8-6 所示的"另存为"任务窗格，用于指定文件的保存路径和名称。

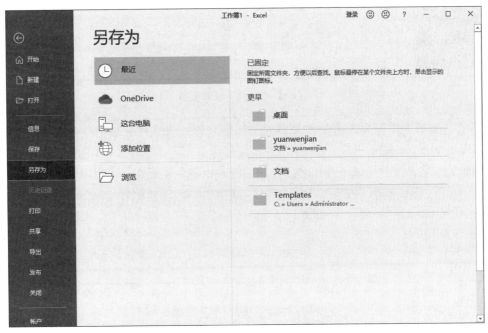

图 8-6 "另存为"任务窗格

在保存重要的文件时，如果不希望他人查看或修改，可以设置文件打开权限密码和修改权限密码。

（1）单击"文件"选项卡中的"另存为"命令，在"另存为"任务窗格中单击保存位置，弹出"另存为"对话框。

（2）单击对话框底部的"工具"按钮，在弹出的下拉菜单中选择"常规选项"命令，打开如图 8-7 所示的"常规选项"对话框。

（3）设置打开权限密码和修改权限密码。如果要生成当前工作簿的一个备份文件，则选中"生成备份文件"复选框。

图 8-7 "常规选项"对话框

（4）单击"确定"按钮关闭对话框。

8.2.3 打开和关闭工作簿

如果要编辑工作表中的数据，首先应打开存储在本地硬盘或网络上的工作簿。

（1）单击"文件"选项卡，切换到如图 8-8 所示的"打开"任务窗格。左侧显示存储位置列表，右侧可以看到最近使用的工作簿和文件夹列表。

图 8-8 "打开"任务窗格

（2）在最近访问的工作簿列表中单击需要的工作簿名称，或在任务窗格左侧单击文件存储的位置，然后浏览到需要的文件，单击打开工作簿。

工作簿编辑完成后，应执行以下操作之一将它关闭，以避免误操作，还可释放所占用的内存空间。

❖ 单击"文件"菜单中的"关闭"选项。

❖ 单击标题栏右侧的"关闭"按钮 ✕ 。

❖ 按 Alt＋F4 组合键。

打开并修复损坏的工作簿

如果工作簿由于某种原因不能打开，可以利用 Excel 的"打开并修复"功能对损坏的工作簿进行检测，并尝试修复检测到的故障。如果 Excel 无法修复，还可以选择提取其中的公式和数据。

（1）单击"文件"选项卡中的"打开"命令，在"打开"任务窗格中单击文件保存的位置，弹出"打开"对话框。

（2）单击"打开"按钮右侧的下拉按钮，在弹出的下拉菜单中选择"打开并修复"命令，如图8-9所示。此时将弹出一个提示对话框。

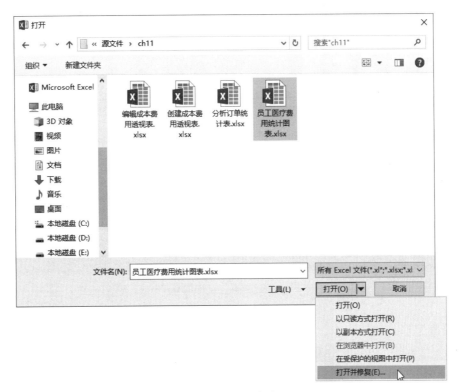

图8-9 打开方式

（3）如果要修复尽可能多的工作，则单击"修复"按钮；如果使用该方法不能修复，则单击"提取数据"按钮，提取文件中的公式和值。

8.2.4 显示工作簿

Excel 2019提供了多种显示工作簿的方法，可方便地查看工作表数据。

1. 调整工作簿显示比例

（1）打开工作簿，在"视图"选项卡的"显示比例"功能组中单击"显示比例"按钮，弹出"显示比例"对话框，如图8-10所示。

（2）选中预置的显示比例，则工作簿以指定的比例显示。如果选中"自定义"单选按钮，可以输入需要的显示比例。

 注意　指定的显示比例只对当前的活动工作表有效，当前工作簿中的其他工作表的显示比例不受影响。

此外，用户还可以在当前窗口中显示指定区域。

选中要完全显示在当前窗口中的数据区域，在"视图"选项卡的"显示比例"功能组中单击"缩放到选定区域"按钮，可在当前窗口中最大限度地完全显示指定的区域。例如，图8-11中选定的数据区域缩放到当前窗口中的

图8-10 "显示比例"对话框

显示效果如图 8-12 所示。

	A	B	C	D	E	F	G
6		S004	李怡梅	女	2014/8/1	质量部	04
7		S005	黄成功	男	2014/8/1	销售部	04
8		S006	俞夏良	男	2014/8/1	安全部	04
9		S007	高军	男	2014/8/1	质量部	04
10		S008	王砚	男	2014/8/1	办公室	04
11		S009	苏羽	男	2012/11/1	销售部	03

图 8-11   选定显示区域

	A	B	C	D	E	F	G
7		S005	黄成功	男	2014/8/1	销售部	04
8		S006	俞夏良	男	2014/8/1	安全部	04
9		S007	高军	男	2014/8/1	质量部	04
10		S008	王砚	男	2014/8/1	办公室	04

图 8-12   缩放到选定区域的显示效果

2. 多窗口查看工作簿

在"视图"选项卡的"窗口"功能组中单击"新建窗口"按钮,将创建一个新的窗口显示当前工作簿。两个窗口内容相同，只是名字不同而已，如图 8-13 所示。

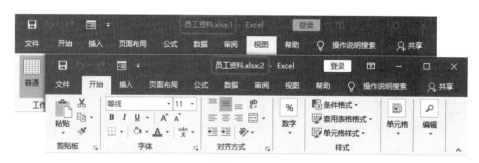

图 8-13   新建一个相同的窗口

关闭其中一个窗口，另一个窗口的名称自动还原为原始名称。

8.2.5   保护工作簿

如果工作簿中包含重要的表格资料或数据，为防止数据泄露或被恶意修改，通常需要进行保护。最简单的保护方式是设置密码，或将文档设置成只读格式。根据需要，还可以限制用户的访问权限或添加数字签名进行版权保护。

（1）打开需要保护的工作簿，切换到"文件"选项卡，在"信息"任务窗格中单击"保护工作簿"按钮，弹出保护类型下拉菜单，如图 8-14 所示。

❖ 始终以只读方式打开：以只读方式打开工作簿，标题栏上的文件名右侧显示"只读"字样。不能保存对文件的更改，除非以新文件名保存，或保存在其他位置。

❖ 用密码进行加密：需要输入密码才能打开此工作簿。

密码最多可以包含 255 个字母、数字、空格和符号，且区分大小写。如果忘记密码，将不能打开有密码保护的工作簿。

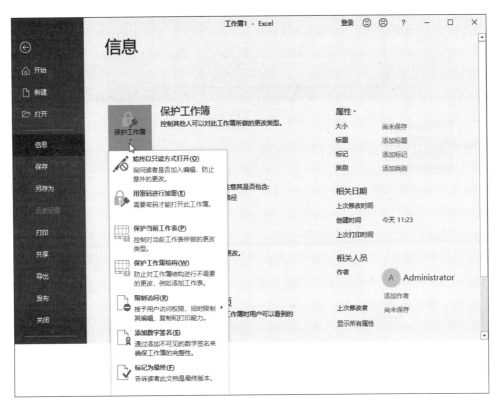

图 8-14　打开保护类型列表

❖ 保护当前工作表：限制对当前工作表所做的更改类型。
❖ 保护工作簿结构：防止他人对工作簿的结构进行更改，例如添加或删除工作表。
❖ 限制访问：授予用户访问权限，同时限制其编辑、复制和打印权限。这种方式需要设置权限管理服务器，适用于企业用户。
❖ 添加数字签名：这种保护形式主要是基于版本保护方面的考虑，其他人即使修改了文档，但数字签名依然是原作者的，以防劳动成果被他人窃取据为己有。采用这种方式签署文档需要先从 Microsoft 合作伙伴处获取数字标识。
❖ 标记为最终：将当前工作簿标记为最终版本，并将其设为只读，禁用输入、编辑命令和校对标记。

注意
将文档标记为最终状态并不能真正阻止他人修改。单击文档编辑窗口顶部的"仍然编辑"按钮，即可对文档进行修改，此时状态栏上的"标记为最终状态"图标 消失。

（2）不同的情况需要不同的保护形式，根据实际需要选择合适的保护方式，并进行相应的进一步设置。

8.3　工作表的基本操作

工作表是工作簿的一部分，由若干排列成行和列的单元格组成，是 Excel 处理和分析数据的数据源。熟练掌握插入、复制、移动、拆分和冻结、保护与隐藏工作表等基本操作对提升工作效率大有裨益。

8.3.1 选择工作表

在 Excel 中，使用工作表标签可以很便捷地选择工作表，在工作表之间进行切换。

工作表标签位于工作表底部，如图 8-15 所示。当前活动工作表以白底绿字显示的工作表标签标示。单击某个工作表标签，即可切换到相应的工作表。

图 8-15　工作表标签

如果要选择工作簿中的所有工作表，可以右击一个工作表标签，在弹出的快捷菜单中选择"选定全部工作表"命令。

如果要选择多个连续的工作表，可以选中一个工作表之后，按下 Shift 键单击最后一个要选中的工作表标签。

如果要选择不连续的工作表，可以选中一个工作表之后，按下 Ctrl 键单击其他要选中的工作表标签。

提示：

单击任何一个工作表标签，即可取消选中多个工作表。

教你一招

快速切换工作表

当工作簿中包含的工作表较多时，使用下面的方法可以快速定位到需要的工作表。

（1）将鼠标指针移到工作表标签栏左侧的滚动按钮上，显示如图 8-16 所示的快捷键提示。

（2）右击，在如图 8-17 所示的"激活"对话框中选择要激活的工作表，然后单击"确定"按钮，即可自动切换到指定的工作表。

图 8-16　快捷键提示

图 8-17　"激活"对话框

8.3.2 插入、删除工作表

默认情况下，新建的 Excel 2019 工作簿中只包含 1 个工作表"Sheet1"。但在实际应用中，用户可能需要在一个工作簿中创建多个不同形式的数据表，或引用不同工作表中的数据进行计算。

在工作簿中插入工作表有以下两种常用的方法。

（1）单击工作表标签右侧的"新工作表"按钮⊕，即可在当前活动工作表右侧插入一个新的工作表。新工作表的名称依据活动工作簿中工作表的数量自动命名，如图 8-18 所示。

图 8-18 单击"新工作表"按钮插入工作表

（2）在工作表标签上右击，在弹出的快捷菜单中选择"插入"命令打开如图 8-19 所示的"插入"对话框。选中"工作表"图标，然后单击"确定"按钮，即可插入一个新的工作表。

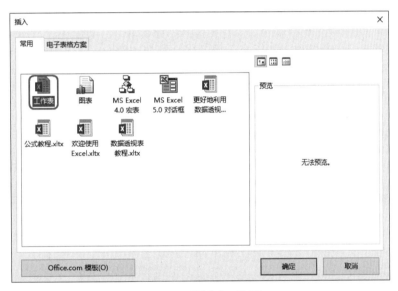

图 8-19 "插入"对话框

如果要删除工作表，可以选中要删除的工作表标签后右击，在弹出的快捷菜单中选择"删除"命令。

 注意　删除的工作表不能通过"撤销"命令恢复。

修改工作簿默认创建的工作表个数

如果希望每次创建新的工作簿时，工作簿中自动包含指定数目的工作表，可以执行以下操作。

（1）单击"文件"选项卡中的"选项"命令，在弹出的"Excel 选项"对话框中，切换到"常规"选项卡。

（2）在"包含的工作表数"右侧的微调框中输入数字，指定新建的工作簿初始包含的工作表数目，如图 8-20 所示。

（3）单击"确定"按钮关闭对话框。

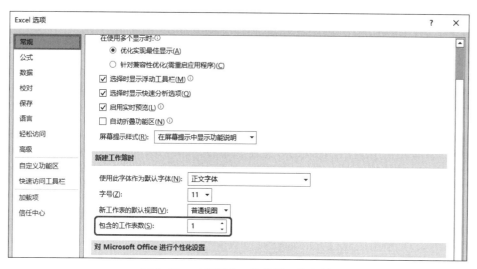

图 8-20　配置新建工作簿的工作表数

8.3.3　重命名工作表

尽管创建工作表时 Excel 会自动为工作表分配名称，例如"Sheet1""Sheet2""Sheet3"，但默认的名称不易阅读和区分。因此，给每个工作表指定一个具有意义的名称是很有必要的。

重命名工作表可以采用以下几种常用的方法。

❖ 双击要重命名的工作表名称标签，然后输入新的名称，按 Enter 键确认。

❖ 右击要重命名的工作表标签，在弹出的快捷菜单中选择"重命名"命令，然后输入新名称，按 Enter 键确认。

使用颜色区分工作表

默认情况下，同一工作簿中所有工作表的标签颜色相同。为便于用户快速识别或组织工作表，Excel 2019 提供了一项非常有用的功能，可以为不同工作表标签指定不同的颜色。

（1）选中要添加颜色的工作表标签后右击，在弹出的快捷菜单中选择"工作表标签颜色"命令，弹出如图 8-21 所示的下拉菜单。

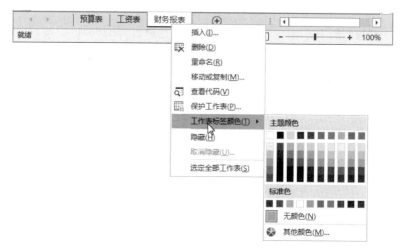

图 8-21　设置工作表标签颜色

（2）在色板中单击需要的颜色，即可改变工作表标签的颜色。

8.3.4 移动和复制工作表

如果要在同一或不同工作簿中制作多个相同或相似的工作表，使用复制和移动操作可以起到事半功倍的效果。

将工作表移动或复制到工作簿中指定的位置，可以利用以下3种方式。

（1）选中要移动的工作表标签（例如"预算表"），按住鼠标左键不放，鼠标指针所在位置出现一个"白板"图标􀀀，且在该工作表标签的左上角出现一个黑色倒三角标志，指示拖放的目标位置，如图8-22所示。

（2）按住鼠标左键不放，在工作表标签之间移动鼠标，"白板"和黑色倒三角会随鼠标移动。移到目标位置后释放鼠标左键，工作表即可移动到指定的位置。

如果要复制工作表，可以按住Ctrl键的同时在工作表标签上按住鼠标左键，然后拖动到目标位置释放Ctrl键和鼠标左键。

此外，利用"移动或复制工作表"对话框也可以很方便地在同一工作簿或不同工作簿之间移动或复制工作表。

（3）打开要移动或复制工作表的工作簿。

如果要在不同的工作簿之间进行移动或复制，还要打开源工作簿或目标工作簿。

（4）在要移动或复制的工作表标签上右击，从弹出的快捷菜单中选择"移动或复制"命令，打开如图8-23所示的对话框。

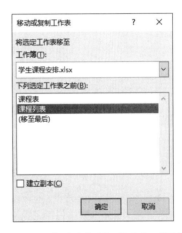

图 8-22　选取工作表标签并移动　　　　　图 8-23 "移动或复制工作表"对话框

（5）在"工作簿"下拉列表框中选择目标工作簿。如果要在同一工作簿中移动或复制，则略过这一步。

（6）在"下列选定工作表之前"列表框中选择要移到的目标位置。如果要复制工作表，还要选中"建立副本"复选框。

（7）单击"确定"按钮完成操作。

提示：　　如果将一个工作表移动到有同名工作表的工作簿中，Excel将自动更改工作表名称，使之成为唯一的命名。例如"工资表"变为"工资表 (2)"。

8.3.5 隐藏和保护工作表

隐藏工作表可以避免对重要的数据和机密数据的误操作。

（1）选中要隐藏的工作表。

（2）右击工作表标签，在弹出的快捷菜单中选择"隐藏"命令。

工作表隐藏之后，其名称标签也随之隐藏。

注意　　并非任何情况下都可以隐藏工作表。如果工作簿的结构处于保护状态，则不能隐藏其中的工作表。此外，隐藏的工作表尽管在屏幕上看不到，但其他文档仍然可以利用其中的数据。

如果要取消隐藏，右击工作表标签，在弹出的快捷菜单中选择"取消隐藏"命令，然后在如图 8-24 所示的"取消隐藏"对话框中选择要显示的工作表，单击"确定"按钮完成操作。

尽管隐藏工作表可以在一定程度上保护工作表，但其他工作表仍然可以使用其中的数据。为了保护工作表中的数据不被随意引用或篡改，可以对工作表或工作表的部分区域设置保护。

（1）单击"审阅"选项卡中的"保护工作表"命令，或者右击需要设置保护的工作表名称标签，在弹出的快捷菜单中选择"保护工作表"命令，打开如图 8-25 所示的"保护工作表"对话框。

图 8-24　"取消隐藏"对话框

图 8-25　"保护工作表"对话框

（2）设置是否保护工作表及锁定的单元格内容。

默认情况下，"保护工作表及锁定的单元格内容"复选框处于选中状态，用户不能更改保护之前锁定的单元格内容查看保护之前隐藏的行、列或单元格中的内容。

（3）在"取消工作表保护时使用的密码"文本框中输入密码。

（4）在"允许此工作表的所有用户进行"列表框中指定其他用户可进行的操作。

（5）单击"确定"按钮，在弹出的"确认密码"对话框中再次输入密码，然后单击"确定"按钮完成设置。

此时修改工作表中的数据，将弹出如图 8-26 所示的警告提示框。

图 8-26　警告提示框

如果要取消对工作表的保护，单击"审阅"选项卡中的"撤销工作表保护"命令，然后在弹出的"撤销工作表保护"对话框中输入设置的保护密码，单击"确定"按钮即可。

8.4　单元格的基本操作

工作表中行和列相交形成的方格称为单元格，是 Excel 存储信息的基本单位。单元格的名称由它在工作表中所处的行和列决定，例如：C 列第 5 行的单元格称为 C5。用户也可以为单元格或单元格区域指定一个有意义的名称。

单元格作为存储数据信息的数据源，其相关操作在数据处理和分析中至关重要，读者应熟练掌握。

8.4.1　选取单元格

在编辑单元格内容之前，必须先选中单元格或单元格区域，使其成为活动单元格。选取单元格或单元格区域常用的操作如表 8-1 所示。

表 8-1　选定单元格、区域、行或列

选 定 内 容	操　作
单个单元格	单击相应的单元格，或用方向键移动到相应的单元格
连续单元格区域	选定该区域的第一个单元格，当鼠标指针显示为空心十字形✚时，按下鼠标左键拖动到最后一个单元格释放；或先选定该区域的第一个单元格，然后按住 Shift 键单击区域中的最后一个单元格
不相邻的单元格或单元格区域	先选定一个单元格或区域，然后按住 Ctrl 键选定其他的单元格或区域
当前工作表中的所有单元格	单击工作表左上角的"全选"按钮◢
整行或整列	单击行号或列号
扩大或缩减选中的单元格区域	按住 Shift 键单击新选定区域中最后一个单元格，在活动单元格和所单击的单元格之间的矩形区域将成为新的选定区域
取消单元格选定区域	单击工作表中其他任意一个单元格

快速查看选中的行列数

在选取多行多列的单元格时，在编辑栏左侧的名称框中可以查看已选中了几行几列，例如图 8-27 中的 4R×2C 表示选中了 4 行 2 列。

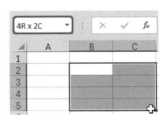

图 8-27　选中单元格区域

8.4.2　插入单元格

（1）将光标定位在需要插入单元格的位置。

（2）在"开始"选项卡的"单元格"区域单击"插入"命令，在如图 8-28 所示的下拉菜单中选择要插入的表格元素。

❖ 插入单元格：打开如图 8-29 所示的"插入"对话框，指定单元格的插入方式，可以在活动单元格左侧或上方插入新单元格、空列或空行。

❖ 插入工作表行：在选定单元格上方插入一个空行。

❖ 插入工作表列：在选定单元格左侧插入一个空列。

❖ 插入工作表：在当前工作簿中新建一个工作表。

图 8-28 "插入"下拉菜单

图 8-29 "插入"对话框

8.4.3 移动或复制单元格

如果要在同一个工作表中移动或复制单元格，最简单的方法是用鼠标拖动。

（1）选定要移动或复制的单元格。

（2）将鼠标指针移到选定区域的边框上，当指针变为时，按下鼠标左键拖动到目标位置释放，即可将选中的区域移到指定位置。

如果要复制单元格，则在拖动鼠标的同时按住 Ctrl 键。

如果要在不同的工作表之间移动或复制单元格，可以选定单元格区域后单击"剪切"按钮 ✄ 或"复制"按钮 🖿，然后打开要复制到的工作表，在要粘贴单元格区域的位置单击"粘贴"按钮 📋。

> **提示：** 选择粘贴区域时可以只选择区域中的第一个单元格，或选择与剪切区域完全相同的区域，否则会出现"剪切区域与粘贴的形状不同"的提示。

8.4.4 清除和删除单元格

如果某个单元格或单元格区域中录入的数据有误，可以清空或删除单元格以后重新输入。在进行这项操作之前，读者有必要先了解"清除"命令和"删除"命令的区别。

清除单元格是指删除单元格中的内容、格式或批注，但单元格仍然保留在工作表中；而删除单元格则是从工作表中移除单元格，并移动周围的单元格以填补删除后的空缺。读者不要混淆这两种操作。

图 8-30 "清除"下拉菜单

1. 清除单元格

选中要清除的单元格区域，单击"开始"选项卡"编辑"区域的"清除"命令，在如图 8-30 所示的下拉菜单中选择"清除内容"命令，或直接按 Delete 键。

在图 8-30 中可以看到，使用"清除"命令不仅可以清除单元格中的内容，还可以清除单元格的格式、批注和超链接。

2. 删除单元格

选中要删除的单元格区域，单击"开始"选项卡"单元格"区域的"删除"命令，在如图 8-31 所示的下拉菜单中选择需要删除的表格元素。

❖ 删除单元格：选择该命令弹出如图 8-32 所示的"删除"对话框，可以选择删除活动单元格之后，其他单元格的调整方式。

图 8-31 "删除"下拉菜单

图 8-32 "删除"对话框

❖ 删除工作表行：删除活动单元格所在的行。

❖ 删除工作表列：删除活动单元格所在的列。

答 疑 解 惑

1. 如何以副本的形式打开工作簿？

答：在"打开"对话框中，选择需要以副本形式打开的文件，单击"打开"按钮右侧的下拉按钮，在弹出的下拉菜单中单击"以副本方式打开"命令。

2. 在工作表中不显示行和列标题，怎么办？

答：在"文件"选项卡中单击"选项"命令打开"Excel 选项"对话框，切换到"高级"分类，在"此工作表的显示选项"区域选中"显示行和列标题"复选框。

3. 怎样复制单元格的格式？

答：复制单元格的格式有以下两种常用的方法。

（1）选中需要复制的源单元格后，单击"开始"选项卡中的"格式刷"按钮，然后用带有格式刷的光标选择目标单元格。

（2）复制源单元格后，选中目标单元格，然后在"开始"选项卡中单击"选择性粘贴"命令，在如图 8-33 所示的"选择性粘贴"对话框中，选中"格式"单选按钮。

图 8-33 "选择性粘贴"对话框

4. 在同一工作簿中可以同时移动多个工作表吗？

答：选定多个工作表之后，采用移动单个工作表的方法，可以同时移动多个选中的工作表到其他位置。

如果移动之前这些工作表是不相邻的，移动后它们将被放在一起。

5. 如何在工作簿中一次性插入多个工作表?

答：按下 Shift 键的同时，选定与需要添加的工作表数目相同的多个工作表标签，例如要一次性添加两个工作表，则选定两个工作表标签。然后切换到"开始"选项卡，在"单元格"功能组中单击"插入"按钮，在弹出的下拉菜单中选择"插入工作表"命令，即可同时插入多个工作表。

学习效果自测

一、选择题

1. 在 Excel 中，如果要保存工作簿，可按（ ）键。
   A. Ctrl+A   B. Ctrl+S   C. Shift+A   D. Shift+S

2. 在 Excel 中，工作表是用行和列组成的表格，分别用（ ）区别。
   A. 数字和数字   B. 数字和字母   C. 字母和字母   D. 字母和数字

3. 在 Excel 中，每个单元格都有一个地址。地址 C2 表示的单元格位置在（ ）。
   A. 第 2 行第 3 列   B. 第 2 行第 2 列   C. 第 3 行第 2 列   D. 第 2 行第 3 列

4. 下列关于"新建工作簿"的说法正确的是（ ）。
   A. 新建的工作簿会覆盖原先的工作簿
   B. 新建的工作簿在原先的工作簿关闭后出现
   C. 可以同时出现两个工作簿
   D. 新建工作簿可以使用 Shift+N 快捷键

5. 下列关于"删除工作表"的说法正确的是（ ）。
   A. 不允许删除工作表   B. 删除工作表后，还可以恢复
   C. 删除工作表后，不可以恢复   D. 删除工作表仅删除其中的数据

6. 若要在工作表中选择一整列，方法是（ ）。
   A. 单击行标题   B. 单击列标题
   C. 单击"全选"按钮   D. 单击单元格

7. 在 Excel 表格中，要选取连续的单元格，可以单击第 1 个单元格，按住（ ）键再单击最后一个单元格。
   A. Ctrl   B. Shift   C. Alt   D. Tab

8. 在 Excel 2019 中，若在工作表中插入一列，则一般插在当前列的（ ）。
   A. 左侧   B. 上方   C. 右侧   D. 下方

二、判断题

1. 在 Excel 中移动工作表时，可以一次移动多个工作表，且这些工作表不必相邻。（   ）

2. 工作簿中的某个工作表受密码保护时，该工作簿中的其他工作表仍然可以进行编辑。（   ）

3. 在 Excel 中只能清除单元格中的内容，不能清除单元格中的格式。（   ）

三、填空题

1. 在 Excel 2019 中，_____是处理和存储用户资料的文件，扩展名默认为_____。打开 Excel 的同时，Excel 会相应地生成一个默认名为"Sheet1"的_____。

2. 默认情况下，在 Excel 2019 中新建工作簿时，会自动生成_____个工作表。

3. _____是一个二维表格，主要用于录入原始资料、存储统计信息、图表等。

4. 每张工作表都是由多个长方形的存储单元所构成的，这些长方形的存储单元被称为_____，

是组成工作表的基本元素。

5. Excel 2019 的工作表中，列标记是_____，行标记是_____。

6. 将鼠标指针指向某工作表标签，按 Ctrl 键拖动标签到新位置，完成_____操作；若拖动过程中不按 Ctrl 键，则完成_____操作。

四、操作题

1. 熟悉并配置 Excel 2019 的工作界面。

2. 打开一个工作簿，执行以下操作：

（1）设置自动保存功能，然后设置打开权限和密码。

（2）为其中的一个工作表创建副本，并进行密码保护。

（3）新建一个工作表，对其中的单元格进行复制、移动、删除等操作。

（4）在工作表中插入行、列和单元格。

（5）为工作簿中的各个工作表设置不同颜色的标签。

第 9 章

数据录入与编辑

本章导读

在单元格中添加数据看似简单，实则有很多技巧和注意事项。掌握数据录入与编辑的方法和技巧，不仅能减少数据输入的错误，极大地提高办公效率，而且便于日后的数据维护。

通过本章的学习，读者应能掌握在单元格中正确地输入文本、数字及其他特殊数据的方法；掌握几种快速输入数据的方法；学会定制输入数据的有效性，并能够在输入错误或超出范围的数据时显示错误信息，以及快速定位和替换数据的方法。

学习要点

- ❖ 录入表格数据
- ❖ 快速填充数据
- ❖ 检查数据的有效性
- ❖ 查找和替换数据
- ❖ 实例精讲——编辑银行账户记录表

9.1　录入表格数据

数据录入是制作数据表的重要环节。Excel 支持多种数据类型，采用合适的数据输入方法不仅事半功倍，还能保证输入数据的准确性。

9.1.1　输入文本

大部分工作表都包含文本，例如行字段和列字段，文本通常不参与计算。在 Excel 2019 的工作表中输入文本的操作方法如下。

（1）单击要输入文本的单元格将其激活。

（2）在单元格或编辑栏中输入文本，如图 9-1 所示。

 提示：　　默认情况下，文本在单元格中左对齐，且不会自动换行。使用 Alt+Enter 键换行，可以在单元格中输入多行文本。

Excel 2019 具有"记忆式输入"功能，输入开始的几个字符后，Excel 能根据工作表中已输入的内容自动完成输入。例如，在单元格 B2 中输入了"Schedule"，在单元格 B3 中输入"S"，紧跟着会自动填充"chedule"，如图 9-2 所示。这在输入有相似内容的文本时很有用。

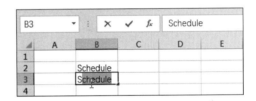

图 9-1　输入文本　　　　　　　图 9-2　记忆式输入

如果输入的文本超过了列的宽度，将自动进入右侧的单元格显示，如图 9-3 所示。

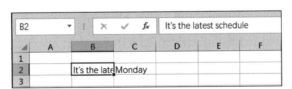

图 9-3　文本超宽时自动进入右侧单元格

 注意　　文本超过列宽时，如果右侧相邻的单元格内有内容，则超出列宽的字符不显示。不显示的字符并没有被删除，只要调整列宽，即可看到所有的字符。

（3）输入完毕后，执行以下操作之一离开该单元格。

❖ 按 Enter 键移动到下一个单元格。

❖ 按 Tab 键移动到右边的单元格。

❖ 按方向键移动到相邻的单元格。

❖ 单击其他单元格。

❖ 单击编辑栏上的 ✔ 按钮完成输入，单击 ✘ 按钮取消本次输入。

（4）如果要修改单元格中的内容，则单击单元格，在单元格或编辑栏中选中要修改的字符后，按 Backspace 键或 Del 键删除，然后重新输入。

默认情况下，输入的数据均为"常规"格式，用户可以根据需要修改数据的格式。

（5）选中要设置格式的单元格，在"开始"选项卡的"数字"组中单击"数字格式"下拉按钮，在弹出的"数字格式"下拉列表框中单击"文本"选项，如图 9-4 所示。

此外，Excel 2019 还提供了非常实用的工具栏，利用"开始"选项卡"字体"功能组中的快捷按钮可以非常方便地格式化文本，如图 9-5 所示。

图 9-4　选择"文本"选项

图 9-5　"字体"功能组中的按钮

如果要对文本格式进行更多设置，例如下划线的样式、设为上标或下标等，可以打开"设置单元格格式"对话框进行设置。

（6）选中要格式化的文本，单击"字体"工具组右下角的扩展按钮打开"设置单元格格式"对话框，切换到如图 9-6 所示的"字体"选项卡进行设置。其设置方法与 Word 相同，这里不再赘述。

图 9-6　"字体"选项卡

（7）切换到"对齐"选项卡，可以设置单元格数据的对齐方式、控制文本格式、设置文本的方向，如图 9-7 所示。

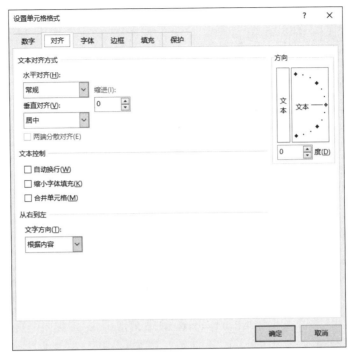

图 9-7　"对齐"选项卡

如果希望在单元格中显示多行，可以在"文本控制"区域选中"自动换行"复选框。否则，如果输入的文本超出了单元格的宽度，超出的内容将显示在相邻的单元格中，也有可能隐藏不显示。

如果希望完整显示单元格中的所有内容并保持各行内容的行距相同，可以选中"缩小字体填充"复选框，但是这样容易破坏工作表整体的风格。

注意　如果先选中了"自动换行"复选框，则不能再选中"缩小字体填充"复选框。

如果选中"合并单元格"复选框，则 Excel 只保存左上角单元格中的内容到新合并的单元格中。如果希望其他单元格中的内容也显示在合并后的单元格中，可以先将它们复制到区域内的左上角单元格中再进行操作。

在"方向"区域，用鼠标拖动文本指针即可随心所欲地设置文本的方向。

在指定区域内自动切换单元格

默认情况下，在一个单元格中完成输入后，按 Enter 键移动到下一个单元格。如果要在一个单元格区域中输入多行多列数据，频繁地切换单元格是一件很烦琐的事。Excel 2019 提供了一个很便捷的选项，方便用户在输入数据时自动切换单元格。

（1）选中要输入数据的单元格区域。

（2）单击"文件"选项卡中的"选项"命令打开"Excel 选项"对话框。切换到"高级"分类，在"编辑选项"列表中单击"按 Enter 键后移动所选内容"选项下方"方向"右侧的下拉按钮，在弹出的下拉列表框中选择按 Enter 键后移动的方向，如图 9-8 所示。

图 9-8 "Excel 选项"对话框

注意　不再需要输入数据后，最好将"方向"选项恢复。

（3）单击"确定"按钮关闭对话框。

此时，在选定区域的第一个单元格中输入数据后按 Enter 键，并自动在选定区域沿指定方向跳转到下一个单元格。

例如，将光标移动方向修改为"向右"后，在如图 9-9 所示的 H3 单元格中输入数据后按 Enter 键将进入 I3 单元格，在 I3 单元格中输入数据后按 Enter 键，自动进入 H4 单元格。依次类推，光标将在选定的单元格区域内依次导航。完成全部数据输入后，按 Enter 键，光标将回到单元格区域的第一个单元格 H3。

工号	姓名	部门	薪资等级	岗位工资	出勤天数	绩效工资	当月工资
			职工绩效考核工资表				
1001	李想	税务	二级	3000	20	1500	
1002	孙琳琳	民政	一级	2500	21		
1003	高尚	财政	一级	2600	22		
1004	韩子瑜	教育	一级	2600	23		
1005	苏梅	教育	一级	2600	24		
1006	李瑞彬	教育	一级	2600	25		
1007	张钰林	民政	一级	2500	26		
1008	王梓	税务	二级	3000	27		
1009	谢婷婷	财政	二级	3000	28		
1010	黄歆歆	环保	二级	2800	29		
1011	秦娜	环保	一级	2600	30		

图 9-9 选中 H3：I13 单元格区域

9.1.2　输入数字

本节所说的数字是指含有正号、负号、货币符号、百分号、小数点、指数符号和小括号等的数据。在单元格中输入数字的方法与输入文本的方法相同，不同的是数字默认沿单元格右对齐。

（1）选中单元格，在单元格中输入数字。

提示： 如果要输入负数，可以在数字前加一个负号，或者将数字连同负号括在括号内。如果要输入分数，应先输入"0"及一个空格，然后输入分数。如果不输入"0"，Excel 会将输入的分数当作日期处理。

（2）设置数据格式。

选中要设置格式的单元格，切换到"开始"选项卡，利用如图 9-10 所示的"数字"功能组中的功能按钮可以非常方便地格式化数字。

- ❖ 会计数字格式🖳：用货币符号和数字共同表示金额。
- ❖ 百分比样式%：用百分数表示数字。
- ❖ 千位分隔样式，：以逗号分隔的千分位数字。
- ❖ 增加小数位数：增加小数点后的位数。
- ❖ 减少小数位数：减少小数点后的位数。

如果要对数据格式进行更详细的设置，可单击"数字"功能组右下角的扩展按钮 打开"设置单元格格式"对话框。切换到"数字"选项卡，在"分类"列表框中列出了多种数据类型，选择不同的数据类型，选项卡右侧显示相应数据格式的设置项，如图 9-11 所示。

图 9-10　"数字"功能组

图 9-11　"数字"选项卡

 注意 "会计专用"格式与"货币"格式都可以使用货币符号和数字共同表示金额。它们的区别在于，"会计专用"格式中货币符号右对齐，而数字符号左对齐，这样在同一列中货币符号和数字均垂直对齐；但是"货币"格式中货币符号与数字符号是一体的，统一右对齐。

教你一招

输入以"0"开头的数字编号

在单元格中输入以"0"开头的数字编号时，Excel 自动去除非零数字之前的 0。例如，输入"0001"，会自动转换为1。通过将数据格式修改为"文本"，或在输入数字编号时以撇号开头，可以解决这个问题。

此时，在单元格右侧显示一个黄色的警告标志。将光标移到警告标志上，显示一条信息，提示用户此单元格中的数字为文本格式，或者前面有撇号，如图 9-12 所示。

单击警告标志，在弹出的下拉菜单中也可以看到"以文本形式存储的数字"说明，如图 9-13 所示。

图 9-12　提示信息

图 9-13　单击警告标志打开下拉菜单

9.1.3　输入日期和时间

（1）选中单元格，输入日期。

在 Excel 中，输入日期时可以使用斜杠、破折号、文本的组合，Excel 都可以识别并转变为默认的日期格式。

提示： 默认显示方式由 Windows 有关日期的设置决定，可以在操作系统的控制面板中进行更改，具体办法可查阅有关 Windows 的资料。

例如，在单元格中输入如下的内容都可以输入 2018 年 9 月 12 日：
18-9-12，18/9/12，18-9/12

提示： 按 Ctrl+"；"键可以在单元格中插入当前日期。

（2）在单元格中输入时间。小时、分钟、秒之间用冒号分隔。

Excel 默认把输入的时间当作上午时间（AM），例如，输入"8:30:12"会被视为"8:30:12AM"。如果在时间后面加一个空格，然后输入"PM"或"P"，即可输入下午时间，如图 9-14 所示。

图 9-14　插入下午时间

提示： 按 Ctrl+Shift+"；"键，可以在单元格中插入当前的时间。

如果要在单元格中同时插入日期和时间，则日期和时间之间用空格分隔。

（3）单击"数字"组右下角的扩展按钮 ⤢ 打开"设置单元格格式"对话框。切换到如图 9-15 所示的"日期"选项卡，在"类型"列表框中选择一种日期显示格式。

（4）切换到"时间"选项卡，在"类型"列表框中选择一种时间显示格式。

图 9-15   "日期"选项卡

9.2   快速填充数据

如果要填充的数据部分相同，或者具有某种规律，可以使用快速填充工具。

9.2.1   填充相同数据

在实际应用中，用户可能要在某个单元格区域输入大量相同的数据，使用 Excel 2019 提供的菜单命令、键盘快捷键和填充手柄，可快速填充单元格区域。下面通过一个简单的例子介绍填充相同数据的操作方法。

（1）选择要填充相同数据的单元格区域。

（2）输入要填充的数据，按 Ctrl+Enter 组合键，即可在选中的单元格区域填充输入的内容。

例如，在选中的如图 9-16 所示的 C2：C8 单元格中输入日期 "2017/5/8"，按 Ctrl+Enter 组合键，则 C2：C8 单元格区域都将自动填充指定的日期。

（3）选择包含要复制的数据的单元格，然后按住 Ctrl 或 Shift 键选中要填充的单元格区域。单击 "开始"选项卡"编辑"区域的"填充"命令，在弹出的下拉菜单中根据需要选择填充方式，如图 9-17 所示。

图 9-16   填充相同数据

图 9-17   选择填充方式

例如,将图 9-18 所示的单元格 D2 中的数据"向下"填充到 D4、D6、D8 单元格的效果如图 9-18 所示。

（4）选中包含要复制的数据的单元格,单元格右下角显示一个绿色的方块（称为"填充柄"）,将鼠标指针移到绿色方块上,指标由空心十字形变为黑色十字形+时,按下鼠标左键拖动选择要填充的单元格区域后释放,即可在选择区域的所有单元格中填充相同的数据。

例如,在如图 9-19（a）所示的 E2 单元格按下填充柄拖动到 E6 单元格释放,E2:E6 单元格区域自动填充 E2 单元格中的数据,如图 9-19（b）所示。

	A	B	C	D
1	姓名	出生年月	入职时间	学历
2	Vivi		2017/5/8	本科
3	Candy		2017/5/8	
4	Jesmin		2017/5/8	本科
5	Ellen		2017/5/8	
6	Alex		2017/5/8	本科
7	Jeson		2017/5/8	
8	Olive		2017/5/8	本科

图 9-18　向下填充效果

(a)　　　　　　　(b)

图 9-19　使用填充柄填充相同数据

提示:

按下 Ctrl 键的同时按下鼠标左键拖动填充柄,可自动填充递增序列。

9.2.2 填充数据序列

Excel 提供了序列填充功能,并预置了一些序列,例如星期、月份、季度。利用填充柄和菜单命令可以很便捷地填充有规律的数据,如星期系列、数字系列、文本系列等。例如,在单元格 G2 中输入"星期一",拖动该单元格右下角的填充柄,可在选择的单元格中自动填充星期序列,如图 9-20 所示。

下面简要介绍使用菜单命令填充序列的操作方法。

（1）选择一个单元格输入序列中的初始值,然后选择包含初始值的单元格区域,作为要填充的区域,如图 9-21 所示。

（2）单击"开始"选项卡"编辑"区域的"填充"按钮,在弹出的下拉菜单中选择"序列"命令,打开如图 9-22 所示的"序列"对话框。

图 9-20　使用预设的序列填充

图 9-21　选择要填充的区域

图 9-22　"序列"对话框

（3）在"序列产生在"区域指定是沿行方向进行填充,还是沿列方向进行填充。

（4）在"类型"区域选择序列的类型。

❖ 等差序列:相邻两项相差一个固定的值,这个值称为步长值。

❖ 等比序列:相邻两项的商是一个固定的值。

❖ 日期：填入日期，可以设置为以日、工作日、月或年为单位。

❖ 自动填充：根据初始值决定填充项。如果初始值是文字后跟数字的形式，拖动填充柄，则每个单元格填充的文字不变，数字递增。

❖ 预测趋势：选中该复选框表示按照最小二乘法由初始值生成序列，而忽略步长值。

	A	B
1	工号	员工姓名
2	320013	
3	320015	
4	320017	
5	320019	
6	320021	
7	320023	
8	320025	

（5）在"步长值"文本框中输入一个正数或负数，作为序列递增或递减的单位量。

（6）在"终止值"文本框中指定序列的最后一个值。

（7）单击"确定"按钮即可创建一个序列。

例如，使用步长值为 2 的等差序列填充选中区域的结果如图 9-23 所示。

图 9-23 序列填充效果

自定义填充序列

如果预设的填充序列中没有需要的数据序列，用户还可以自定义填充序列。例如：如果经常要输入员工姓名，可将员工姓名定义为一个自动填充序列。

（1）在"数据"选项卡中单击"排序"命令 ，在弹出的"排序"对话框中单击"次序"下拉按钮，弹出排序方式下拉列表框，如图 9-24 所示。

图 9-24 选择"自定义序列"命令

（2）单击"自定义序列"命令，弹出如图 9-25 所示的"自定义序列"对话框。

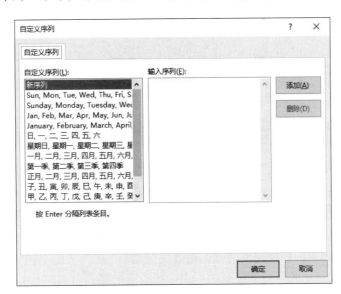

图 9-25 "自定义序列"对话框

（3）在"自定义序列"列表框中选中"新序列"，然后在"输入序列"文本框中输入自定义的序列项。各个序列项以 Enter 键进行分隔，如图 9-26 所示。

（4）输入完毕后单击"添加"按钮，此时，在"自定义序列"列表中可以看到创建的序列，如图 9-27 所示。单击"确定"按钮关闭对话框。

图 9-26 输入序列

图 9-27 显示自定义的序列

（5）在"排序"对话框的"主要关键字"下拉列表框中选择要按序列排序的列标题，如图 9-28 所示。然后单击"确定"按钮关闭对话框。

（6）选择一个单元格输入序列中的初始值，如图 9-29（a）所示。按下单元格右下角的填充手柄向下拖动，即可在选择的单元格区域中填充自定义的姓名序列，如图 9-29（b）所示。

图 9-28 "排序"对话框

（a）　　　　　　（b）

图 9-29 填充自定义序列

9.3 检查数据的有效性

在输入数据时，经常要检查输入的数据是否有效、合乎要求。Excel 提供了一项很实用的功能——数据验证。利用该功能可以限定单元格中输入的数据类型及范围，在输入无效数据时弹出提示信息，以避免在参与运算的单元格中输入错误的数据。

9.3.1 限定数据类型及范围

在录入数据时，不同的单元格要求的数据类型可能也不同。为避免输入的数据类型有误或超出许可范围，可以为单元格指定数据类型或数据范围。

（1）选中要限制数据类型和范围的单元格，在"数据"选项卡的"数据工具"区域单击"数据验证"命令，打开如图 9-30 所示的"数据验证"对话框。

（2）在"允许"下拉列表框中指定允许输入的数据类型。

（3）在如图 9-33 所示的"数据"下拉列表框中选择需要的操作符，然后根据选定的操作符指定数据的上限或下限（某些操作符只有一个操作数，如等于），或同时指定二者。

注意　　　如果限制输入的数据为"序列",在"数据"下拉列表框下方将显示"来源"文本框,如图9-31所示,用于输入或选择有效数据序列的引用。输入序列的各项内容必须用英文输入法状态下的逗号","隔开,否则将被视为一个整体。如果要在工作表中选择数据序列,单击"来源"文本框右侧的⬆按钮,可以折叠对话框(如图9-32所示),便于选择数据。选择序列后,单击⬆按钮还原对话框。

图9-30　"数据验证"对话框

图9-31　设置序列来源

图9-32　折叠对话框

图9-33　指定数据的范围

(4)如果允许数据单元格中出现空值,或者在设置上、下限时使用的单元格引用或公式引用了基于初始值为空值的单元格,则选中"忽略空值"复选框。

(5)如果指定了允许的数据类型为"序列",且希望在单元格右侧显示一个下拉箭头,便于从中选择预设的数据,则选中"提供下拉箭头"复选框。

9.3.2　显示提示信息

如果在数据序列中输入的数据不符合指定的类型或范围,会弹出如图9-34所示的提示框,提示用户输入的数据与定义的数据验证限制不匹配。

图9-34　警告提示框

但这种方式对不熟悉表格数据类型的用户来说,不能从根本上了解错误的原因。如果在输入数据时显示对应的提示信息，就能很好地引导用户输入正确的数据。

（1）在"数据验证"对话框中切换到如图 9-35 所示的"输入信息"选项卡。

（2）选中"选定单元格时显示输入信息"复选框，则选中单元格时显示指定的信息。

（3）如果要在提示信息中显示标题，则在"标题"文本框中输入所需的文本。

（4）在"输入信息"文本框中输入要显示的提示信息。

（5）单击"确定"按钮关闭对话框。

此时，选中指定的单元格将弹出如图 9-36 所示的提示信息。其中，加粗字体为标题，其他文本为指定的提示信息。

图 9-35 "输入信息"选项卡

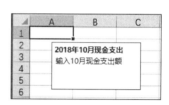

图 9-36 在选中单元格时显示指定的提示信息

9.3.3 自定义错误提示

除了在输入时显示提示信息，用户还可以自定义错误提示对话框，方便其他用户了解错误原因，并控制响应方式。

（1）在"数据验证"对话框中切换到如图 9-37 所示的"出错警告"选项卡。

（2）选中"输入无效数据时显示出错警告"复选框。

（3）在"样式"下拉列表框中指定错误提示的类型。

❖ 停止：在输入值无效时显示提示信息，错误被更正或取消之前禁止用户继续工作。

❖ 警告：在输入值无效时询问用户是确认有效并继续其他操作，还是取消操作或返回并更正数据。

❖ 信息：在输入值无效时显示提示信息，让用户选择是保留已经输入的数据还是取消操作。

（4）在"标题"文本框中输入错误提示的标题。该标题将显示在对话框的标题栏上。

（5）如果希望错误提示中显示特定的文本信息，在"错误信息"文本框中输入所需的文本，按 Enter 键可以开始新的一行。

（6）单击"确定"按钮关闭对话框。

图 9-37 "出错警告"选项卡

9.3.4　圈释无效数据

在指定单元格区域输入数据后，Excel 还可以按照"数据验证"对话框中设置的限制范围对工作表中的数值进行判断，并标记所有数据无效的单元格。

（1）单击"数据验证"下拉菜单中的"圈释无效数据"命令，包含无效输入值的单元格四周将显示一个红圈，如图 9-38 所示。

（2）更正无效输入值之后，红圈随即消失。

如果要清除所有标识圈，单击"数据验证"下拉菜单中的"清除验证标识圈"命令。

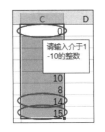

图 9-38　圈释无效数据

9.4　查找和替换数据

在编辑查看数据时，尤其当数据较多时，使用查找工具可以快速找到需要的数据，使用替换工具可以批量修改数据。

9.4.1　查找数据

（1）单击"开始"选项卡"编辑"组中的"查找和选择"按钮 🔍▾，在弹出的下拉菜单中选择"查找"命令，弹出"查找和替换"对话框。单击"选项"按钮展开选项列表。

（2）在"查找"选项卡中单击"格式"按钮右侧的下拉按钮，在弹出的下拉菜单中选择"从单元格选择格式"命令。此时"查找和替换"对话框自动隐藏，且光标显示为 ✚🖊。

（3）在工作表中单击某个数据单元格，返回"查找和替换"对话框，然后在"查找内容"文本框中输入要查找的内容。

 提示：　在 Excel 2019 中，可以通过提前选定来确定在哪个范围内搜索。如果只选定一个工作表，则在整个工作表中进行搜索；如果选定了一个单元格区域，则只在该区域内进行搜索；如果选定了多个工作表，则在选定的多个工作表中进行搜索。

（4）单击"查找下一个"按钮，Excel 将高亮显示查找到的第一个数据；再次单击"查找下一个"按钮，则高亮显示下一个符合要求的数据；单击"查找全部"按钮，将在对话框的下方列出查找到的全部数据，如图 9-39 所示。

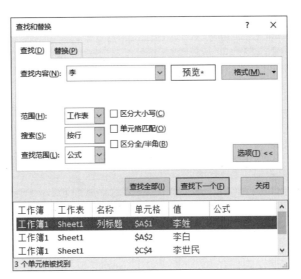

图 9-39　显示查找结果

（5）将光标移动到某条查找结果上，查找结果显示为蓝色，且带下划线；单击一条列表，工作表中相应的单元格即被选中。

（6）单击"关闭"按钮，结束查找操作。

提示： 如果要查找与指定单元格的条件格式设置相同的单元格，可选中指定的单元格后，单击"开始"选项卡"编辑"功能组中的"查找和选择"按钮，在弹出的下拉菜单中选择"定位条件"命令。然后在弹出的"定位条件"对话框中选择"条件格式"单选按钮，如图9-40所示。

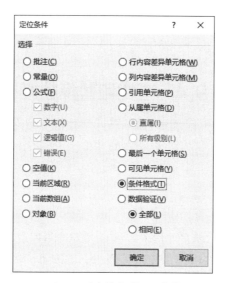

图9-40 "定位条件"对话框

9.4.2 替换数据

如果输入的数据有误，尤其是存在同样错误的数据较多时，使用替换操作可以批量对数据进行修改。

（1）单击"开始"选项卡"编辑"功能组中的"查找和选择"按钮，在弹出的下拉菜单中选择"替换"命令，弹出如图9-41所示的"查找和替换"对话框。

（2）在"查找内容"文本框中输入要查找的内容，在"替换为"文本框中输入要替换的内容。

（3）单击"查找内容"右侧的"格式"按钮弹出"查找格式"对话框，选择要查找的格式；单击"替换为"右侧的"格式"按钮弹出"替换格式"对话框，选择要替换的格式。

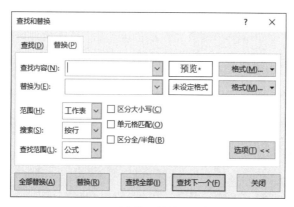

图9-41 "查找和替换"对话框

（4）单击"替换"按钮，则查找到的第一个符合的数据将被替换。再次单击"替换"按钮，则第二个符合的数据被替换。

（5）单击"全部替换"按钮，替换选定范围中所有匹配的内容。

9.5　实例精讲——编辑银行账户记录表

本节练习使用 Excel 建立一个银行账户记录表，用于管理公司员工的工资账号及相关信息。通过对操作步骤的详细讲解，读者应能熟练掌握设置数据格式、使用数据验证功能限制数据输入范围，以及使用查找和替换功能批量修改数据的方法。

9-1　实例精讲——编辑银行账户记录表

首先使用数据验证功能设置"性别"和"开户名"允许填充的数据范围，并使用复制命令和快捷键在数据列中填充相同数据；然后通过修改数据格式，指定数据的显示方式；接下来根据需要插入、删除账户记录；最后使用查找与替换功能批量修改数据，最终结果如图 9-42 所示。

序号	姓名	性别	职务	开户名	开户行	账号	账户核算内容	备注
1	朱华	男	部门经理	朱华	中国工商银行	6222 0312 0001 0002 003	5,900.00	工资
2	丁香	女	职员	丁香	邮政储蓄	6221 8709 1234 2345 456	4,800.00	工资
3	杨林	男	职员	杨林	中国农业银行	6228 4808 2099 1786 769	5,100.00	工资
4	刘玲	男	职员	刘玲	中国农业银行	6228 4819 2039 2585 234	5,100.00	工资
5	高尚	男	主管	高尚	中国农业银行	6228 8209 0012 4356 546	5,500.00	工资
6	李想	女	助理	李想	中国工商银行	6223 0812 0103 9809 256	4,900.00	工资
7	林龙	男	职员	林龙	中国建设银行	5264 1080 1879 5480	5,700.00	工资
8	云兰	女	助理	云兰	中国银行	6213 5667 7892 2340 123	4,300.00	工资
9	张扬	女	主管	张扬	中国工商银行	6222 0313 0403 6839 233	5,700.00	工资
10	周默	男	部门经理	周默	中国工商银行	6222 4312 0893 4509 280	5,900.00	工资

图 9-42　银行账户记录表

操作步骤

（1）启动 Excel 2019，打开已编制基本框架的"银行账户记录表"，如图 9-43 所示。

图 9-43　银行账户记录表

（2）选中单元格区域 C5：C14，切换到"数据"选项卡，在"数据工具"功能组中单击"数据验证"按钮打开"数据验证"对话框。在"允许"下拉列表框中选择"序列"，然后在"来源"文本框中输入"男，女"，如图 9-44 所示。

图 9-44　设置验证条件

这里要再次提请读者注意的是，输入序列值时，各个值之间应以英文逗号分隔。

（3）单击"确定"按钮关闭对话框。此时，C5 单元格右侧显示下拉按钮，单击该按钮，可以在弹出的下拉列表框中选择要输入的内容，如图 9-45 所示。使用同样的方法填充 C6：C14 单元格。

	A	B	C	D	E	F	G	H	I	J
1					银行账户记录表					
2	填报单位（章）									
3	单位名称(全称)					法人代表		联系电话		
4	序号	姓名	性别	开户名	开户行	账号		账户核算内容	备注	
5	1	朱华								
6	2	杨林	男							
7	3	刘玲	女							

图 9-45　在下拉列表框中选择输入

（4）选中单元格区域 D5：D14，在"数据工具"功能组中单击"数据验证"按钮打开"数据验证"对话框。在"允许"下拉列表框中选择"序列"，然后单击"来源"文本框右侧的按钮，在工作表中选择数据区域 B5：B14。返回"数据验证"对话框，"来源"文本框中自动填充选中的单元格区域，如图 9-46 所示。

（5）单击"确定"按钮关闭对话框。此时，D5 单元格右侧显示下拉按钮，单击该按钮，可以在弹出的下拉列表框中选择要输入的内容，如图 9-47 所示。使用同样的方法填充 D6：D14 单元格。

（6）选中 E5 单元格，在单元格中输入"中国工商银行"。

由于有其他员工的开户行也是工行，所以可以复制该单元格的内容。

（7）选中已填充内容的 E5 单元格，按 Ctrl+C 键复制单元格内容，然后选中 E8 单元格，按 Ctrl+V 键粘贴单元格内容。采用同样的方法，在 E10、E13 和 E14 单元格中粘贴内容，结果如图 9-48 所示。

提示： 如果要在多个不连续的单元格中粘贴相同的内容，可以选中第一个要粘贴的单元格之后，按下 Ctrl 键单击其他要粘贴的单元格，然后按 Ctrl+V 键。

图 9-46　设置验证条件

银行账户记录表

填报单位（章）

单位名称(全称)					法人代表		联系电话		
序号	姓名	性别	开户名	开户行	账号		账户核算内容	备注	
1	朱华	男							
2	杨林	男							
3	刘玲	男							
4	王朝	男							
5	高尚	男							
6	李想	女							
7	林龙	男							

图 9-47　使用下拉列表框填充 D 列数据

银行账户记录表

填报单位（章）

单位名称(全称)					法人代表		联系电话		
序号	姓名	性别	开户名	开户行	账号		账户核算内容	备注	
1	朱华	男	朱小华	中国工商银行					
2	杨林	男	杨林						
3	刘玲	女	刘玲						
4	王朝	男	王朝	中国工商银行					
5	高尚	男	高尚						
6	李想	女	李想	中国工商银行					
7	林龙	男	林龙						
8	云兰	女	云兰						
9	张扬	女	张扬	中国工商银行					
10	周默	男	周默	中国工商银行					
						总计:			

图 9-48　粘贴单元格内容

（8）按下 Ctrl 键单击 E6、E7、E9 单元格，输入文本"中国农业银行"，然后按 Ctrl+Enter 组合键，即可在选中的单元格中填充相同的数据，如图 9-49 所示。使用同样的方法填充 E 列的其他单元格。

（9）选中 F5：F14 单元格区域，在"开始"选项卡的"数字"功能组中单击"数字格式"下拉按钮，在弹出的下拉菜单中选择"文本"命令，然后输入 F 列的内容，如图 9-50 所示。

图 9-49　使用快捷键填入相同数据

图 9-50　输入 F 列的数据

（10）选中 H5：H14 单元格区域，在"开始"选项卡中单击"数字"功能组右下角的扩展按钮，在弹出的"设置单元格格式"对话框中选择"会计专用"分类，然后设置小数位数为 2，无货币符号，如图 9-51 所示。

（11）单击"确定"按钮关闭对话框，然后在 H 列中输入数据。输入的数据按指定的格式显示，如图 9-52 所示。

由于备注栏中的内容都相同，因此可以采用复制的方法进行填充，更便捷的方法是使用填充手柄自动填充。

（12）在 I5 单元格中输入文本，然后将鼠标指针移到单元格右下角的绿色填充手柄上，当指针变为黑色十字形 ➕ 时，按下鼠标左键向下拖动到 I14 单元格释放，拖动的单元格区域自动填充相同的数据，如图 9-53 所示。

近日，员工王朝离职，同时公司招进了新员工，此外，公司决定在记录表中添加职务信息，这些都需要在银行账户记录表上进行修改。

图 9-51 设置数据格式

	银行账户记录表							
填报单位（章）								
单位名称(全称)					法人代表		联系电话	
序号	姓名	性别	开户名	开户行	账号		账户核算内容	备注
1	朱华	男	朱华	中国工商银行	6222 0312 0001 0002 003		5,600.00	
2	杨林	男	杨林	中国农业银行	6228 4808 2099 1786 769		4,800.00	
3	刘玲	男	刘玲	中国农业银行	6228 4819 2039 2585 234		4,800.00	
4	王朝	男	王朝	中国工商银行	6222 0416 1003 6867 230		3,600.00	
5	高尚	男	高尚	中国农业银行	6228 8209 0012 4356 546		5,200.00	
6	李想	女	李想	中国工商银行	6223 0812 0103 9809 256		4,600.00	
7	林龙	男	林龙	中国建设银行	5264 1080 1879 5480		5,400.00	
8	云兰	女	云兰	中国银行	6213 5667 7892 2340 123		4,000.00	
9	张扬	女	张扬	中国工商银行	6222 0313 0403 6839 233		5,400.00	
10	周默	男	周默	中国工商银行	6222 4312 0893 4509 280		5,600.00	
							总计：	

图 9-52 输入 H 列数据

	银行账户记录表							
填报单位（章）								
单位名称(全称)					法人代表		联系电话	
序号	姓名	性别	开户名	开户行	账号		账户核算内容	备注
1	朱华	男	朱华	中国工商银行	6222 0312 0001 0002 003		5,600.00	工资
2	杨林	男	杨林	中国农业银行	6228 4808 2099 1786 769		4,800.00	工资
3	刘玲	男	刘玲	中国农业银行	6228 4819 2039 2585 234		4,800.00	工资
4	王朝	男	王朝	中国工商银行	6222 0416 1003 6867 230		3,600.00	工资
5	高尚	男	高尚	中国农业银行	6228 8209 0012 4356 546		5,200.00	工资
6	李想	女	李想	中国工商银行	6223 0812 0103 9809 256		4,600.00	工资
7	林龙	男	林龙	中国建设银行	5264 1080 1879 5480		5,400.00	工资
8	云兰	女	云兰	中国银行	6213 5667 7892 2340 123		4,000.00	工资
9	张扬	女	张扬	中国工商银行	6222 0313 0403 6839 233		5,400.00	工资
10	周默	男	周默	中国工商银行	6222 4312 0893 4509 280		5,600.00	工资
							总计：	

图 9-53 使用填充柄填充数据

（13）单击第8行的行号选中第8行，然后右击，在弹出的快捷菜单中选择"删除"命令，即可删除第8行数据，结果如图9-54所示。

序号	姓名	性别	开户名	开户行	账号	账户核算内容	备注
1	朱华	男	朱华	中国工商银行	6222 0312 0001 0002 003	5,600.00	工资
2	杨林	男	杨林	中国农业银行	6228 4808 2099 1786 769	4,800.00	工资
3	刘玲	男	刘玲	中国农业银行	6228 4819 2039 2585 234	4,800.00	工资
5	高尚	男	高尚	中国农业银行	6228 8209 0012 4356 546	5,200.00	工资
6	李想	女	李想	中国工商银行	6223 0812 0103 9809 256	4,600.00	工资
7	林龙	男	林龙	中国建设银行	5264 1080 1879 5480	5,400.00	工资
8	云兰	女	云兰	中国银行	6213 5667 7892 2340 123	4,000.00	工资
9	张扬	女	张扬	中国工商银行	6222 0313 0403 6839 233	5,400.00	工资
10	周默	男	周默	中国工商银行	6222 4312 0893 4509 280	5,600.00	工资
					总计:		

图9-54 删除第8行后的数据表

接下来在第6行插入新进员工的信息。

（14）在第6行的行号上右击，在弹出的快捷菜单中选择"插入"命令，即可在第6行上面插入一行，原来的第6行变为第7行，如图9-55所示。然后在新插入的单元格中输入新员工的银行账户信息。

序号	姓名	性别	开户名	开户行	账号	账户核算内容	备注
1	朱华	男	朱小华	中国工商银行	6222 0312 0003 6809 290	5,600.00	工资
2	杨林	男	杨林	中国农业银行	6228 4808 2099 1786 769	4,800.00	工资
3	刘玲	女	刘玲	中国农业银行	6228 4819 2039 2585 234	4,800.00	工资
5	高尚	男	高尚	中国建设银行	5264 1080 1879 5480	5,800.00	工资
6	李想	女	李想	中国工商银行	6223 0812 0103 9809 256	4,800.00	工资
7	林龙	男	林龙	中国银行	6013 8209 0012 4356 546	3,200.00	工资
8	云兰	女	云兰	中国建设银行	6213 5667 7892 2340 123	4,800.00	工资
9	张扬	女	张扬	中国工商银行	6222 0313 0403 6839 233	4,800.00	工资
10	周默	男	周默	中国工商银行	6222 4312 0893 4509 280	5,600.00	工资
					总计:		44,200.00

图9-55 插入一行

接下来添加职务信息。

（15）在D列的列号上右击，在弹出的快捷菜单中选择"插入"命令，即可在选中列的左侧插入一个空白列，右上角显示"插入选项"按钮，如图9-56所示。

						银行账户记录表		
填报单位（章）								
单位名称（全称）						法人代表	联系电话	
序号	姓名	性别		开户名	开户行	账号	账户核算内容	备注
1	朱华	男		朱小华	中国工商银行	6222 0312 0003 6809 290	5,600.00	工资
2	丁香	女		丁香	邮政储蓄	6221 8709 1234 3456 789	4,500.00	工资
2	杨林	男		杨林	中国农业银行	6228 4808 2099 1786 769	4,800.00	工资
3	刘玲	女		刘玲	中国农业银行	6228 4819 2039 2585 234	4,800.00	工资
5	高尚	男		高尚	中国建设银行	5264 1080 1879 5480	5,800.00	工资
6	李想	女		李想	中国工商银行	6223 0812 0103 9809 256	4,800.00	工资
7	林龙	男		林龙	中国银行	6013 8209 0012 4356 546	3,200.00	工资
8	云兰	女		云兰	中国建设银行	6213 5667 7892 2340 123	4,800.00	工资
9	张扬	女		张扬	中国工商银行	6222 0313 0403 6839 233	4,800.00	工资
10	周默	男		周默	中国工商银行	6222 4312 0893 4509 280	5,600.00	工资
11	夏天	男		夏天	中国银行	6013 8209 0012 4356 546	3,200.00	工资
						总计:		51,900

图9-56 插入列

（16）单击"插入选项"按钮，在弹出的下拉菜单中选择"与右边格式相同"命令，如图 9-57 所示。

	A	B	C	D	E	F	G	H	I	J
3	单位名称（全称）			▼·			法人代表		联系电话	
4	序号	姓名	性别	○ 与左边格式相同(L)			银行	账号	账户核算内容	备注
5	1	朱华	男	● 与右边格式相同(R)				6222 0312 0001 0002 003	5,600.00	工资
6	2	丁香	女	○ 清除格式(C)			蓄	6221 8709 1234 2345 456	4,500.00	工资

图 9-57　设置空白列格式

（17）在 D4 单元格中输入"职务"，然后选中 D5：D14 单元格区域，在"数据工具"功能组中单击"数据验证"按钮打开"数据验证"对话框。在"允许"下拉列表框中选择"序列"，然后在"来源"文本框中输入以英文逗号分隔的序列值，如图 9-58 所示。

图 9-58　设置验证条件

（18）单击"确定"按钮关闭对话框，使用单元格右侧的下拉按钮填充单元格，如图 9-59 所示。

	A	B	C	D	E	F	G	H	I	J	K
3	单位名称（全称）						法人代表		联系电话		
4	序号	姓名	性别	职务	开户名	开户行	账号		账户核算内容	备注	
5	1	朱华	男	部门经理 ▼	朱华	中国工商银行	6222 0312 0001 0002 003		5,600.00	工资	
6	2	丁香	女	职员	丁香	邮政储蓄	6221 8709 1234 2345 456		4,500.00	工资	
7	2	杨林	男	职员	杨林	中国农业银行	6228 4808 2099 1786 769		4,800.00	工资	
8	3	刘玲	男	职员	刘玲	中国农业银行	6228 4819 2039 2585 234		4,800.00	工资	
9	5	高尚	男	主管	高尚	中国农业银行	6228 8209 0012 4356 546		5,200.00	工资	
10	6	李想	女	助理	李想	中国工商银行	6223 0812 0103 9809 256		4,600.00	工资	
11	7	林龙	男	职员	林龙	中国建设银行	5264 1080 1879 5480		5,400.00	工资	
12	8	云兰	女	助理	云兰	中国银行	6213 5667 7892 2340 123		4,000.00	工资	
13	9	张扬	女	主管	张扬	中国工商银行	6222 0313 0403 6839 233		5,400.00	工资	
14	10	周默	男	部门经理	周默	中国工商银行	6222 4312 0893 4509 280		5,600.00	工资	
15								总计：			

图 9-59　填充 D 列数据

至此，记录表基本制作完成。细心的读者会发现，记录表的序号在进行删除和插入操作之后乱了，不能起到编号或计数的作用。接下来的步骤修改序号。

（19）选中 A5 单元格，将鼠标指针移到单元格右下角的填充手柄上，按下鼠标左键拖动到 A14 单元格释放。此时，A6：A14 单元格中填充的内容均为 A5 单元格中的数据。单击 A14 单元格右下角的"自动填充选项"按钮，在弹出的下拉菜单中选择"填充序列"命令，如图 9-60 所示，即可自动填充步长为 1 的递增序列。

	A	B	C	D	E	F	G	H	I	J	K
3	单位名称(全称)						法人代表		联系电话		
4	序号	姓名	性别	职务	开户名	开户行	账号		账户核算内容	备注	
5	1	朱华	男	部门经理	朱华	中国工商银行	6222 0312 0001 0002 003		5,600.00	工资	
6	1	丁香	女	职员	丁香	邮政储蓄	6221 8709 1234 2345 456		4,500.00	工资	
7	1	杨林	男	职员	杨林	中国农业银行	6228 4808 2099 1786 769		4,800.00	工资	
8	1	刘玲	男	职员	刘玲	中国农业银行	6228 4819 2039 2585 234		4,800.00	工资	
9	1	高尚	男	主管	高尚	中国农业银行	6228 8209 0012 4356 546		5,200.00	工资	
10	1	李想	女	助理	李想	中国工商银行	6223 0812 0103 9809 256		4,600.00	工资	
11	1	林龙	男	职员	林龙	中国建设银行	5264 1080 1879 5480		5,400.00	工资	
12	1	云兰	女	助理	云兰	中国银行	6213 5667 7892 2340 123		4,000.00	工资	
13	1	张扬	女	主管	张扬	中国工商银行	6222 0313 0403 6839 233		5,400.00	工资	
14	1	周默	男	部门经理	周默	中国工商银行	6222 4312 0893 4509 280		5,600.00	工资	
15									总计:		

复制单元格(C)
填充序列(S)
仅填充格式(F)
不带格式填充(O)
快速填充(F)

图 9-60　设置填充选项

通过董事会商讨，决定给在职员工调薪，工资普遍上涨 300 元。如果在记录表中一个一个单元格地修改，不仅费时费力，还容易出错。利用 Excel 2019 中的查找与替换功能就方便很多。

（20）切换到"开始"选项卡，在"编辑"功能组中单击"查找和选择"按钮，在弹出的下拉菜单中选择"查找"命令，打开"查找和替换"对话框。在"查找内容"文本框中输入 5600，然后单击"查找全部"按钮，Excel 自动查找"5600"所在的单元格，并逐条列出其所在的工作簿、工作表、单元格位置等信息，如图 9-61 所示。

（21）切换到"替换"选项卡，在"替换为"文本框中输入 5900，然后单击"全部替换"按钮，如图 9-62 所示。替换完成后，将弹出一个提示框，显示已替换多少条记录，单击"确定"按钮关闭对话框。

图 9-61　查找到 2 个单元格

图 9-62　替换数据

（22）按照同样的方法修改其他员工的工资，替换完成后，关闭"查找和替换"对话框，最终结果如图 9-42 所示。

答 疑 解 惑

1. 如何快速打开"设置单元格格式"对话框？

答：按下 Ctrl+1 组合键可打开"设置单元格格式"对话框。

2. 单元格中显示的日期是"1998 年 3 月"，怎样将日期显示为"1998 年 03 月"？

答：在单元格上右击，在弹出的快捷菜单中选择"设置单元格格式"命令，打开"设置单元格格式"对话框。在"数字"选项卡中选择"自定义"，然后在右侧的"类型"中选中 yyyy" 年 "m" 月 "，修改为：yyyy" 年 "mm" 月 "。

3. 在对数字格式进行修改时，单元格中出现"#######"，原因是什么？

答：单元格数据显示为"#######"是因为单元格宽度不够，调整单元格至合适的列宽，即可完全显示单元格中的数据。

4. 怎样区分单元格中的内容是数字格式还是文本格式？

答：在默认情况下，文字在单元格中按左对齐的方式排列，数字按右对齐的方式排列。

5. 要使用填充柄复制数据，但是单元格右下角不显示填充柄，该如何处理？

答：打开"Excel 选项"对话框，切换到"高级"分类，然后在"编辑选项"区域选中"启用填充柄和单元格拖放功能"复选框。

6. 如何快速填充单元格？

答：选定单元格区域，按组合键 Ctrl+D，即可将选定范围内最顶层单元格的内容和格式复制到下面的单元格中。

7. 如何设置按下 Enter 键后移动所选位置的方向？

答：打开"Excel 选项"对话框，切换到"高级"分类，在"编辑选项"区域的"方向"下拉列表框中选择所需的方向。

8. 如何取消单元格记忆式输入功能？

答：打开"Excel 选项"对话框，切换到"高级"分类，在"编辑选项"区域，取消选中"为单元格值启用记忆式键入"复选框。

9. 如何显示或隐藏千位分隔符？

答：打开"Excel 选项"对话框，切换到"高级"分类，在"编辑选项"区域，选中或者取消选中"使用系统分隔符"复选框即可显示或隐藏千位分隔符。

10. 如果希望将单元格中输入的数据限定于一个序列，设置数据验证时，需要特别注意什么？

答：在设置数据验证时，需要注意的是：在"来源"文本框中输入序列的各项内容必须用英文输入法状态下的逗号","隔开。

学习效果自测

一、选择题

1. 在 Excel 2019 中输入数据时，单元格中的内容会同时显示在（　　）。

　　A. 编辑栏　　　　　　B. 标题栏　　　　　　C. 工具栏　　　　　　D. 菜单栏

2. 默认情况下，输入的数字在单元格中（　　）显示。

　　A. 左对齐　　　　　　B. 右对齐　　　　　　C. 居中　　　　　　　D. 不确定

3. 默认情况下，文本在单元格中（　　），且不会自动换行。

　　A. 左对齐　　　　　　B. 右对齐　　　　　　C. 居中　　　　　　　D. 不确定

4. 在不进行单元格设置的情况下，输入"2007-10"后按 Enter 键，将在该单元格显示（　　）。

　　A. 2007-10　　　　　B. 2007-10-1　　　　C. 2007 年 10 月　　　D. Oct-07

5. 在单元格中输入邮政编码 010001 时，应输入（　　）。

　　A. 010001'　　　　　B. "010001"　　　　　C. '010001　　　　　　D. 010001

6. 在 Excel 中，当鼠标指针移到自动填充柄上时，指针的形状为（　　）。

　　A. 双箭头　　　　　　B. 白十字　　　　　　C. 黑十字　　　　　　D. 黑矩形

二、判断题

1. 不能使用括号将数值的负号单独括起来，负号只需放在数值的前面即可。（　　　）

2. 在进行替换操作时，必须先单击"查找下一个"或"查找全部"按钮，否则不能进行替换。（　　　）

3. 在进行查找替换时，只能在当前工作表内进行，而不能在整个工作簿中进行。（　　　）

三、填空题

1. 在 Excel 2019 中，用户选定所需的单元格或单元格区域后，在当前单元格或选定区域的右下角出现一个绿色方块，这个绿色方块叫作_____。

2. 若在单元格输入 10，将其格式修改为"短日期"格式后，将显示内容为_____。

3. 在 Excel 中，要在某单元格中显示"3/4"，应该输入_____。

4. 如果要在工作表中输入负数"–38"，可以在单元格中输入_____或_____。

四、操作题

新建一个工作表，执行以下操作：

（1）指定单元格区域 B3：E5 的有效数据类型为"小数"，且上、下限分别为 60.00、75.00。

（2）指定单元格区域 C6：E6 的有效数据类型为"字符"，且长度在 6~12 之间。

（3）使用填充柄在单元格区域 A7：E8 填入数据 200。

（4）自定义序列"北京、上海、天津、重庆、武汉、济南"，并填充到单元格区域 F3：F18。

第 10 章

创建个性化表格

本章导读

　　一张设计优美的工作表不仅应有合理、准确的数据，而且要求工作表美观大方，便于理解和查看。因此，格式化工作表是制作过程中不可缺少的步骤。Excel 2019 提供了强大的格式化功能。

学习要点

- ❖ 修改表格结构
- ❖ 格式化工作表
- ❖ 使用条件格式
- ❖ 应用图形对象

10.1 修改表格结构

Excel 2019 中的工作表是结构比较规整的表格，每行每列的高度和宽度也相同。在实际应用中，通常需要调整行高、列宽，或合并相邻的单元格，以容纳不同大小和类型的内容。

10.1.1 调整行高与列宽

如果对单元格的行高与列宽要求不是很精确，可以利用鼠标拖动进行调整。

（1）将鼠标指针移到行编号的下边界上，当指针变为纵向双向箭头时，按下鼠标左键拖动到合适位置释放，即可改变指定行的高度。

（2）将鼠标指针移到列编号的右边界上，当指针变为横向双向箭头时，按下鼠标左键拖动到合适位置释放，即可改变指定列的宽度。

 提示： 双击列标题的右边界，可使列宽自动适应单元格中内容的宽度。如果要一次改变多行或多列的高度或宽度，只需要选中多行或多列，然后用鼠标拖动其中任何一行或一列的边界即可。

如果希望精确地指定行高和列宽，可以使用菜单命令进行设置。

（1）选中要调整行高或列宽的单元格。

（2）在"开始"选项卡的"单元格"功能组中单击"格式"按钮，在弹出的下拉菜单中选择"行高"或"列宽"命令，分别打开如图 10-1 和图 10-2 所示的"行高"对话框和"列宽"对话框。

（3）分别指定行高和列宽，然后单击"确定"按钮关闭对话框。

图 10-1 "行高"对话框

图 10-2 "列宽"对话框

 提示： 如果希望 Excel 根据输入的内容自动调整行高和列宽，可以在"格式"下拉菜单中选择"自动调整行高"命令或"自动调整列宽"命令。

10.1.2 合并单元格

Excel 默认生成的工作表是规整的行列排布的表格，但在实际应用中，经常会用到一些不规整的表格，某一项可能占用多行或多列单元格，这就需要对单元格进行合并。

所谓合并单元格，是指将多个单元格合并为一个大的单元格。合并单元格的操作步骤如下。

（1）选择要合并的多个连续的单元格。

（2）切换到"开始"选项卡，在"对齐方式"功能组中单击"合并"按钮，弹出如图 10-3 所示的下拉菜单。

❖ 合并后居中：将选择的多个单元格合并为一个较大的单元格，且合并后的单元格内容居中显示。

❖ 跨越合并：将相同行中的所选单元格合并为一个大的单元格。

❖ 合并单元格：将所有选中的单元格合并为一个单元格。

图 10-3 合并单元格下拉菜单

（3）选择需要的合并方式。

如果要合并的单元格中包含数据，将弹出一个如图10-4所示的对话框，提示用户合并单元格时仅保留左上角单元格中的值，其他单元格的内容将被丢弃。

（4）单击"确定"按钮，即可合并选定的单元格区域。

如果要取消合并单元格，在如图10-3所示的下拉菜单中选择"取消单元格合并"命令。

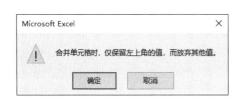

图10-4 提示对话框

注意 取消合并单元格之后，单元格将被拆分为合并之前的样子，但只有左上角的单元格中包含值。

10.2 格式化工作表

设置工作表的外观格式可以美化表格，增强表格的可读性。

10.2.1 设置边框和底纹

在Excel中，单元格由围绕单元格的灰色网格线标识。但是这些网格线在打印时默认是不显示的。如果希望能清楚地区分每个单元格，可以为单元格或单元格区域增加边框和底纹。

（1）选中要添加边框的单元格或区域。

（2）在"开始"选项卡的"单元格"功能组中单击"格式"按钮，在弹出的下拉菜单中选择"设置单元格格式"命令，打开如图10-5所示的"设置单元格格式"对话框。

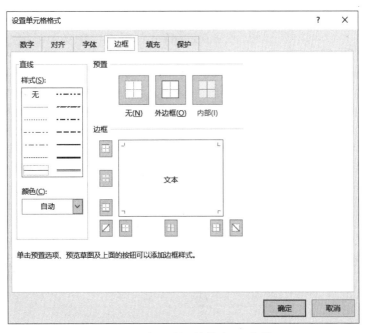

图10-5 "设置单元格格式"对话框

（3）切换到"边框"选项卡，在"样式"列表框中选择边框线的样式；在"颜色"下拉列表框中选择边框线的颜色；在"预置"区域选择边框的类型，然后在"边框"区域选择边框线出现的位置。

（4）切换到如图10-6所示的"填充"选项卡，在"背景色"区域中选择底纹的背景色；在"图案颜色"下拉列表框中选择底纹的前景色；在"图案样式"下拉列表框中选择底纹图案。

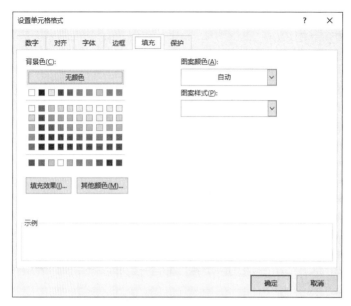

图 10-6 "填充"选项卡

如果"背景色"区域中没有需要的颜色，可以单击"其他颜色"按钮，在打开的"颜色"对话框中选择一种颜色，或单击"填充效果"按钮，在如图 10-7 所示的"填充效果"对话框中自定义一种渐变效果。

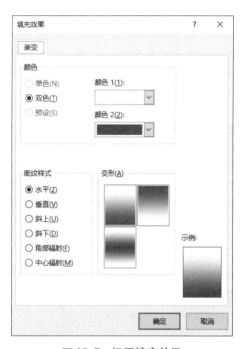

图 10-7 设置填充效果

（5）设置完成后，单击"确定"按钮关闭对话框。

制作斜线表头

选中要设置斜线表头的单元格，在如图 10-5 所示的"边框"选项卡中，单击"边框"区域右下角的⬛按钮。

上机练习——制作支付证明单

本节练习制作支付证明单，通过对操作步骤的详细讲解，读者可进一步掌握合并单元格、调整单元格行高与列宽、选中工作表中的所有单元格，以及设置单元格边框和底纹的方法。

10-1 上机练习——制作支付证明单

首先合并单元格，在单元格中输入文本，并调整行高和列宽，创建支付证明单的基本框架；然后设置单元格的外边框和内边框样式；最后设置工作表的底纹效果。最终效果如图 10-8 所示。

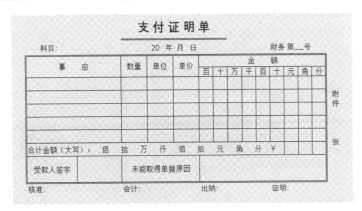

图 10-8　支付证明单

操作步骤

（1）新建一个工作表，并重命名为"支付证明单"。

（2）选中 E1：I2 单元格区域，在"开始"选项卡"对齐方式"功能组中单击"合并后居中"按钮，然后在合并后的单元格中输入"支付证明单"。

（3）合并 B3：C3 单元格区域，输入文本"科目："；合并 E3：I3 单元格区域，输入文本"20 年 月 日"；合并 L3：P3 单元格区域，输入文本"财务第 号"。

（4）合并 B4：D5 单元格区域，输入"事由"；采用同样的方法在合并后的 E4：G4 单元格中分别输入：数量、单位、单价。

（5）合并 H4：P4 单元格区域，输入文本"金额"，然后在 H5：P5 单元格区域分别输入：百、十、万、千、百、十、元、角、分，如图 10-9 所示。

图 10-9　输入支付证明单项目

（6）合并 B11：I11 单元格区域，然后在合并后的单元格中输入文本"合计金额（大写）：佰 拾 万 仟 佰 拾 元 角 分 ￥"，如图 10-10 所示。

（7）按照与上面步骤相同的方法，在 B12 单元格中输入"受款人签字"；E12 单元格中输入"未能取得单据原因"；B13 单元格中输入"核准："；E13 单元格中输入"会计："；H13 单元格中输入"出纳："；

M13 单元格中输入"证明："。

图 10-10　输入表格文本

（8）合并 Q4：Q12 单元格区域，输入文本"附件　　张"，然后选中合并后的单元格，在"开始"选项卡"对齐方式"功能组中单击"方向"按钮 ✎▾，在弹出的下拉菜单中选择"竖排文字"命令，如图 10-11 所示。

图 10-11　选择"竖排文字"命令

（9）调整单元格行高和列宽，此时的支付证明单如图 10-12 所示。

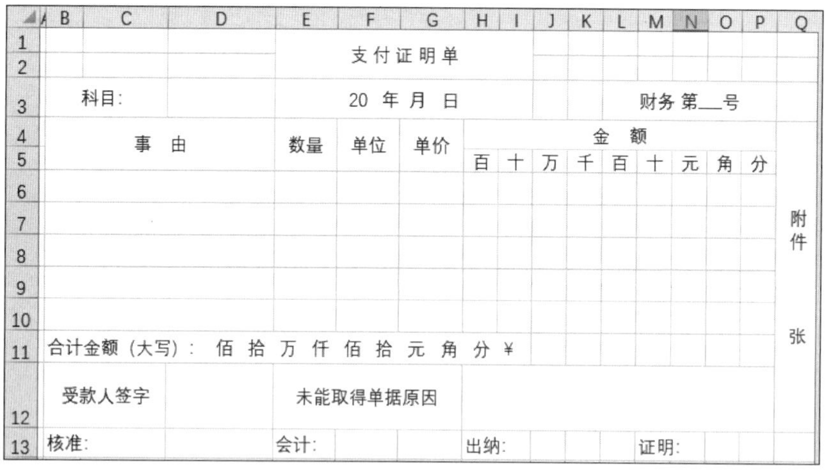

图 10-12　支付证明单

（10）选中合并后的 E1 单元格，在"开始"选项卡的"字体"功能组中设置字体为"等线"，字号为 18，颜色为蓝色，字形加粗。然后在"单元格"功能组中单击"格式"按钮，在弹出的下拉菜单中选择"行高"命令，在弹出的"行高"对话框中设置行高为 15。

（11）选中 E1 单元格，单击"开始"选项卡"字体"功能组右下角的扩展按钮，打开"设置单元格格式"对话框。切换到"边框"选项卡，在"样式"列表框中选择双横线，颜色为蓝色，然后单击下边框按钮⊞，如图 10-13 所示。

（12）单击"确定"按钮关闭对话框，此时的支付证明单如图 10-14 所示。

（13）选中 B3：Q13 单元格区域，右击，在弹出的快速格式工具栏中设置字体为"宋体"，字号为 11，颜色为蓝色，如图 10-15 所示。

图 10-13　设置边框样式

图 10-14　设置表头样式

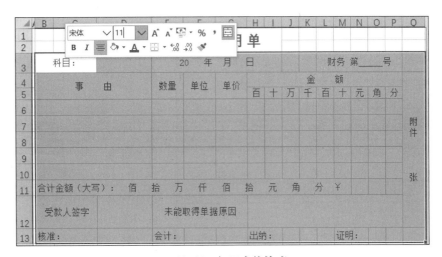

图 10-15　设置字体格式

接下来设置表格边框。

（14）选中 B4：P12 单元格区域，右击，在弹出的快捷菜单中选择"设置单元格格式"命令，弹出"设置单元格格式"对话框。切换到"边框"选项卡，在"样式"列表框中选择双实线，设置颜色为蓝色，然后单击"外边框"按钮，设置外边框样式；在"样式"列表框中选择单实线，单击"内部"按钮，设置内部边线样式，如图 10-16 所示。

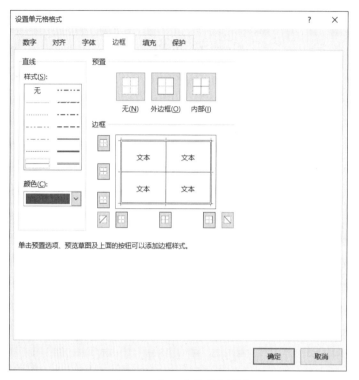

图 10-16　设置表格边框样式

（15）单击"确定"按钮关闭对话框。此时的工作表效果如图 10-17 所示。

（16）单击工作表左上角的"全选"按钮 ◢，选中整个工作表。单击"对齐方式"功能组右下角的扩展按钮打开"设置单元格格式"对话框。切换到"填充"选项卡，单击"其他颜色"按钮，在弹出的"颜色"对话框中选择一种颜色，如图 10-18 所示。然后单击"确定"按钮关闭对话框。

图 10-17　设置表格边框样式后的效果

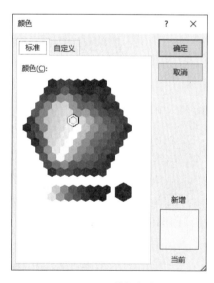

图 10-18　选择颜色

（17）在"图案颜色"下拉列表框中选择"白色"；在"图案样式"下拉列表框中选择"细逆对角线条纹"图案，对话框底部的"示例"区域将显示设置的底纹效果，如图 10-19 所示。

（18）单击"确定"按钮关闭对话框，即可在工作表中填充指定的底纹效果，如图 10-8 所示。

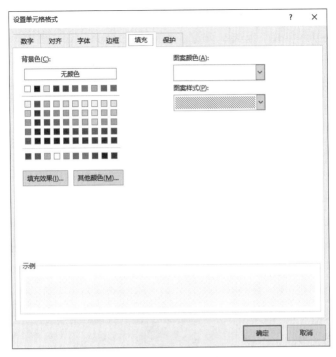

图 10-19　设置底纹效果

10.2.2　套用预置的样式

Excel 预置了丰富的表格样式和单元格样式。所谓样式，是一些特定属性的集合，如字体大小、背景图案、对齐方式等。使用预置的样式可以快速设置表格和单元格的外观效果，并能保证应用同一样式的表格和单元格的格式一致。

（1）选择要格式化的表格区域，在"开始"选项卡的"样式"区域，单击"套用表格格式"按钮，弹出如图 10-20 所示的样式列表。

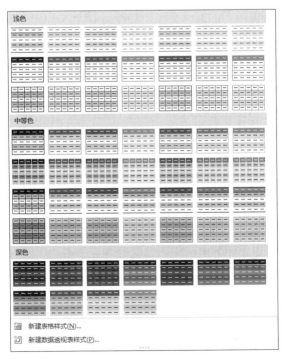

图 10-20　表格样式列表

（2）单击需要的样式，弹出如图 10-21 所示的"套用表格式"对话框。如果选择的单元格区域的第一行是标题行，则选中"表包含标题"复选框，否则 Excel 会自动添加以"列 1""列 2"……命名的标题行。

图 10-21　"套用表格式"对话框

（3）单击"确定"按钮，即可关闭对话框，并应用表格样式。

例如，选中如图 10-22 所示的单元格区域，套用表格样式"绿色，表样式中等深浅 14"的效果如图 10-23 所示。

	A	B	C	D	E	F	G
2	名称	型号	生产厂	单价	采购数量	总价	订购日期
3	沙发	S001	天成沙发厂	1000	3	3000	2017/4/2
4	椅子	Y001	永昌椅业	230	6	1380	2017/4/4
5	沙发	S002	天成沙发厂	1200	8	9600	2017/4/6
6	茶几	C001	新时代家具城	500	9	4500	2017/4/7
7	桌子	Z001	新时代家具城	600	6	3600	2017/4/10
8	茶几	C002	新时代家具城	360	12	4320	2017/4/14
9	椅子	Y002	永昌椅业	550	15	8250	2017/4/17

图 10-22　选中要套用样式的单元格区域

	A	B	C	D	E	F	G
2	名称	型号	生产厂	单价	采购数量	总价	订购日期
3	沙发	S001	天成沙发厂	1000	3	3000	2017/4/2
4	椅子	Y001	永昌椅业	230	6	1380	2017/4/4
5	沙发	S002	天成沙发厂	1200	8	9600	2017/4/6
6	茶几	C001	新时代家具城	500	9	4500	2017/4/7
7	桌子	Z001	新时代家具城	600	6	3600	2017/4/10
8	茶几	C002	新时代家具城	360	12	4320	2017/4/14
9	椅子	Y002	永昌椅业	550	15	8250	2017/4/17

图 10-23　套用表格格式效果

此时，如果选中套用了表格样式的任一单元格，在选项卡中将显示"表格工具 / 设计"选项卡，在"表格样式选项"功能组中可以设置表格样式的基本选项；在"表格样式"功能组中可以快速修改表格样式，如图 10-24 所示。

图 10-24　"表格工具 / 设计"选项卡

如果要删除套用的表格样式，可以选择含有套用格式的区域，然后单击"开始"选项卡"编辑"组中的"清除"按钮🖊，在弹出的下拉菜单中选择"清除格式"命令。

接下来套用单元格样式。

（4）选中要套用样式的单元格，在"开始"选项卡的"样式"功能组中单击"单元格样式"按钮，弹出如图 10-25 所示的样式下拉列表框。

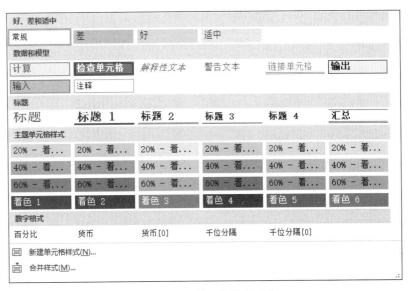

图 10-25 单元格样式列表

（5）在样式下拉列表框中选择需要的样式，选中的单元格即可应用指定的样式。

如果要删除自动套用的单元格样式，可以选中含有套用格式的单元格，然后单击"开始"选项卡"编辑"组的"清除"按钮🖊，在弹出的下拉菜单中选择"清除格式"命令。

10.2.3 自定义样式

如果不想直接套用预置的样式以免雷同，可以自定义样式以创建独具一格的工作表外观。

（1）在"开始"选项卡菜单的"样式"组中，单击"套用表格格式"按钮，在弹出的样式列表中单击"新建表格样式"命令，弹出如图 10-26 所示的"新建表样式"对话框。

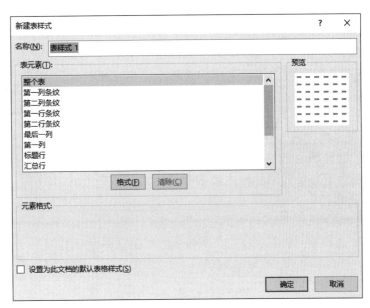

图 10-26 "新建表样式"对话框

（2）在"名称"文本框中输入样式的名称。

（3）在"表元素"列表框中选择要定义格式的表元素，然后单击"格式"按钮，弹出如图 10-27 所示的"设置单元格格式"对话框。

图 10-27　"设置单元格格式"对话框

（4）设置表元素的格式，然后单击"确定"按钮返回"新建表格式"对话框。

（5）如果希望把已定义好的样式设置为此文档的默认表格样式，则选中"设置为此文档的默认表格样式"复选框。

（6）重复步骤（3）~ 步骤（5），设置其他表元素的格式。

（7）单击"确定"按钮关闭对话框。

此时，在样式列表中可以看到自定义的样式。单击它即可应用到选定的单元格区域。

接下来自定义单元格样式。

（8）在"开始"选项卡菜单的"样式"组中，单击"单元格样式"按钮，在弹出的样式列表中单击"新建单元格样式"命令，弹出如图 10-28 所示的"样式"对话框。

（9）在"样式名"文本框中输入样式名称。然后单击"格式"按钮，打开如图 10-29 所示的"设置单元格格式"对话框。

（10）分别在各个选项卡中设置单元格内容的数据格式、对齐方式、字体、边框样式和填充效果。

（11）设置完成后，单击"确定"按钮关闭对话框。

此时，在单元格样式列表中可以看到自定义的样式。单击它即可应用到选定的单元格。

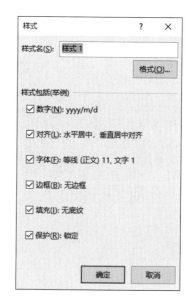

图 10-28　"样式"对话框

图 10-29 "设置单元格格式"对话框

10.2.4 套用其他工作簿的样式

如果在某个工作簿中创建了美观的表格样式和单元格样式，希望在其他的工作簿中也使用同样的样式，可以合并不同工作簿中的样式，以免重复定义。

（1）打开要应用样式的工作簿（目标工作簿）和已定义样式的工作簿（源工作簿），在目标工作簿中单击"开始"选项卡"样式"功能组中的"单元格样式"命令。

（2）在弹出的样式列表中选择"合并样式"命令，弹出"合并样式"对话框。在"合并样式来源"列表框中选择源工作簿，如图 10-30 所示，单击"确定"按钮关闭对话框。

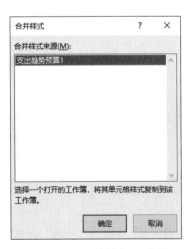

图 10-30 "合并样式"对话框

如果两个工作簿中有相同的样式，则弹出提示对话框，询问是否合并具有相同名称的样式。如果要用复制的样式替换目标工作簿中的样式，单击"是"按钮；如果要保留目标工作簿的样式，单击"否"按钮。

此时打开目标工作簿，在单元格样式下拉列表框中可以看到在源工作簿中定义的样式。

10.3 使用条件格式

所谓"条件格式",是指满足指定条件的单元格自动应用指定的底纹、字体、颜色等格式,或使用数据条、色阶和图表集突出显示满足条件的单元格,以增强数据的可读性。

10.3.1 设置条件格式

(1)选中要设置条件格式的单元格区域。

(2)单击"开始"选项卡"样式"功能组中的"条件格式"命令,弹出如图 10-31 所示的下拉菜单。

(3)选择需要的条件格式,然后在级联菜单中选择具体的规则,在弹出的对话框中设置条件格式。

例如,单击"突出显示单元格规则"命令,在弹出的级联菜单中选择"介于"命令,弹出如图 10-32 所示的"介于"对话框。在这里可以指定值的上限和下限,以及符合条件的单元格使用的格式。设置对话框时,在工作表中可以实时预览应用条件格式的效果。

图 10-31　条件格式下拉菜单　　　　　　　图 10-32　"介于"对话框

> **提示:**
> 条件格式的数值框中不仅可以输入常数,还可以输入公式,但公式前要加"="。

如果不想使用预置的格式,可以在"设置为"下拉列表框中选择"自定义格式"命令,打开"设置单元格格式"对话框进行自定义。

(4)设置完成后,单击"确定"按钮关闭对话框。

(5)重复步骤(1)~步骤(4),设置其他单元格区域的条件格式。

10.3.2 管理条件格式规则

设置条件格式后,如果要对其进行修改或将其删除,可以打开"条件格式规则管理器"对话框进行操作。

(1)选择要修改或删除条件格式的单元格,单击"开始"选项卡"样式"组中的"条件格式"命令,在弹出的下拉菜单中选择"管理规则"命令,弹出如图 10-33 所示的"条件格式规则管理器"对话框。

在这里,可以查看当前工作表中所有定义的条件格式。

(2)在对话框底部的规则列表中选中要进行管理的规则,然后单击"编辑规则"按钮,在如图 10-34 所示的"编辑格式规则"对话框中更改条件的运算符、数值、公式及格式。修改完毕后,单击"确定"按钮返回"条件格式规则管理器"对话框。

图 10-33　管理条件格式

图 10-34　"编辑格式规则"对话框

（3）单击"上移"按钮 或"下移"按钮 ，可以修改条件格式的应用顺序。

（4）单击"删除规则"按钮，即可删除当前选中的条件格式。

（5）修改完成后，单击"确定"按钮关闭对话框。

查找带有条件格式的单元格

在修改条件格式时，可能会忘记条件格式所在的单元格位置。利用 Excel 提供的定位条件功能可以快速找到符合条件的单元格或单元格区域。

（1）在工作表中选取任意一个单元格，单击"开始"选项卡"编辑"功能组中的"查找和选择"按钮，在弹出的下拉菜单中选择"定位条件"命令，打开如图 10-35 所示的"定位条件"对话框。

图 10-35　"定位条件"对话框

（2）在"选择"列表中选择"条件格式"单选按钮，然后单击"确定"按钮，即可在工作表中高亮显示所有带有条件格式的单元格。

上机练习——商品库存管理

　　本节练习使用条件格式管理商品库存，通过对操作步骤的详细讲解，读者可进一步掌握使用突出显示单元格规则、最前 / 最后规则、数据条和图标集查看满足条件的单元格的方法，以及编辑规则的方法。

10-2　上机练习——商品库存管理

　　首先使用突出显示单元格规则显示指定颜色的商品；然后使用最前 / 最后规则查看入库量最高的前三种商品，接下来使用数据条直观显示各种商品的出库量；最后使用图标集将库存量分为三类，并修改规则，按指定库存量分类商品。最终效果如图 10-36 所示。

图 10-36　商品库存管理表

操作步骤

（1）打开已编制完成的"商品库存管理表"，如图 10-37 所示。

	A	B	C	D	E	F
1	商品库存管理					
2	商品名称	型号	颜色	入库量	出库量	库存量
3	商品1	XS010	落日金	800	620	180
4	商品2	XS020	天空蓝	620	120	500
5	商品3	XS030	樱花粉	700	360	340
6	商品4	XS040	皓月灰	900	500	400
7	商品5	XS501	天空蓝	450	130	320
8	商品6	XS612	玫瑰红	850	250	600
9	商品7	XS703	太空白	980	470	510
10	商品8	XS726	皓月灰	1200	980	220
11	商品9	XS808	玫瑰红	460	180	280

图 10-37　初始状态的商品库存管理表

　　（2）选中 C3：C11 单元格区域，在"开始"选项卡的"样式"功能组中单击"条件格式"下拉按钮，在弹出的下拉菜单中选择"突出显示单元格规则"命令，然后在级联菜单中选择"文本包含"命令，如图 10-38 所示。

　　（3）在弹出的"文本中包含"对话框中，设置包含的文本为"皓月灰"，然后在"设置为"下拉列表框中选择一种预置的格式。此时，在工作表中可以看到符合条件的单元格以指定的格式显示，如图 10-39 所示。单击"确定"按钮关闭对话框。

　　（4）选中 D3：D11 单元格区域，单击"条件格式"下拉按钮，在弹出的下拉菜单中选择"最前 / 最后规则"命令，然后在级联菜单中选择"前 10 项"命令，如图 10-40 所示。

图 10-38　选择"文本包含"命令

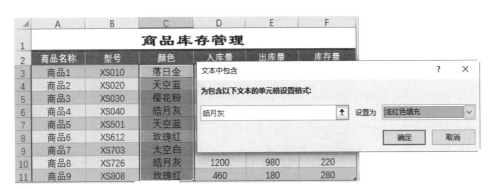

图 10-39　设置"文本包含"规则的效果

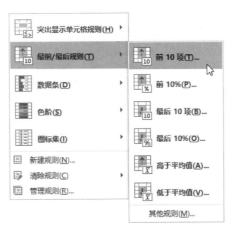

图 10-40　选择"前 10 项"命令

（5）在弹出的"前 10 项"对话框中，设置显示的项数为 3，然后在"设置为"下拉列表框中选择"自定义格式"命令，在弹出的"设置单元格格式"对话框中设置字形"加粗倾斜"，颜色为紫色，如图 10-41 所示。

（6）单击"确定"对话框返回"前 10 项"对话框，此时在工作表中可以看到入库量最高的前 3 项所在的单元格数据显示为紫色，且加粗倾斜，如图 10-42 所示。

（7）选中 E3：E11 单元格区域，单击"条件格式"下拉按钮，在弹出的下拉菜单中选择"数据条"命令，然后在级联菜单中选择"蓝色渐变填充"命令，指定单元格区域的数据即以不同长度的数据条进行显示，效果如图 10-43 所示。

图 10-41 "设置单元格格式"对话框

图 10-42 设置"前 10 项"规则的效果

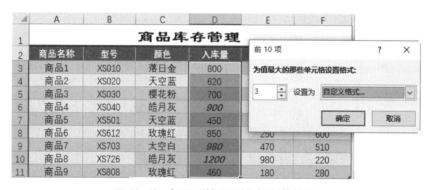

图 10-43 使用数据条显示出库量

（8）选中 F3：F11 单元格区域，单击"条件格式"下拉按钮，在弹出的下拉菜单中选择"图标集"命令，然后在级联菜单中选择"三色旗"命令，指定单元格区域将基于单元格中的值划分为三个等级，并显示不同颜色的图标，如图 10-44 所示。

如果希望以指定的数据为依据对商品进行分类，例如，库存量小于 200 的商品为一个等级，库存量大于等于 200 且小于 400 的商品为一个等级，库存量大于等于 400 为一个等级，可以编辑规则。

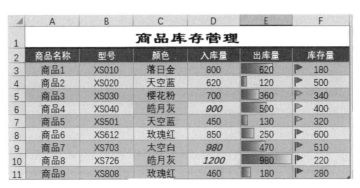

图 10-44 使用图标集显示库存量

（9）选中数据表中的任意一个单元格，单击"条件格式"下拉按钮，在弹出的下拉菜单中选择"管理规则"命令，打开如图 10-45 所示的"条件格式规则管理器"对话框。

图 10-45 "条件格式规则管理器"对话框

（10）选中要修改的规则，例如使用图标集的规则，单击"编辑规则"按钮，打开如图 10-46 所示的"编辑格式规则"对话框。

在"编辑规则说明"区域可以看到该规则默认使用的单元格格式和分类规则。

图 10-46 "编辑格式规则"对话框

（11）在"根据以下规则显示各个图标"区域，修改值的类型和具体值，如图 10-47 所示。

图 10-47　修改规则

（12）修改完成后，单击"确定"按钮关闭对话框，即可看到库存量小于 200 的单元格中显示红旗，库存量大于等于 200 且小于 400 的单元格中显示黄旗，库存量大于等于 400 的单元格中显示绿旗，如图 10-36 所示。

10.4　应用图形对象

在 Excel 中合理地应用图形对象，不仅可以美化工作表，避免工作表枯燥乏味，还能更清晰、形象地说明要阐述的问题。

10.4.1　插入图片

Excel 支持在工作表中插入本地计算机存储的图片或是屏幕截图，此外，Excel 还提供了具有丰富图片资源的联机图库，以在工作表中使用富有设计感的图像对象，增强表格的说服力和视觉效果。

（1）单击"插入"选项卡"插图"区域的"图片"或"联机图片"按钮。

（2）在弹出的对话框中选择要插入的图片，单击"插入"按钮，即可在当前工作表中插入指定的图片。

如果单击的是"图片"按钮，则弹出"插入图片"对话框；如果单击的是"联机图片"按钮，则弹出如图 10-48 所示的"联机图片"对话框。单击一个图片类别进入对应的图片列表，选择需要的图片，然后单击"插入"按钮，如图 10-49 所示，即可下载图片并插入工作表。

提示：

在"插入图片"对话框中按住 Ctrl 键选择多张图片，可以一次插入多张图片。

（3）插入的图片四周显示控制手柄，将鼠标指针移到图片四周的圆形控制手柄上，按下鼠标左键拖动可以调整图片的大小；将鼠标指针移到图片顶部的旋转手柄上，按下鼠标左键拖动可以旋转图片。

（4）选中插入的图片，切换到如图 10-50 所示的"图片工具"选项卡，对图片的外观和样式进行调整。

编辑方法与 Word 中相同，在此不再重复叙述。

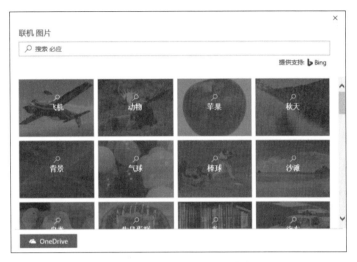

图 10-48 "联机图片"对话框

图 10-49 在图片列表中选择图片

图 10-50 "图片工具"选项卡

10.4.2 添加形状

Excel 内置了丰富的自选图形，如线条、箭头、矩形、公式形状、流程图、标注等，还能根据设计需要自定义形状的填充、轮廓和格式效果。

（1）单击"插入"选项卡"插图"组中的"形状"按钮，打开形状列表，如图 10-51 所示。

（2）单击选择需要的形状，鼠标指针变为十字形"＋"。按下鼠标左键拖动到合适大小释放，即可绘制指定的形状。例如，绘制的"波形"效果如图 10-52 所示。

提示：　　拖动的同时按住 Shift 键，可以限制形状的长宽比，或创建规范的正方形或圆形。如果要反复添加同一个形状，可以在形状列表中需要的形状上右击，在弹出的快捷菜单中选择"锁定绘图模式"命令，即可在工作表中多次绘制同一形状，而不必每次都选择形状。按 Esc 键可以取消锁定。

图 10-51　形状列表

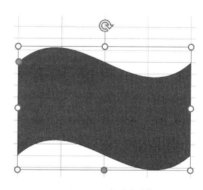

图 10-52　绘制形状

（3）选中绘制的形状，切换到如图 10-53 所示的"绘图工具"选项卡，自定义形状的填充颜色、线条类型、阴影效果、三维效果等。

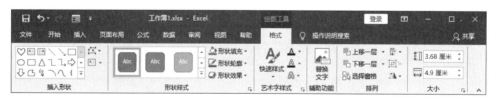

图 10-53　绘图工具的"格式"选项卡

提示：　　右击选中的形状，在弹出的快捷菜单中选择"设置形状格式"命令，可在工作区右侧打开"设置形状格式"面板，方便用户对形状外观进行详细的设置。

如果需要在形状中添加文本，继续执行以下操作。

（4）在形状上右击，在弹出的快捷菜单中选择"编辑文字"命令。在光标闪烁处输入文本，如图 10-54 所示。

（5）选中文本，在"开始"选项卡中设置字体、段落或对齐方式。设置文本格式后的效果如图 10-55

所示。

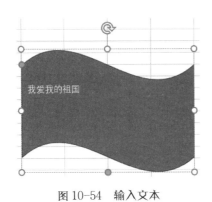

图 10-54 输入文本

图 10-55 设置文本格式

 注意　添加的文字将与形状组成一个整体，如果旋转或翻转形状，文字也会随之旋转或翻转。

在 Excel 中，不仅可以修饰形状的外观，还可以改变形状，创建新的形状。

（6）单击要修改的形状，如果要同时修改多个形状，则按住 Ctrl 键的同时单击要修改的形状。

（7）在形状上右击，在弹出的快捷菜单中选择"编辑顶点"命令，此时形状各个顶点上将显示黑色的控制手柄，如图 10-56 所示。

（8）将鼠标指针移到控制手柄上，指针变为 ⊕ 形时，按下鼠标左键拖动。拖动过程中，形状的轮廓线上会显示白色的方形控制手柄，如图 10-57（a）所示。拖动白色方形手柄可以调整轮廓线的弯曲度。释放鼠标，即可调整形状，如图 10-57（b）所示。

图 10-56 顶点上的控制手柄

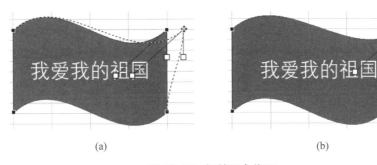

(a)　　　　　　　　　　(b)

图 10-57 调整顶点位置

（9）按照与上一步相同的方法，编辑形状的其他顶点。

10.4.3 使用艺术字

艺术字是一种通过特殊效果美化文字，使文字突出显示的快捷方法。

（1）在"插入"选项卡的"文本"功能组中单击"艺术字"按钮，弹出如图 10-58 所示的艺术字库。

（2）选择一种艺术字样式，即可在工作表中添加一个文本框，如图 10-59 所示。

（3）删除文本框中的占位文本，输入需要的文本内容，并在"开始"选项卡中调整字体和字号，如图 10-60 所示。

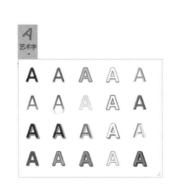

图 10-58 艺术字库

图 10-59 艺术字文本框

图 10-60 格式化艺术字的效果

（4）选中艺术字，在"绘图工具 / 格式"选项卡中修改艺术字的填充样式、轮廓效果和特效。

10.4.4 插入在线图标

图标结构简单但意义明确、传达力强，一张恰当的图标往往有胜于冗长文本说明的魅力。Office 2019 新增了在线图标库，在 Excel 2019 中可以像插入图片一样一键插入 SVG 图标。

（1）单击"插入"选项卡"插图"区域的"图标"按钮，打开如图 10-61 所示的"插入图标"对话框。

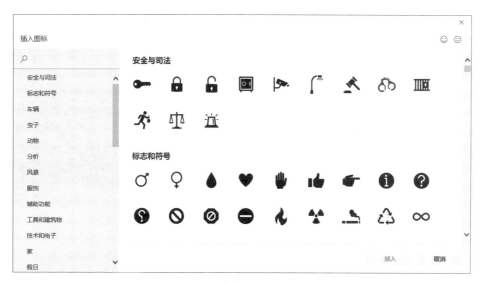

图 10-61 "插入图标"对话框

（2）单击要插入的图标素材，选中的图标右上角显示选中标记，对话框底部的"插入"按钮变为可用状态，如图 10-62 所示。

图 10-62 选中要插入的图标

（3）单击"插入"按钮，即可关闭对话框，并在当前工作表中插入图标。例如插入的一个风景图标如图 10-63 右下角所示。

（4）将鼠标指针移到图标四个角的控制手柄上，当指针变为双向箭头时按下鼠标左键拖动，可以在等比例缩放图标的同时保持清晰度，如图 10-64 所示。

图 10-63　插入的图标

图 10-64　调整图标大小

由于插入的图标是矢量元素，因此可以任意变形而不必担心虚化的问题。与图片相比，插入的在线图标还有一个显著的优势，可以根据设计需要重新进行填充、描边，甚至拆分后分项填色。

（5）选中插入的图标，菜单功能区显示"图形工具 / 格式"选项卡。分别使用"图形填充"命令和"形状轮廓"命令填充图标并描边，效果如图 10-65 所示。

（6）在图标上右击，在弹出的快捷菜单中选择"取消组合"命令，弹出一个对话框，询问用户是否将图标转换为 Microsoft Office 图形对象，如图 10-66 所示。

（7）单击"是"按钮，将图标转换为形状。此时，可以分项填充图标，并设置形状的效果，如图 10-67 所示。

图 10-65　图标填充和描边

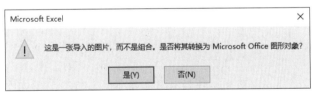

图 10-66　提示对话框

图 10-67　分项填充图标

10.4.5　创建 SmartArt 图形

经常使用 Word 或 PPT 的用户对 SmartArt 图形应该不会感到陌生，它是快速创建具有设计师水准的版面和图表的一大利器。尽管 Excel 是一款数据统计分析工具，但是合理使用 SmartArt 图形，将其与数据分析结合起来会有意想不到的效果。

（1）在"插入"选项卡的"插图"组中单击 SmartArt 按钮，弹出如图 10-68 所示的"选择 SmartArt 图形"对话框。

Excel 2019 提供了八大类 SmartArt 基本图形，每类基本图形中都包含丰富多样的图表布局格式。

（2）在对话框左侧窗格中选择图示类型，然后在中间的"列表"区域选择需要的布局，单击"确定"按钮，即可在工作区插入图示布局。

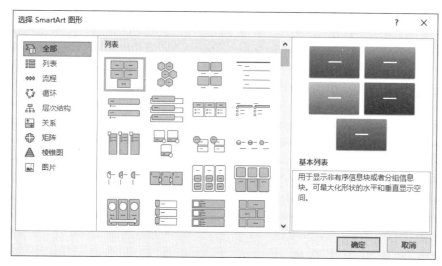

图 10-68 "选择 SmartArt 图形"对话框

例如，插入的"流程"分类中的"圆形重点日程表"布局如图 10-69 所示。

（3）单击文本框中的占位文本输入图示文本，或者单击图形左边框中点的折叠按钮，打开如图 10-70 所示的文本窗格输入文本。输入文本后的效果如图 10-71 所示。

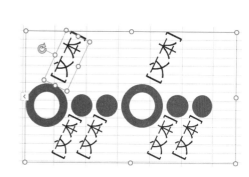

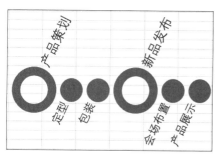

图 10-69 插入图示布局　　　　　图 10-70 文本窗格　　　　　图 10-71 输入文本

默认生成的图示布局中的形状个数可能与设计需要不符，因此需要在图示中添加或删除形状。

（4）单击最靠近要添加新形状的位置的现有形状，切换到"SmartArt 工具 / 设计"选项卡，在"创建图形"功能组中单击"添加形状"按钮，在弹出的下拉菜单中选择形状添加的位置，如图 10-72 所示。

如果要删除 SmartArt 图形中的形状，单击要删除的形状，然后按 Delete 键；如果要删除整个 SmartArt 图形，则单击 SmartArt 图形的边框，然后按 Delete 键。

（5）选中图示，在"SmartArt 工具 / 设计"选项卡中更改图示的主题颜色和样式，效果如图 10-73 所示。切换到"SmartArt 工具 / 格式"选项卡，可以更改形状和文本的效果。

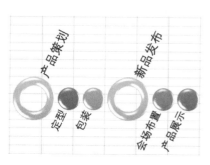

图 10-72 "添加形状"下拉菜单　　　　　图 10-73 图示效果

上机练习——某企业销售渠道示意图

练习目标

本节练习使用 Excel 2019 中的 SmartArt 图形设计某企业的销售渠道示意图。通过对实例操作步骤的讲解，读者可掌握创建 SmartArt 图形、添加或删除 SmartArt 图形中的形状、修改图形的配色和样式的操作，以及插入艺术字、格式化艺术字的方法。

10-3　上机练习——某企业销售渠道示意图

设计思路

首先使用内置的 SmartArt 图形创建结构图的布局，并输入图示中的文本；然后根据实际需要在结构图中添加和删除形状，并更改图示的主题颜色和样式；接下来修改形状的显示外观；最后插入艺术字，并设置艺术字的转换效果。最终效果如图 10-74 所示。

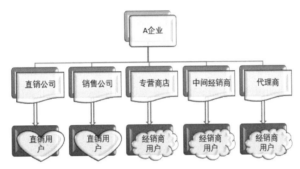

图 10-74　销售渠道示意图

操作步骤

（1）新建一个工作表，在"视图"选项卡的"显示"功能组中，取消选中"网格线"复选框，如图 10-75 所示。此时工作表中不显示浅灰色的网格线。

（2）切换到"插入"选项卡，在"插图"功能组中单击 SmartArt 按钮，弹出"选择 SmartArt 图形"对话框。在对话框左侧窗格中选择"层次结构"，然后在中间窗格中单击一种层次结构，如图 10-76 所示。

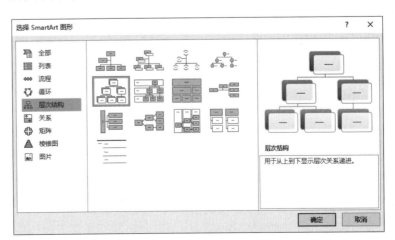

图 10-75　取消显示网格线

图 10-76　选择"层次结构"

（3）单击"确定"按钮，即可在工作表中插入层次结构布局图，如图 10-77 所示。

（4）单击文本占位符，输入说明文本；或者单击"SmartArt 工具 / 设计"选项卡中的"文本窗格"按钮 ⊞文本窗格，打开文本窗格输入文本。输入文本后的效果如图 10-78 所示。

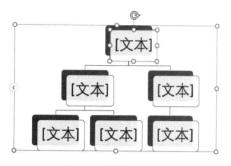

图 10-77　插入图示布局

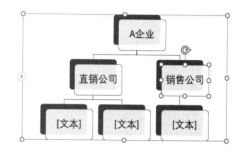

图 10-78　输入说明文本

（5）选中"销售公司"所在的形状，切换到"SmartArt 工具 / 设计"选项卡，在"创建图形"功能组中单击"添加形状"下拉按钮，在弹出的下拉菜单中选择"在后面添加形状"命令，即可在选中的形状右侧添加一个形状。单击文本占位符，输入说明文本，如图 10-79 所示。

（6）按照与上一步相同的方法添加多个形状，并输入说明文本，如图 10-80 所示。

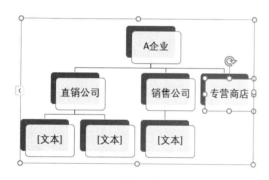

图 10-79　添加形状并添加文本

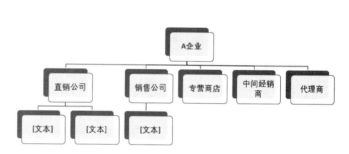

图 10-80　添加多个形状

（7）选中第三级形状中的第二个形状，按 Delete 键删除。然后输入第三级形状中的说明文本，此时的效果如图 10-81 所示。

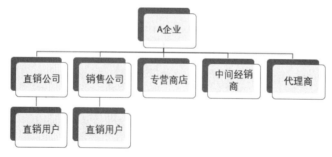

图 10-81　在 SmartArt 图形中删除形状

（8）选中第二级形状"专营商店"，切换到"SmartArt 工具 / 设计"选项卡，在"创建图形"功能组中单击"添加形状"下拉按钮，在弹出的下拉菜单中选择"在下方添加形状"命令。使用相同的方法添加其他三级形状，然后单击文本占位符，输入说明文本，如图 10-82 所示。

（9）在"SmartArt 样式"功能组中单击"更改颜色"下拉按钮，在弹出的下拉菜单中选择"彩色范围 个性色 5 至 6"命令；单击"SmartArt 样式"列表框右下角的"其他"按钮，在弹出的样式列表中选择"卡通"命令，效果如图 10-83 所示。

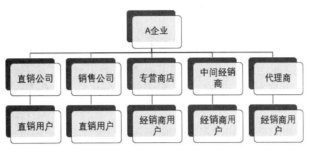
图 10-82   添加形状并输入说明文本

图 10-83   修改配色方案和样式

为便于区分不同层次的形状，可以修改形状的显示外观。

（10）选中"经销商用户"所在的形状，在"SmartArt 工具 / 格式"选项卡的"形状"功能组中单击"更改形状"下拉按钮，在弹出的形状列表中选择"云形"。使用同样的方法修改其他形状，效果如图 10-84 所示。

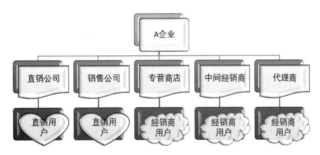
图 10-84   修改形状的效果

（11）按住 Shift 键选中第三级的所有形状，然后按下鼠标左键向下拖动到合适位置释放，调整第二级与第三级之间的连接线长度。选中延长后的连接线，在"SmartArt 工具 / 格式"选项卡的"形状"功能组中单击"更改形状"下拉按钮，在弹出的形状列表中选择"箭头：下"选项，效果如图 10-85 所示。

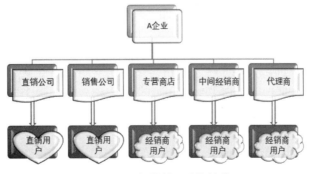
图 10-85   调整并更改连接线

（12）切换到"插入"选项卡，单击"文本"功能组中的"艺术字"按钮，在弹出的艺术字库中选中最后一种艺术字样式。然后选中艺术字占位符中的占位文本，输入需要的标题文本，效果如图 10-86 所示。

图 10-86　插入艺术字

（13）选中艺术字，在"艺术字样式"功能组中单击"文本效果"按钮，在弹出的效果列表中选择"转换"命令。然后在转换样式列表中选择"三角：正"样式，效果如图 10-87 所示。

A企业的销售渠道

图 10-87　艺术字转换效果

至此，销售渠道示意图制作完成。调整艺术字和 SmartArt 图形的位置和大小，最终效果如图 10-74 所示。

10.4.6　插入 3D 模型

Excel 2019 新增了对 3D 模型的支持功能，用户可以像插入其他图形对象一样在工作表中使用标准的 3D 模型，以增强文档的表现力和创意感。

（1）单击"插入"选项卡"插图"组中的"3D 模型"按钮，在弹出的"插入 3D 模型"对话框中选中一个 3D 模型。

提示：

目前 Excel 2019 仅支持 fbx、obj、3mf、ply、stl 和 glb 这几种 3D 格式。

（2）单击"插入"按钮，即可在当前工作表中插入指定的 3D 模型，且模型四周显示一个有 8 个白色控制手柄的框架，中间显示一个灰色的按键，如图 10-88 所示。

（3）使用鼠标拖动 3D 模型周围的白色控制手柄，可调整模型大小；使用鼠标拖动 3D 模型中间灰色的按键，可调整 3D 模型的视角，如图 10-89 所示。

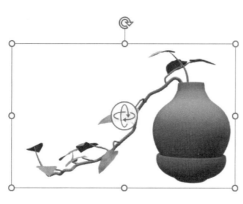

图 10-88　插入 3D 模型　　　　　　图 10-89　调整 3D 模型的视角

（4）切换到如图 10-90 所示的"3D 模型工具 / 格式"选项卡，在"3D 模型视图"区域可以切换模型的视角。

图 10-90　"3D 模型工具 / 格式"选项卡

（5）单击"平移与缩放"按钮，模型右边框中点显示缩放标记，按下鼠标左键向上或向下拖动，可以调整 3D 模型在框架中的显示大小，如图 10-91 所示。单击并拖动框架，可以移动 3D 模型，如图 10-92 所示。

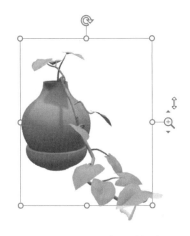

图 10-91　缩放 3D 模型

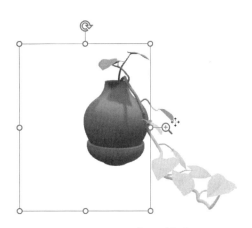

图 10-92　平移 3D 模型

答 疑 解 惑

1. 在一个工作表中调整了表格的列宽，将它复制粘贴到其他工作表时，列宽会发生变化，需要重新调整。能否通过设置，粘贴时保留表格的列宽？

答：Excel 2019 提供了"保留列宽"的功能，操作如下。

（1）复制已调整列宽的数据区域。

（2）切换到要粘贴数据表的工作表，在"开始"选项卡中单击"粘贴选项"按钮，在弹出的下拉列表框中选择"保留源列宽"选项，如图 10-93 所示。粘贴的数据表将保留原有的列宽设置。

2. 插入新的 SmartArt 图形的快捷键是什么？

答：按快捷键 Alt+N+M，可以在工作表中插入 SmartArt 图形。

3. 怎样在 SmartArt 图形中隐藏形状？

答：单击要隐藏的形状，切换到"SmartArt 工具 / 格式"选项卡，在"形状样式"功能组中单击"形状填充"按钮右侧的下拉按钮，选择"无填充颜色"选项，然后单击"形状轮廓"按钮右侧的下拉按钮，选择"无轮廓"选项。

4. 如何使用纹理作为 SmartArt 图形的背景？

答：右击 SmartArt 图形的边框，在弹出的快捷菜单中选择"设置对象格式"命令，打开"设置形状格式"面板。展开"填充"选项，选择"图片或纹理填充"

图 10-93　选择"保留源列宽"选项

单选按钮，然后单击"纹理"右侧的下拉按钮，选择需要的纹理。

5. 如何将 SmartArt 转换为形状或图片？

答：选中 SmartArt 图形中的部分或全部构件，并复制，然后粘贴到其他位置，粘贴的形状即为单个图形形状。

学习效果自测

一、选择题

1. 下列关于形状的说法不正确的是（　　　）。

    A. 在形状中添加文本之后，如果旋转或翻转形状，文字不会随之旋转或翻转

    B. 在形状列表中选择需要的形状后，在工作区单击，即可绘制形状

    C. 锁定绘图模式后，在工作区可多次绘制同一形状，而不必每次都重新选择形状

    D. 在 Excel 2019 中，可选择内置的形状，也可创建新的形状

2. 下列关于艺术字的说法正确的是（　　　）。

    A. 插入的艺术字是一种图片

    B. 在艺术字库中选择的艺术字样式不可以修改

    C. 使用"形状填充"按钮，可以修改艺术字的填充效果

    D. 使用"图片工具/格式"选项卡可以设置艺术字的样式

3. 下列关于 SmartArt 图形的说法不正确的是（　　　）。

    A. 单击 SmartArt 图形中的形状，按 Delete 可删除 SmartArt 图形

    B. 插入 SmartArt 图形后，还可以在图形中添加形状

    C. 插入 SmartArt 图形后，切换 SmartArt 图形的布局，颜色、样式、效果和文本格式会自动带入新布局中

    D. 使用"SmartArt 工具/设计"选项卡可更改图示的主题颜色和样式

4. 下列说法错误的是（　　　）。

    A. 要排列图形的叠放次序，可以使用"绘图工具/格式"选项卡

    B. 单击"图片效果"右侧的下拉按钮，可以删除图片的背景

    C. 使用"更改图片"命令替换图片时，图片的大小和位置不变

    D. 使用"图片版式"命令可以将所选图片转换为 SmartArt 图形

二、操作题

1. 制作一张个人信息登记表，要求能显示照片，并在单独的一行显示地址信息。

2. 设计一张办公用品领取表，并进行美化。然后使用条件格式查看姓名中包含"李"的员工领取记录。

3. 使用 SmartArt 图形创建一幅分店开业流程图。

第 11 章

运用公式与函数

本章导读

Excel 2019 提供了非常强大的数据计算功能，可以运用公式和函数对工作表数据进行计算与分析。运用公式可以自动根据数据源更新计算结果；使用函数可以把数据直接代入函数体中，并自动返回计算结果，常用于进行一些复杂的计算。如果公式或函数中有一个数据发生了改变，Excel 会自动根据新的数据更新计算结果。

学习要点

- ❖ 认识 Excel 运算符
- ❖ 使用公式进行数据计算
- ❖ 审核计算结果
- ❖ 使用函数计算数据
- ❖ 实例精讲——制作工资表

11.1　认识 Excel 运算符

所谓运算符，是指用于对一个或一个以上操作数进行计算操作的符号。每种运算符都执行特定类型的运算。

11.1.1　运算符的类型

Excel 常用的运算符包括：算术运算符、比较运算符、字符串连接运算符和引用运算符。下面简要介绍这四种类型的运算符。

1. 算术运算符

算术运算符通常用于完成基本的数学运算，如表 11-1 所示。

表 11-1　算术运算符列表

算术运算符（说明）	含义（示例）	算术运算符（说明）	含义（示例）
+（加号）	加法运算（26+53）	/（正斜线）	除法运算（21/5）
−（减号）	减法运算（56–18）、负号（–2）	%（百分号）	百分比（25%）
*（星号）	乘法运算（7*9）	^（插入符号）	乘幂运算（8^2）

2. 比较运算符

比较运算符用于比较两个值，返回一个逻辑值 TRUE 或 FALSE，如表 11-2 所示。

表 11-2　比较运算符列表

比较运算符（说明）	含　义	比较运算符（说明）	含　义
=（等号）	等于	>=（大于等于号）	大于或等于
>（大于号）	大于	<=（小于等于号）	小于或等于
<（小于号）	小于	<>（不等号）	不相等

3. 字符串连接运算符

字符串连接运算符（&）用于将多个文本字符串连接为一个字符串，如表 11-3 所示。

表 11-3　字符串连接运算符列表

运算符（说明）	含义（示例）
&（和号）	将两个文本值连接或串起来产生一个连续的文本值（"Office"&"2019" = "Office 2019"）

4. 引用运算符

引用运算符用于将单元格区域进行合并计算，如表 11-4 所示。

表 11-4　引用运算符列表

运算符（说明）	含义（示例）
:（冒号）	区域运算符，包括在两个引用之间的所有单元格的引用（B3:B12）
,（逗号）	联合运算符，将多个引用合并为一个引用（SUM（B5:B15,D5:D15））
（空格）	交叉运算符，产生对两个引用共有的单元格的引用（B7:D7 C6:C8）

11.1.2　运算符的优先级

复杂运算通常会包含多种运算符，必须严格按照优先顺序进行计算才能得到正确的结果。不同优先级的运算，按优先级从高到低进行，如表 11-5 所示；同一优先级的运算，按照从左到右的顺序进行，但运用（）可以改变运算的优先次序。

表 11-5　运算符的优先级

运算符（优先级从高到低）	说　　明
:（冒号）、（单个空格）、,（逗号）	引用运算符
–	负号（例如 –1）
%	百分比
^	乘幂
* 和 /	乘和除
+ 和 –	加和减
&	连接两个文本字符串（连接）
=、<、>、<=、>=、<>	比较运算符

11.1.3　类型转换

在执行计算时，每个运算符都需要特定类型的数值与之对应。如果数值的类型与所需的类型不同，Excel 将尝试一切可能的转换，并完成计算。常见的数据类型转换方式如表 11-6 所示。

表 11-6　常见数值类型转换

示　　例	产生结果	说　　明
="8"+"6"	"14"	使用加号运算符时,Excel 会认为表达式中的操作数为数字。尽管使用引号表明"8"和"6"是文本型数值，但是 Excel 会自动将它们转换为数字
="$8.00"+6	14	当运算符对应的操作数应为数字时，Excel 会将其中的文本项自动转换成数字
="TEXT"&TRUE	TEXTTRUE	当运算符对应的操作数应为文本时，Excel 会将数字和逻辑型数值转换成文本

11.2　使用公式进行数据计算

公式是在工作表中对数据进行分析的表达式，可以对工作表中的数值进行多种运算，也可以在公式中使用各种函数进行复杂计算。如果公式中有一个数据发生了改变，不需要重新计算，Excel 会自动根据新的数据更新计算结果。

11.2.1　创建公式

在 Excel 中，公式由一个或多个操作数和运算符组成。操作数的表达形式包括单元格地址、常量、单元格名称、函数、公式；利用运算符对操作数进行特定类型的计算。创建公式的操作类似于输入文本数据，不同的是输入公式应以等号 "=" 开头，后面紧跟操作数和运算符。

（1）选中要输入公式的单元格。

（2）在单元格或编辑栏中输入 "="，然后在 "=" 后输入相应的公式。例如，输入 "=520+480+500+580"，表示求四个数相加的和。

> 输入公式时必须先输入 "="，否则 Excel 会将输入的公式作为单元格内容填入单元格。如果公式中有括号，必须在英文状态或者是半角中文状态下输入；列号和行号不区分大小写，Excel 会自动转换为大写。

（3）按 Enter 键或者单击编辑栏中的 "输入" 按钮 ✔，即可在输入公式的单元格中显示公式的计算结果，而在编辑栏中显示输入的公式，如图 11-1 所示。

如果发现输入的公式有错误，可以执行以下步骤进行修改。

（1）选定要修改公式的单元格。

图 11-1　输入公式计算

（2）在编辑栏中对公式进行修改。

（3）按 Enter 键完成操作。

如果要删除公式，应选中要删除公式的单元格，然后按 Delete 键。

11.2.2　复制公式

如果多个单元格的计算公式相同，可以复制计算公式，Excel 会自动根据使用的参数更新计算结果，因此可以很大程度上减少错误，提高效率。

复制公式的操作与复制单元格中数据的操作类似。

（1）选定源单元格，即公式的来源。

（2）在"开始"选项卡的"剪贴板"功能组中单击"复制"按钮，或直接按 Ctrl+C 组合键。

（3）选定目标单元格，即复制公式的目的地，在"剪贴板"功能组中单击"粘贴"命令，或直接按 Ctrl+V 组合键。

粘贴公式时，如果选择"粘贴"下拉菜单中的"选择性粘贴"命令，应在如图 11-2 所示的"选择性粘贴"对话框中选择"全部"或"公式"单选按钮。

图 11-2　"选择性粘贴"对话框

如果在"选择性粘贴"对话框中选择"数值"单选按钮，Excel 将删除公式，并用计算结果替换整个公式或公式中的部分内容。这样在修改被其引用的单元格时，该公式将不再自动更新。

除了使用"复制""粘贴"操作外，还可以像复制单元格数据一样使用填充柄复制公式。将鼠标指针移到包含公式的单元格右下角，按下鼠标左键拖动填充柄到要填充公式的单元格释放。

在这里，读者要注意的是，如果公式中使用了单元格引用，在复制公式时，单元格中的绝对引用不改变，而相对引用会发生改变。如图 11-3 所示，将 B6 单元格中的公式使用填充柄复制到 C6 和 D6 单元格中，对应的公式将自动进行调整。有关单元格的引用类型与区别将在下一节进行介绍。

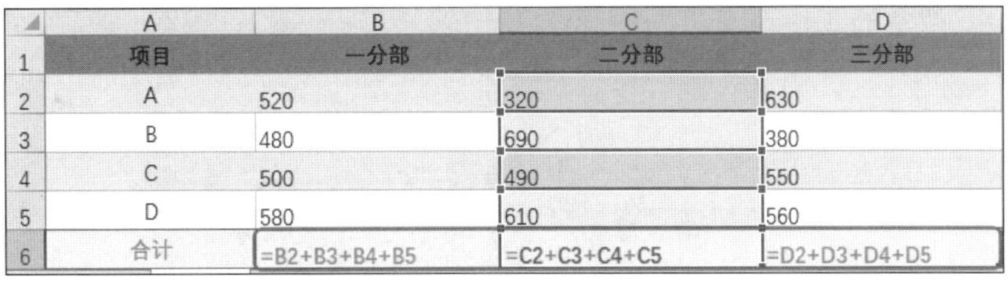

	A	B	C	D
1	项目	一分部	二分部	三分部
2	A	520	320	630
3	B	480	690	380
4	C	500	490	550
5	D	580	610	560
6	合计	=B2+B3+B4+B5	=C2+C3+C4+C5	=D2+D3+D4+D5

图 11-3　复制单元格相对引用

11.2.3　使用单元格引用

引用的作用在于标识公式中使用的数据的位置。在公式中可以引用同一工作表中的其他单元格、同一工作簿中不同工作表的单元格，或者其他工作簿的工作表中的单元格。使用单元格引用可使工作表的修改和维护更为容易。

例如，图 11-1 中的公式可改写为"=B2+B3+B4+B5"，即求 B2、B3、B4 和 B5 四个单元格中的数据的和。这样，如果修改了任一个单元格中的值，不必修改公式，计算结果会自动更新。

在 Excel 中，常用的单元格引用有三种类型，下面分别进行介绍。

1. 相对引用

相对引用使用字母标识列（从 A 到 IV,共 256 列）和数字标识行（从 1 到 65536）标识单元格的相对位置。相对引用样式的示例如表 11-7 所示。

表 11-7　相对引用样式示例

引 用 区 域	引 用 方 式
列 E 和行 3 交叉处的单元格	E3
在列 E 和行 3 到行 10 之间的单元格区域	E3:E10
在行 5 和列 A 到列 E 之间的单元格区域	A5:E5
行 5 中的全部单元格	5:5
行 5 到行 10 之间的全部单元格	5:10
列 H 中的全部单元格	H:H
列 H 到列 J 之间的全部单元格	H:J
列 A 到列 E 和行 10 到行 20 之间的单元格区域	A10:E20

如果在公式中要引用单元格，我们可以在输入公式时直接输入单元格的引用，也可以在需要引用单元格时，单击该单元格。

例如，在单元格 B6 中输入"="，然后单击单元格 B2；输入加号"+"后，单击单元格 B3；输入加号"+"后，单击单元格 B4；输入加号"+"后，单击单元格 B5，单元格 B6 中将填充公式"=B2+B3+B4+B5"，如图 11-4 所示。按 Enter 键，或者单击编辑栏中的"输入"按钮✔，可以得到计算结果。

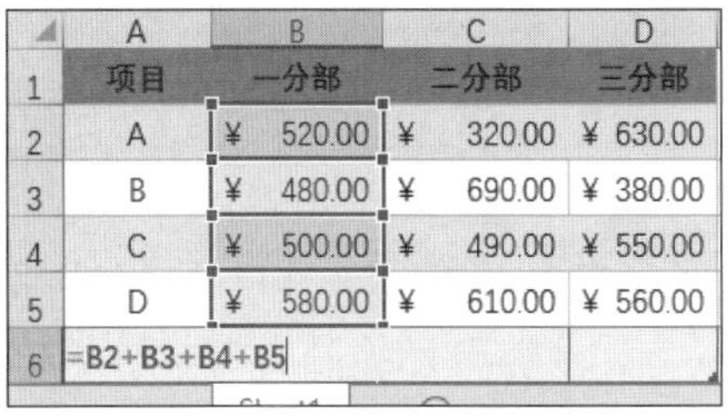

如果公式所在单元格的位置改变，引用也随之自动调整。例如，如果将 B6 单元格中的公式"=B2+B3+B4+B5"复制到 C6 单元格，

	A	B	C	D
1	项目	一分部	二分部	三分部
2	A	¥ 520.00	¥ 320.00	¥ 630.00
3	B	¥ 480.00	¥ 690.00	¥ 380.00
4	C	¥ 500.00	¥ 490.00	¥ 550.00
5	D	¥ 580.00	¥ 610.00	¥ 560.00
6	=B2+B3+B4+B5			

图 11-4　使用单击的方法输入相对引用

将自动调整为"=C2+C3+C4+C5"。

2. 绝对引用

绝对引用是在源单元格的某个引用前加入"$"符号（例如 $E$5），总是在指定位置引用单元格。引用的单元格不会随着公式位置的改变而改变。

例如，在图 11-5 所示的工作表中，将 F4 单元格中的公式"=$D$4*$E$4"复制到 F5，会发现 F5 单元格中的公式也是"=$D$4*$E$4"，如图 11-6 所示。也就是说，复制绝对引用的公式后，公式中引用的仍然是原单元格数据。

	编号	产品	销售员	单价	数量	金额
3						
4	ST001	A	李荣	¥ 5,500.00	20	=$D$4*$E$4
5	ST002	B	谢婷	¥ 3,500.00	25	
6	ST003	C	王朝	¥ 4,600.00	27	
7	ST004	B	张家国	¥ 3,800.00	18	
8	ST005	B	苗圃	¥ 4,000.00	24	
9	ST006	C	李清清	¥ 4,500.00	24	

图 11-5　输入包含绝对引用的公式

	编号	产品	销售员	单价	数量	金额
3						
4	ST001	A	李荣	¥ 5,500.00	20	¥ 110,000.00
5	ST002	B	谢婷	¥ 3,500.00	25	=$D$4*$E$4
6	ST003	C	王朝	¥ 4,600.00	27	
7	ST004	B	张家国	¥ 3,800.00	18	
8	ST005	B	苗圃	¥ 4,000.00	24	
9	ST006	C	李清清	¥ 4,500.00	24	

图 11-6　复制包含绝对引用的公式

3. 混合引用

混合引用与绝对引用类似，不同的是单元格引用中有一项为绝对引用，另一项为相对引用，因此，可分为绝对引用行（采用 A$1、B$1 等形式）和绝对引用列（采用 $A1、$B1 等形式）。

如果公式所在单元格的位置改变，则相对引用自动调整，而绝对引用不变。例如，如果将一个混合引用"=B$3"从 E3 复制到 F3，它将自动调整为"=C$3"；如果复制到 F4 单元格，也自动调整为"=C$3"，因为列为相对引用，行为绝对引用。

上机练习——推测某产品的成本

练习目标

本节使用利润推算法预测某件产品的单位成本和总成本。通过对操作步骤的讲解，读者可进一步巩固在 Excel 中创建公式的常用操作方法。

设计思路

首先打开已编制基础数据的工作表；然后使用公式分别计算总成本和单位成本。结果如图 11-7 所示。

	A	B	C
1	**某产品资料**		
2		2018年产品资料	2019年预测数据
3	销量（件）	7800	8500
4	单价（元）	600	640
5	单位成本（元/件）	360	
6	平均税率		25%
7	目标利润（元）		¥1,500,000.00
8			
9	利润推算法	总成本（元）	单位成本（元/件）
10		¥2,580,000.00	¥303.53

图 11-7　推算产品成本

操作步骤

（1）打开已编制的成本测算表，如图 11-8 所示。

利润推算法是指在成品销售数量和价格一定的条件下，根据企业确定的目标利润推算成本的一种方法，计算公式如下：

11-1　上机练习——推测某产品的成本

$$总成本 = 单价 \times 销量 \times (1-税率) - 目标利润$$

$$单位成本 = 单价 \times (1-税率) - \frac{目标利润}{预测销量}$$

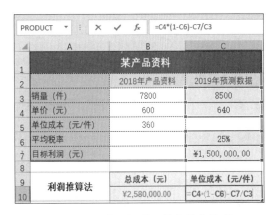

图 11-8　打开测算表　　　　　　　　　　图 11-9　输入公式

（2）预测总成本。在单元格 B10 中输入公式"=C3*C4*（1−C6）−C7"，输入时，引用的单元格会自动标识为不同的颜色，如图 11-9 所示。

（3）按 Enter 键，或直接单击编辑栏上的"输入"按钮 ✔ 得到计算结果，如图 11-10 所示。

在单元格中输入公式后，单元格中显示的是公式计算的结果，而在编辑栏中显示的是输入的公式。如果发现输入的公式有错误，可以很方便地进行修改。

（4）计算单位成本。在单元格 C10 中输入公式前导符" = "；然后单击 C4 单元格，输入"*（1−"；再单击 C6 单元格，输入"）−"；再单击 C7 单元格，输入"/"；再单击 C3 单元格。此时，单元格和编辑栏中自动填充公式"=C4*（1−C6）−C7/C3"，如图 11-11 所示。

图 11-10　计算结果　　　　　　　　　　图 11-11　在 C10 单元格中输入公式

（5）按 Enter 键确认，最终结果如图 11-7 所示。

引用其他工作表中的单元格

如果要引用同一工作簿中其他工作表中的单元格，应在引用的单元格名称前面加上工作表名称和"！"号，工作表名称可以使用英文单引号引用，也可以省略，Excel 默认都会加上单引号。

例如，newSheet!B2:B10 表示引用同一个工作簿中名为 newSheet 的工作表的 B2:B10 单元格区域。

如果要引用其他工作簿中的单元格，除了在引用的单元格名称前面加上工作表名称和"！"号之外，还要加上工作簿的名称，且名称使用英文的中括号 [ ] 来引用。工作簿名称可以使用英文单引号引用，也可以省略，Excel 默认都会加上单引号。

例如，[newFile.xlsx]firstSheet!C2:C9 表示引用名为 newFile.xlsx 的工作簿中 firstSheet 工作表中的 C2：C9 单元格区域。

显示或隐藏工作表中的所有公式

在 Excel 单元格中输入公式后默认只显示计算结果，如果要查看单元格中输入的公式，可以双击单元格，或者选中单元格后在编辑栏中查看。

如果要查看的公式较多，可以在英文输入状态下按 Ctrl+"`"键，即可显示当前工作表中输入的所有公式。再次按 Ctrl+"`"键，则隐藏公式，显示所有单元格中公式计算的结果。

单击"公式"选项卡"公式审核功能"组中的"显示公式"按钮，也可以显示或隐藏单元格中的所有公式。

11.2.4　使用名称简化引用

如果需要经常引用某个单元格区域的数据，可以用有意义的名称来表示该区域，使公式更清晰易懂。例如，公式"= 利润 *（100% - 税率）"要比公式"=D3*(100%-$B$11)"更容易理解。

（1）选定要命名的单元格或区域。

（2）执行以下操作之一命名单元格或区域。

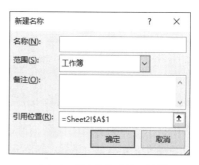

图 11-12 "新建名称"对话框

❖ 在编辑栏左端的名称框中输入名称，然后按 Enter 键确认。

❖ 单击"公式"选项卡中的"定义名称"命令，在如图 11-12 所示的"新建名称"对话框中的"名称"文本框中输入名称。输入完成后，单击"确定"按钮。

注意　命名单元格应遵循以下几条规则。

❖ 名称可以包含字母、数字、句号和下划线，但第一个字符必须是字母或下划线。

❖ 名称不能与单元格引用相同，例如 A$10 或 R1C1。

❖ 名称中不能包含空格。

❖ 名称最多可以包含 255 个字符。

❖ 名称不区分大小写。

命令单元格或区域之后，还可以随时对名称进行修改。

（3）在"公式"选项卡中单击"名称管理器"按钮，打开如图 11-13 所示的"名称管理器"对话框。

❖ 新建：单击该按钮打开如图 11-12 所示的"新建名称"对话框。

❖ 编辑：单击该按钮打开如图 11-14 所示的"编辑名称"对话框。在这里，用户可以修改指定单元格区域的名称和引用位置。

❖ 删除：删除选中的名称。删除名称后，选中单元格或区域，名称框中不再显示名称，而是选中单元格区域的第一个单元格地址。

❖ 筛选：单击该按钮打开如图 11-15 所示的下拉菜单。利用其中的菜单项，用户可以在名称列表中快速找到符合条件的名称。

图 11-13 "名称管理器"对话框

图 11-14 "编辑名称"对话框

图 11-15 "筛选"下拉菜单

上机练习——党费缴纳明细表

本节练习使用公式计算某单位员工第四季度应缴党费。通过对操作步骤的讲解，读者可进一步掌握在 Excel 中创建公式、复制公式的操作方法，加深对单元格相对引用和绝对引用的理解，以及使用名称简化单元格引用的操作。

11-2 上机练习——党费
缴纳明细表

首先在公式中使用单元格绝对引用计算每位员工每月应缴党费；然后使用填充柄复制公式，计算每位员工第四季度应缴党费；最后使用名称简化公式，计算第四季度应收党费的总和。结果如图 11-16 所示。

序号	姓名	10月		11月		12月		合计
		工资	党费	工资	党费	工资	党费	

2019年第四季度党费缴纳明细表

单位（盖章）： 经手人：

1	A	￥ 5,000.00	￥ 50.00	￥5,000.00	￥50.00	￥5,200.00	￥78.00	￥178.00
2	B	￥ 4,800.00	￥ 48.00	￥4,800.00	￥48.00	￥5,000.00	￥50.00	￥146.00
3	C	￥ 4,800.00	￥ 48.00	￥4,800.00	￥48.00	￥5,000.00	￥50.00	￥146.00
4	D	￥ 3,200.00	￥ 32.00	￥3,200.00	￥32.00	￥3,600.00	￥36.00	￥100.00
5	E	￥ 2,800.00	￥ 14.00	￥3,200.00	￥32.00	￥3,200.00	￥32.00	￥78.00
6	F	￥ 4,200.00	￥ 42.00	￥4,200.00	￥42.00	￥4,500.00	￥45.00	￥129.00
7	G	￥ 4,500.00	￥ 45.00	￥4,500.00	￥45.00	￥4,800.00	￥48.00	￥138.00
8	H	￥ 3,600.00	￥ 36.00	￥4,000.00	￥40.00	￥4,000.00	￥40.00	￥116.00

总计： ￥1,031.00

收款人签字：

缴纳比例：
1.月工资3000元（含）以下 0.50%
2.月工资3000元至5000元（含） 1.00%
收款单位（公章）
3.月工资5000元至10000元（含） 1.50%
4.月工资10000元以上 2.00%

图 11-16 党费收缴明细表

操作步骤

（1）打开已制作的工作表"党费收缴明细表"，如图 11-17 所示。

图 11-17　党费收缴明细表

（2）选中 D5 单元格，直接在编辑栏中输入公式"=C5*$I$17"，按 Enter 键，或单击编辑栏上的"输入"按钮✔，即可计算出对应的党费，如图 11-18 所示。

图 11-18　得到计算结果

（3）在 F5 单元格中输入"="，然后单击 E5；输入乘号"*"后，再单击 I17，单元格中将填充公式"=E5*I17"，如图 11-19 所示。将公式修改为"=E5*$I$17"，按 Enter 键，或者单击编辑栏中的"输入"按钮✔，得到计算结果。

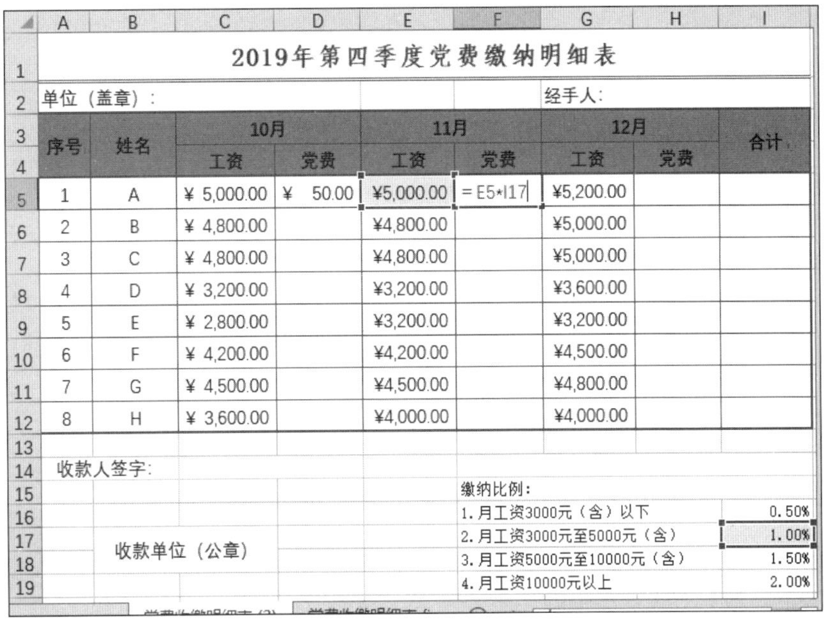

图 11-19　输入公式

（4）按照上一步的方法，在 H5 单元格中填充公式"=G5*$I$18"。按 Enter 键，或者单击编辑栏中的"输入"按钮✔，得到计算结果，如图 11-20 所示。

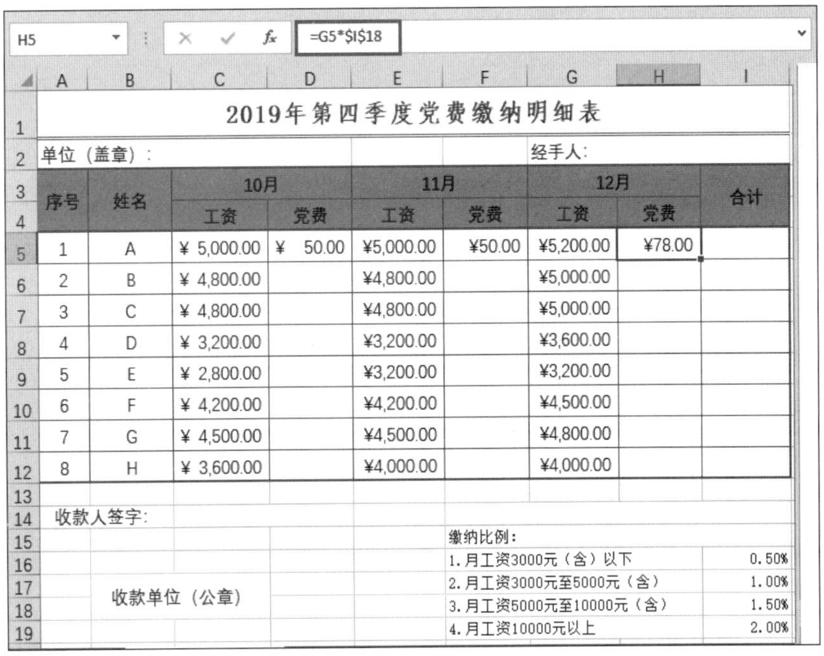

图 11-20　计算结果

C5:C8 和 C10：C12 单元格的缴纳比例属于同一档位，因此可以使用复制公式的方法进行计算。

（5）单击 D5 单元格，将鼠标指针移到单元格右下角的填充柄上，当指针变为黑色十字形"＋"时，按下鼠标左键拖动至 D12 单元格释放，D5：D12 单元格区域自动填充计算结果，如图 11-21 所示。

C9 单元格的缴纳比例与 C5 单元格不同，因此在 D9 单元格不能直接复制 D5 单元格中的公式，应进行修改。

（6）双击 D9 单元格进入编辑状态，将单元格中的公式修改为"=C9*$I$16"，如图 11-22 所示。然后按 Enter 键得到计算结果。

序号	姓名	10月 工资	10月 党费	11月 工资	11月 党费	12月 工资	12月 党费	合计
1	A	¥ 5,000.00	¥ 50.00	¥5,000.00	¥50.00	¥5,200.00	¥78.00	
2	B	¥ 4,800.00	¥ 48.00	¥4,800.00		¥5,000.00		
3	C	¥ 4,800.00	¥ 48.00	¥4,800.00		¥5,000.00		
4	D	¥ 3,200.00	¥ 32.00	¥3,200.00		¥3,600.00		
5	E	¥ 2,800.00	¥ 28.00	¥3,200.00		¥3,200.00		
6	F	¥ 4,200.00	¥ 42.00	¥4,200.00		¥4,500.00		
7	G	¥ 4,500.00	¥ 45.00	¥4,500.00		¥4,800.00		
8	H	¥ 3,600.00	¥ 36.00	¥4,000.00		¥4,000.00		

2019年第四季度党费缴纳明细表（单位（盖章）： 经手人：）

图 11-21 复制公式

序号	姓名	10月 工资	10月 党费	11月 工资	11月 党费	12月 工资	12月 党费	合计
1	A	¥ 5,000.00	¥ 50.00	¥5,000.00	¥50.00	¥5,200.00	¥78.00	
2	B	¥ 4,800.00	¥ 48.00	¥4,800.00		¥5,000.00		
3	C	¥ 4,800.00	¥ 48.00	¥4,800.00		¥5,000.00		
4	D	¥ 3,200.00	¥ 32.00	¥3,200.00		¥3,600.00		
5	E	¥ 2,800.00	=C9*$I$16			¥3,200.00		
6	F	¥ 4,200.00	¥ 42.00	¥4,200.00		¥4,500.00		
7	G	¥ 4,500.00	¥ 45.00	¥4,500.00		¥4,800.00		
8	H	¥ 3,600.00	¥ 36.00	¥4,000.00		¥4,000.00		

收款人签字：

缴纳比例：

	缴纳比例：	
收款单位（公章）	1.月工资3000元（含）以下	0.50%
	2.月工资3000至5000元（含）	1.00%
	3.月工资5000至10000元（含）	1.50%
	4.月工资10000元以上	2.00%

图 11-22 修改公式

（7）选中 F5 单元格，拖动填充柄到 F12 单元格，即可在其他单元格中填充计算结果，如图 11-23 所示。

序号	姓名	10月 工资	10月 党费	11月 工资	11月 党费	12月 工资	12月 党费	合计
1	A	¥ 5,000.00	¥ 50.00	¥5,000.00	¥50.00	¥5,200.00	¥78.00	
2	B	¥ 4,800.00	¥ 48.00	¥4,800.00	¥48.00	¥5,000.00		
3	C	¥ 4,800.00	¥ 48.00	¥4,800.00	¥48.00	¥5,000.00		
4	D	¥ 3,200.00	¥ 32.00	¥3,200.00	¥32.00	¥3,600.00		
5	E	¥ 2,800.00	¥ 14.00	¥3,200.00	¥32.00	¥3,200.00		
6	F	¥ 4,200.00	¥ 42.00	¥4,200.00	¥42.00	¥4,500.00		
7	G	¥ 4,500.00	¥ 45.00	¥4,500.00	¥45.00	¥4,800.00		
8	H	¥ 3,600.00	¥ 36.00	¥4,000.00	¥40.00	¥4,000.00		

2019年第四季度党费缴纳明细表（单位（盖章）： 经手人：）

图 11-23 复制公式

（8）按照与上面步骤相同的方法计算 12 月应缴党费，如图 11-24 所示。

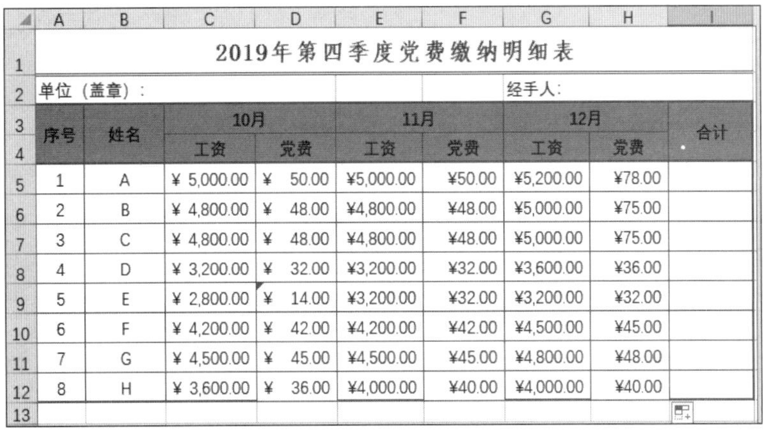

图 11-24　计算 12 月应缴党费

接下来使用公式计算每个员工第四季度应缴党费的总和。

（9）选中 I5 单元格，在单元格中输入公式"=D5+F5+H5"，如图 11-25 所示。按 Enter 键得到计算结果。

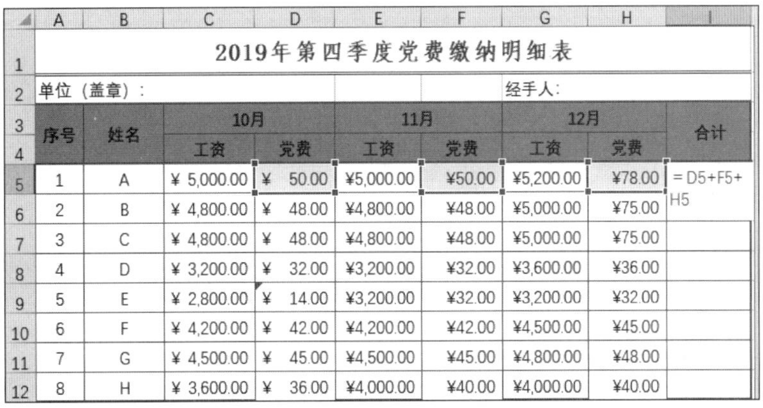

图 11-25　计算第四季度应缴党费

（10）选中已输入公式的 I5 单元格。将鼠标指针移到单元格右下角的填充柄上，当指针变为黑色十字形"＋"时，按下鼠标左键拖动至 I12 单元格释放，I5：I12 单元格区域自动填充计算结果，如图 11-26 所示。

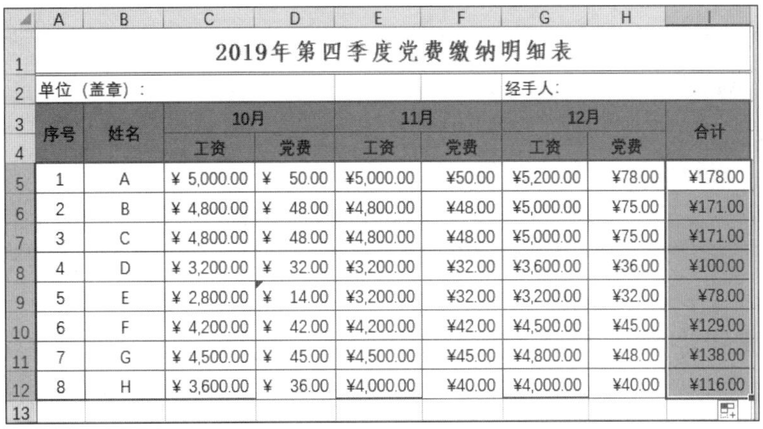

图 11-26　复制公式

此时切换到英文输入状态，按 Ctrl+ "`" 组合键，可以查看各个单元格中输入的公式，如图 11-27 所示。再次按 Ctrl+ "`" 组合键隐藏公式。

	2019年第四季度党费缴纳明细表						
单位（盖章）：					经手人：		
	10月		11月		12月		合计
	工资	党费	工资	党费	工资	党费	
5	5000	=C5*$I$17	5000	=E5*$I$17	5200	=G5*$I$18	=D5+F5+H5
6	4800	=C6*$I$17	4800	=E6*$I$17	5000	=G6*$I$18	=D6+F6+H6
7	4800	=C7*$I$17	4800	=E7*$I$17	5000	=G7*$I$18	=D7+F7+H7
8	3200	=C8*$I$17	3200	=E8*$I$17	3600	=G8*$I$17	=D8+F8+H8
9	2800	=C9*$I$16	3200	=E9*$I$17	3200	=G9*$I$17	=D9+F9+H9
10	4200	=C10*$I$17	4200	=E10*$I$17	4500	=G10*$I$17	=D10+F10+H10
11	4500	=C11*$I$17	4500	=E11*$I$17	4800	=G11*$I$17	=D11+F11+H11
12	3600	=C12*$I$17	4000	=E12*$I$17	4000	=G12*$I$17	=D12+F12+H12

图 11-27　查看输入的公式

接下来为单元格区域命名，计算第四季度应收党费的总和。

（11）选中 D5：D12 单元格区域，在编辑栏左侧的名称框中输入名称"十月份党费"，结果如图 11-28 所示，然后按 Enter 键。

十月份党费 ▾		× ✓	fx	=C5*$I$17			
	C	D	E	F	G	H	I
1	2019年第四季度党费缴纳明细表						
2					经手人：		
3	10月		11月		12月		合计
4	工资	党费	工资	党费	工资	党费	
5	¥ 5,000.00	¥ 50.00	¥5,000.00	¥50.00	¥5,200.00	¥78.00	¥178.00
6	¥ 4,800.00	¥ 48.00	¥4,800.00	¥48.00	¥5,000.00	¥75.00	¥171.00
7	¥ 4,800.00	¥ 48.00	¥4,800.00	¥48.00	¥5,000.00	¥75.00	¥171.00
8	¥ 3,200.00	¥ 32.00	¥3,200.00	¥32.00	¥3,600.00	¥36.00	¥100.00
9	¥ 2,800.00	¥ 14.00	¥3,200.00	¥32.00	¥3,200.00	¥32.00	¥78.00
10	¥ 4,200.00	¥ 42.00	¥4,200.00	¥42.00	¥4,500.00	¥45.00	¥129.00
11	¥ 4,500.00	¥ 45.00	¥4,500.00	¥45.00	¥4,800.00	¥48.00	¥138.00
12	¥ 3,600.00	¥ 36.00	¥4,000.00	¥40.00	¥4,000.00	¥40.00	¥116.00

图 11-28　为选定的单元格区域命名

（12）使用与上一步相同的方法，将"F5：F12"单元格区域命名为"十一月党费"，将 H5：H12 单元格区域命名为"十二月党费"。

（13）在 H13 单元格中输入文本"总计："，然后在 I13 单元格中输入公式"=SUM(十月份党费，十一月党费，十二月党费)"，如图 11-29 所示。

（14）按 Enter 键确认输入，并得到计算结果，如图 11-16 所示。

11.2.5　使用数组公式

本节前面介绍的公式是指以半角等号"="开始的、具有计算功能的单元格内容，也就是说执行单个计算，并且返回单个结果。本节将介绍一种以数组为参数的公式，可以通过一个公式执行多个计算并返回一个或多个结果，且每个结果显示在一个单元格中。

（1）选中用于存放计算结果的单元格或单元格区域，例如，如图 11-30 所示的 G3：G10。

如果希望数组公式返回一个结果，则单击需要输入数组公式的单元格；如果希望数组公式返回多个结果，则选定需要输入数组公式的单元格区域。

	10月		11月		12月		

2019年第四季度党费缴纳明细表

序号	姓名	工资	党费	工资	党费	工资	党费	合计
1	A	¥ 5,000.00	¥ 50.00	¥5,000.00	¥50.00	¥5,200.00	¥78.00	¥178.00
2	B	¥ 4,800.00	¥ 48.00	¥4,800.00	¥48.00	¥5,000.00	¥50.00	¥146.00
3	C	¥ 4,800.00	¥ 48.00	¥4,800.00	¥48.00	¥5,000.00	¥50.00	¥146.00
4	D	¥ 3,200.00	¥ 32.00	¥3,200.00	¥32.00	¥3,600.00	¥36.00	¥100.00
5	E	¥ 2,800.00	¥ 14.00	¥3,200.00	¥32.00	¥3,200.00	¥32.00	¥78.00
6	F	¥ 4,200.00	¥ 42.00	¥4,200.00	¥42.00	¥4,500.00	¥45.00	¥129.00
7	G	¥ 4,500.00	¥ 45.00	¥4,500.00	¥45.00	¥4,800.00	¥48.00	¥138.00
8	H	¥ 3,600.00	¥ 36.00	¥4,000.00	¥40.00	¥4,000.00	¥40.00	¥116.00

单位(盖章): 　　　　经手人:

总计: =SUM(十月份党费,十一月党费,十二月党费)

收款人签字:

缴纳比例:

1. 月工资3000元(含)以下

收款单位(公章)

2. 月工资3000元至5000元(含)　1.00%

3. 月工资5000元至10000元(含)　1.50%

4. 月工资10000元以上　2.00%

图 11-29　输入公式

姓名	语文	数学	物理	化学	英语	总分
吴用	82	78	85	91	82	
刘洋	98	60	95	62	64	
王朝	75	80	66	68	95	
马汉	92	94	80	51	88	
王强	89	69	90	89	74	
赵四	87	73	68	50	77	
文武	93	82	69	79	92	
程绪	96	91	74	91	63	

某班期末考试成绩统计表

图 11-30　需要建立的成绩统计表

（2）输入数组公式。例如，在编辑栏中输入公式"=B3:B10+C3:C10+D3:D10+E3:E10+F3:F10"，如图 11-31 所示。

F3　　fx　=B3:B10+C3:C10+D3:D10+E3:E10+F3:F10

姓名	语文	数学	物理	化学	英语	总分
吴用	82	78	85	91	82	)+F3:F10
刘洋	98	60	95	62	64	
王朝	75	80	66	68	95	
马汉	92	94	80	51	88	
王强	89	69	90	89	74	
赵四	87	73	68	50	77	
文武	93	82	69	79	92	
程绪	96	91	74	91	63	

某班期末考试成绩统计表

图 11-31　在编辑栏中输入公式

 注意　　数组公式中的每个数组参数必须有相同数量的行和列。

（3）按 Ctrl+ Shift+ Enter 键结束输入，得到计算结果，如图 11-32 所示。

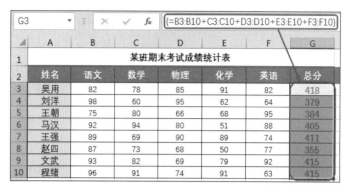

图 11-32 数组公式的计算结果

> **注意**
>
> 输入数组公式后，Excel 会自动在公式两侧插入大括号 "{" 和 "}"。在 Excel 中，大括号对 "{}" 是数组公式区别于普通 Excel 公式的重要标志。

如果在第（1）步选择单元格 G3，而不是单元格区域 G3：G10，则输入第（2）步中的数组公式得到的计算结果只有一个，是所有成绩的总和，而不是某一名学员的成绩总分。

11.3 审核计算结果

在包含大量计算公式的数据表中，逐项检查公式是一件很烦琐的事情。Excel 在"公式"选项卡的"公式审核"组中，提供了如图 11-33 所示的公式审核工具。

利用公式审核工具，可以很方便地查看公式与单元格之间的相互关系，并指出错误所在。

图 11-33 "公式审核"工具栏

11.3.1 用追踪箭头标识公式

利用"追踪引用单元格"和"追踪从属单元格"命令，可以用追踪箭头指明哪些单元格为公式提供了数据，哪些单元格包含相关的公式。

（1）单击要查看数据来源的单元格。

（2）在"公式审核"工具栏上单击"追踪引用单元格"按钮，将显示由直接为其提供数据的单元格指向活动单元格的追踪线。

例如，图 11-34 表明单元格 E5 中的公式包含对单元格 D5 和 B11 的引用。

在"公式审核"工具栏上单击"删除箭头"按钮，可以隐藏追踪箭头。

使用"追踪从属单元格"工具可以显示哪些单元格的值受活动单元格的影响。

（3）单击要追踪数据的单元格。

（4）在"公式审核"工具栏上单击"追踪从属单元格"按钮，显示由活动单元格指向受其影响的单元格的追踪线。

例如，图 11-35 表明 E3：E8 单元格的值受活动单元格 B11 的影响，即都引用了单元格 B11。

图 11-34 追踪引用单元格

图 11-35　追踪从属单元格

 提示：　　　双击追踪箭头可以选定该箭头另一端的单元格；按 Ctrl+"]"键可以定位到所选单元格的引用单元格。

11.3.2　错误检查

如果使用公式和函数的单元格中显示的不是计算结果，而是如表 11-8 所示的错误提示，则表示用户使用的公式和函数在语法上发生了错误。使用"错误检查"工具可以帮助用户追踪错误。

表 11-8　错误提示及可能原因

错误提示	产生错误原因
#DIV/0!	在公式中的分母位置使用了零值
#N/A	当前输入的参数不可用，导致公式或函数内找不到有效参数
#NAME	Excel 无法识别公式或函数中的文本
#NULL!	公式或函数中出现了两个不相交的区域的交点
#NUM!	在函数或公式中使用了错误的数值表达式
#REF!	单元格引用无效
#VALUE!	在函数或公式中输入了不能运算的参数，或单元格中的内容包含不能运算的对象

例如，图 11-36 中的 F6 单元格中显示错误值"#VALUE!"，左上角显示一个绿色的三角形，表明该单元格中的公式包含了不能运算的参数。

图 11-36　显示错误值

接下来使用"错误检查"工具追踪错误原因。

（1）选中要追踪错误的单元格，在"公式审核"功能组中单击"错误检查"按钮右侧的下拉按钮，在弹出的下拉菜单中选择"追踪错误"命令，将显示哪些单元格会影响当前所选单元格中的错误值。

例如，图 11-37 表明 B2：D5 单元格区域的值会影响 F6 单元格。

图 11-37　追踪错误

（2）单击"错误检查"按钮，弹出如图 11-38 所示的"错误检查"对话框。

对话框中显示单元格中出错的公式，以及出错的原因。如果单击"忽略错误"按钮，将弹出一个如图 11-39 所示的对话框，自动忽略单元格中的错误值，并返回到工作表中。此时再单击"公式审核"工具栏中的"错误检查"按钮，不能检查到该错误。

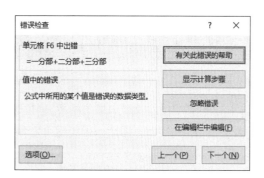

图 11-38　"错误检查"对话框

图 11-39　提示对话框

（3）单击"错误检查"对话框中的"有关此错误的帮助"按钮，弹出一个网页，显示出现错误值"#VALUE！"的原因以及解决方法，如图 11-40 所示。

（4）单击"显示计算步骤"按钮，弹出"公式求值"对话框，显示引用的单元格以及求值公式，如图 11-41 所示。

（5）在此对话框中单击"步出"按钮或"求值"按钮，对引用的单元格进行求值，结果以斜体显示，如图 11-42 所示。找到错误原因后，单击"关闭"按钮返回"错误检查"对话框。

（6）在工作表中修改错误后，"错误检查"对话框中的"有关此错误的帮助"按钮变为"继续"按钮，其他按钮灰显不可用。单击"继续"按钮，对话框中的其他按钮变为可用状态，"继续"按钮变为"有关此错误的帮助"按钮。如果已没有错误，将弹出一个如图 11-39 所示的对话框，提示用户已完成错误检查，且单元格自动显示计算结果。

图 11-40　帮助页面

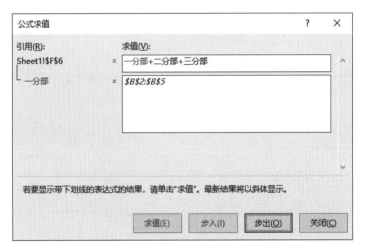

图 11-41　"公式求值"对话框

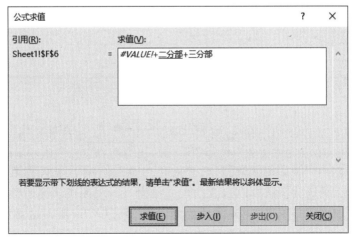

图 11-42　表达式求值结果

11.3.3 公式求值器

公式求值工具用于调试复杂的公式，分步计算公式的各个部分，帮助用户验证计算是否正确。

（1）选中要调试的公式所在的单元格，在"公式审核"功能组中单击"公式求值"按钮，弹出"公式求值"对话框，显示引用的单元格以及求值公式，如图11-43所示。

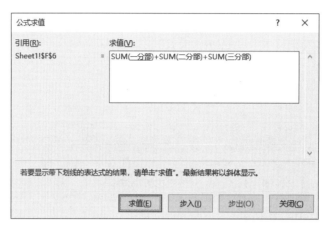

图 11-43 "公式求值"对话框

（2）单击"步入"按钮，可以显示当前正在求值的表达式（即带下划线的表达式）的值；单击"求值"按钮，可以得到带下划线的表达式的计算结果。如图11-44所示。

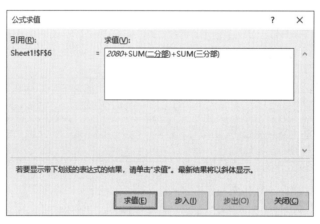

图 11-44 求值结果

（3）求值完成后，单击"关闭"按钮关闭对话框。

11.4 使用函数计算数据

在 Excel 中，如果要进行一些烦琐的计算，可以使用一种比较复杂的公式——函数。函数就是系统预定义的内置公式，按特定的顺序或结构对称为参数的特定数值进行计算，并自动返回计算结果。

除了继续支持早期版本中丰富的函数库外，Excel 2019 还新增了一些功能强大的函数，例如在设定条件很多时，不需要层层嵌套，就可以很直观地表达条件和结果的多条件判断函数 IFS、MAXIFS、MINIFS，以及多列合并函数 CONCAT、多区域合并函数 TEXTJOIN 等，这对经常要处理庞大数据的用户来说，能极大地提高办公效率。如果现有的函数不能满足计算需要，还可以根据特定的需要使用 Visual Basic 建立自定义的函数。

注意　使用新函数需要注意的是兼容性问题，即新函数只能在最新版 Office 365 或 Office 2019 中打开，否则会显示公式出错。

11.4.1　函数的构成

函数的写法及各部分的结构如图 11-45 所示。

（1）结构。在 Excel 中，函数以等号 "=" 开始，后面紧跟函数名称（例如 ROUND）和左括号，然后以英文逗号分隔输入参数（例如 A10 和 2），最后是右括号。

（2）函数名称。用于区分函数的名称。自定义函数的名称必须以字母开头，可由字母、数字、下划线组合而成，但不能使用单元格地址或 VBA 的保留字，名称中间不能包含句点或类型声明字符。

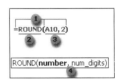

图 11-45　函数的结构

 注意　输入内置的函数名称时可以不区分大小写，但自定义的函数大写和小写代表不同的函数。

（3）参数。参数可以是数字、文本、逻辑值（例如 TRUE 或 FALSE）、数组、错误值（例如 #N/A）或单元格引用。指定的参数必须为有效参数值。参数也可以是常量、公式或其他函数。

（4）参数工具提示。在输入内置函数时，会显示一个带有语法和参数的工具提示，它不仅显示该函数的所有参数，而且能同时指向该函数的 "帮助" 主题的链接。

11.4.2　插入函数

如果要在单元格中使用函数进行计算，使用 "插入函数" 对话框可以很好地帮助用户尤其是初学者了解函数结构，并正确设置参数。

（1）选中要插入函数的单元格。在 "公式" 选项卡中单击 "插入函数" 按钮 *fx*，打开如图 11-46 所示的 "插入函数" 对话框。

图 11-46　"插入函数" 对话框

 提示：　选中单元格后，直接按 Shift+F3 组合键，也可以打开 "插入函数" 对话框。

（2）在"选择类别"下拉列表框中选择需要的函数类别，然后在"选择函数"列表框中选择需要的函数，对话框底部将显示对应函数的语法和说明。

（3）单击"确定"按钮，在如图 11-47 所示的"函数参数"对话框中输入要计算的单元格名称或单元格区域。或者单击参数文本框右侧的 ⬆ 按钮，在工作表中选择要计算的数据区域，此时，"函数参数"对话框折叠到最小，单击对话框右侧的 ▣ 按钮，即可展开对话框。

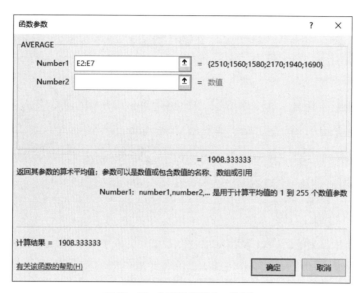

图 11-47 "函数参数"对话框

（4）单击"确定"按钮，即可输入函数，并计算结果，如图 11-48 所示。

除了常用的数据类型，在 Excel 中进行较为复杂的数据计算时，还可以将一个函数用作其他函数的参数，构成嵌套函数。嵌套函数返回的数值类型必须与参数使用的数值类型相同。例如，如果参数返回一个布尔值 TRUE 或 FALSE，那么嵌套函数也必须返回一个布尔值。否则，将显示 #VALUE! 错误。

图 11-49 为一个嵌套函数的示例。使用 AVERAGE 函数的值与 50 进行比较得到一个逻辑值。

图 11-48 函数的计算结果

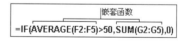

图 11-49 嵌套函数示例

查询应该使用什么函数？

如果用户对需要使用的函数不太了解或者不会使用，可以在"插入函数"对话框顶部的"搜索函数"文本框中输入一条自然语言，例如"计算平均值"，然后单击"转到"按钮，将返回一个用于完成该任务的推荐函数列表，如图 11-50 所示。

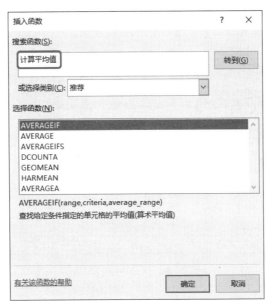

图 11-50　推荐函数列表

上机练习——对朗诵比赛结果进行排名

　　本节练习使用函数对朗诵比赛的评分结果进行排名。通过对操作步骤的讲解，读者可进一步掌握在 Excel 中输入函数、复制函数的操作方法，并加深对单元格相对引用和绝对引用的理解。

11-3　上机练习——对朗诵比赛结果进行排名

　　首先使用求和函数计算第一个选手的总分；然后使用填充柄复制公式，计算其他选手的总分；最后使用 RANK 函数和填充柄复制函数计算各位选手的排名。结果如图 11-51 所示。

序号	姓名	主题	评分细则						总分	排名
			仪表形象	语言表达	态势神情	朗诵效果	时间要求	创意		
			10分	30分	20分	20分	10分	10分		
1	Candy	环创	8	22	18	16	9	8	81	2
2	Jeson	亲情	9	26	17	18	9	7	86	1
3	Tom	友谊	8	23	16	16	8	5	76	5
4	Lily	经典诗文	9	21	18	15	9	8	79	3
5	Oliva	自然	9	20	15	17	8	6	75	6
6	Rola	励志	8	23	15	15	9	8	78	4

图 11-51　朗诵比赛评比表

操作步骤

（1）打开朗诵比赛结果评分表，如图 11-52 所示。

（2）选中 J5 单元格，切换到"公式"选项卡，单击"函数库"功能组中的"自动求和"按钮，J5 单元格中将自动填充求和公式"=SUM(D5:I5)"，如图 11-53 所示。按 Enter 键得到计算结果。

图 11-52　朗诵比赛评分表

图 11-53　填充自动求和公式

（3）将鼠标指针移至 J5 单元格右下角的填充柄上，按下鼠标左键向下拖动到 J10 单元格释放，J5：J10 单元格会自动填充求和公式并计算结果，如图 11-54 所示。

图 11-54　复制公式

接下来使用 RANK 函数计算各个选手的排名。

（4）选中 K5 单元格，在单元格中输入"=RANK("，此时在单元格下方显示工具提示。单击 J5 单元格，并输入英文逗号；然后选中单元格区域 J5：J10，再输入英文逗号，此时将弹出 RANK 函数的第三个参数选项，如图 11-55 所示。

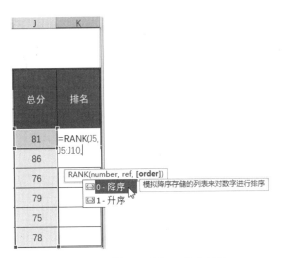

图 11-55　使用工具提示输入函数

RANK（　）函数返回一个数字在数字列表中的排位。语法如下：

RANK(number,ref,order)

其中，number 为需要找到排位的数字；ref 为数字列表数组或对数字列表的引用；order 为一数字，指明排位的方式，order 为 0 或省略，则按降序排列，order 不为 0，则按升序排列。

如果用户对函数的参数很熟悉，可以直接在单元格中输入函数及参数。

（5）单击"0- 降序"选项，然后输入右括号"）"，并按 Enter 键，即可得到计算结果，如图 11-56 所示。

| K5 | | fx | =RANK(J5,J5:J10,0) | | | | | | | | |

"新蕾杯"少儿朗诵大赛评比表

序号	姓名	主题	仪表形象 10分	语言表达 30分	态势神情 20分	朗诵效果 20分	时间要求 10分	创意 10分	总分	排名
1	Candy	环创	8	22	18	16	9	8	81	2
2	Jeson	亲情	9	26	17	18	9	7	86	
3	Tom	友谊	8	23	16	16	8	5	76	
4	Lily	经典诗文	9	21	18	15	8	8	79	
5	Oliva	自然	9	20	15	17	8	6	75	
6	Rola	励志	8	23	15	15	9	8	78	

图 11-56　使用 RANK 函数计算排名

本例依据总分从高到低进行排名，因此选择降序。接下来可以使用同样的方法在单元格中计算排名。如果要复制公式计算排名，则应将对数字列表的单元格引用修改为绝对引用。

（6）双击 K5 单元格，将单元格中的函数修改为"=RANK(J5,$J$5:$J$10,0)"，如图 11-57 所示。然后按 Enter 键确认。

（7）将鼠标指针移到 K5 单元格右下角的填充柄上，按下鼠标左键拖动到 K10 单元格释放，将 K5 单元格中的函数复制到 K6：K10 单元格，效果如图 11-58 所示。

（8）选中 J10 和 K10 单元格，单击"对齐方式"功能组右下角的扩展按钮打开"设置单元格格式"对话框。切换到"边框"选项卡，设置边框线样式为双实线，然后单击"下边框线"按钮，如图 11-59 所示。

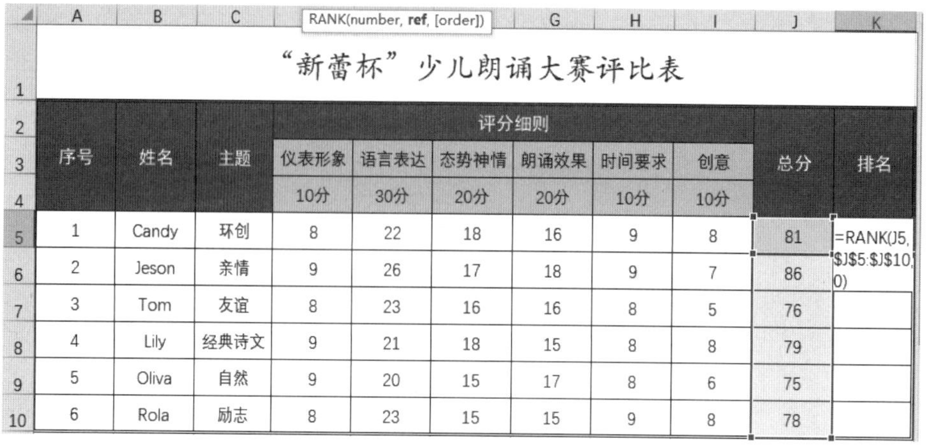

图 11-57　修改单元格引用方式

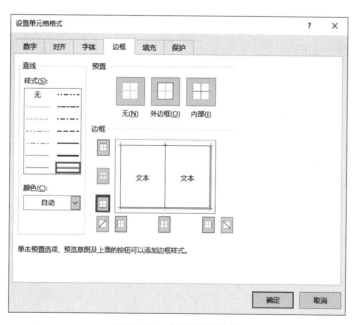

图 11-58　复制函数的效果

图 11-59　设置边框样式

（9）设置完毕后，单击"确定"按钮关闭对话框。此时的评比表如图 11-51 所示。

11.5 实例精讲——制作工资表

 本节练习使用公式和函数制作一个简易的工资表。通过对操作步骤的详细讲解，读者可进一步掌握序列填充和数据验证的操作方法，以及创建、复制公式和函数的方法。

11-4 实例精讲——制作工资表

 首先使用序列和快捷键填充工资表的编号和月份；然后利用数据验证功能填充姓名和部门；最后使用公式和函数计算应发工资、缺勤扣款和实发工资。结果如图 11-60 所示。

编号	月份	姓名	部门	基础工资	绩效工资	应发工资	缺勤情况	缺勤扣款	实发工资
			员工工资表						
日期:	2019年8月								
编号	月份	姓名	部门	基础工资	绩效工资	应发工资	缺勤情况	缺勤扣款	实发工资
1	2019年8月	李想	市场部	3,000.00	2,800.00	5,800.00	2	-272.73	5,527.27
编号	月份	姓名	部门	基础工资	绩效工资	应发工资	缺勤情况	缺勤扣款	实发工资
2	2019年8月	王文	研发部	6,000.00	3,800.00	9,800.00	0	-	9,800.00
编号	月份	姓名	部门	基础工资	绩效工资	应发工资	缺勤情况	缺勤扣款	实发工资
3	2019年8月	林珑	财务部	3,000.00	2,000.00	5,000.00	1	-136.36	4,863.64
编号	月份	姓名	部门	基础工资	绩效工资	应发工资	缺勤情况	缺勤扣款	实发工资
4	2019年8月	丁宁	研发部	6,000.00	3,200.00	9,200.00	1	-272.73	8,927.27
编号	月份	姓名	部门	基础工资	绩效工资	应发工资	缺勤情况	缺勤扣款	实发工资
5	2019年8月	张扬	人力资源部	3,200.00	2,400.00	5,600.00	0	-	5,600.00
编号	月份	姓名	部门	基础工资	绩效工资	应发工资	缺勤情况	缺勤扣款	实发工资
6	2019年8月	马林	企划部	3,200.00	2,900.00	6,100.00	1	-145.45	5,954.55
编号	月份	姓名	部门	基础工资	绩效工资	应发工资	缺勤情况	缺勤扣款	实发工资
7	2019年8月	陈材	研发部	5,500.00	2,600.00	8,100.00	2	-500.00	7,600.00
编号	月份	姓名	部门	基础工资	绩效工资	应发工资	缺勤情况	缺勤扣款	实发工资
8	2019年8月	高尚	市场部	3,200.00	3,000.00	6,200.00	1	-145.45	6,054.55

图 11-60 工资表

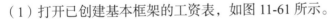操作步骤

（1）打开已创建基本框架的工资表，如图 11-61 所示。

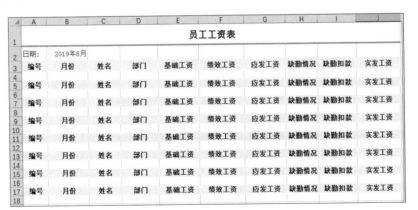

图 11-61 工资表

（2）在 A4 单元格中输入编号 1，按住 Ctrl 键选中 A4：A18 单元格区域中的空白单元格。然后在"开始"选项卡的"编辑"功能组中单击"填充"下拉按钮，在弹出的下拉菜单中选择"序列"命令，如图 11-62 所示。

（3）在弹出的"序列"对话框中，设置序列产生在"列"，类型为"等差序列"，步长值为 1，如图 11-63 所示。

（4）设置完成后，单击"确定"按钮，选定的单元格中即可填充步长值为 1 的等差序列，如图 11-64 所示。

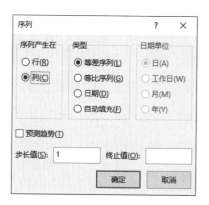

图 11-62 选择"序列"命令   图 11-63 设置序列

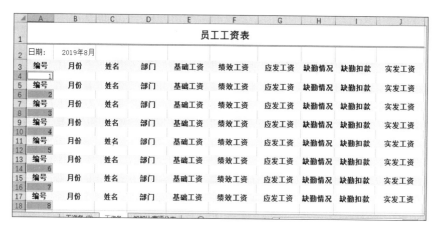

图 11-64 填充编号

（5）按住 Ctrl 键选中 B4：B18 单元格区域中的空白单元格，输入"=$B$2"后，按 Ctrl+Enter 键，则选中的单元格区域将自动填充相同的数据，如图 11-65 所示。

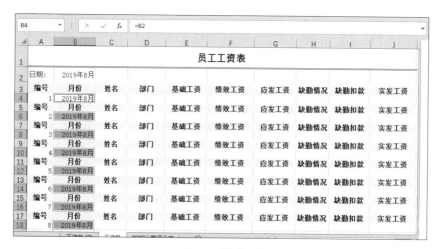

图 11-65 填充日期

（6）按住 Ctrl 键选中 C4：C18 单元格区域中的空白单元格，切换到"数据"选项卡，单击"数据验证"按钮，在打开的"数据验证"对话框中设置允许的值为"序列"，然后在"来源"文本框中输入序列值，如图 11-66 所示。

（7）设置完成后，单击"确定"按钮关闭对话框。此时，单击单元格右侧的下拉按钮，在弹出的序列中可以选择需要的姓名，如图 11-67 所示。

图 11-66　设置验证条件

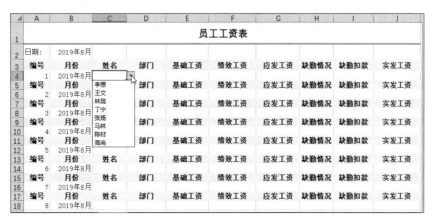

图 11-67　使用下拉按钮填充单元格

（8）按住 Ctrl 键选中 D4：D18 单元格区域中的空白单元格，单击"数据验证"按钮，在打开的"数据验证"对话框中设置允许的值为"序列"，然后在"来源"文本框中输入序列值，如图 11-68 所示。

图 11-68　设置验证条件

（9）设置完成后，单击“确定”按钮关闭对话框。此时，单击单元格右侧的下拉按钮，在弹出的序列中可以选择需要的部门，如图 11-69 所示。

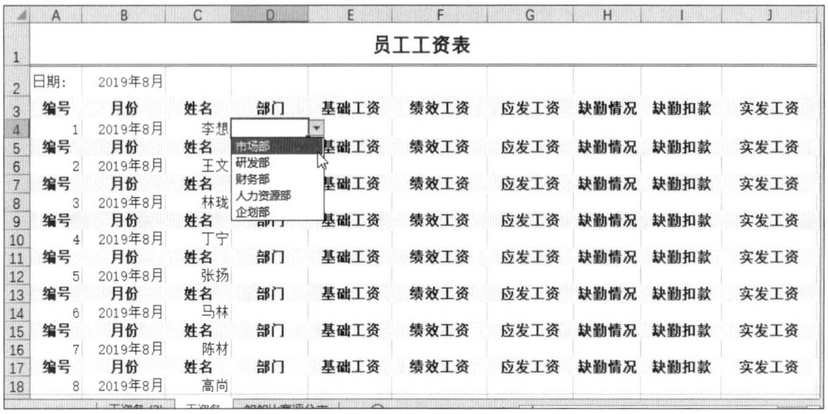

	A	B	C	D	E	F	G	H	I	J
1	员工工资表									
2	日期:	2019年8月								
3	编号	月份	姓名	部门	基础工资	绩效工资	应发工资	缺勤情况	缺勤扣款	实发工资
4	1	2019年8月	李想							
5	编号	月份	姓名		基础工资	绩效工资	应发工资	缺勤情况	缺勤扣款	实发工资
6	2	2019年8月	王文							
7	编号	月份	姓名		基础工资	绩效工资	应发工资	缺勤情况	缺勤扣款	实发工资
8	3	2019年8月	林珑							
9	编号	月份	姓名		基础工资	绩效工资	应发工资	缺勤情况	缺勤扣款	实发工资
10	4	2019年8月	丁宁							
11	编号	月份	姓名	部门	基础工资	绩效工资	应发工资	缺勤情况	缺勤扣款	实发工资
12	5	2019年8月	张扬							
13	编号	月份	姓名	部门	基础工资	绩效工资	应发工资	缺勤情况	缺勤扣款	实发工资
14	6	2019年8月	马林							
15	编号	月份	姓名	部门	基础工资	绩效工资	应发工资	缺勤情况	缺勤扣款	实发工资
16	7	2019年8月	陈材							
17	编号	月份	姓名	部门	基础工资	绩效工资	应发工资	缺勤情况	缺勤扣款	实发工资
18	8	2019年8月	高尚							

图 11-69　使用序列填充单元格

（10）填充 E 列和 F 列的数据后，计算应发工资。由于应发工资 = 基础工资 + 绩效工资，所以在 G4 单元格中输入公式“=E4+F4”，如图 11-70 所示。输入完成后，按 Enter 键得到计算结果。

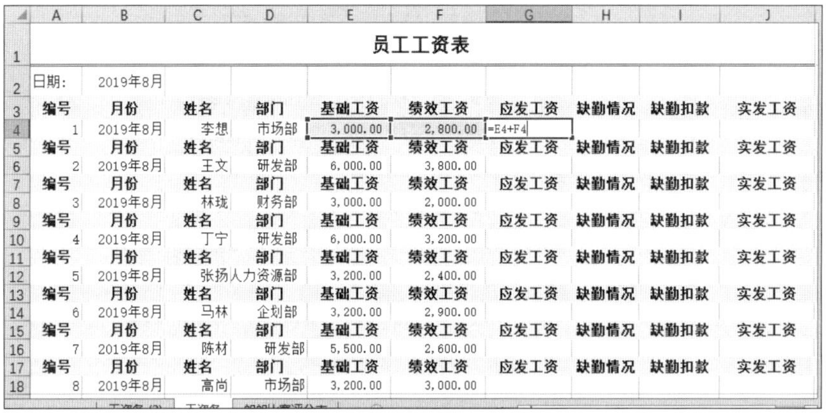

	A	B	C	D	E	F	G	H	I	J
1	员工工资表									
2	日期:	2019年8月								
3	编号	月份	姓名	部门	基础工资	绩效工资	应发工资	缺勤情况	缺勤扣款	实发工资
4	1	2019年8月	李想	市场部	3,000.00	2,800.00	=E4+F4			
5	编号	月份	姓名	部门	基础工资	绩效工资	应发工资	缺勤情况	缺勤扣款	实发工资
6	2	2019年8月	王文	研发部	6,000.00	3,800.00				
7	编号	月份	姓名	部门	基础工资	绩效工资	应发工资	缺勤情况	缺勤扣款	实发工资
8	3	2019年8月	林珑	财务部	3,000.00	2,000.00				
9	编号	月份	姓名	部门	基础工资	绩效工资	应发工资	缺勤情况	缺勤扣款	实发工资
10	4	2019年8月	丁宁	研发部	6,000.00	3,200.00				
11	编号	月份	姓名	部门	基础工资	绩效工资	应发工资	缺勤情况	缺勤扣款	实发工资
12	5	2019年8月	张扬	人力资源部	3,200.00	2,400.00				
13	编号	月份	姓名	部门	基础工资	绩效工资	应发工资	缺勤情况	缺勤扣款	实发工资
14	6	2019年8月	马林	企划部	3,200.00	2,900.00				
15	编号	月份	姓名	部门	基础工资	绩效工资	应发工资	缺勤情况	缺勤扣款	实发工资
16	7	2019年8月	陈材	研发部	5,500.00	2,600.00				
17	编号	月份	姓名	部门	基础工资	绩效工资	应发工资	缺勤情况	缺勤扣款	实发工资
18	8	2019年8月	高尚	市场部	3,200.00	3,000.00				

图 11-70　输入计算公式

（11）选中 G4 单元格，按 Ctrl+C 组合键复制单元格中的公式，然后按 Ctrl 键选中 G6：G18 单元格区域的空白单元格，按 Ctrl+V 组合键粘贴公式，效果如图 11-71 所示。

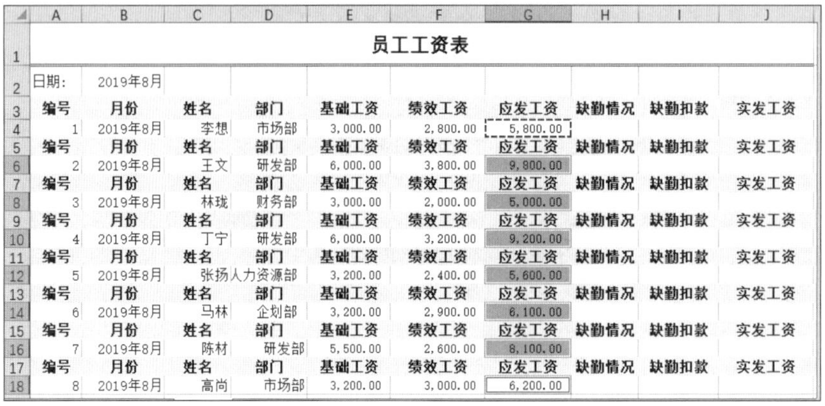

	A	B	C	D	E	F	G	H	I	J
1	员工工资表									
2	日期:	2019年8月								
3	编号	月份	姓名	部门	基础工资	绩效工资	应发工资	缺勤情况	缺勤扣款	实发工资
4	1	2019年8月	李想	市场部	3,000.00	2,800.00	5,800.00			
5	编号	月份	姓名	部门	基础工资	绩效工资	应发工资	缺勤情况	缺勤扣款	实发工资
6	2	2019年8月	王文	研发部	6,000.00	3,800.00	9,800.00			
7	编号	月份	姓名	部门	基础工资	绩效工资	应发工资	缺勤情况	缺勤扣款	实发工资
8	3	2019年8月	林珑	财务部	3,000.00	2,000.00	5,000.00			
9	编号	月份	姓名	部门	基础工资	绩效工资	应发工资	缺勤情况	缺勤扣款	实发工资
10	4	2019年8月	丁宁	研发部	6,000.00	3,200.00	9,200.00			
11	编号	月份	姓名	部门	基础工资	绩效工资	应发工资	缺勤情况	缺勤扣款	实发工资
12	5	2019年8月	张扬	人力资源部	3,200.00	2,400.00	5,600.00			
13	编号	月份	姓名	部门	基础工资	绩效工资	应发工资	缺勤情况	缺勤扣款	实发工资
14	6	2019年8月	马林	企划部	3,200.00	2,900.00	6,100.00			
15	编号	月份	姓名	部门	基础工资	绩效工资	应发工资	缺勤情况	缺勤扣款	实发工资
16	7	2019年8月	陈材	研发部	5,500.00	2,600.00	8,100.00			
17	编号	月份	姓名	部门	基础工资	绩效工资	应发工资	缺勤情况	缺勤扣款	实发工资
18	8	2019年8月	高尚	市场部	3,200.00	3,000.00	6,200.00			

图 11-71　复制粘贴公式的效果

（12）填写缺勤情况后，计算缺勤扣款。缺勤扣款 = 缺勤次数 × 基础工资 /22，所以在 I4 单元格中输入公式"=-H4*E4/30"，如图 11-72 所示。输入完成后，按 Enter 键得到计算结果。

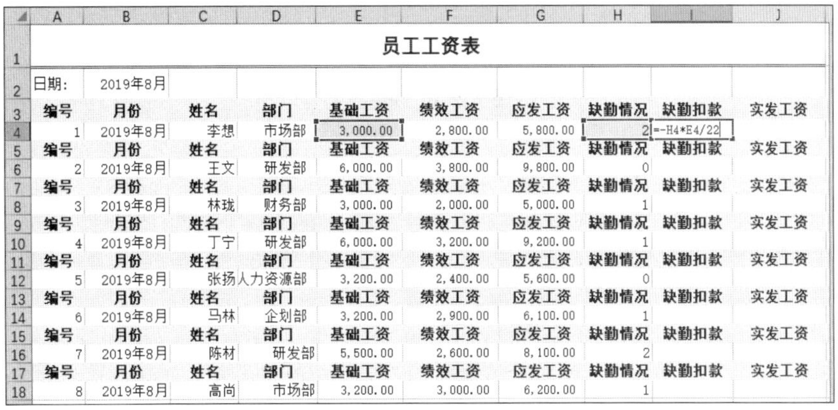

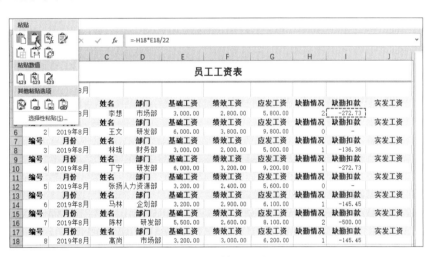

图 11-72　输入公式计算缺勤扣款

（13）选中 I4 单元格，按 Ctrl+C 组合键复制单元格中的公式，然后按 Ctrl 键选中 G6：G18 单元格区域的空白单元格，在"开始"选项卡的"剪贴板"功能组中单击"粘贴"下拉按钮，在弹出的下拉列表框中选择"公式"选项，如图 11-73 所示。

图 11-73　粘贴公式

（14）计算实发工资。选中 J4 单元格，在单元格中输入计算函数"=SUM(G4,I4)"，如图 11-74 所示。按 Enter 键得到计算结果。

图 11-74　输入公式计算实发工资

（15）按 Ctrl+C 组合键复制 J4 单元格，然后按 Ctrl 键选中 J6：J18 单元格区域的空白单元格，按 Ctrl+V 组合键粘贴公式，最终效果如图 11-60 所示。

答 疑 解 惑

1. 相对引用和绝对引用有什么区别？

答：相对引用在复制时，引用会随着复制的方向不同而发生不同的变化；而绝对引用无论公式复制到什么位置，引用都不会发生变化。

2. 怎样快速进行求和运算？

答：选择要进行求和的单元格区域，同时按下 Alt 键和"="键，不仅可以快速输入函数名称，同时还能确认函数的参数。

3. 怎样取消公式记忆式输入？

答：打开"Excel 选项"对话框，单击"公式"分类，在"使用公式"区域取消选中"公式记忆式键入"复选框。

4. 如何隐藏单元格中的零值？

答：打开"Excel 选项"对话框，单击"高级"分类，在"此工作表中显示选项"区域，取消选中"在具有零值的单元格中显示零"复选框。

学习效果自测

一、选择题

1. 在 Excel 中，各运算符的优先级由高到低的顺序为（　　　）。

 A. 算术运算符、比较运算符、字符串连接符

 B. 算术运算符、字符串连接符、比较运算符

 C. 比较运算符、字符串连接符、算术运算符

 D. 字符串连接符、算术运算符、比较运算符

2. 在 C2 单元格中输入公式"=A1*0.5+B1*0.5"，正确的操作步骤是（　　　）。

 ① 输入 A1*0.5+B1*0.5   ② 按 Enter 键

 ③ 在编辑栏输入"="   ④ 把光标放在 C2 单元格

 A. ①②③④   B. ②①③④   C. ④③②①   D. ④③①②

3. 设 B3 单元格中的数值为 20，在 C3、D4 单元格中分别输入"="B3"+8"和"=B3+"8""，则（　　　）。

 A. C3 单元格与 D4 单元格中均显示 28

 B. C3 单元格中显示"#VALUE！"，D4 单元格中显示 28

 C. C3 单元格中显示 8，D4 单元格中显示 20

 D. C3 单元格中显示 8，D4 单元格中显示"#VALUE！"

4. D3 单元格中的数值为 70，若公式为"=D3<=60"，则运算结果为（　　　）。

 A. FALSE   B. TRUE   C. N   D. Y

5. 在 Excel 中，设 A1 单元格值为李明，B2 单元格值为 89，若在 C3 单元格输入"=A1'数学'B2"，则显示值为（　　　）。

 A. A1 数学 B2   B. 李明"数学"89

 C. "李明"数学"89"   D. 李明数学 89

6. 在单元格中输入"=" 中国 "&"China""按 Enter 键，在该单元格中显示结果为（　　　）。

 A. " 中国 "&"China"   B. 中国 China   C. #NAME？   D. 中国 &China

7. Excel 中绝对地址引用的符号是（　　　）。

    A. ?　　　　　　　　B. $　　　　　　　　C. #　　　　　　　　D. !

8. 在 Excel 的公式运算中，如果要引用第 6 行的绝对地址、D 列的相对地址，则地址表示为（　　　）。

    A. D$6　　　　　　B. D6　　　　　　　C. $D$6　　　　　　D. $D6

9. 在一个工作表中，A1 和 B1 单元格中的数值分别为 6 和 3，如果在 C1 单元格的编辑框中输入 "=A1*B1" 后按 Enter 键，则在 C1 单元格显示的内容是（　　　）。

    A. 18　　　　　　　B. A1*B1　　　　　C. 63　　　　　　　D. 9

10. 在单元格 F3 中，求 A3、B3 和 C3 三个单元格数值的和，不正确的形式是（　　　）。

    A. =$A$3+$B$3+$C$3　　　　　　　　　　B. SUM(A3，C3)

    C. =A3+B3+C3　　　　　　　　　　　　　D. SUM(A3：C3)

11. 在文明班级卫生得分统计表中，总分和平均分是通过公式计算出来的，如果改变二班卫生得分，则（　　　）。

    A. 要重新修改二班的总分和平均分　　　　B. 重新输入计算公式

    C. 总分和平均分会自动更正　　　　　　　D. 会出现错误信息

12. 已知 A1 单元格中的公式为 "=D2*$E3"，如果在 D 列和 E 列之间插入一个空列，在第 2 行和第 3 行之间插入一个空行，则 A1 单元格中的公式调整为（　　　）。

    A. =D2*$E2　　　　B. =D2*$F3　　　　C. =D2*$E4　　　　D. =D2*$F4

13. 制作九九乘法表。在工作表的表格区域 B1：J1 和 A2：A10 中分别输入数值 1~9 作为被乘数和乘数，表格区域 B2：J10 用于存放乘积。在 B2 单元格中输入公式（　　　），然后将该公式复制到表格区域 B2：J10 中，便可生成九九乘法表。

    A. =$B1*$A2　　　B. =$B1*A$2　　　C. =B$1*$A2　　　D. =B$1*A$2

14. 已知 B1 单元格和 C1 单元格中存放有不同的数值，并且 B1 单元格已命名为 "总量"，B2 单元格中有公式 "=A2/总量"。若重新将 "总量" 指定为 C1 单元格的名字，则 B2 单元格中的（　　　）。

    A. 公式与结果均变化　　　　　　　　　　B. 公式变化，结果不变

    C. 公式不变，结果变化　　　　　　　　　D. 公式与结果均不变

二、填空题

1. Excel 2019 中的运算符主要有 _____、_____、_____ 和 _____ 4 种。

2. 在 Excel 中，在输入数据时输入前导符 _____ 表示要输入公式。

3. 在 Excel 2019 中，单元格地址根据它被复制到其他单元格后是否会改变，引用方式可分为 _____、_____ 和 _____ 三种。

4. Excel 中的 "："为区域运算符，表示 A5 到 F10 之间所有单元格的引用为 _____。

5. 公式 "="89"+"20">120" 的计算结果为 _____。

6. 若单元格 E2=10，E3=20，E4=30，则函数 SUM（E2，E4）的值为 _____；函数 SUM（B2：B4）的值为 _____。

第 12 章

数据管理与分析

本 章 导 读

　　Excel 提供了一套功能强大的进行数据管理和分析的有效工具，如排序、筛选、分类汇总等。利用排序功能可以根据特定列中的内容重新排列数据区域中的行；利用筛选功能可以快速查找符合条件的数据子集；利用分类汇总功能可自动对指定的数据进行分类，并在数据表底部插入一行汇总选定的数据。

学 习 要 点

❖　对数据进行排序
❖　对数据进行筛选
❖　分类汇总数据

12.1　对数据进行排序

利用 Excel 的数据排序功能，可以使数据按照用户的查阅需要进行排列。

12.1.1　默认排序规则

在进行排序之前，读者有必要先了解 Excel 的默认排序规则，以便于选择正确的排序方式。

Excel 默认根据单元格中的数据值进行排序，在按升序排序时，遵循以下规则。

❖ 数字从最小的负数到最大的正数进行排序。

❖ 文本以及包含数字的文本按 0 → 9 → a → z → A → Z 的顺序排序。

注意　　如果两个文本字符串除了连字符不同，其余都相同，则带连字符的文本排在后面。

❖ 在按字母先后顺序对文本进行排序时，从左到右逐个字符进行排序。

❖ 在逻辑值中，False 排在 True 前面。

❖ 所有错误值的优先级相同。

❖ 空格始终排在最后。

注意　　在 Excel 中排序时可以指定是否区分大、小写。在对汉字排序时，既可以根据汉语拼音的字母顺序进行排序，也可以根据汉字的笔划排序进行排序。

在按降序排序时，除了空白单元格总是在最后以外，其他的排列次序反转。

12.1.2　按单关键字排序

按单关键字排序是指根据数据区域中某一列的标题进行排序，它是排序中最常用也是最简单的一种排序方法。

（1）单击排序关键字所在列中的任意一个单元格。

（2）切换到"数据"选项卡，在如图 12-1 所示的"排序和筛选"功能组中单击"升序"按钮 或"降序" 按钮即可。

执行上述步骤后，数据表将按指定列中的单元格值进行升序或降序排列。在 Excel 2019 中，还可以按指定列中的单元格颜色、字体颜色或条件格式图标进行排序。

（1）选定数据区域中的任意单元格。

（2）切换到"数据"选项卡，单击"排序和筛选"组中的"排序"按钮，打开"排序"对话框。

（3）在"主要关键字"下拉列表框中选择排序的关键字；在"排序依据"下拉列表框中选择排序依据，如图 12-2 所示；然后在"次序"下拉列表框中选择排序方式。

图 12-1　"排序和筛选"功能组

图 12-2　选择排序依据

（4）单击"确定"按钮，完成排序操作。

按笔划排序

如果要排序的单元格值为文本，则默认情况下，Excel 按文本字母先后顺序进行排序。如果要按单元格值的笔划进行排序，可以执行以下操作。

（1）在待排序的数据区域单击任意一个单元格。

（2）在"数据"选项卡中单击"排序"按钮，然后单击"排序"对话框中的"选项"按钮，打开如图 12-3 所示的"排序选项"对话框。

（3）在"方法"区域选择"笔划排序"单选按钮，然后单击"确定"按钮。

（4）在"排序"对话框中指定排序关键字和排列次序，单击"确定"按钮关闭对话框。

图 12-3 "排序选项"对话框

12.1.3 按多关键字排序

按单关键字进行排序时，经常会遇到两个或多个单元格值相同的情况。如果要分出这些记录的顺序，就需要使用多关键字排序。例如，在部门相同的情况下，按职称进行排序。

（1）选中待排序数据区域的任意一个单元格。

（2）在"数据"选项卡的"排序和筛选"组中，单击"排序"按钮打开"排序"对话框。

（3）在"主要关键字"列表框中选择排序的主关键字，然后选择排序依据和排序方式。

（4）单击"添加条件"按钮，按上一步的方法设置次要关键字、排序依据和排序方式，如图 12-4 所示。

图 12-4 添加条件

（5）如果需要更多的排序关键字，重复上一步的操作。

（6）单击"确定"按钮，完成操作。

如果要删除排序条件，可以选中要删除的条件，然后单击"排序"对话框顶部的"删除条件"按钮。

上机练习——按单价和总价查看进货管理表

简单排序只能针对某一个字段进行排序，要进行两个字段或者两个以上的字段排序，就要用到复杂排序。本节练习对进货管理表按"单价"和"总价"进行升序排列，通过对操作步骤的详细讲解，读者可进一步掌握对数据表按多个关键字进行排序的方法。

12-1 上机练习——按单价和总价查看进货管理表

设计思路

　　首先打开"排序"对话框，设置排序的主要关键字、排序依据和次序；然后添加条件，设置次要关键字、排序依据和次序。结果如图 12-5 所示，首先按"单价"进行升序排列；如果单价相同，则按"总价"进行升序排列。

	A	B	C	D	E	F	G
1	某家具销售公司6月份商品进货管理表						
2	名称	型号	生产厂	单价	采购数量	总价	进货日期
3	椅子	Y001	永昌椅业	230	6	1380	2016年6月4日
4	茶几	C002	新时代家具城	360	12	4320	2016年6月14日
5	椅子	Y003	永昌椅业	500	8	4000	2016年6月21日
6	茶几	C001	新时代家具城	500	9	4500	2016年6月7日
7	椅子	Y004	新时代家具城	550	6	3300	2016年6月24日
8	椅子	Y002	永昌椅业	550	15	8250	2016年6月17日
9	桌子	Z002	新时代家具城	560	9	5040	2016年6月30日
10	桌子	Z001	新时代家具城	600	6	3600	2016年6月10日
11	茶几	C003	新时代家具城	850	8	6800	2016年6月28日
12	沙发	S001	天成沙发厂	1000	3	3000	2016年6月2日
13	沙发	S002	天成沙发厂	1200	8	9600	2016年6月6日
14	沙发	S003	新世界沙发城	2300	11	25300	2016年6月20日
15	沙发	S004	新世界沙发城	2900	3	8700	2016年6月26日

图 12-5　排序结果

操作步骤

　　（1）在数据表中选择任意一个单元格，然后在"数据"选项卡的"排序和筛选"区域单击"排序"按钮，弹出"排序"对话框。在"主要关键字"下拉列表框中选择"单价"，"排序依据"和"次序"保留默认设置，如图 12-6 所示。

图 12-6　设置主要关键字

　　（2）单击对话框左上角的"添加条件"按钮，添加一行次要关键字条件，如图 12-7 所示。

图 12-7　添加条件

（3）在"次要关键字"下拉列表框中选择"总价"，"排序依据"和"次序"保留默认设置，如图 12-8 所示。

图 12-8　设置次要关键字

（4）单击"确定"按钮，则工作表按照设置的方式进行排序，如图 12-5 所示。

12.1.4　自定义序列排序

除了升序或降序外，用户还可以根据需要自定义特定的排序方式。例如：将工作表以班次为关键字，按照"远望、东风、神州"的顺序进行排序。

（1）在待排序的数据区域选中任意一个单元格，单击"数据"选项卡中的"排序"按钮，打开"排序"对话框。

（2）在"主要关键字"列表中选择排序的关键字（例如，"班次"），"排序依据"选择"单元格值"，然后在"次序"下拉列表框中选择"自定义序列"（如图 12-9 所示），打开"自定义序列"对话框。

图 12-9　选择"自定义序列"命令

（3）在"输入序列"列表框中输入自定义序列，序列项之间用 Enter 键分隔，如图 12-10 所示。

（4）序列输入完成后单击"添加"按钮，在"自定义序列"列表框中可以看到自定义的序列，并处于选中状态。单击"确定"按钮关闭对话框，此时的排序次序显示为指定的序列，如图 12-11 所示。

（5）单击"确定"按钮，即可按指定序列排序。

注意　　自定义排序只能作用于"主要关键字"下拉列表框中指定的数据列。如果要对多个数据列使用自定义序列排序，应分别对每一列执行一次排序操作。

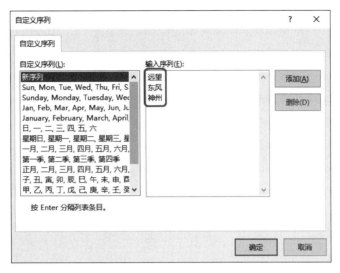

图 12-10 "自定义序列"对话框

图 12-11 按指定序列进行排序

12.2 对数据进行筛选

筛选是在数据繁多的工作表中快速查找和分析符合特定条件的数据的快捷方法,经过筛选的数据表只显示满足条件的数据行,其他数据行暂时隐藏。Excel 2019 提供了两种筛选方法——简单条件的自动筛选和复杂条件的高级筛选。

12.2.1 自动筛选

自动筛选通常用于筛选某列中包含特定值的数据行。

(1)单击要筛选的数据表中的任意一个单元格。

(2)切换到"数据"选项卡,在"排序和筛选"功能组中单击"筛选"按钮▼。此时,列标题右侧显示下拉按钮,如图 12-12 所示。

	A	B	C	D	E
1	某公司公共办公室记录表				
2	日期 ▼	姓名 ▼	部门 ▼	项目 ▼	费用 ▼
3	1月1日	王成	销售部	传真	2
4	1月1日	胡春	销售部	扫描	3
5	1月1日	李维	研发部	复印	1
6	1月2日	李维	研发部	传真	3
7	1月2日	王成	销售部	复印	12
8	1月2日	马占	人事部	复印	20

图 12-12 筛选字段

（3）单击要作为筛选字段的列标题右侧的下拉按钮，在弹出的下拉列表框中选择要查找的分类。如图 12-13 所示，选中"复印"复选框，则只显示"项目"为"复印"的数据行。

（4）在下拉列表框中选择筛选结果的排序方式，默认为"升序"。用户可以根据需要选择"降序"或"按颜色排序"。

（5）单击"确定"按钮，即可显示筛选结果，如图 12-14 所示。

图 12-13　选择筛选内容

图 12-14　数据筛选结果

在图中可以看到，筛选字段右侧显示筛选图标，筛选结果的行号以蓝色显示，不满足条件的数据行则自动隐藏。

（6）如果要进一步筛选数据，重复步骤（1）～步骤（5）。

例如，要在上一步筛选的结果中查看有关人事部的记录，可以在"部门"列中筛选"人事部"，结果如图 12-15 所示。

如果要在特定的范围内筛选数据，例如"费用"介于 20～50 之间的记录、"姓名"以"马"开头的记录，等等，可以使用 Excel 内置的筛选条件。

图 12-15　指定多个筛选条件

（7）单击筛选字段右侧的下拉按钮，在弹出的下拉列表框中选择"数字筛选"或"文本筛选"命令，弹出筛选条件列表，如图 12-16 或图 12-17 所示。

提示：　如果要筛选数据的列是数字，则弹出如图 12-16 所示的条件列表；如果要筛选数据的列是文本，则弹出如图 12-17 所示的条件列表。

（8）在筛选条件中选择需要的条件，然后在弹出的条件设置对话框中进行设置。例如，费用前 10 项降序排列的效果如图 12-18 所示。

图 12-16　数字筛选条件

图 12-17　文本筛选条件

	A	B	C	D	E
1	某公司公共办公室记录表				
2	日期	姓名	部门	项目	费用
8	1月5日	胡春	销售部	复印	50
10	1月10日	刘贤	财务部	复印	33
11	1月2日	王成	销售部	打印	30
12	1月6日	刘贤	财务部	复印	22
16	1月2日	马占	人事部	复印	20
18	1月2日	李维	研发部	复印	20
20	1月5日	刘贤	财务部	复印	20
25	1月4日	李维	研发部	复印	18
41	1月3日	马占	人事部	扫描	15
44	1月9日	刘贤	财务部	传真	15

图 12-18　筛选结果

12.2.2　取消筛选条件

如果要取消筛选某列数据,单击列标题右侧的筛选图标，在弹出的下拉列表框中选中"全选"复选框,如图 12-19 所示。

如果要显示全部数据行，可以执行以下操作之一。

❖ 在筛选结果中单击任意一个单元格，然后单击"数据"选项卡"排序和筛选"组中的"清除"按钮清除，如图 12-20 所示。

图 12-19　取消筛选

图 12-20　清除筛选

❖ 单击"数据"选项卡中的"筛选"按钮▼。

12.2.3 按特定条件筛选

如果要在同一列中同时使用两个条件或者两个条件之一筛选数据，可以使用自定义筛选功能。

（1）单击要筛选的数据表中的任意一个单元格。

（2）切换到"数据"选项卡，在"排序和筛选"组中单击"筛选"按钮▼。此时，列标题右侧显示下拉按钮。

（3）单击筛选字段右侧的下拉按钮,在弹出的下拉列表框中选择"数字筛选"→"自定义筛选"命令，或选择"文本筛选"→"自定义筛选"命令，打开如图 12-21 所示的"自定义自动筛选方式"对话框。

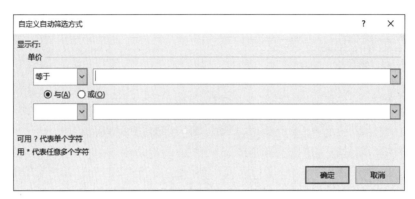

图 12-21 "自定义自动筛选方式"对话框

（4）在"显示行"下方的条件下拉列表框中选择筛选条件，以及条件之间的逻辑关系。

❖ 与：将同时满足指定的两个条件的数据行筛选出来。

❖ 或：将满足两个条件中的任一条件的数据行都筛选出来。

（5）设置完成后，单击"确定"按钮关闭对话框。

与自动筛选类似，自定义筛选也支持多条件筛选。

筛选并删除重复的数据

（1）单击要删除的数据所在列的下拉按钮，在下拉菜单中选择"自定义筛选"命令打开"自定义自动筛选方式"对话框。

（2）在条件下拉列表框中选择"等于"；在"等于"右侧的文本框中输入数据。

（3）单击"确定"按钮，即可筛选出数据相同的所有记录。

（4）选中筛选结果，直接按 Delete 键删除行。

12.2.4 高级筛选

如果需要筛选的字段较多，筛选条件又很复杂，可以使用高级筛选功能简化筛选流程，以提高工作效率。

使用高级筛选时，必须先建立一个条件区域，指定筛选的数据要满足的条件。

（1）在工作表的空白位置设置条件区域，并在条件标志的下一行中输入筛选条件，如图 12-22 所示。

（2）切换到"数据"选项卡，在"排序和筛选"组中单击"高级"按钮▼高级，打开"高级筛选"对话框，选择条件区域和筛选结果的保存位置，如图 12-23 所示。

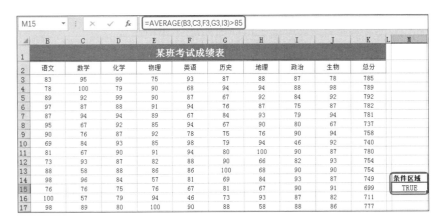

图 12-22   设置筛选条件区域

图 12-23   "高级筛选"对话框

注意   条件区域最好构建在数据区域的起始位置或旁边,尽量不要放在数据区域的下方,以免后续添加数据行时覆盖条件区域。要筛选的数据表必须具有标题行,如果条件区域包含列字段,其必须与数据表标题行中的字段保持一致。用作条件的公式在引用时必须使用相对引用,且公式的计算结果为 True 或 False。

❖ 在原有区域显示筛选结果:将筛选结果显示在原有数据区域,筛选结果与自动筛选结果完全一样。
❖ 将筛选结果复制到其他位置:将筛选结果复制到指定的单元格区域保存。这是高级筛选与自动筛选的一个最主要的区别,可以在得到筛选结果的同时保留筛选前的数据区域。
❖ 列表区域:自动填充要筛选的数据区域。
❖ 条件区域:指定条件区域所在的单元格区域。

注意   在输入条件区域的引用时,一定要包含条件标志,即条件区域的第一行。

复制到:指定显示筛选结果的起始单元格区域。

注意   条件区域与筛选结果之间至少要有一个空行进行分隔。

❖ 选择不重复记录:选中该复选框,则不筛选重复记录。
(3)单击"确定"按钮关闭对话框。
例如,按照图 12-23 设置后,筛选结果将在"复制到"文本框中指定的单元格区域开始显示,如图 12-24 所示。
与自动筛选类似,高级筛选也可以支持多条件筛选。
在数据表左侧的空白区域设置高级筛选的条件区域,如图 12-25 所示。
(4)图 12-25 中,两个条件并排,表示各个条件之间是逻辑关系"与",即筛选结果必须同时满足指定的两个条件,语文大于等于 85,且总分大于等于 780。
如果筛选条件为并列条件"或",即筛选结果只要满足条件之一即可,应将条件列在不同的行内,如图 12-26 所示。它表示筛选语文成绩大于等于 85,或者总分大于等于 780 的数据行。
(5)单击"数据"选项卡"排序和筛选"组中的"高级"按钮 ▼高级,在弹出的"高级筛选"对话框中选择条件区域和筛选结果的保存位置,如图 12-27 所示。
(6)单击"确定"按钮,即可在指定的单元格区域显示筛选结果的第一行。

姓名	语文	数学	化学	物理	英语	历史	地理	政治	生物	总分		
						某班考试成绩表						
王彦	83	95	99	75	93	87	88	87	78	785		
马涛	78	100	79	90	68	94	94	88	98	789		
郑义	89	92	99	90	87	67	92	84	92	792		
王乾	97	87	88	91	94	76	87	75	87	782		
李二	87	94	94	89	67	84	93	79	94	781		
孙思	95	67	92	85	94	67	90	80	67	737		
刘夏	90	76	87	92	78	75	76	90	94	758		
夏雨	69	84	93	85	98	79	94	46	92	740		
白菊	81	67	90	91	94	80	100	90	87	780		
张虎	73	93	87	82	88	90	66	82	93	754		
马一	88	58	88	86	86	100	68	90	90	754		
赵望	98	96	84	57	81	69	84	93	87	749		条件区域
刘留	76	76	75	76	67	81	67	90	91	699		TRUE
乾红	100	57	79	94	46	73	93	87	82	711		
王虎	98	89	80	100	90	88	58	88	86	777		
						筛选结果						
姓名	语文	数学	化学	物理	英语	历史	地理	政治	生物	总分		
王彦	83	95	99	75	93	87	88	87	78	785		
马涛	78	100	79	90	68	94	94	88	98	789		
王乾	97	87	88	91	94	76	87	75	87	782		
张虎	73	93	87	82	88	90	66	82	93	754		
赵望	98	96	84	57	81	69	84	93	87	749		
王虎	98	89	80	100	90	88	58	88	86	777		

图 12-24　筛选结果

M15 ✕ ✓ fx =">=780"

姓名	语文	数学	化学	物理	英语	历史	地理	政治	生物	总分		
						某班考试成绩表						
姓名	语文	数学	化学	物理	英语	历史	地理	政治	生物	总分		
王彦	83	95	99	75	93	87	88	87	78	785		
马涛	78	100	79	90	68	94	94	88	98	789		
郑义	89	92	99	90	87	67	92	84	92	792		
王乾	97	87	88	91	94	76	87	75	87	782		
李二	87	94	94	89	67	84	93	79	94	781		
孙思	95	67	92	85	94	67	90	80	67	737		
刘夏	90	76	87	92	78	75	76	90	94	758		
夏雨	69	84	93	85	98	79	94	46	92	740		
白菊	81	67	90	91	94	80	100	90	87	780		
张虎	73	93	87	82	88	90	66	82	93	754		
马一	88	58	88	86	86	100	68	90	90	754		
赵望	98	96	84	57	81	69	84	93	87	749	语文	总分
刘留	76	76	75	76	67	81	67	90	91	699	>=85	>=780
乾红	100	57	79	94	46	73	93	87	82	711		
王虎	98	89	80	100	90	88	58	88	86	777		

图 12-25　设置高级筛选条件

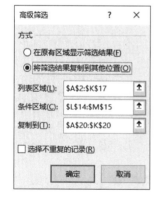

图 12-27　"高级筛选"对话框

语文	总分
>=85	
	>=780

图 12-26　设置筛选条件

上机练习——查找特定的产品记录

12-2　上机练习——查找
特定的产品记录

　　本节练习使用单条件和多条件高级筛选查找特定的数据记录，通过对操作步骤的详细讲解，读者可进一步掌握使用单条件和多条件筛选数据的方法，加深对条件"与"和条件"或"的理解。

首先设置单一条件筛选具有保湿效果的产品；然后添加条件，筛选有保湿效果，且规格大于 10ml 的产品；最后再添加一个筛选条件，查找有保湿效果，且规格大于 10ml 的产品，或者价格小于 99 元的产品。最终效果如图 12-28 所示。

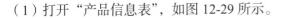

图 12-28　高级筛选结果

操作步骤

（1）打开"产品信息表"，如图 12-29 所示。

图 12-29　产品信息表

　　首先查找有保湿效果的产品，也就是"产品描述"中包含"保湿"的记录。

　　（2）在 H3 单元格中输入条件列标题"产品描述"，然后在 H4 单元格中输入条件值"* 保湿 *"，如图 12-30 所示。

	A	B	C	D	E	F	G	H
2	序号	产品名称	规格	产品描述	上市日期	价格		
3	1	玫瑰香水	10ml	美白保湿	2018年6月	120		产品描述
4	2	VC爽肤水	500ml	保湿紧致	2018年3月	98		*保湿*
5	3	珍珠霜	40ml	保湿淡纹	2019年2月	169		
6	4	眼部紧肤膜	40ml	削除黑眼圈	2019年3月	138		
7	5	净白化妆水	100ml	美白锁水	2019年6月	88		
8	6	清透平衡露	150ml	锁水调水油	2018年9月	69		
9	7	清润唇膏	10ml	滋润	2018年12月	39		
10	8	深层清洁洁面乳	150ml	深层清洁	2018年8月	66		
11	9	保湿防晒露	100ml	锁水防晒	2019年8月	109		
12	10	水质凝露	50ml	保湿滋润	2019年4月	129		

图 12-30　设置条件区域

（3）选中数据表中的任意一个单元格,切换到"数据"选项卡,在"排序和筛选"功能组中单击"高级"按钮,打开"高级筛选"对话框。在"方式"区域选择"将筛选结果复制到其他位置"单选按钮;单击"条件区域"文本框右侧的"选择"按钮，在工作表中选择条件区域所在的单元格区域H3：H4，然后单击对话框中的"还原"按钮返回"高级筛选"对话框;单击"复制到"文本框右侧的"选择"按钮，在工作表中选择筛选结果第一行的显示位置，然后单击对话框中的"还原"按钮返回"高级筛选"对话框，如图 12-31 所示。

（4）设置完成后，单击"确定"按钮关闭对话框，即可在指定的位置显示筛选结果，如图 12-32所示。

图 12-31　"高级筛选"对话框

	A	B	C	D	E	F	G	H
2	序号	产品名称	规格	产品描述	上市日期	价格		
3	1	玫瑰香水	10ml	美白保湿	2018年6月	120		产品描述
4	2	VC爽肤水	500ml	保湿紧致	2018年3月	98		*保湿*
5	3	珍珠霜	40ml	保湿淡纹	2019年2月	169		
6	4	眼部紧肤膜	40ml	削除黑眼圈	2019年3月	138		
7	5	净白化妆水	100ml	美白锁水	2019年6月	88		
8	6	清透平衡露	150ml	锁水调水油	2018年9月	69		
9	7	清润唇膏	10ml	滋润	2018年12月	39		
10	8	深层清洁洁面乳	150ml	深层清洁	2018年8月	66		
11	9	保湿防晒露	100ml	锁水防晒	2019年8月	109		
12	10	水质凝露	50ml	保湿滋润	2019年4月	129		
13								
14	序号	产品名称	规格	产品描述	上市日期	价格		
15	1	玫瑰香水	10ml	美白保湿	2018年6月	120		
16	2	VC爽肤水	500ml	保湿紧致	2018年3月	98		
17	3	珍珠霜	40ml	保湿淡纹	2019年2月	169		
18	10	水质凝露	50ml	保湿滋润	2019年4月	129		

图 12-32　单条件筛选结果

接下来在筛选出来的保湿产品中进一步筛选规格大于 10ml 的产品。

（5）删除上一步的筛选结果，然后修改条件区域，在 I 列增加筛选条件，且两个条件的条件值在同一行，表明逻辑"与"关系，也就是应同时满足指定的两个条件，如图 12-33 所示。

（6）选中数据表中的任意一个单元格，在"排序和筛选"功能组中单击"高级"按钮，打开"高级筛选"对话框。在"方式"区域选择"将筛选结果复制到其他位置"单选按钮；单击"条件区域"文本框右侧的"选择"按钮⬆️，在工作表中选择条件区域所在的单元格区域H3：I4；在"复制到"文本框中保留上一步筛选的设置，如图 12-34 所示。

产品描述	规格
保湿	>10ml

图 12-33　修改筛选条件

图 12-34　"高级筛选"对话框

（7）单击"确定"按钮，即可在指定位置开始显示"产品描述"中包含"保湿"，且"规格"大于10ml 的产品记录，如图 12-35 所示。

▲	A	B	C	D	E	F	G	H	I
2	序号	产品名称	规格	产品描述	上市日期	价格			
3	1	玫瑰香水	10ml	美白保湿	2018年6月	120		产品描述	规格
4	2	VC爽肤水	500ml	保湿紧致	2018年3月	98		*保湿*	>10ml
5	3	珍珠霜	40ml	保湿淡纹	2019年2月	169			
6	4	眼部紧肤膜	40ml	削除黑眼圈	2019年3月	138			
7	5	净白化妆水	100ml	美白锁水	2019年6月	88			
8	6	清透平衡露	150ml	锁水调水油	2018年9月	69			
9	7	清润唇膏	10ml	滋润	2018年12月	39			
10	8	深层清洁洁面乳	150ml	深层清洁	2018年8月	66			
11	9	保湿防晒露	100ml	锁水防晒	2019年8月	109			
12	10	水质凝露	50ml	保湿滋润	2019年4月	129			
13									
14	序号	产品名称	规格	产品描述	上市日期	价格			
15	2	VC爽肤水	500ml	保湿紧致	2018年3月	98			
16	3	珍珠霜	40ml	保湿淡纹	2019年2月	169			
17	10	水质凝露	50ml	保湿滋润	2019年4月	129			

图 12-35　多条件筛选结果

接下来在上一步多条件筛选的基础上扩大筛选范围，查找"产品描述"中包含"保湿"，且"规格"大于 10ml 的产品记录，或者"价格"小于 99 的记录。

（8）删除上一步的筛选结果，然后修改条件区域，在 J 列增加条件，且条件值与前两个条件不在同一行，表明该条件与前两个条件是逻辑"或"的关系，如图 12-36 所示。

（9）选中数据表中的任意一个单元格，在"排序和筛选"功能组中单击"高级"按钮，打开"高级筛选"对话框。在"方式"区域选择"将筛选结果复制到其他位置"单选按钮；单击"条件区域"文本框右侧的"选择"按钮⬆️，在工作表中选择条件区域所在的单元格区域 H3：J5；在"复制到"文本框中保留上一步筛选的设置，如图 12-37 所示。

（10）设置完成后，单击"确定"按钮关闭对话框，即可在指定位置开始显示筛选结果，如图 12-28 所示。

产品描述	规格	价格
保湿	>10ml	
		<99

图 12-36　修改条件区域　　　　　　　　　　图 12-37 "高级筛选"对话框

12.3　分类汇总数据

对数据进行分类汇总也是分析数据的一种常用方法，通过对数据表按指定的字段进行分类，可自动计算数据表中的汇总值，并且分级显示数据，以便查阅指定分类的汇总值或明细数据。如果修改了其中的明细数据，汇总数据也随之自动更新。

 提示:　　在 Excel 中对数据进行汇总有两种方法：一种是在数据表中添加自动分类汇总；另一种是利用数据透视表汇总和分析数据。本章只介绍第一种方法，第二种方法将在第 13 章进行介绍。

12.3.1　简单分类汇总

简单分类汇总是指对数据表中的某一列进行一种方式的汇总。

（1）打开要进行分类汇总的数据表，如图 12-38 所示。

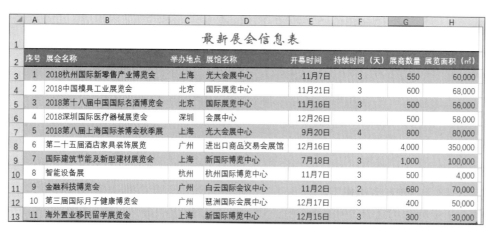

序号	展会名称	举办地点	展馆名称	开幕时间	持续时间（天）	展商数量	展览面积（㎡）
	最新展会信息表						
1	2018杭州国际新零售产业博览会	上海	光大会展中心	11月7日	3	550	60,000
2	2018中国模具工业展览会	北京	国际展览中心	11月21日	3	600	68,000
3	2018第十八届中国国际名酒博览会	北京	国际展览中心	11月16日	3	500	56,000
4	2018深圳国际医疗器械展览会	深圳	会展中心	12月26日	3	500	58,000
5	2018第八届上海国际茶博会秋季展	上海	光大会展中心	9月20日	4	800	80,000
6	第二十五届酒店家具装饰展览	广州	进出口商品交易会展馆	12月16日	3	4,000	350,000
7	国际建筑节能及新型建材展览会	上海	新国际博览中心	7月18日	3	1,000	100,000
8	智能设备展	杭州	杭州国际博览中心	11月7日	3	500	4,000
9	金融科技博览会	广州	白云国际会议中心	11月2日	2	680	70,000
10	第三届国际月子健康博览会	广州	琶洲国际会展中心	12月17日	3	400	50,000
11	海外置业移民留学展览会	上海	新国际博览中心	12月15日	3	300	30,000

图 12-38　展会信息表

 注意　　Excel 根据列标题确定如何创建数据组并进行汇总，因此进行分类汇总的数据表的各列应有列标题，并且没有空行或者空列。

在插入分类汇总之前，首先需要对数据表按汇总列进行排序，以便将同类别的行组合到一起，然后对包含数字的列进行汇总。

（2）选中要进行分类的列中的任意一个单元格，在"数据"选项卡"排序和筛选"组中单击"升序"或"降序"按钮，对数据表进行排序。

例如，对图 12-38 中的数据表按"举办地点"升序排列的效果如图 12-39 所示。

A	B		C	D	E	F	G	H
	最新展会信息表							
序号	展会名称		举办地点	展馆名称	开幕时间	持续时间（天）	展商数量	展览面积（㎡）
2	2018中国模具工业展览会		北京	国际展览中心	11月21日	3	600	68,000
3	2018第十八届中国国际名酒博览会		北京	国际展览中心	11月16日	3	500	56,000
6	第二十五届酒店家具装饰展览		广州	进出口商品交易会展馆	12月16日	3	4,000	350,000
9	金融科技博览会		广州	白云国际会议中心	11月2日	2	680	70,000
10	第三届国际月子健康博览会		广州	琶洲国际会展中心	12月17日	3	400	50,000
8	智能设备展		杭州	杭州国际博览中心	11月7日	3	500	4,000
1	2018杭州国际新零售产业博览会		上海	光大会展中心	11月7日	3	550	60,000
5	2018第八届上海国际茶博会秋季展		上海	光大会展中心	9月20日	4	800	80,000
7	国际建筑节能及新型建材展览会		上海	新国际博览中心	7月18日	3	1,000	100,000
11	海外置业移民留学展览会		上海	新国际博览中心	12月15日	3	300	30,000
4	2018深圳国际医疗器械展览会		深圳	会展中心	12月26日	3	500	58,000

图 12-39　对举办地点进行排序

（3）单击"数据"选项卡"分级显示"功能组的"分类汇总"按钮，打开如图 12-40 所示的"分类汇总"对话框。

图 12-40　设置"分类汇总"对话框

（4）在"分类字段"下拉列表框中选择用于分类汇总的数据列标题。选定的数据列一定要与执行排序的数据列相同。在"汇总方式"下拉列表框中选择对分类进行汇总的计算方式。在"选择汇总项"列表框中选定要进行汇总计算的数值列。

如果在"选定汇总项"列表框中选中多个复选框，可以同时对多列进行分类汇总。

如果之前已对数据表进行了分类汇总，希望再次进行分类汇总时保留先前的分类汇总结果，则取消选中"替换当前分类汇总"复选框。

如果每类数据分页显示，选中"每组数据分页"复选框。

（5）单击"确定"按钮关闭对话框，即可看到分类汇总结果。

例如，按图 12-40 设置对话框后的分类汇总结果如图 12-41 所示，Excel 分级显示各个举办地点展位的最大值，并在数据表底部插入一个"总计"行汇总同一类记录的最大值。

序号	展会名称	举办地点	展馆名称	开幕时间	持续时间（天）	展商数量	展览面积（㎡）
2	2018中国模具工业展览会	北京	国际展览中心	11月21日	3	600	68,000
3	2018第十八届中国国际名酒博览会	北京	国际展览中心	11月16日	3	500	56,000
			北京 最大值				68,000
6	第二十五届酒店家具装饰展览	广州	进出口商品交易会展馆	12月16日	3	4,000	350,000
9	金融科技博览会	广州	白云国际会议中心	11月2日	2	680	70,000
10	第三届国际月子健康博览会	广州	琶洲国际会展中心	12月17日	3	400	50,000
			广州 最大值				350,000
8	智能设备展	杭州	杭州国际博览中心	11月7日	3	500	4,000
			杭州 最大值				4,000
1	2018杭州国际新零售产业博览会	上海	光大会展中心	11月7日	3	550	60,000
5	2018第八届上海国际茶博会秋季展	上海	光大会展中心	9月20日	4	800	80,000
7	国际建筑节能及新型建材展览会	上海	新国际博览中心	7月18日	3	1,000	100,000
11	海外置业移民留学展览会	上海	新国际博览中心	12月15日	3	300	30,000
			上海 最大值				100,000
4	2018深圳国际医疗器械展览会	深圳	会展中心	12月26日	3	500	58,000
			深圳 最大值				58,000
			总计最大值				350,000

图 12-41　分类汇总结果

12.3.2　清除分类汇总

如果不再需要分类汇总数据，还可以将它删除。

（1）单击分类汇总数据表中的任意一个单元格，单击"数据"选项卡"分级显示"功能组中的"分类汇总"按钮，打开"分类汇总"对话框。

（2）单击对话框左下角的"全部删除"按钮。

（3）单击"确定"按钮完成操作。

12.3.3　多级分类汇总

对某一列进行分类汇总之后，还可以使用其他汇总方式再次对同一列进行分类汇总，例如，汇总各个举办地点的最大展览面积之后，再汇总各个举办地点的展会个数。还可以在一个分类汇总结果的基础上，再对其他的字段进行分类汇总。例如，在举办地点汇总的基础上，再对各个展馆的展商数量进行汇总。这就构成了多级汇总。

（1）选中数据表中的任一单元格，单击"数据"选项卡"排序和筛选"功能组中的"排序"按钮，弹出"排序"对话框，分别设置主要关键字和次要关键字，以及排序依据和次序，如图 12-42 所示。然后单击"确定"按钮关闭对话框。

图 12-42　设置多列排序

如果是对同一列进行多种不同方式的汇总，则不需要设置次要关键字。

（2）单击"数据"选项卡"分级显示"功能组中的"分类汇总"按钮，在弹出的"分类汇总"对话框中设置分类字段、汇总方式和选定汇总项，如图 12-43 所示。

图 12-43　设置分类汇总方式

（3）单击"确定"按钮关闭对话框，即可得到一级分类汇总结果。

例如，按图 12-43 设置的分类汇总结果如图 12-44 所示，按举办地点和展馆名称进行分类，并统计各个城市的展会数量。

1 2 3		A	B	C	D	E	F	G	H
	1			最新展会信息表					
	2	序号	展会名称	举办地点	展馆名称	开幕时间	持续时间（天）	展商数量	展览面积（㎡）
	3	3	2018第十八届中国国际名酒博览会	北京	国际展览中心	11月16日	3	500	56,000
	4	2	2018中国模具工业展览会	北京	国际展览中心	11月21日	3	600	68,000
	5			北京 计数		2			
	6	9	金融科技博览会	广州	白云国际会议中心	11月2日	2	680	70,000
	7	6	第二十五届酒店家具装饰展览	广州	进出口商品交易会展馆	12月16日	3	4,000	350,000
	8	10	第三届国际月子健康博览会	广州	琶洲国际会展中心	12月17日	3	400	50,000
	9			广州 计数		3			
	10	8	智能设备展	杭州	杭州国际博览中心	11月7日	3	500	4,000
	11			杭州 计数		1			
	12	1	2018杭州国际新零售产业博览会	上海	光大会展中心	11月7日	3	550	60,000
	13	5	2018第八届上海国际茶博会秋季展	上海	光大会展中心	9月20日	4	800	80,000
	14	11	海外置业移民留学展览会	上海	新国际博览中心	12月15日	3	300	30,000
	15	7	国际建筑节能及新型建材展览会	上海	新国际博览中心	7月18日	3	1,000	100,000
	16			上海 计数		4			
	17	4	2018深圳国际医疗器械展览会	深圳	会展中心	12月26日	3	500	58,000
	18			深圳 计数		1			
	19			总计数		11			

图 12-44　分类汇总结果

（4）再次单击"数据"选项卡"分级显示"功能组中的"分类汇总"按钮，在弹出的"分类汇总"对话框中设置分类字段、汇总方式和选定汇总项，并取消选中"替换当前分类汇总"复选框，如图 12-45 所示。

（5）单击"确定"按钮关闭对话框，即可得到多级分类汇总结果。

例如，按图 12-45 设置的分类汇总结果如图 12-46 所示，在上一级分类汇总的基础上，再按展馆名称进行分类，并统计各个展馆的展商数量的最大值。

图 12-45　设置分类汇总方式

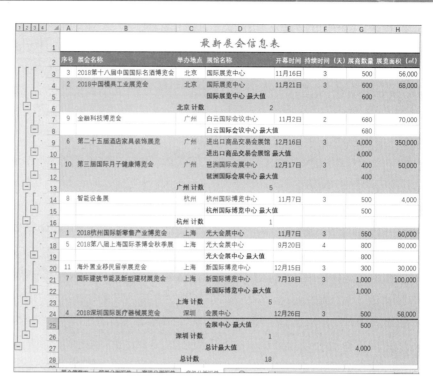

图 12-46　多级分类汇总结果

12.3.4　分级显示汇总结果

　　建立分类汇总之后，Excel 将分级显示数据列表，例如一级分类汇总后的数据表分为三级显示。当分类级数较多时，可能无法分清不同级分类汇总之间的关系。此时可以根据需要显示或隐藏明细数据行，使数据看起来更明晰。

　　（1）在分类汇总结果中选中要隐藏明细数据的汇总单元格，单击"数据"选项卡"分级显示"功能组中的"隐藏明细数据"按钮 ，即可隐藏所选汇总单元格所在分类组中的数据，只显示分类汇总项。

　　例如，隐藏汇总单元格 C13 的明细数据后的效果如图 12-47 所示。

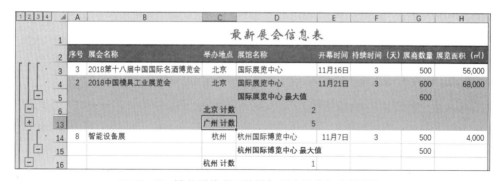

图 12-47　隐藏所选单元格数据所在分类组中的数据

注意　　建立分类汇总后，如果修改明细数据，汇总数据将自动更新。

　　（2）单击"分级显示"功能组中的"显示明细数据"按钮 ，则 Excel 显示进行最后一次隐藏明细数据操作前的工作表形式。

　　此外，使用行号左侧的分级工具条 1 2 3 4 ，也可以很方便地显示或隐藏明细数据。

（3）单击一级数据按钮 $\boxed{1}$ ，仅显示一级汇总数据，如图 12-48 所示。

图 12-48　显示一级数据

（4）单击二级数据按钮 $\boxed{2}$ ，显示一级和二级数据，即第一次分类汇总时产生的各分类项，如图 12-49 所示。

图 12-49　显示前二级数据

（5）单击三级数据按钮 $\boxed{3}$ ，显示前三级的数据。

对数据表进行简单分类汇总后，第 3 级数据是数据表中的原始数据。如果创建了多级分类汇总，最后一级数据才是数据表中的原始数据。

（6）单击最后一级数据按钮，将显示全部明细数据。

上机练习——管理固定资产记录

固定资产是指使用年限在一年以上、单位价值在规定标准以上，并在使用过程中保持原来实物形态的资产。作为企业资产的主要部分，固定资产的核算与管理是企业会计和财务管理资产管理工作的重点。本节练习使用 Excel 2019 中的分类汇总功能查看固定资产记录表。通过对操作步骤的详细讲解，读者可从中掌握创建多级分类汇总和显示、隐藏汇总数据的操作方法。

12-3　上机练习——管理固定资产记录

首先通过将"工资表"按照类别进行分类计数；然后在此基础上按照资产名称对工作表进行嵌套分类汇总；最终结果如图 12-50 所示。

操作步骤

（1）打开工作表"固定资产记录表"，在"类别"列中选中任意一个单元格，切换到"数据"选项卡，在"排序和筛选"功能组中单击"升序"按钮 ，数据表按该列进行升序排列，如图 12-51 所示。

（2）在"分级显示"功能组中单击"分类汇总"按钮，在弹出的"分类汇总"对话框中设置"分类字段"为"类别"，"汇总方式"为"计数"，"选定汇总项"为"资产名称"，如图 12-52 所示。

（3）单击"确定"按钮，固定资产按类别进行分类并计数汇总，如图 12-53 所示，显示了各个类别的资产的个数。

图 12-50　多级分类汇总结果

图 12-51　对类别进行排序

图 12-52　设置"分类汇总"对话框

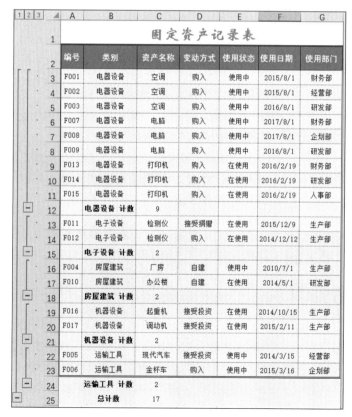

图 12-53　分类汇总结果

（4）再次单击"分类汇总"按钮，在弹出的"分类汇总"对话框中设置"分类字段"为"资产名称"，"汇总方式"为"计数"，"选定汇总项"为"资产名称"，取消选中"替换当前分类汇总"复选框，如图 12-54 所示。

（5）单击"确定"按钮，在工作表中显示两级分类汇总，如图 12-55 所示。首先按资产名称进行分类计数，然后按类别进行分类计数。

图 12-54　设置分类汇总

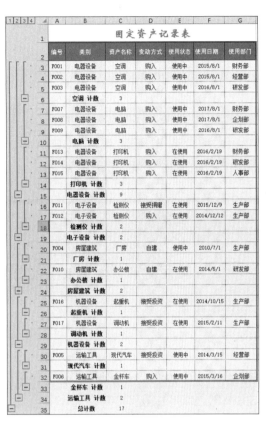

图 12-55　多级分类汇总结果

对于分类汇总的结果，当分类级数较多时，可能无法分清不同级分类汇总之间的关系。此时可以显示或隐藏分级数据，从而使要查看的数据更加清晰。

（6）在行号左侧的分级工具条 1 2 3 4 中单击三级数据按钮 3，显示前三级的数据，在本例中仅显示分类汇总结果，如图 12-56 所示。

图 12-56　分类汇总结果

（7）选中 B23 单元格，在"分级显示"功能组中单击"显示明细数据"按钮，则显示对应的明细数据，如图 12-57 所示。

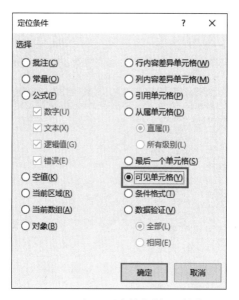

图 12-57　显示明细数据

12.3.5　保存分类汇总数据

在 Excel 2019 中，如果要在其他工作表中使用汇总数据，而不关心明细数据，可以将分类汇总后的汇总行数据复制到其他单元格或区域。

（1）在分类汇总结果中选中要保存的数据区域，单击"开始"选项卡"编辑"功能组中的"查找和选择"按钮，在弹出的下拉菜单中选择"定位条件"命令。

（2）在弹出的"定位条件"对话框中，选中"可见单元格"单选按钮，如图 12-58 所示。然后单击"确定"按钮，关闭"定位条件"对话框。

图 12-58　设置"定位条件"对话框

（3）按 Ctrl+C 键，复制单元格区域。然后新建一个工作表，单击要开始粘贴数据的单元格，按 Ctrl+V 键，得到复制结果，如图 12-59 所示。

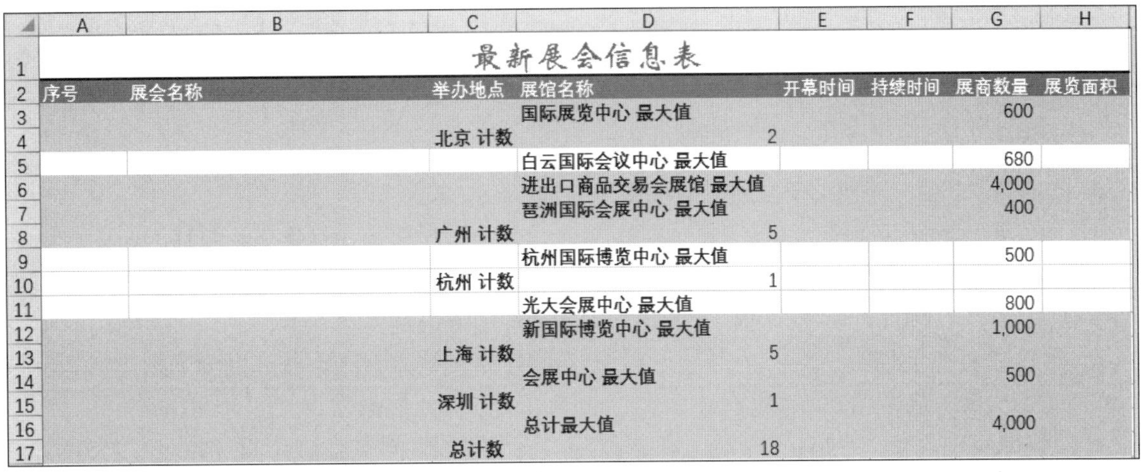

	A	B	C	D	E	F	G	H
1	最新展会信息表							
2	序号	展会名称	举办地点	展馆名称	开幕时间	持续时间	展商数量	展览面积
3				国际展览中心 最大值			600	
4			北京 计数	2				
5				白云国际会议中心 最大值			680	
6				进出口商品交易会展馆 最大值			4,000	
7				琶洲国际会展中心 最大值			400	
8			广州 计数	5				
9				杭州国际博览中心 最大值			500	
10			杭州 计数	1				
11				光大会展中心 最大值			800	
12				新国际博览中心 最大值			1,000	
13			上海 计数	5				
14				会展中心 最大值			500	
15			深圳 计数	1				
16				总计最大值			4,000	
17			总计数	18				

图 12-59　复制结果

从图 12-59 可以看出，粘贴的数据仅为分类汇总结果，不包括明细数据。

答 疑 解 惑

1. 排序没有达到预期效果，该怎样处理?

答：（1）检查数据是否为数字格式；

（2）检查数据是否设置为文本格式；

（3）检查日期和时间的格式是否正确；

（4）取消隐藏行和列。

2. 在对文本进行排序时，是基于什么排序的?

答：在对文本进行排序时，Excel 将根据文本第一个汉字的声母进行排序。

3. 如何在“自动筛选”菜单中取消对日期层次结构的分组?

答：打开“Excel 选项”对话框，然后单击“高级”分类，在“此工作簿的显示选项”区域，取消选中“使用‘自动筛选’菜单分组日期”复选框。

4. 要进行分类汇总的数据列表需要符合什么条件?

答：在使用分类汇总之前，需要保证数据列表的各列有列标题，并且同一列中应该包含相同类型的数据，同时在数据区域中没有空行或者空列。

5. 选中数据表中的任意一个单元格，创建分类汇总时，为什么菜单功能区的“分类汇总”按钮显示为灰色，不能单击使用?

答：可能是工作表套用了表格模式，Excel 自动将数据区域转化为列表，而列表是不能够进行分类汇总的。解决方法是在数据表中的任意一个单元格上右击，在弹出的快捷菜单中选择“表格”命令，然后在级联菜单中选择“转化为区域”命令，此时就可进行分类汇总操作了。

6. 在 Excel 中使用分类汇总操作，有时会出现错误，为什么?

答：在进行分类汇总时，分类字段必须先排序，将要进行分类汇总的行组合在一起，然后再为包含数字的列计算分类汇总。否则最后汇总的结果是不正确的。

7. 如何隐藏分级显示符号?

答：打开“Excel 选项”对话框，切换到“高级”分类，在“此工作表的显示选项”区域取消选中“如果应用了分级显示，则显示分级显示符号"复选框。

学习效果自测

一、选择题

1. 在 Excel 2019 中，下列关于排序的说法错误的是（　　）。

    A. 可以按日期进行排序　　　　　　　　B. 可以按多个关键字进行排序

    C. 不可以自定义排序序列　　　　　　　　D. 可以按行进行排序

2. 要快速找出"成绩表"中成绩前 20 名的学生，合理的方法是（　　）。

    A. 对成绩表进行排序　　　　　　　　　　B. 成绩输入时严格按高低分录入

    C. 只能一条一条看　　　　　　　　　　　D. 进行分类汇总

3. 一个数据表中只有"姓名""年龄"和"身高"三个字段，对其设置了除"姓名"之外的两个关键字排序后的结果如下：

姓　名	年　龄	身高 /m
李永宁	16	1.67
王晓军	18	1.72
林文皓	17	1.72
赵　城	17	1.75

则此排序操作的次要关键字是按（　　）设置的。

    A. 身高的升序　　　　　B. 身高的降序　　　　　C. 年龄的升序　　　　　D. 年龄的降序

4. 在 Excel 中，如果只需要查看数据列表中记录的一部分，可以使用 Excel 提供的（　　）功能。

    A. 排序　　　　　　　B. 自动筛选　　　　　C. 分类汇总　　　　　D. 以上全部

5. 关于数据筛选，下列说法正确的是（　　）。

    A. 筛选条件只能是一个固定值

    B. 筛选的表格中，只含有符合条件的行，其他行被隐藏

    C. 筛选的表格中，只含有符合条件的行，其他行被删除

    D. 筛选条件不能由用户自定义，只能由系统设定

6. Excel 中取消工作表的自动筛选后，（　　）。

    A. 工作表的数据消失　　　　　　　　　　B. 工作表恢复原样

    C. 只剩下符合筛选条件的记录　　　　　　D. 不能取消自动筛选

7. 在 Excel 2019 中，下列关于"筛选"的叙述正确的是（　　）。

    A. 自动筛选和高级筛选都可以将筛选结果显示在指定的区域中

    B. 不同字段之间进行"或"运算必须使用高级筛选

    C. 自动筛选的条件只能是一个，高级筛选的条件可以是多个

    D. 如果所选条件出现在多列中，并且条件之间是"与"的关系，必须使用高级筛选

8. Excel 中分类汇总的默认汇总方式是（　　）。

    A. 求和　　　　　　　B. 求平均　　　　　　C. 求最大值　　　　　D. 求最小值

9. 在进行分类汇总前必须对数据列表进行（　　）。

    A. 建立数据库　　　　B. 排序　　　　　　　C. 筛选　　　　　　　D. 数据验证

10. 公司会计要统计各部门的工资总额，以下操作的正确顺序是（　　）。

    ① 按员工姓名顺序，建立了包含工号、姓名、部门、工资等字段的 Excel 工资表，并输入了所

有员工的相关信息

②选定相关的数据区域

③通过数据"分类汇总"出各部门的工资总额

④按部门递减顺序排序

A. ①②③④　　　　　B. ②①③④　　　　　C. ①②④③　　　　　D. ③①②④

二、操作题

1. 建立一个学生成绩单，其中包括每个学生的学号、姓名、性别、语文成绩、数学成绩和英语成绩。运用本章学到的知识，对数据表按照语文成绩从高到低排序，如果语文成绩相同，则按数学成绩降序排列。

2. 在学生成绩单中筛选语文成绩大于等于 90，或数学成绩大于等于 95 的记录。

3. 运用分类汇总功能，统计各科成绩的平均值。

第 13 章

使用图表展示数据

本章导读

　　图表是一种用图形表示数据之间的关系，体现数据大小和变化趋势的图形表现形式。它不仅能形象直观地表达数据，反映数据的趋势和对比关系，使数据更易于阅读，而且改变它所表示的工作表数据时，能实现图表自动更新。

学习要点

- ❖ 图表相关知识
- ❖ 创建与编辑图表
- ❖ 使用图表分析数据
- ❖ 使用数据透视表查看数据
- ❖ 使用数据透视图展示数据

13.1 图表相关知识

在开始创建 Excel 图表之前，有必要先对图表的类型和结构有一个初步的认识。

13.1.1 常用图表的适用情况

选择图表类型很重要，合适的图表能最佳地表现数据，有助于更清晰地反映数据的差异和变化。

（1）选择要创建为图表的单元格区域之后，在"插入"选项卡的"图表"功能组中单击右下角的扩展按钮，弹出"插入图表"对话框。

（2）切换到"所有图表"选项卡，在左侧窗格中可以看到 Excel 2019 提供了丰富的图表类型，在右上窗格中可以看到每种图表类型还包含一种或多种子类型，如图 13-1 所示。

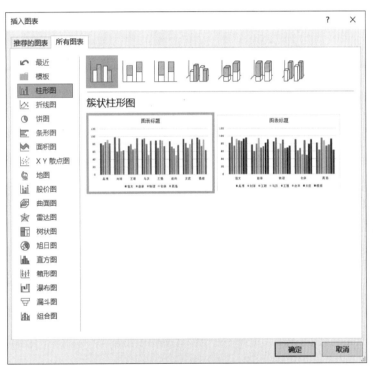

图 13-1 "插入图表"对话框

① 柱形图

柱形图可以分为簇状柱形图、堆积柱形图和三维柱形图。

簇状柱形图通常沿水平轴（即 X 轴）组织类别，沿垂直轴（即 Y 轴）组织数值，可以显示一段时间内数据的变化，或者描述各项数据之间的差异；堆积柱形图用于显示各项与整体的关系；三维柱形图可以沿两条坐标轴对数据点进行比较。

② 折线图

折线图以等间隔显示数据的变化趋势，类别数据沿水平轴均匀分布，数值数据沿垂直轴均匀分布，此种图形常用于显示在相等时间间隔下数据的发展趋势。

③ 饼图

饼图以圆心角不同的扇形显示某一数据系列中每一项数值与总和的比例关系，常用于突出显示部分与整体的关系。

④ 条形图

在条形图中，类别数据显示在垂直轴上，而数值显示在水平轴上，可以突出数值的比较，而淡化随时间的变化。

⑤ 面积图

面积图用于强调幅度随时间的变化量，而不是时间和变化率。通常，类别数据显示在水平轴上，数值数据显示在垂直轴上。

⑥ XY 散点图

散点图多用于科学数据，按不等间距显示和比较数值。

⑦ 地图

地图是 Excel 2019 新增的一种图表类型，通过在地图上以深浅不同的颜色标识地理位置，实现跨地理区域分析和对比数据。

提示： 创建新地图或将数据附加到现有地图需要联网，以连接到必应地图服务。Excel 2019 默认显示世界地图，可以通过设置数据系列格式中的地图区域调整要显示的地图范围。

⑧ 股价图

股价图常用于描述股票价格走势。在生成这种图表时，必须以与图表类型相同的顺序组织数据，例如"成交量—开盘—盘高—盘低—收盘图"。

⑨ 曲面图

曲面图使用颜色和图案指示在同一个取值范围内的区域，与拓扑图形类似，常用于寻找两组数据之间的最佳组合。

⑩ 雷达图

雷达图中的每个分类都拥有自己的数值坐标轴，这些坐标轴由中点向外辐射，并由折线将同一系列中的值连接起来，以反映数据相对于中心点和其他数据点的变化情况。此种图形常用于比较若干数据系列的总和值。

⑪ 树状图

树状图按数值的大小比例进行划分，而且每个方格填充不同的色彩。

⑫ 旭日图

旭日图中的圆环代表同一级别的比例数据，离原点越近的圆环级别越高，此种图形可以清晰表达层级和归属关系，便于进行溯源分析，了解事物的构成情况。旭日图中从原点放射出去的"射线"用于展示不同级别数据之间的脉络关系。

⑬ 直方图

直方图使用方块（称为"箱"）展示各个数据区间内的数据分布情况，常用于分析数据分布比重和分布频率。

⑭ 箱形图

箱形图是一种查看数据分布的有效方法，可以同时查看一批数据的最大值、3/4 四分值、1/2 四分值、1/4 四分值、最小值和离散值。

⑮ 瀑布图

瀑布图采用绝对值与相对值相结合的方式，展示多个特定数值之间的数量变化关系，适用于分析财务数据。

⑯ 漏斗图

漏斗图也称倒三角图，是 Excel 2019 新增的一种图表类型，适用于对比显示流程中多个阶段的值。

注意   在创建漏斗图之前，应该先降序排列数据。

⑰ 组合图

使用组合图可以在同一个图表中以多种不同的图表方式表现不同的数据系列。

13.1.2　图表的组成

第 6 章已简要介绍在 Word 中创建图表的操作，由于图表在 Excel 中的应用比较广泛，本节将进一步介绍图表的组成元素，以便读者对图表有更深入的了解。

- ❖ 图表区：整个图表及其包含的元素。
- ❖ 绘图区：以坐标轴为界并包含全部数据系列的区域。
- ❖ 网格线：是坐标轴上刻度线的延伸线条，标示坐标轴上的主要间距，以便于查看数据。
- ❖ 数据标志：图表中的条形、面积、圆点、扇面或其他符号，代表源于数据表单元格的单个数据点或值，例如图 13-2 中不同颜色、大小的条形。
- ❖ 数据系列：具有相同样式的数据标志代表一个数据系列，是源自数据表的行或列的相关数据点。图表中的每个数据系列具有唯一的颜色或图案，并且在图表的图例中表示。例如，图 13-2 中的图表有三个数据系列，名称分别为"系列 1""系列 2""系列 3"。
- ❖ 数据标签：用以标示数据标志的具体值。
- ❖ 分类名称：通常将工作表数据中的行或列标题作为分类名称。例如，在图 13-2 所示的图表中，"类别 1""类别 2""类别 3""类别 4"为分类名称。
- ❖ 图例：用于标识数据系列或分类的图案或颜色。

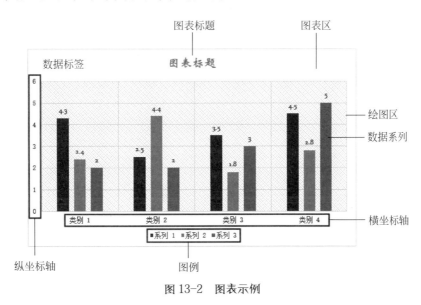

图 13-2　图表示例

13.2　创建与编辑图表

在 Excel 中，使用"插入"选项卡中如图 13-3 所示的图表工具栏可以很方便地创建各种图表。

图 13-3　图表工具栏

13.2.1 创建图表

（1）选定要创建为图表的单元格区域。例如选择图 13-4 所示工作表中的数据区域 A2：F10。

（2）选择图表类型。将鼠标指针移到图表工具栏中某一种图表类型上时，工作表中将显示该类型的图表预览。单击一个图表按钮，在弹出的下拉列表框中选择图表类型，如图 13-5 所示。

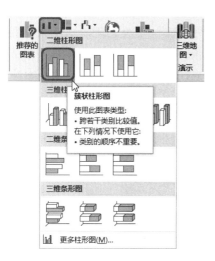

	A	B	C	D	E	F
1	某班期末考试成绩统计表					
2	姓名	语文	数学	物理	化学	英语
3	吴用	82	78	85	91	82
4	刘洋	98	60	95	62	64
5	王朝	75	80	66	68	95
6	马汉	92	94	80	51	88
7	王强	89	69	90	89	74
8	赵四	87	73	68	50	77
9	文武	93	82	69	79	92
10	程绪	96	91	74	91	63

图 13-4　示例工作表

图 13-5　选择图表类型

如果不知道选择什么类型的图表，可以单击"推荐的图表"按钮，在弹出的对话框中选择需要的类型。

如果希望以更直观的方式显示图表类型，可单击"图表"功能组右下角的扩展按钮，打开"插入图表"对话框进行选择。例如，创建的簇状柱形图如图 13-6 所示。

如果要更改图表的类型，可以右击图表区，在弹出的快捷菜单中选择"更改图表类型"命令，在打开的"更改图表类型"对话框中选择需要的图表类型。

提示：　　选定要创建为图表的数据区域后，按 F11 键，可在工作簿中插入一个名为 Chart1 的图表工作表，并创建一个默认的柱形图。

将鼠标指针悬停在某个数据标志上，显示该数据标志所属的数据系列、代表的数据点及对应的值，如图 13-7 所示。

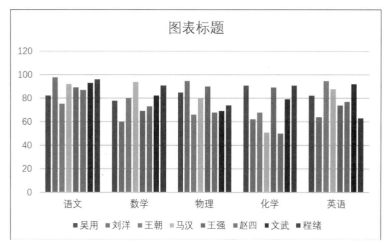

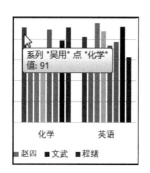

图 13-6　使用图表工具栏创建的图表

图 13-7　显示数据标志的值及有关信息

创建的图表与图形对象一样，可以将其移动位置、改变大小，具体操作方法与图形的操作方法类似，本节不再介绍。

移动图表到其他工作表

Excel 提供了移动图表的功能，不仅可以在同一个工作表中调整图表的位置，还可以将图表移动到其他工作表中。

（1）单击图表边框选中图表，在图表区右击，在弹出的快捷菜单中选择"移动图表"命令。

（2）在弹出的"移动图表"对话框中选择"新工作表"单选按钮，如图 13-8 所示。

图 13-8 "移动图表"对话框

（3）单击"确定"按钮关闭对话框。

Excel 将自动新建一个指定名称的工作表（例如 Chart1），并将图表移动到此工作表中。

13.2.2 修改图表数据

创建图表后，用户可以随时根据需要添加、更改和删除图表关联的数据。

（1）单击图表边框选中图表，然后右击，在弹出的快捷菜单中选择"选择数据"命令，弹出如图 13-9 所示的"选择数据源"对话框。

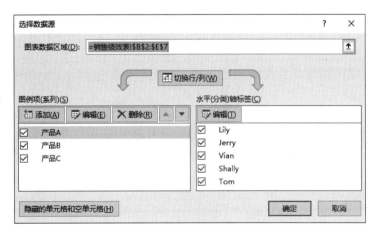

图 13-9 "选择数据源"对话框

（2）在"图例项（系列）"列表框中选中要删除的数据系列（例如"产品 C"），然后单击"删除"按钮，即可在图表中删除指定的数据系列，如图 13-10 所示。

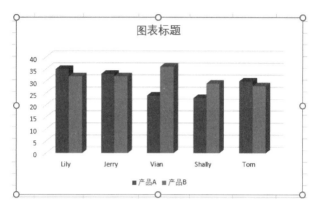

图 13-10　删除一个数据系列后的效果

接下来在图表中添加一个数据系列。

（3）单击"图例项（系列）"列表框中的"添加"按钮,弹出"编辑数据系列"对话框。单击"系列名称"文本框右侧的"选择"按钮⬆️,在工作表中单击数据系列名称所在的单元格,然后单击文本框右侧的"还原"按钮⬇️；单击"系列值"文本框右侧的"选择"按钮,在工作表中选择数据系列所在的单元格区域,如图 13-11 所示。

（4）单击"确定"按钮,此时,"选择数据源"对话框的"图例项（系列）"列表框中将显示添加的数据系列,如图 13-12 所示。

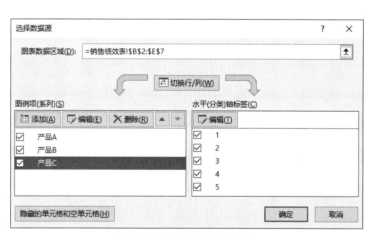

图 13-11　"编辑数据系列"对话框

图 13-12　添加的数据系列

从图 13-12 可以看到,添加的数据系列的水平（分类）轴标签默认以序号标识。接下来编辑水平（分类）轴标签。

（5）单击"水平（分类）轴标签"列表框中的"编辑"按钮,在弹出的"轴标签"对话框中单击"选择"按钮⬆️,然后在工作表中选择分类名称所在的单元格区域,如图 13-13 所示。

（6）单击"确定"按钮返回"选择数据源"对话框。可以看到水平轴标签已修改为指定的分类名称,如图 13-14 所示。

图 13-13　"轴标签"对话框

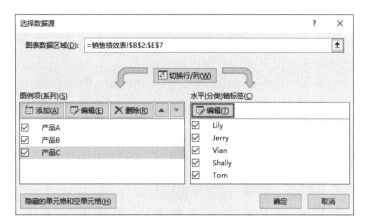

图 13-14　"选择数据源"对话框

（7）单击"确定"按钮关闭对话框。

粘贴数据到图表

在图表中添加数据还有一种更简便的方法，即复制工作表中的数据并粘贴到图表之中。具体操作如下。

（1）选择含有要添加到图表中的数据的单元格区域，单击快速访问工具栏中的"复制"按钮。

（2）选中要添加数据的图表，单击快速访问工具栏中的"粘贴"按钮。

执行以上操作后，Excel 自动将数据粘贴到图表中。如果要自定义数据的添加方式，可在"开始"选项卡中选择"选择性粘贴"命令，在弹出的如图 13-15 所示的对话框中选择所需的选项。

图 13-15　"选择性粘贴"对话框

13.2.3　添加数据标签

利用数据标签可以很直观地查看数据标志的具体值。默认情况下，图表不显示数据标签。

（1）单击要添加数据标签的数据系列中的一个数据标志，然后单击图表右上角的"图表元素"按钮，显示"图表元素"列表，如图 13-16 所示。

如果要在所有数据系列上都添加数据标签，则选中图表。

（2）选中"数据标签"复选框，图表中所有的数据系列上都将显示数据标签，如图 13-17 所示。

图 13-16　图表元素列表

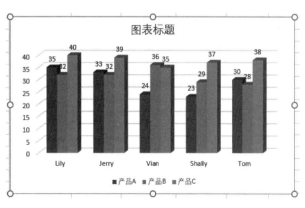

图 13-17　显示数据标签

如果单击"数据标签"右侧的级联菜单，选择"数据标注"命令，则在指定数据系列上显示标注，如图 13-18 所示。

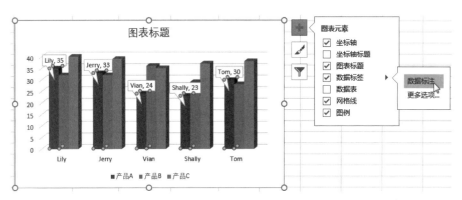

图 13-18　显示数据标注

13.2.4　格式化图表

选中图表后，图表右上角显示如图 13-19 所示的三个功能图标，分别为图表元素、图表样式和图表筛选器。利用"图表元素"按钮和"图表样式"按钮，可以很便捷地格式化图表元素。

（1）选中要格式化的图表元素或图表，单击图表右上角的"图表元素"按钮，打开图表元素列表。

（2）选中要显示在图表中的元素左侧的复选框，然后将鼠标指针移到右侧的级联菜单中，在如图 13-20 所示的级联菜单中单击"更多选项"命令。

（3）在如图 13-21 所示的设置面板中可以修改指定图表元素的各种选项。

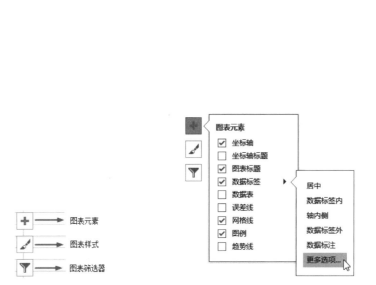

图 13-19　图表右侧的功能图标　　图 13-20　"数据标签"级联菜单　　图 13-21 "设置数据标签格式"面板

双击要格式化的图表元素，或在图表元素上右击，在弹出的快捷菜单中选择相应的命令，也可以打开对应的设置界面。例如，在图例上右击，然后在弹出的快捷菜单中选择"设置图例格式"命令，将打开"设置图例格式"面板。

（4）单击图表右上角的"图表样式"按钮,在如图 13-22 所示的下拉列表框中可以快速套用图表样式,修改图表的配色方案。

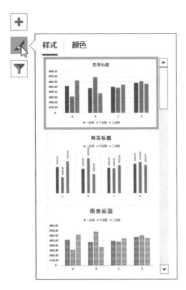

图 13-22 "图表样式"列表

当然,用户也可以选中图表后,利用"图表工具"选项卡设置图表的样式外观。

上机练习——制作工作任务分配图表

本节练习使用图表直观地展示某项任务的完成情况,方便各负责人了解任务的进度。通过对操作步骤的详细讲解,读者可以掌握创建图表,并对图表进行美化的操作方法。

13-1 上机练习——制作
工作任务分配图表

首先选中要创建图表的单元格区域创建柱形图,并使用"图表元素"按钮添加数据标签;然后选中图表元素,在对应的设置面板中修改图表元素的显示外观;最后修改图表标题的样式。最终效果如图 13-23 所示。

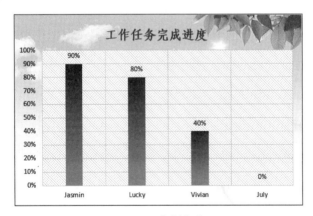

图 13-23 工作任务分配图

操作步骤

（1）新建一个名为"任务分配表"的工作表,在工作表中输入数据后,对工作表进行格式设置,如图 13-24 所示。

（2）选中要创建图表的C2：D6单元格区域，在"插入"选项卡的"图表"功能组中单击"插入柱形图或条形图"按钮，在弹出的下拉列表框中选择"簇状柱形图"，即可在工作表中插入指定类型的图表，如图13-25所示。

图13-24　创建工作表

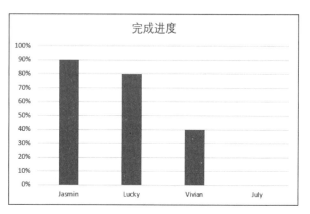

图13-25　插入的簇状柱形图

（3）切换到"图表工具／设计"选项卡，在"图表样式"下拉列表框中选择"样式8"，应用样式的图表效果如图13-26所示。

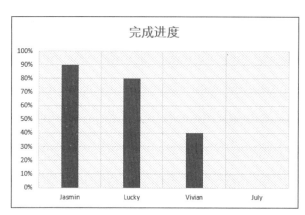

图13-26　应用图表样式

（4）单击图表右侧的"图表元素"按钮，在弹出的元素列表中选中"数据标签"复选框，此时数据系列上显示数据点的值。将鼠标指针移到右侧的级联菜单上，可以设置数据标签显示的位置，如图13-27所示。

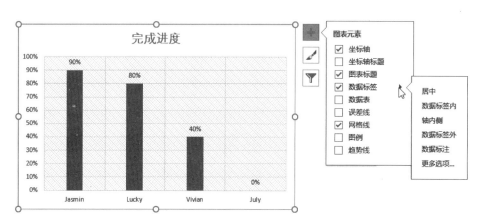

图13-27　添加数据标签

（5）在图表中选中数据系列，然后右击，在弹出的快捷菜单中选择"设置数据系列格式"命令，打开"设置数据系列格式"面板。切换到"填充与线条"选项卡，设置数据系列的填充方式为"渐变填充"，然后设置渐变光圈，如图 13-28 所示。

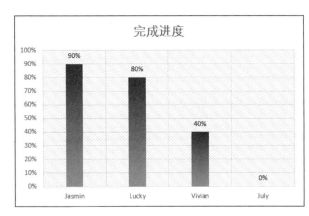

图 13-28　设置数据系列的填充效果

（6）选中纵坐标轴，在"设置坐标轴格式"面板中切换到"文本选项"，然后设置文本的显示颜色为黑色。采用同样的方法，设置横坐标轴文本的显示颜色为黑色，效果如图 13-29 所示。

（7）选中数据标签，在"设置数据标签格式"面板中切换到"文本选项"选项卡，然后设置文本的显示颜色为深蓝色，效果如图 13-30 所示。

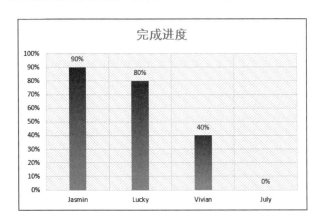
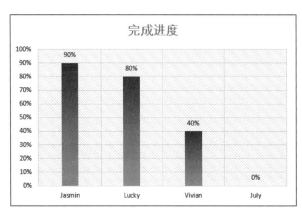

图 13-29　设置坐标轴格式的效果　　　　　图 13-30　设置数据标签格式的效果

（8）单击图表边框选中整个图表，在"设置图表区格式"面板中切换到"图表选项"选项卡，并在"填充"区域设置图表区的填充方式为"图片或纹理填充"。然后单击"插入"按钮，在弹出的对话框中选择需要的背景图像，效果如图 13-31 所示。

（9）选中图表标题，修改标题文本。然后选中标题文本，在弹出的快速格式工具栏中设置字体为"华文仿宋"，字号为 16，颜色为红褐色，最终效果如图 13-23 所示。

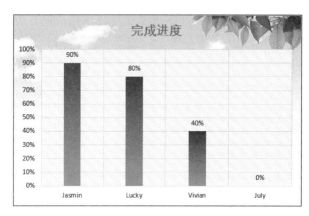

图 13-31　设置图表背景的效果

13.3　使用图表分析数据

在统计一些特殊的数据时，会用到趋势线和误差线。在图表中添加趋势线能够非常直观地对数据的变化趋势进行分析预测。误差线显示潜在的误差或相对于系列中每个数据标志的不确定程度，通常用于统计或科学数据。

13.3.1　添加趋势线

（1）在图表中选中要添加趋势线的数据系列后右击，在弹出的快捷菜单中选择"添加趋势线"命令，打开"设置趋势线格式"面板，如图 13-32 所示。

图 13-32　"设置趋势线格式"面板

注意　三维图表、堆积图表、雷达图、饼图不能添加趋势线。此外，如果更改了图表或数据序列，则原有的趋势线将丢失。

（2）在"趋势线选项"列表中选择一种趋势线类型，图表中即可看到添加的趋势线。

Excel 提供了 6 种类型计算方法和形式各异的趋势线。

❖ **指数**：适合增长或降低速度持续增加，且增加幅度越来越大的数据情况。

❖ **线性**：适合增长或降低的速率比较稳定的数据情况。

❖ **对数**：适合增长或降低幅度一开始比较快，逐渐趋于平缓的数据。

❖ **多项式**：适合增长或降低幅度波动较多的数据。

❖ **乘幂**：适合增长或降低速度持续增加，且增加幅度比较恒定的数据情况。

❖ **移动平均**：在已知的样本中选定一定样本量做数据平均，平滑处理数据中的微小波动，以更清晰地显示趋势。

为便于区分不同数据系列的趋势线，建议为趋势线指定一个有意义的名称。

（3）在"趋势线名称"区域选择"自定义"单选按钮，然后输入趋势线名称。

（4）如果要预测数据变化趋势，应设置预测推进的周期。

（5）如果要评估预测的精度，则选中"显示 R 平方值"复选框。

"显示 R 平方值"选项表示趋势预测采用的公式与数据的配合程度。R 平方值越接近于 1，说明趋势线越精确；R 平方值越接近于 0，说明回归公式越不适合数据。

默认样式的趋势线如果不够醒目，可以修改趋势线的填充和轮廓效果。

（6）单击面板顶部的"填充与线条"按钮 ，在"线条"选项列表中可以修改趋势线的颜色和线型。

例如，"短划线类型"为"实线"，颜色为红色的趋势线效果如图 13-33 所示。

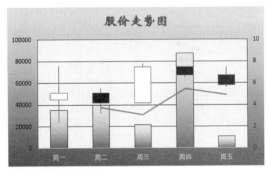

图 13-33　设置趋势线格式的效果

如果要删除趋势线，选中趋势线后按 Delete 键即可。

上机练习——员工学历统计图

　　如果单用数据展示公司员工的学历情况，不仅枯燥，而且很难看出数据的变化，使用图表可以更直观地查看数据。本节练习使用图表展示员工的学历统计表，并添加趋势线预测本科学历的走向。通过对操作步骤的详细讲解，读者应能掌握添加趋势线，并设置趋势线格式的方法。

13-2　上机练习——员工学历统计图

　　首先基于选定区域创建簇状柱形图，并套用内置的图表布局设置布局样式，设置图表区的背景图像；然后添加本科学历的趋势线，设置趋势线名称并显示公式；最后修改趋势线的标签格式，结果如图 13-34 所示。

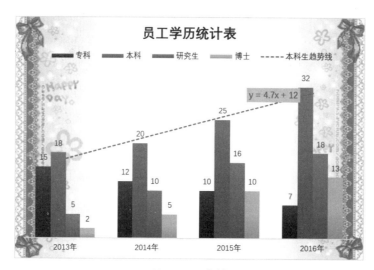

图 13-34　图表效果

操作步骤

（1）创建一个现金流量表，如图 13-35 所示。

（2）选中 A2：E6 单元格区域，在"插入"选项卡的"图表"功能组中单击"插入柱形图或条形图"按钮，在弹出的下拉列表框中选择"簇状柱形图"，即可在工作表中插入指定类型的图表，如图 13-36 所示。

图 13-35　员工学历统计表

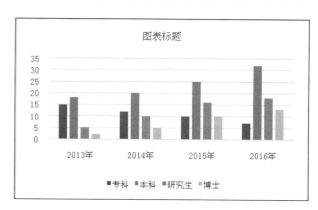

图 13-36　插入的簇状柱形图

（3）选中图表，在"图表工具/设计"选项卡的"图表布局"区域单击"快速布局"按钮，在弹出的下拉列表框中选择第 2 种布局方式。此时的图表如图 13-37 所示。

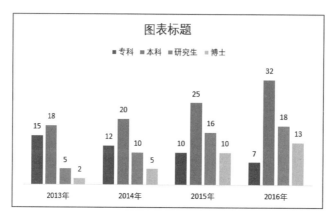

图 13-37　快速布局效果

（4）选中图表标题中的占位文本，输入"员工学历统计表"。然后在"图表工具/格式"选项卡的"形状样式"功能组中单击"形状填充"按钮，在弹出的下拉列表框中选择"图片"命令，并选择需要的图片。此时的图表效果如图 13-38 所示。

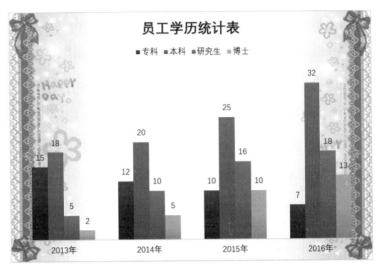

图 13-38　设置图表背景之后的效果

接下来添加趋势线。

（5）在图表中选择"本科"作为要添加趋势线的数据系列，然后在选中的数据系列上右击，在弹出的快捷菜单中选择"添加趋势线"命令，即可在图表上添加一条趋势线，如图 13-39 所示，并打开"设置趋势线格式"面板。

（6）在"趋势线选项"选项卡中，在"趋势线名称"区域选择"自定义"单选按钮，然后在文本框中输入"本科生趋势线"，如图 13-40 所示。

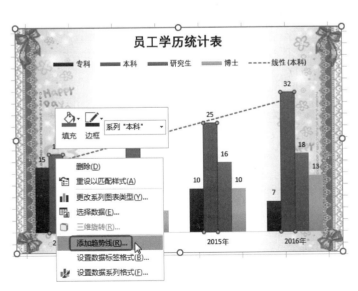

图 13-39　添加趋势线

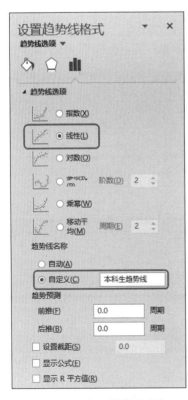

图 13-40　设置趋势线名称

（7）在"趋势预测"选项区中选中"显示公式"复选框，可以在趋势线上显示公式，如图 13-41 所示。

（8）选中显示的公式后右击，在弹出的快捷菜单中选择"设置趋势线标签格式"命令，打开"设置趋势线标签格式"对话框。设置填充方式为"纯色填充"，颜色为浅橙色，如图 13-42 所示。

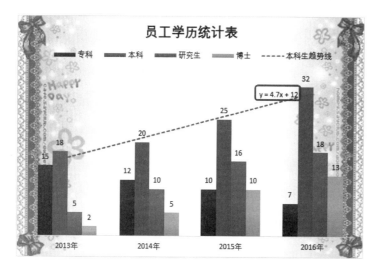

图 13-41　显示公式

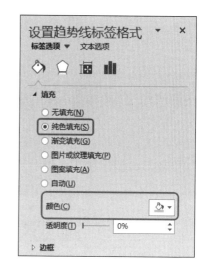

图 13-42　设置趋势线标签的填充格式

（9）在"开始"选项卡的"字体"区域，设置字号为 10，颜色为红色，此时的图表效果如图 13-34 所示。

13.3.2　添加误差线

误差线是标示数据系列中每一个数据点与实际值之间偏差的图形线条，通常用于统计或科学数据。

（1）在图表中单击要添加误差线的数据系列。

（2）单击图表右侧的"图表元素"按钮，在弹出的图表元素列表中选中"误差线"复选框，然后单击右侧的级联按钮，在弹出的下拉菜单中选择"更多选项"命令，打开"设置误差线格式"面板，如图 13-43 所示。

此时，在图表中可以看到添加的标准误差线，如图 13-44 所示。

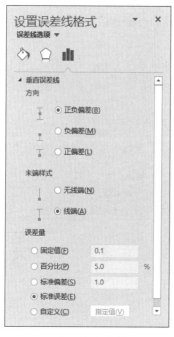

图 13-43　"设置误差线格式"面板

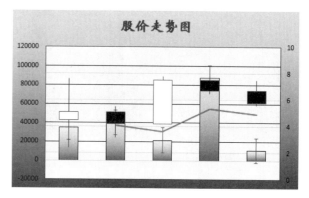

图 13-44　添加误差线

如果默认样式的误差线不够醒目，可以修改误差线的外观格式。

（3）单击面板顶部的"填充与线条"按钮，在"线条"选项列表中设置误差线的颜色和宽度。

如果要删除图表中的误差线，选中误差线后按 Delete 键即可。

13.4 使用数据透视表查看数据

数据透视表是一种对 Excel 表格中的各字段进行快速分类汇总的分析工具，结合了分类汇总和合并计算的优点，能灵活地以多种不同方式展示数据。

13.4.1 数据源的要求

要创建数据透视表，首先要有为数据透视表提供数据的数据源，即 Excel 数据表。数据透视表的数据源应符合以下几条规则。

- ❖ 工作表的各列都必须有列标题。Excel 将把列标题作为"字段"名使用。
- ❖ 用于创建透视表的数据区域内不应有空行或空列。
- ❖ 每列应仅包含一种类型的数据。
- ❖ 如果数据表中包含使用"分类汇总"命令，创建后会自动分类汇总和总计，在创建报表之前应删除。

13.4.2 数据透视表常用术语

一个简单的数据透视表如图 13-45 所示。

在创建数据透视表之前，读者有必要了解一些数据透视表中的常用术语。

- ❖ 行字段：指定为行方向的字段名称，如图 13-45 中的"22U7""22U7（白）"等。
- ❖ 列字段：指定为列方向的字段名称。如图 13-45 中的"12 月 16 日"。
- ❖ 页字段：用于对整个数据透视表进行筛选的字段，如图 13-45 中的"客户名称"。
- ❖ 数据字段：显示要汇总的数据值，如图 13-45 中的"求和项：订单数量"。

13.4.3 生成数据透视表

（1）选中要创建数据透视表的单元格区域，单击"插入"选项卡"表格"功能组中的"数据透视表"按钮，弹出如图 13-46 所示的"创建数据透视表"对话框。

图 13-45 数据透视表示例

图 13-46 "创建数据透视表"对话框

（2）选择创建数据透视表的数据来源。Excel 自动填充选定的单元格区域，单击"表 / 区域"右侧的"选择"按钮，可以在工作表中修改单元格区域。

（3）选择放置数据透视表的位置。

选择"新工作表"单选按钮，将自动新建一个工作表放置数据透视表；选择"现有工作表"单选按钮，则在当前工作表中插入数据透视表。

（4）单击"确定"按钮，即可自 A3 单元格开始创建一个空白的数据透视表，并在工作表右侧显示"数据透视表字段"面板，如图 13-47 所示。

图 13-47　创建空白数据透视表

（5）设置数据透视表布局。根据实际需要，在"数据透视表字段"面板中将需要的字段分别拖放到"行""列""值"和"筛选"框中，工作表中将自动显示对应的数据透视表布局，如图 13-48 所示，可方便地查看各项汇总值。

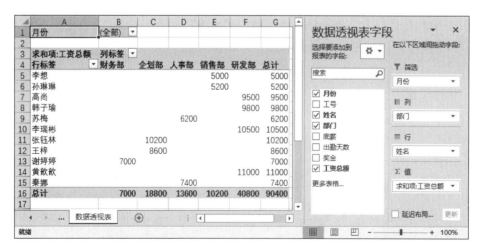

图 13-48　设置数据透视表布局

如果默认的数据透视表布局不符合需要，用户可以重复步骤（5）修改数据透视表。如果已关闭了"数据透视表字段"面板，可以在数据透视表中的任意一个单元格上右击，在弹出的快捷菜单中选择"显示字段列表"命令，再次打开"数据透视表字段"面板。

（6）修改行标签和列标签的名称。双击行标签所在的单元格，单元格内容变为可编辑状态时，输入标签名称；采用同样的方法修改列标签的名称，如图 13-49 所示。

	A	B	C	D	E	F	G
1	月份	(全部)					
2							
3	求和项:工资总额	部门					
4	姓名	财务部	企划部	人事部	销售部	研发部	总计
5	李想				5000		5000
6	孙琳琳				5200		5200
7	高尚					9500	9500
8	韩子瑜					9800	9800
9	苏梅			6200			6200
10	李瑞彬					10500	10500
11	张钰林		10200				10200
12	王梓		8600				8600
13	谢婷婷	7000					7000
14	黄歆歆					11000	11000
15	秦娜			7400			7400
16	总计	7000	18800	13600	10200	40800	90400
17							

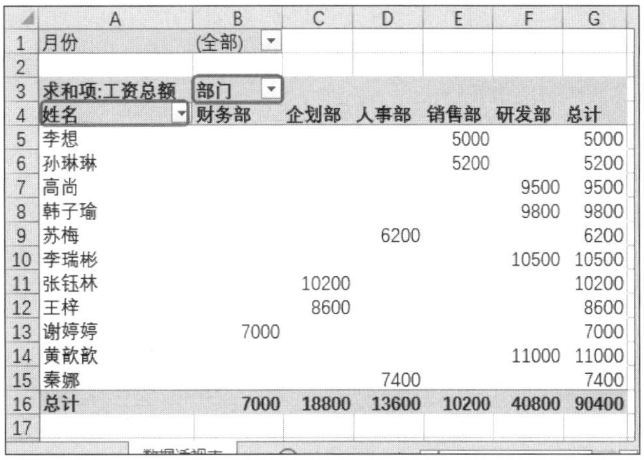

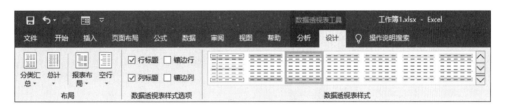

图 13-49　修改行列标签的名称

创建数据透视表之后，可以自动套用表格样式或自定义表格格式进行美化。

（7）选中数据透视表中的任意一个单元格，在如图 13-50 所示的“数据透视表工具 / 设计”选项卡中可以设置数据透视表的布局、选项以及套用格式。

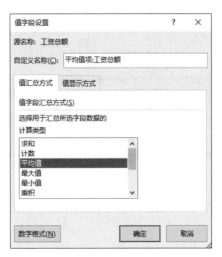

图 13-50　数据透视表的设计工具

套用格式之后，还可以自定义行高、字体、数据格式以及单元格边框等格式。

13.4.4　更改值的汇总方式

数据透视表默认的汇总方式为“求和”，用户可以根据需要修改汇总方式。

（1）选中数据字段所在的 A3 单元格，然后右击，在弹出的快捷菜单中选择“值字段设置”命令，弹出“值字段设置”对话框。在“值汇总方式”选项卡的“计算类型”列表框中选择汇总方式，如图 13-51 所示。

图 13-51　更改汇总方式

（2）单击"确定"按钮，即可更改数据字段的汇总方式，如图 13-52 所示。

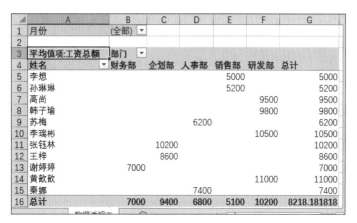

图 13-52　更改汇总方式的效果

13.4.5　使用切片器筛选数据

如果数据透视表中的数据量很大，要看到细微的局部，可能要频繁地切换筛选，效率非常低。利用切片器，这一切问题就会迎刃而解。

切片器是一个功能很强大的可视化的筛选工具。使用切片器后，只需要单击相应的数据就能在数据透视表或者透视图表中筛选数据。切片器其实是数据透视表和数据透视图的拓展，但操作更便捷。

（1）选中要分析的数据透视表中的任意一个单元格，如图 13-53 所示。

图 13-53　数据透视表

> **注意**　切片器只能用于数据透视表。

（2）在"数据透视表工具"的"分析"选项卡中，单击"筛选"功能组中的"插入切片器"按钮，会弹出如图 13-54 所示的"插入切片器"对话框。

（3）在"插入切片器"对话框的字段列表中选择需要展示的数据，也可以同时选中多个字段，从而插入多个切片器。单击"确定"按钮，即可插入切片器。

例如，在图 13-54 中选中"项目"和"第三季度"生成的切片器如图 13-55 所示。

生成切片器之后，菜单功能区将显示如图 13-56 所示的"切片器工具"选项卡，在这里可以设置切片器的样式、排列方式等格式。

（4）单击切片器的边框，然后按下鼠标左键拖动，可以移动切片器的位置。

（5）设置切片标题和项目排序。在切片器上右击，在弹出的快捷菜单中选择"切片器设置"命令，弹出如图 13-57 所示的"切片器设置"对话框。选中"显示页眉"复选框之后，在"标题"文本框中输入要显示在切片器标题栏上的文字。在"项目排序和筛选"区域选择排序方式。设置完毕，单击"确定"按钮关闭对话框。

此时，可以利用切片器进行快速多重筛选，从而对数据进行查看、分析。

图 13-54 "插入切片器"对话框

图 13-55 插入的切片器

图 13-56 "切片器工具"选项卡

（6）单击切片器中的某个项目，即可实时显示对应的数据。例如，在"项目"切片器中单击"销售收入"选项，即可在"第三季度"切片器中看到第三季度的销售收入，其他数据灰显，如图 13-58 所示。

图 13-57 "切片器设置"对话框

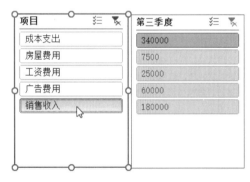

图 13-58 筛选数据

在切片器中筛选数据时，对应的数据透视图和数据透视表也会相应进行更新。

（7）在切片器中选中某个切片器之后，切片器右上角的"删除"按钮 变为可用状态，单击该按钮，即可清除该切片器的筛选。

13.4.6 查看明细数据

数据透视表创建完成后，不仅可以查看分类的汇总项，还可以查看汇总项的明细数据。

执行以下操作之一显示或隐藏明细数据。

（1）将鼠标指针停放在任意数据项（例如 B6）的上方，将显示该项的详细内容，如图 13-59 所示。当数据较多时，此项功能使查看数据更加方便、快捷。

（2）双击要显示明细的数据项（例如 A6），在弹出的如图 13-60 所示的"显示明细数据"对话框中选择要显示的明细数据所在的字段（例如"底薪"），单击"确定"按钮，即可显示指定字段的明细数据，如图 13-61 所示。

图 13-59　查看数据详细信息　　　图 13-60　选择要显示的明细数据所在的字段　　　图 13-61　显示指定的明细数据

此时，在数据项左侧可以看到一个"折叠"按钮 □ 或"展开"按钮 ⊞，单击该按钮，可以隐藏或展开对应数据项的明细数据。

如果要一次折叠或展开活动字段的所有项，可以切换到"数据透视表工具 / 分析"选项卡，单击"活动字段"功能组中的"展开字段"按钮 ⁺≣ 或"折叠字段"按钮 ⁻≣。

13.4.7　显示报表筛选页

除了可以在数据透视表中显示或隐藏明细数据，还可以分页显示报表筛选页。

（1）选中数据透视表中的任意单元格，单击"数据透视表工具 / 分析"选项卡中的"数据透视表"按钮，在弹出的菜单中单击"选项"→"显示报表筛选页"命令，如图 13-62 所示。

（2）系统弹出如图 13-63 所示的"显示报表筛选页"对话框，在"选定要显示的报表筛选页字段"列表框中选择要显示的筛选页使用的字段。

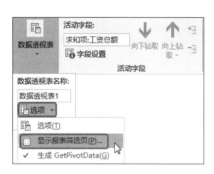

图 13-62　选择"显示报表筛选页"命令　　　图 13-63　"显示报表筛选页"对话框

（3）单击"确定"按钮，在数据透视表所在工作表的前面将自动插入多个工作表。工作表的具体数目取决于筛选字段包含的项数，并且每个工作表都是以页字段包含的项目命名，如图 13-64 所示。

（4）切换到一个以数据项命名的工作表（例如，"24"工作表），即可查看对应的数据透视表，如图 13-65 所示。

图 13-64　生成的筛选页　　　图 13-65　"24"工作表

上机练习——使用数据透视表查看销售明细数据

练习目标

　　本节练习创建数据透视表，并按筛选字段分页显示明细数据。通过对操作步骤的讲解，读者可掌握创建数据透视表、修改透视表布局、编辑透视表的行列标签，以及分页显示筛选数据和相关明细数据的方法。

13-3　上机练习——使用数据透视表查看销售明细数据

设计思路

　　首先创建数据透视表，并套用样式美化数据透视表，如图 13-66 所示；然后修改数据透视表的行列标签、使用数据透视表筛选数据；最后生成报表筛选页，分页显示筛选结果，并查看明细数据。

	A	B	C	D	E
2	销售员	(全部) ▼			
4	求和项:总额	产品 ▼			
5	编号 ▼	A	B	C	总计
6	1	110,000			110,000
7	2		30,000		30,000
8	3			70,000	70,000
9	4		54,000		54,000
10	5		23,000		23,000
11	6			24,600	24,600
12	7	81,000			81,000
13	8	90,000			90,000
14	9			126,000	126,000
15	10		267,000		267,000
16	总计	281,000	374,000	220,600	875,600

图 13-66　数据透视表

操作步骤

　　（1）打开已编制的"销售分析表"，如图 13-67 所示。在"插入"选项卡的"表格"功能组中单击"数据透视表"按钮，弹出"创建数据透视表"对话框。

	A	B	C	D	E	F
1			销售分析表			
2	编号	产品	销售员	单价	数量	总额
3	1	A	Jessy	¥5,500	20	¥110,000
4	2	B	Lora	¥1,500	20	¥30,000
5	3	C	Jessy	¥2,000	35	¥70,000
6	4	B	Jessy	¥1,200	45	¥54,000
7	5	B	Tom	¥2,300	10	¥23,000
8	6	C	Lora	¥12,300	2	¥24,600
9	7	A	Alex	¥4,500	18	¥81,000
10	8	A	Tom	¥1,800	50	¥90,000
11	9	C	Alex	¥4,500	28	¥126,000
12	10	B	Alex	¥3,000	89	¥267,000

图 13-67　销售分析表

　　（2）单击"表/区域"文本框右侧的"选择"按钮，在工作表中选择数据区域 A2：F12，单击按钮还原对话框。选择放置数据透视表的位置为"新工作表"，如图 13-68 所示。

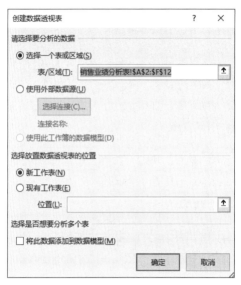

图 13-68 "创建数据透视表"对话框

（3）单击"确定"按钮，Excel 新建一个工作表，显示空白的数据透视表，并且在编辑窗口右侧显示"数据透视表字段"面板，如图 13-69 所示。

默认情况下，字段节和区域节层叠显示，为便于操作，可以修改字段面板的布局。例如，单击"数据透视表字段"面板右上角的"面板选项"按钮 ，在弹出的下拉列表框中选择"字段节和区域节并排"选项，如图 13-70 所示。此时，"数据透视表字段"面板中字段节与区域节将并排显示，如图 13-69 所示。

图 13-69 插入数据透视表

图 13-70 设置面板布局方式

本例希望能方便地查看各个销售员的销售产品及业绩，因此可以将"销售员"作为筛选字段，在行或列显示各种产品的销售情况，并汇总销售总额。

（4）在"选择要添加到报表的字段"列表中选中"销售员"复选框，将其拖放到"筛选"区域；将"产品"拖放到"列"区域；将"编号"拖放到"行"区域；将"总额"拖放到"值"区域。此时数据透视表将相应地自动更新，如图 13-71 所示。

数据透视表中的金额数值默认以"常规"格式显示，不便于查看。接下来修改数值格式。

（5）选中 B5：E15 单元格区域，在"开始"选项卡"数字"功能组中单击"数字格式"下拉按钮，在弹出的下拉菜单中选择"其他数字格式"命令，打开"设置单元格格式"对话框的"数字"选项卡。在"分类"列表框中选择"货币"，然后在右侧窗格中设置小数位数为 0，无货币符号，如图 13-72 所示。

图 13-71　设置透视表的布局

图 13-72　设置数字格式

（6）单击"确定"按钮关闭对话框，此时的数据透视表如图 13-73 所示。

	A	B	C	D	E
1	销售员	(全部)			
2					
3	求和项:总额	列标签			
4	行标签	A	B	C	总计
5	1	110,000			110,000
6	2		30,000		30,000
7	3			70,000	70,000
8	4		54,000		54,000
9	5		23,000		23,000
10	6			24,600	24,600
11	7	81,000			81,000
12	8	90,000			90,000
13	9			126,000	126,000
14	10		267,000		267,000
15	总计	281,000	374,000	220,600	875,600

图 13-73　设置数字格式的效果

（7）单击 B1 单元格中的下拉按钮，在弹出的下拉列表框中可以选择要查看的销售员名称，如图 13-74 所示。

（8）单击"确定"按钮，B1 单元格显示要筛选的销售员名称，数据透视表中显示指定销售员销售的产品及总额，如图 13-75 所示。

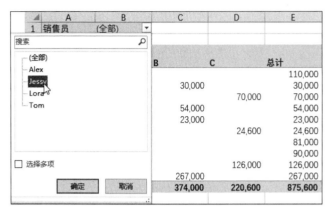

图 13-74　筛选销售员

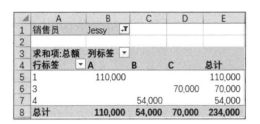

图 13-75　筛选指定销售员的销售情况

（9）如果要同时查看多个销售员的业绩，可以单击 B1 单元格中的下拉按钮，在弹出的下拉列表框中选中"选择多项"复选框，然后选中要筛选的销售员名称左侧的复选框，如图 13-76 所示。

（10）单击"确定"按钮，B1 单元格显示"（多项）"，数据透视表中显示指定销售员销售的产品及总额，如图 13-77 所示。

图 13-76　选择多项

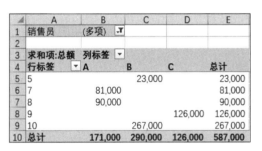

图 13-77　筛选多项的结果

（11）取消筛选数据。单击数据透视表 B1 单元格右侧的下拉按钮，在弹出的下拉列表框中选中"全部"选项，然后单击"确定"按钮，查看所有数据。

对数据透视表可以像普通工作表一样套用表格和单元格样式，也可以自定义样式进行美化。

（12）选中数据透视表中的任意一个单元格，切换到"数据透视表工具 / 设计"选项卡，在"数据透视表样式"下拉列表框中单击需要的样式即可套用，效果如图 13-78 所示。

数据透视表默认的行标签和列标签不便于识别与阅读，因此接下来修改标签名称。

（13）双击行标签所在的单元格进入单元格编辑状态，修改行标签为"编号"；采用同样的方法修改列标签为"产品"，如图 13-79 所示。

接下来生成报表筛选页分页查看明细数据。

（14）选择数据透视表中的任意一个单元格，在"数据透视表工具 / 分析"选项卡的"数据透视表"功能组中单击"选项"按钮，在弹出的下拉菜单中选择"显示报表筛选页"命令，如图 13-80 所示。

图 13-78　套用数据透视表样式的效果

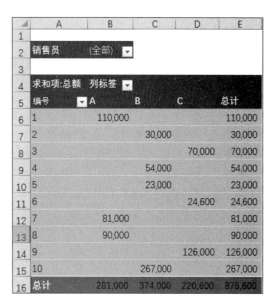

图 13-79　修改行列标签

（15）在弹出的"显示报表筛选页"对话框的"选定要显示的报表筛选页字段"列表框中，选择"销售员"，如图 13-81 所示。

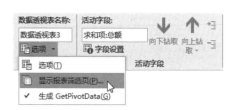

图 13-80　选择"显示报表筛选页"命令

图 13-81　选择要显示的报表筛选页字段

（16）单击"确定"按钮，Excel 工作表中将依据销售员人数自动插入相应数量的工作表，并分别以销售员名称命名，如图 13-82 所示。

使用分页显示可以很方便地查看某个单元格中的数据由哪些详细数据汇总而来。

（17）在 Alex 工作表中双击 E8 单元格，将自动插入一个工作表，显示该单元格的详细数据，如图 13-83 所示。

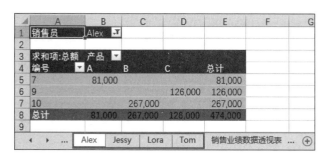

图 13-82　生成报表筛选页

图 13-83　查看详细数据

13.4.8　删除数据透视表

使用数据透视表查看、分析数据时，可以根据需要删除数据透视表中的某些字段。如果不再使用数据透视表，可以删除整个数据透视表。

（1）在数据透视表中的任一单元格中右击，在弹出的快捷菜单中选择"显示字段列表"命令，打开"数据透视表字段"面板。

（2）执行以下操作之一可删除指定的字段。

❖ 在透视表字段列表中取消选中要删除的字段前面的复选框，如图 13-84 所示。

❖ 在"数据透视表字段"面板底部的区域选中要删除的字段标签，然后右击，在弹出的快捷菜单中选择"删除字段"命令，如图 13-85 所示。

图 13-84　取消选中字段

图 13-85　选择"删除字段"命令

如果要删除整个数据透视表，可选中数据透视表中的任一单元格，然后在"数据透视表工具 / 分析"选项卡的"操作"功能组中单击"清除"按钮，在弹出的下拉菜单中选择"全部清除"命令。

注意　删除数据透视表之后，与之关联的数据透视图将被冻结，不可再对其进行更改。

13.5　使用数据透视图展示数据

数据透视图是数据透视表与图表的结合，以图像的形式表示数据透视表中的数据。它不仅保留了数据透视表的方便和灵活的特点，而且能像常规图表一样，以一种更形象、更易于理解的方式展示数据之间的关系。

13.5.1　利用数据源创建数据透视图

（1）创建空白数据透视图。选中数据表中的任意一个单元格，在"插入"选项卡的"图表"功能组中单击"数据透视图"按钮，弹出如图 13-86 所示的"创建数据透视图"对话框，Excel 默认选中整个数据表区域。单击"表 / 区域"右侧的"选择"按钮，在数据表中选择数据透视图的数据源。

图 13-86 "创建数据透视图"对话框

（2）选择放置透视图的位置。在"选择放置数据透视图的位置"区域选择"新工作表"单选按钮，然后单击"确定"按钮，即可创建一个空白的数据透视表和一个空白的数据透视图，且在菜单功能区显示"数据透视图工具"选项卡，工作区右侧展开"数据透视图字段"面板，如图 13-87 所示。

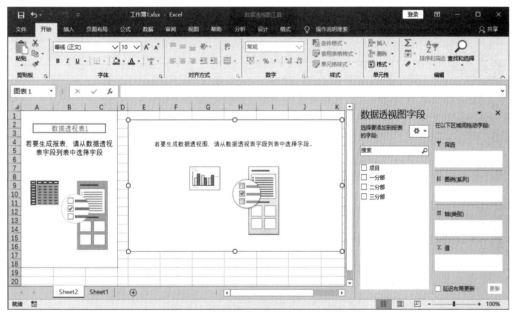

图 13-87 创建空白数据透视表和透视图

（3）设置数据透视图的显示字段。在"数据透视图字段"面板中将需要的字段分别拖放到各个区域，数据透视表和透视图将相应地自动更新，如图 13-88 所示。

从图 13-88 中可以看出，数据透视图有一个相关联的数据透视表。两个报表中的字段相互对应。如果更改了某一报表的某个字段位置，则另一报表中的相应字段位置也会改变。

数据透视图除了具有常规图表的系列、分类、数据标志和坐标轴以外，还包含数据透视表的元素，如页字段、数据字段、系列字段和分类字段等。

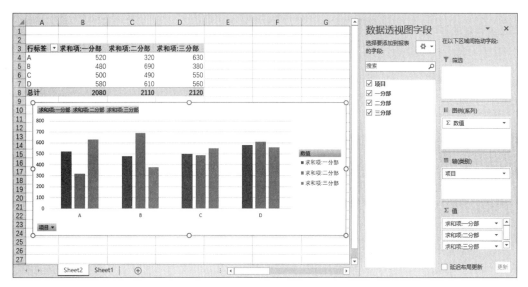

图 13-88　设置数据透视图布局

13.5.2　基于透视表创建数据透视图

如果已基于数据源创建了数据透视表，可以直接使用已有的数据透视表创建数据透视图。

（1）打开已创建的数据透视表，如图 13-89 所示。

> **注意**　通过数据透视表创建数据透视图时，要确保数据透视表至少有一个行字段可作为数据透视图的分类字段，有一个列字段可作为透视图的系列字段。如果数据透视表为缩进格式，那么在创建图表前，至少要将一个字段移到列区域。

（2）选中数据透视表中的任意一个单元格，单击"数据透视表工具／分析"选项卡"工具"功能组中的"数据透视图"按钮，弹出"插入图表"对话框。

（3）选择图表类型。在"所有图表"选项卡左侧窗格的分类列表中选择需要的图表类型，然后在对话框右上窗格选择图表形式。单击"确定"按钮，即可在当前工作表中插入数据透视图，如图 13-90 所示。

行标签	求和项:医疗费用	求和项:报销金额
李想	¥1,500.00	¥1,050.00
白雪	¥200.00	¥160.00
黄岘	¥150.00	¥120.00
陆谦	¥250.00	¥200.00
苏攸攸	¥320.00	¥256.00
王荣	¥900.00	¥675.00
肖雅娟	¥1,400.00	¥980.00
谢小磊	¥330.00	¥264.00
徐小旭	¥380.00	¥304.00
杨小茉	¥550.00	¥440.00
张晴晴	¥800.00	¥600.00
赵峥嵘	¥180.00	¥144.00
总计	¥6,960.00	¥5,193.00

图 13-89　数据透视表

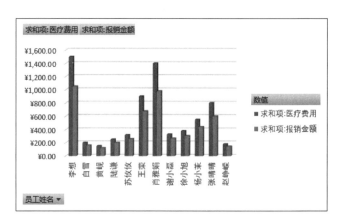

图 13-90　插入数据透视图

通过数据透视表创建数据透视图时，数据透视图的最初布局（即：字段的位置）由数据透视表的布局决定。修改数据透视表的布局，数据透视图的布局也随之变化。

13.5.3 在数据透视图中筛选数据

数据透视图与普通图表最大的区别是：在数据透视图上可以通过单击图表上的字段名称下拉按钮，选择需要在图表上显示的数据项，从而筛选数据。

（1）在数据透视图上单击要筛选的字段名称，在弹出的下拉列表框中取消选中"全选"复选框，然后选择要筛选的内容，如图13-91所示。

（2）单击"确定"按钮，筛选的字段名称右侧显示筛选图标，数据透视图中仅显示指定内容的相关信息，数据透视表也随之更新，如图13-92所示。

图13-91 筛选项目A

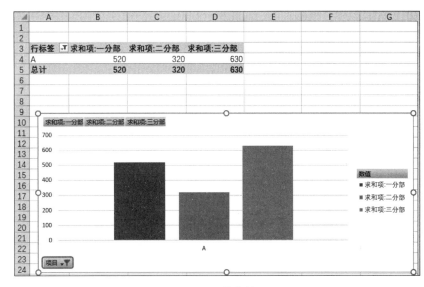

图13-92 筛选结果

如果要取消筛选，单击要清除筛选的字段下拉按钮，在弹出的下拉列表框中选中"全选"复选框，然后单击"确定"按钮。

上机练习——使用数据透视图分析销售业绩

本节练习基于数据透视表创建数据透视图，以快速查看、比对销售员的业绩。通过对操作步骤的详细讲解，读者应能掌握创建、编辑数据透视图的操作，以及使用数据透视图筛选数据的方法，并进一步掌握图表的美化方法。

13-4 上机练习——使用数据透视图分析销售业绩

首先基于数据透视表创建数据透视图，然后美化图表，最后按销售员、编号和产品筛选数据，结果如图13-93所示。

操作步骤

（1）打开创建的"销售业绩数据透视表"，选中数据透视表中的任意一个单元格，在"插入"选项卡"图表"功能组中单击"数据透视图"按钮，弹出"插入图表"对话框。

（2）在"所有图表"分类中选择"柱形图"，然后在右侧的分类中选择"三维簇状柱形图"，单击"确定"按钮，即可在工作表中插入数据透视图，如图13-94所示。

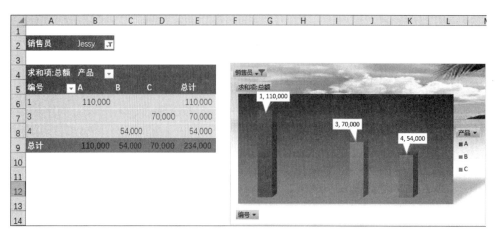

图 13-93　查看指定销售员的业绩

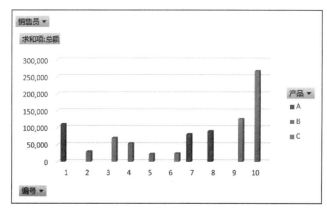

图 13-94　插入数据透视图

（3）选中图表，然后单击图表右上角的"图表元素"按钮，在弹出的图表元素列表中取消选中"坐标轴"复选框和"网格线"复选框，如图 13-95 所示。

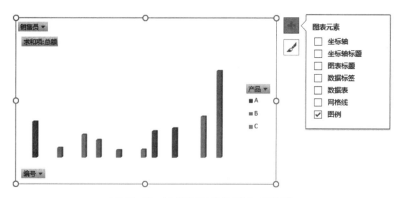

图 13-95　取消显示坐标轴和网格线

（4）再次单击图表右上角的"图表元素"按钮，在弹出的图表元素列表中选中"数据标签"复选框，然后在级联菜单中选择"数据标注"命令，如图 13-96 所示。

（5）双击数据透视图边框打开"设置图表区格式"面板，切换到"文本选项"选项卡，在"文本填充"区域设置图表中的文本显示颜色为黑色，如图 13-97 所示。

（6）单击数据透视图的绘图区，在"设置绘图区格式"面板中设置填充方式为"渐变填充"，然后修改渐变光圈的颜色，如图 13-98 所示。

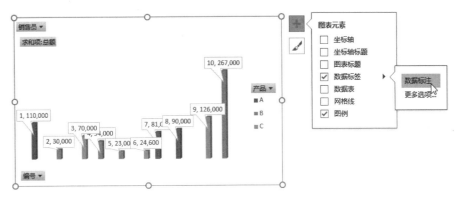

图 13-96 添加数据标注

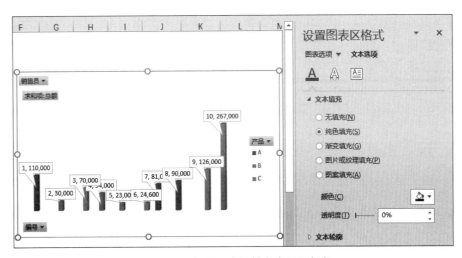

图 13-97 设置图表区的文本显示颜色

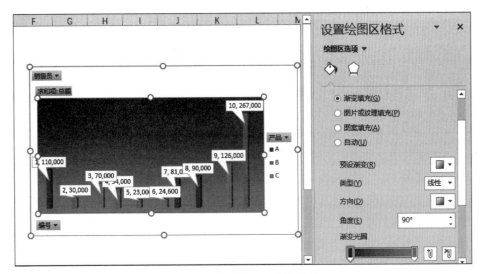

图 13-98 设置绘图区的填充效果

（7）单击数据标注，按下鼠标左键拖动调整数据标注的位置，效果如图 13-99 所示。

（8）单击数据透视图的边框选中整个图表，在"设置图表区格式"面板中设置图表区的填充方式为"图片或纹理填充"。然后单击"插入"按钮，在弹出的对话框中选择需要的背景图像，效果如图 13-100 所示。

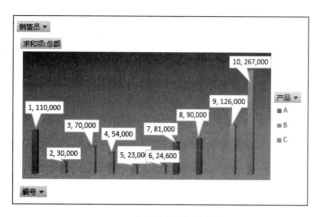

图 13-99　调整数据标注的位置

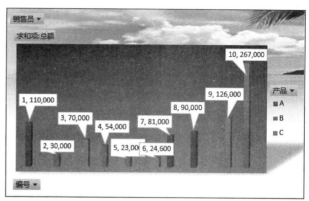

图 13-100　填充数据透视图

至此，数据透视图编辑完成，接下来可以利用它查看和分析数据。

（9）在数据透视图左上角的"销售员"下拉列表框中选中要查看的销售员名称，例如 Jessy，单击"确定"按钮，数据透视图中仅显示指定销售员的业绩，且数据透视表也随之更新，效果如图 13-93 所示。

（10）采用同样的方法，可以筛选编号和产品。

答 疑 解 惑

1. 什么是数据透视表的数据源？常用的数据源有哪些？

答：所谓数据源，就是为数据透视表提供数据的基础行或数据库记录。数据源的来源有：Excel 数据表、外部数据源等。

2. 在 Excel 中，设计数据透视表的基础数据表时应注意哪些事项？

答：（1）数据透视表原始数据表应该是标准的二维表，要有明确的列标题，且每个列标题下面顺序存储同类型的原始数据。

（2）列标题行中不能有空白的标题。

（3）如果有多个同类型数据，列标题最好不要重复。

（4）原始数据内容不能有合并的单元格。

（5）如果数据透视表有日期字段，应保证是 Excel 可识别的日期格式。

3. 在 Excel 中，最适合反映单个数据在所有数据构成的总和中所占比例的图表类型是哪种图表类型？最适合反映数据之间量的变化快慢的是哪种图表类型？

答：最适合反映单个数据在所有数据构成的总和中所占比例的图表类型是饼图；最适合反映数据之间量的变化快慢的图表类型是折线图。

4. 如何只打印图表而不打印其他数据？

答：选中图表，单击"文件"选项卡中的"打印"命令，打开"打印"任务窗格，此时"打印选定图表"选项处于选中状态，表示仅打印所选图表。

5. 旭日图与树状图作用类似，什么时候用旭日图，什么时候用树状图呢？

答：旭日图适合层级多的比例数据关系；树状图适合类别少、层级少的比例数据关系。

6. 怎样从图表中删除数据？

答：可以在工作表中的数据源区域直接删除部分数据，图表将自动更新。也可以直接从图表中删除数据系列，但工作表中的数据源并不会随之删除。

7. 如何更改图表数据点之间的间距？

答：双击图表中需要设置的数据系列，打开"设置数据点格式"对话框，在"系列选项"选项卡的"分类间距"选项中可以设置间距效果。

学习效果自测

一、选择题

1. 在 Excel 2019 中，如果要直观地表达数据中的发展趋势，应使用（　　）。
   A. 散点图　　　　　　B. 折线　　　　　　C. 柱形图　　　　　　D. 饼图

2. 在 Excel 中，产生图表的数据发生变化后，图表（　　）。
   A. 会发生相应的变化　　　　　　　　B. 会发生变化，但与数据无关
   C. 不会发生变化　　　　　　　　　　D. 必须进行编辑后才会发生变化

3. 在 Excel 中删除工作表中与图表链接的数据时，图表（　　）。
   A. 被删除　　　　　　　　　　　　　B. 必须用编辑器删除相应的数据点
   C. 不会发生变化　　　　　　　　　　D. 自动删除相应的数据点

4. 在工作表中创建图表时，若选定的区域有文字，则文字一般作为（　　）。
   A. 图表中图的数据　　　　　　　　　B. 图表中行或列的坐标
   C. 图表中数据的含义说明　　　　　　D. 图表的标题

5. 在 Excel 2019 的图表中，通常使用水平 X 轴作为（　　）。
   A. 排序轴　　　　　　B. 数值轴　　　　　　C. 分类轴　　　　　　D. 时间轴

6. 在 Excel 2019 图表中，通常使用垂直 Y 轴作为（　　）。
   A. 分类轴　　　　　　B. 数值轴　　　　　　C. 文本轴　　　　　　D. 公式轴

7. 为了实现多字段的分类汇总，Excel 提供的工具是（　　）。
   A. 数据地图　　　　　B. 数据列表　　　　　C. 数据分析　　　　　D. 数据透视表

8. 在 Excel 数据透视表的数据区域默认的字段汇总方式是（　　）。
   A. 平均值　　　　　　B. 乘积　　　　　　　C. 求和　　　　　　　D. 最大值

9. 创建的数据透视表可以放在（　　）。
   A. 新工作表中　　　　B. 现有工作表中　　　C. A 和 B 都可　　　　D. 新工作簿中

10. 下列关于数据透视图的说法错误的是（　　）。
    A. 可以直接使用已有的数据透视表创建数据透视图
    B. 可以直接利用数据源创建数据透视图
    C. 数据透视图与普通图表相同，可以直观显示数据，不能筛选数据
    D. 在数据透视图中筛选数据时，数据透视表也随之更新

二、操作题

1. 新建一个工作表并填充数据，然后利用工作表创建数据透视表。
2. 利用上一步创建的数据透视表建立一张数据透视图。
3. 完成后建立一个数据透视图副本，然后尝试删除源数据透视表。

第 14 章

打印与共享工作表

本章导读

　　在工作表的管理流程中，通常要将制作好的工作表共享给工作小组成员，以实现协同办公，或打印出来进行分发或填写、签字。

　　本章介绍在 Excel 2019 中查看、预览、共享工作表，以及设置工作表打印版式的一些常用操作，包括使用不同的视图查看工作表，设置打印纸张的规格、页边距、页眉页脚，指定要打印的文档区域，设置表格的分页方式，定义工作表的背景等。

学习要点

- ❖ 查看工作簿
- ❖ 共享工作簿
- ❖ 工作表的打印设置
- ❖ 实例精讲——打印支付证明单

14.1　查看工作簿

工作表编制完成后，通常会查看工作表的整体显示效果。Excel 2019 提供了多种查看工作表的视图方式，不同的视图显示的侧重点和效果也不太一样，读者可以在不同的视图中调整工作表的布局。

14.1.1　工作簿视图

Excel 在状态栏上提供了 3 种查看和调整工作表外观的视图，如图 14-1（a）所示。在"视图"选项卡的"工作簿视图"区域也可以看到这 3 个按钮，如图 14-1（b）所示。

图 14-1　工作簿视图

❖ 普通：适用于屏幕预览和处理，如图 14-2 所示。

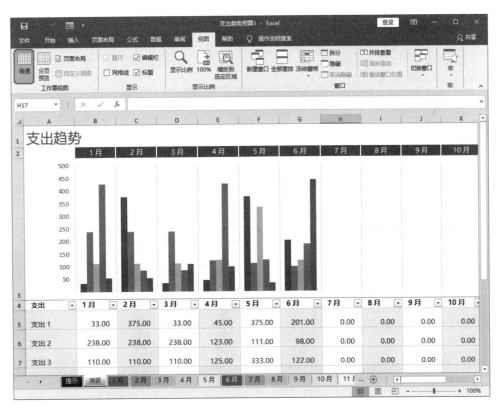

图 14-2　"普通"视图

❖ 分页预览：显示每一页包含的数据，以便快速调整打印区域和分页，如图 14-3 所示。
❖ 页面布局：不仅可以快速查看打印页的效果，还可以调整页边距、页眉页脚等，以达到理想的打印效果，如图 14-4 所示。

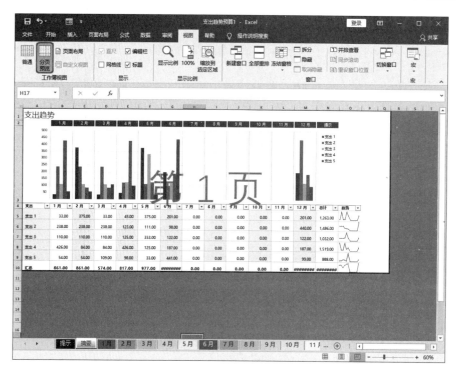

图 14-3 "分页预览"视图

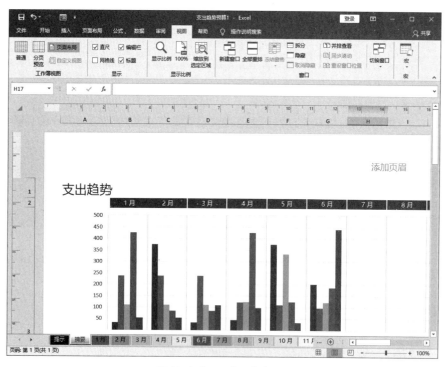

图 14-4 "页面布局"视图

14.1.2　打印预览视图

　　设置页面布局之后，可以预览页面的打印效果是否符合要求。
　　单击"文件"选项卡中的"打印"命令，即可切换到如图 14-5 所示的打印预览窗口。
　　在这里，可以较直观地查看页面布局，并快捷地设置打印机属性、打印份数、打印范围、纸张大小和边距。

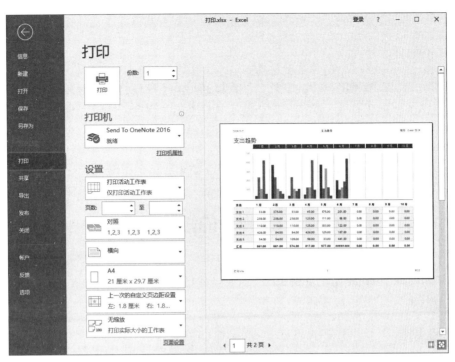

图 14-5　打印预览

14.2　共享工作簿

　　数据表制作好以后，通常要分发给其他用户查阅或处理。任何能够访问保存有共享工作簿的网络资源的用户，都可以访问共享工作簿。

14.2.1　创建共享工作簿

　　在输入庞杂的数据时，可能需要多人协作才能完成。此时，就需要将文档存放在一个共享文件夹中，方便其他用户录入数据，且输入时录入的数据互不影响。

　　（1）打开要与人共享的工作簿，单击快速访问工具栏上的"保存"按钮，保存工作簿。

　　（2）单击"文件"选项卡中的"共享"命令，在打开的"共享"任务窗格中选择"与人共享"命令，显示该操作的详细步骤，如图 14-6 所示。

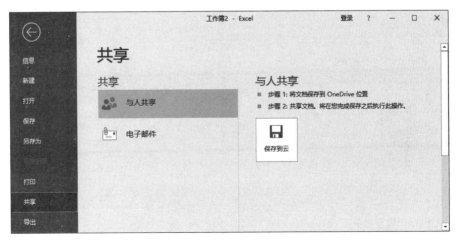

图 14-6　选择"与人共享"命令

（3）按照提示，单击"保存到云"按钮，将文档保存到服务器的共享文件夹中。

14.2.2 发送电子邮件

除了可以将工作簿保存到服务器中共享外，还可以通过电子邮件将工作簿发送给他人，以供审阅。
（1）打开要与人共享的工作簿，单击快速访问工具栏上的"保存"按钮，保存工作簿。
（2）单击"文件"选项卡中的"共享"命令，在打开的"共享"任务窗格中单击"电子邮件"命令。
（3）选择发送电子邮件的方式。
单击一种发送方式，将启动 Outlook 电子邮件程序，用于发送工作簿。

14.3 工作表的打印设置

如果 Excel 工作表默认的纸型、纸张方向、页边距、分页位置等属性不符合打印要求，可以利用"页面布局"选项卡中的"页面设置"功能组进行修改，如图 14-7 所示。

图 14-7 "页面设置"功能组

14.3.1 设置纸张属性

本节所说的纸张属性是指纸张方向和大小。
（1）切换到"页面布局"选项卡，在"页面设置"功能组中单击"纸张方向"按钮，在如图 14-8 所示的下拉列表框中修改纸张方向。

 提示：

"纵向"和"横向"是相对于纸张而言的，并非针对打印内容。如果工作表的数据行较多而列较少，可以使用纵向打印；若列较多而行较少，通常使用横向打印。

（2）单击"纸张大小"按钮，在如图 14-9 所示的下拉列表框中选择纸张大小。

图 14-8 设置纸张方向

图 14-9 预置的纸张大小

14.3.2 设置页边距

在"页面布局"选项卡"页面设置"功能组中，单击"页边距"按钮，弹出如图 14-10 所示的预置页边距列表。单击需要的边距样式，即可应用指定的页边距设置。

如果预置的页边距不能满足需求，可以自定义页边距。

（1）在如图 14-10 所示的页边距下拉列表框中单击"自定义边距"命令，打开如图 14-11 所示的"页面设置"对话框"页边距"选项卡。

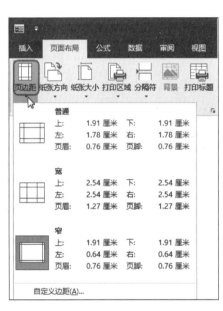

图 14-10 预置的页边距列表

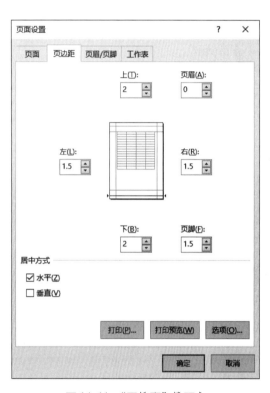

图 14-11 "页边距"选项卡

（2）分别在"上""下""左""右"微调框中输入边距数值，指定页面内容与纸张边界的距离。设置边距时，在对话框中间的预览图中可以实时看到边距的设置效果。

（3）如果要定义页眉、页脚，则在"页眉"和"页脚"微调框中设置页眉和页脚高度。

（4）在"居中方式"区域指定要打印的内容在页面上居中的方式。

（5）设置完成，单击"确定"按钮关闭对话框。

如果单击"打印预览"按钮，可进入打印预览视图预览边距效果。

此时，单击"页面布局"选项卡中的"页边距"按钮，在弹出的页边距列表中可以看到自定义边距，如图 14-12 所示。

如果对页边距的要求不是很精确，可以在打印预览视图中通过鼠标拖动调整页边距，并实时查看边距效果。

（6）单击"文件"选项卡中的"打印"命令进入打印预览视图，然后单击右侧窗格右下角的"显示边距"按钮，在预览窗口中通过参考线显示页边距。

（7）将鼠标指针移到参考线上，指针变为双向箭头╂或╁时，按下鼠标左键拖动到合适位置释放，即可调整页边距，如图 14-13 所示。

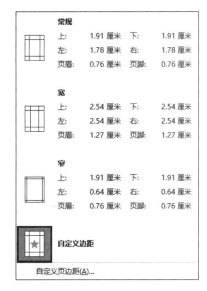

图 14-12　自定义边距

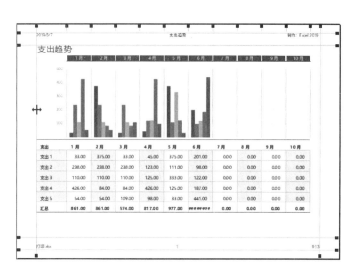

图 14-13　调整页边距

14.3.3　设置页面背景

Excel 工作表默认为白色背景，用户也可以根据设计需要使用图片作为工作表的背景。

（1）在"页面布局"选项卡的"页面设置"功能组中单击"背景"按钮，在弹出的"插入图片"对话框中选择图片的来源。

可以选择存储在本地计算机或网络的图片文件，也可以输入图片关键字，在 Bing 上搜索在线图片，如图 14-14 所示。

图 14-14　在 Bing 上搜索图片

（2）选中需要的图片后，单击"插入"按钮，即可将指定的图片设置为工作表的背景。

注意　打印工作表时，设置的背景图片不会打印出来。如果希望背景图片也能同时输出，可以将图片放置在页眉或页脚中。

如果要删除背景图像，单击"页面设置"功能组中的"删除背景"按钮。

14.3.4 设置页眉页脚

页眉是显示在每一个打印页顶部的工作表附加信息，例如单位名称和徽标；页脚是显示在每一个打印页底部的附加信息，例如页码和版权声明等。

切换到"页面布局"选项卡，单击"页面设置"功能组右下角的扩展按钮 打开"页面设置"对话框，然后切换到"页眉 / 页脚"选项卡，如图 14-15 所示。

"页眉"和"页脚"下拉列表框中预置了一些页眉和页脚样式，可以直接选择应用。当然，用户也可以自定义个性化的页眉和页脚。

（1）单击"自定义页眉"按钮弹出"页眉"对话框，分别在"左部""中部""右部"文本框中输入或插入需要的内容。

例如，在"左部"文本框中单击，然后单击"插入日期"按钮 ，即可自动插入当前日期；删除"中部"文本框中的占位文本，然后单击文本框顶部的"插入数据表名称"按钮 ，可插入当前工作表的名称；在"右部"文本框中单击，可以输入文本"制作：Excel 2019"，如图 14-16 所示。

（2）单击"确定"按钮关闭对话框。在"页眉"下拉列表框中自动选中自定义的页眉，页眉预览区显示页眉的效果，如图 14-17 所示。

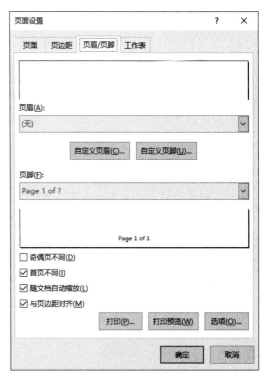

图 14-15　页眉 / 页脚设置选项

（3）单击"自定义页脚"按钮弹出"页脚"对话框，分别在"左部""中部""右部"文本框中输入或插入需要的内容，如图 14-18 所示。

（4）单击"确定"按钮，返回到"页面设置"对话框。此时"页脚"下拉列表框中自动选中自定义的页脚，页脚预览区显示页脚的效果。

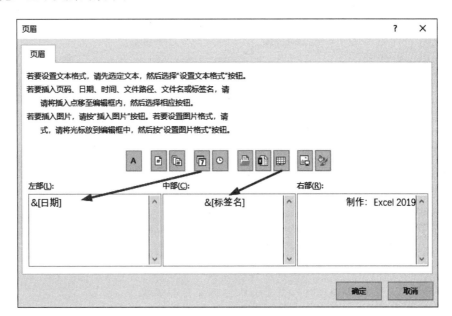

图 14-16　自定义页眉

图 14-17　显示自定义页眉

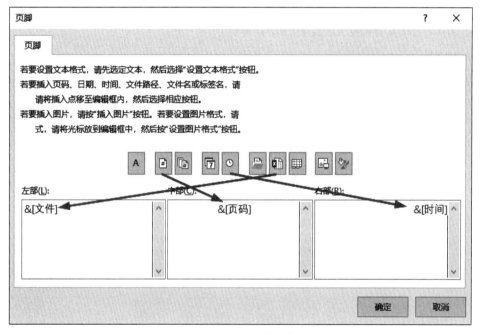

图 14-18　自定义页脚

（5）设置页眉页脚的属性。

❖ 奇偶页不同：选中该项后，可以分别设置奇数页和偶数页的页眉页脚。

❖ 首页不同：选中该项后，可以设置首页的页眉页脚与其他页不同。

❖ 随文档自动缩放：缩放工作表时，页眉页脚也随之自动缩放。

❖ 与页边距对齐：页眉页脚与页边距对齐。

（6）设置完毕，单击"打印预览"按钮，即可预览页眉页脚的效果。

以可视方式设置页眉页脚

（1）在"视图"选项卡的"工作簿视图"功能组中，单击"页面布局"按钮打开页面布局视图。

（2）将鼠标指针移到页眉位置，可以看到页眉被分为了左、中、右三个编辑区域，如图14-19所示。

（3）分别在各个编辑区域中输入内容并格式化。

（4）将鼠标指针移到页脚位置，可以看到页脚也被分为了左、中、右三个编辑区域。分别在各个编辑区域中输入内容并格式化。

（5）单击"视图"选项卡"工作簿视图"功能组中的"普通"按钮返回普通视图。

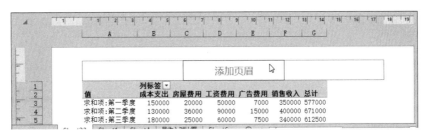

图14-19　在页面布局视图中查看页眉

14.3.5　设置打印区域

默认情况下，打印工作表时会打印工作表中的所有数据。如果只要打印工作表的一部分数据，就需要设置打印区域。

（1）在工作表中选定要打印的单元格区域。

（2）切换到"页面布局"选项卡，单击"页面设置"功能组中的"打印区域"按钮，在弹出的下拉菜单中选择"设置打印区域"命令，如图14-20所示。

（3）选中要打印的其他单元格区域，再次单击"打印区域"按钮，在弹出的下拉菜单中选择"添加到打印区域"命令，如图14-21所示。

图14-20　设置打印区域

图14-21　添加打印区域

如果要取消打印选中的区域，单击"打印区域"按钮，在弹出的下拉菜单中选择"取消打印区域"命令。

此外，使用"页面设置"对话框也可以设置打印区域，并进一步设置打印选项。

（4）在"页面布局"选项卡中单击"页面设置"功能组右下角的扩展按钮 ，弹出"页面设置"对话框。切换到如图14-22所示的"工作表"选项卡。

（5）单击"打印区域"文本框右侧的"选择"按钮 ，在工作表中选取要设置为打印区域的单元格区域。

（6）单击"打印预览"按钮，预览页面效果。单击"确定"按钮关闭对话框。

Excel默认仅打印当前工作簿中的活动工作表，如果要打印整个工作簿，或仅打印当前选定区域，可以在打印预览窗口中进行设置。

图 14-22　"工作表"选项卡

单击"文件"选项卡中的"打印"命令打开"打印"任务窗格。在"设置"区域的第一个下拉列表框中可以设置打印范围，如图 14-23 所示。

如果选择"忽略打印区域"命令，将取消设置的打印区域，打印整个活动工作表。

除了以上几种打印范围，还可以打印指定页码范围内的工作表数据，如图 14-24 所示。

图 14-23　设置打印范围

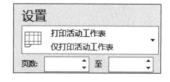

图 14-24　设置要打印的起始页码和终止页码

设置多个打印区域

设置多个打印区域常用的方法有以下几种。

（1）在选择打印区域时，按下 Ctrl 键，选择多个区域，然后单击"打印区域"按钮，在弹出的下拉菜单中选择"设置打印区域"命令。

（2）设置一个打印区域之后，在工作表中选取单元格或区域，再次单击"打印区域"按钮，在弹出的下拉菜单中选择"添加到打印区域"命令，如图 14-25 所示。

（3）打开"页面设置"对话框的"工作表"选项卡，在"打印区域"文本框中直接输入用逗号分隔的多个单元格区域引用。

以上三种方法设置的多个打印区域，打印时，每个区域显示在单独的一页中。若要将多个打印区域打印在一张纸上，可以先将这几个区域复制到同一个工作表中，然后再打印。

图 14-25　添加打印区域

不打印工作表中的图形对象

（1）在工作表中选中不需要打印的图形对象（例如，一个形状），右击，在弹出的快捷菜单中选择"大小和属性"命令，打开"设置形状格式"面板。

（2）在"属性"区域，取消选中"打印对象"复选框，如图 14-26 所示。

图 14-26　取消选中"打印对象"复选框

此时，执行打印操作，该形状不会被打印输出。

14.3.6　缩放打印

如果希望打印工作表时自动调整工作表的宽度或高度，以便全部数据行或数据列在一个页面上显示，可以设置缩放打印。

在"打印"窗口左侧的"设置"列表中，单击最后一个下拉列表框，在如图 14-27 所示的下拉菜单中可以对工作表进行缩放打印。

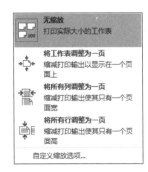

图 14-27　设置显示比例

❖ 无缩放：按照工作表的实际大小打印。
❖ 将工作表调整为一页：将工作表缩减在一个页面上打印输出。
❖ 将所有列调整为一页：将工作表缩减为一个页面宽，可能会将一页不能显示的行拆分到其他页。
❖ 将所有行调整为一页：将工作表缩减为一个页面高，可能会将一页不能显示的列拆分到其他页。
❖ 自定义缩放选项：单击该命令，打开如图 14-28 所示的"页面设置"对话框。在"缩放"区域，可以指定将工作表按比例缩放，或调整为一个页宽或一个页高。

图 14-28 "页面设置"对话框

14.3.7 分页打印

如果数据行或数据列太多,不能在一页中完全显示,Excel 将自动对表格进行分页,将第一页不能显示的数据分割到后续的页面中进行显示。在"视图"选项卡的"工作簿视图"功能组中单击"分页预览"按钮,可以查看 Excel 自动分页的效果,如图 14-29 所示。

	A	B	C	D	E	F	G	H	I	J	K
1					某班考试成绩表						
2	姓名	语文	数学	化学	物理	英语	历史	地理	政治	生物	总分
3	王彦	83	95	99	75	93	87	88	87	78	785
4	马涛	78	100	79	90	68	94	94	88	98	789
5	郑义	89	92	99	90	87	67	92	84	92	792
6	王乾	97	87	88	91	94	76	87	75	87	782
7	李二	87	94	84	89	67	84	93	79	94	781
8	孙思	95	67	85	86	74	67	90	80	67	737
9	刘夏	90	76	82	78	78	75	76	90	94	758
10	夏雨	69	84	93	85	98	79	94	46	92	740
11	白菊	81	67	90	91	94	80	100	90	87	780
12	张虎	73	93	87	82	88	90	66	82	93	754
13	马一	88	58	88	86	86	100	68	90	90	754
14	赵望	98	96	84	57	81	69	84	93	87	749
15	刘留	76	76	75	76	67	81	67	90	91	699
16	乾红	100	57	79	94	46	73	93	87	82	711
17	王虎	98	89	80	100	90	88	58	88	86	777

图 14-29 自动分页效果

这种分页效果往往不能完整地显示数据记录,因此通常需要自定义分页位置。

(1)选中要放置分页符的单元格,切换到"页面布局"选项卡,单击"页面设置"功能组中的"分隔符"按钮。

(2)在弹出的下拉菜单中选择"插入分页符"命令,即可在指定的单元格左上角显示两条互相垂直的灰色直线,即垂直分页符和水平分页符。

例如,在 F9 单元格中插入分页符后,把工作表分为了 4 页,如图 14-30 所示。

	A	B	C	D	E	F	G	H	I	J	K
1					某班考试成绩表						
2	姓名	语文	数学	化学	物理	英语	历史	地理	政治	生物	总分
3	王彦	83	95	99	75	93	87	88	87	78	785
4	马涛	78	100	79	90	68	94	94	88	98	789
5	郑义	89	92	99	90	87	67	92	84	92	792
6	王乾	97	87	88	91	94	76	87	75	87	782
7	李二	87	94	94	89	67	84	93	79	94	781
8	孙思	95	67	92	85	94	67	90	80	67	737
9	刘夏	90	76	87	92	78	75	76	90	94	758
10	夏雨	69	84	93	85	98	79	94	46	92	740
11	白菊	81	67	90	91	94	80	100	90	87	780
12	张虎	73	93	87	82	88	90	66	82	93	754
13	马一	88	58	88	86	86	100	68	90	90	754
14	赵望	98	96	84	57	81	69	84	93	87	749
15	刘留	76	76	75	76	67	81	67	90	91	699
16	乾红	100	57	79	94	46	73	93	87	82	711
17	王虎	98	89	80	100	90	88	58	88	86	777

图 14-30　插入分页符的效果

（3）切换到"视图"选项卡，单击"工作簿视图"功能组中的"分页预览"按钮预览工作表，分页符显示为蓝色粗实线，如图 14-31 所示。

（4）将鼠标指针移到分页符上方，当指针变为双向箭头↔或↕时，按下鼠标左键拖动，可以改变分页符的位置。

（5）单击"工作簿视图"功能组中的"普通"按钮，退出分页预览视图。

如果要删除分页符，在"页面布局"选项卡的"页面设置"区域单击"分隔符"按钮，在弹出的下拉菜单中选择"删除分页符"命令，如图 14-32 所示；选择"重设所有分页符"命令，将删除当前工作表中的所有分页符。

图 14-31　分页预览

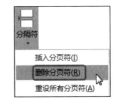

图 14-32　删除分页符

14.3.8　打印标题行

如果工作表内容不能在一页中完全显示，Excel 将对表格进行自动分页，将第一页不能显示的数据分割到后面的页中进行显示，如图 14-33 所示。

从图 14-33 中可以看到，此页中显示的只是数据行，单独查看此页并不能了解各个数据项的意义。通过设置打印标题可以解决这个问题。

（1）切换到"页面布局"选项卡，在"页面设置"功能组中单击"打印标题"按钮，弹出"页面设置"对话框。

（2）在"打印标题"区域单击"顶端标题行"文本框右侧的"选择"按钮，如图 14-34 所示，在工作表中选择标题行区域。

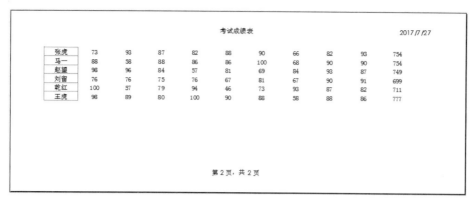

图 14-33　页面预览

图 14-34　设置顶端标题行

此时单击对话框底部的"打印预览"按钮，可以预览设置标题行的效果，可以看到所有打印页面都显示设置的标题，效果如图 14-35 所示。

姓名	语文	数学	化学	物理	英语	历史	地理	政治	生物	总分
张虎	73	93	87	82	88	90	66	82	93	754
马一	88	58	88	86	86	100	68	90	90	754
赵鹭	98	96	84	57	81	69	84	93	87	749
刘留	76	76	75	76	67	81	67	90	91	699
乾红	100	57	79	94	46	73	93	87	82	711
王虎	98	89	80	100	90	88	58	88	86	777

图 14-35　打印标题效果

14.4 实例精讲——打印支付证明单

本节练习设置并打印支付证明单。通过对操作步骤的详细讲解,读者可掌握设置页面纸张和页边距,以及自定义页眉、页脚的方法,并加深对各项打印属性的理解。

14-1 实例精讲——打印
支付证明单

首先预览要打印的工作表,设置纸张大小、方向和页边距;然后在页面布局视图中自定义页眉和页脚,效果如图 14-36 所示;最后设置打印属性,输出工作表。

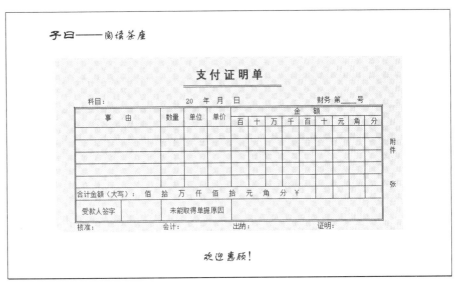

图 14-36 打印预览效果

操作步骤

（1）打开工作表"支付证明单",如图 14-37 所示。

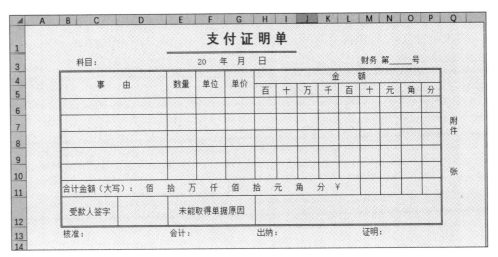

图 14-37 支付证明单

在进行打印之前,首先预览打印效果,以免打印出来的文件不符合要求。

（2）在"文件"选项卡中单击"打印"命令,切换到如图 14-38 所示的"打印"窗口。

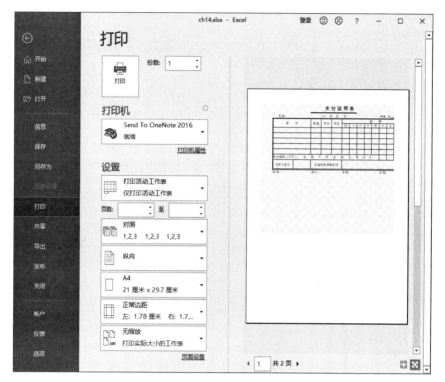

图 14-38　打印预览效果

　　由于 Excel 默认的页面方向为纵向，而本例设计的支付证明单宽度超出了页面宽度，因此被自动分为了两页。

　　单击对话框框底部的"下一页"按钮▶，可以查看后面的页面。

　　（3）在"打印"窗口左侧的"设置"列表中，设置页面方向为"横向"；然后将纸张大小设置为"B5"，如图 14-39 所示。

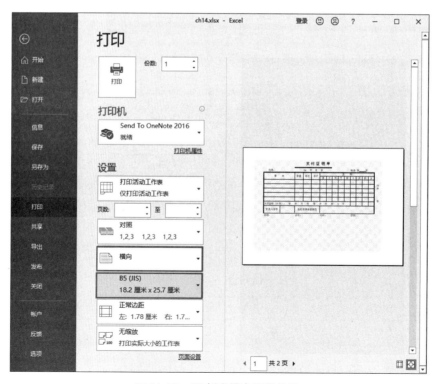

图 14-39　B5 纸张横向预览效果

（4）单击"打印"窗口右下角的"显示边距"按钮⊞，查看页边距，如图 14-40 所示。

在这里，可以拖动边距参考线调整页面边距。如果要精确调整页面边距，可以打开"页面设置"对话框进行设置。

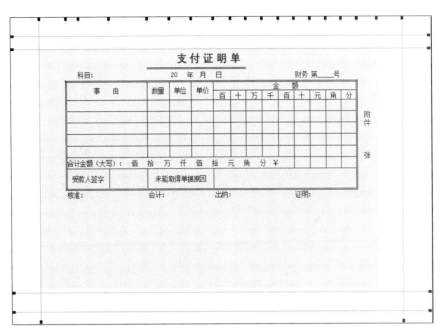

图 14-40　显示打印边框

（5）单击"设置"选项区域右下角的"页面设置"按钮，在弹出的"页面设置"对话框中切换到"页边距"选项卡，设置上、下、左、右的页边距。然后在"居中方式"区域选中"水平"复选框和"垂直"复选框，如图 14-41 所示。

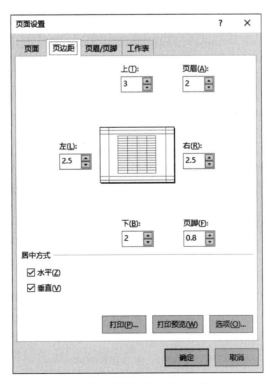

图 14-41　设置页边距和居中方式

（6）单击"确定"按钮关闭对话框。此时的打印预览效果如图14-42所示。

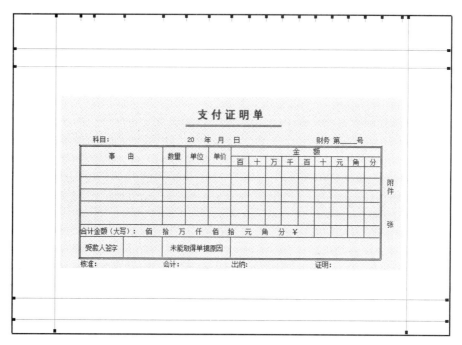

图14-42　设置页边距和对齐方式后的预览效果

接下来在页面布局视图中添加页眉和页脚。

（7）切换到"视图"选项卡，在"工作簿视图"功能组中单击"页面布局"按钮，可以很直观地看到页边距和页眉、页脚的位置，如图14-43所示。

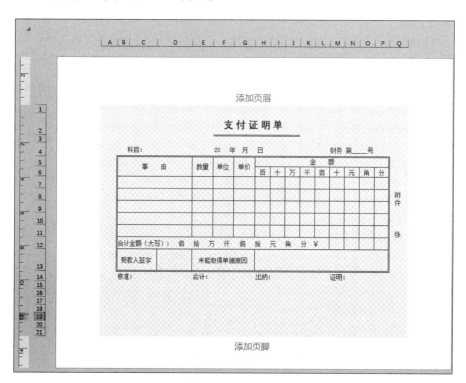

图14-43　页面布局视图

（8）在页眉区域的"左"文本框中输入文本，然后在"开始"选项卡的"字体"功能组中设置文本字体、字号和显示颜色，效果如图14-44所示。

图 14-44 设置页眉

（9）在页脚区域的"中"文本框中输入文本，然后在"开始"选项卡的"字体"功能组中设置文本字体、字号和显示颜色，效果如图 14-45 所示。

图 14-45 设置页脚

此时，切换到"打印"窗口，可以预览打印效果，如图 14-36 所示。

文件设置符合要求之后，就可以进行打印了。

（10）设置打印机。在"打印"窗口的"打印机"下拉列表框中选择打印机。如果还未安装打印机，单击"添加打印机"按钮，在弹出的对话框中查找、添加打印机。

（11）设置打印数量和打印区域。在"份数"微调框中输入工作表要打印的份数；然后设置打印的内容为"打印活动工作表"。

（12）单击"打印"按钮🖨，即可从打印机输出打印文件。

答 疑 解 惑

1. 怎样在工作表中插入一张图片作为底纹样式并打印输出？

答：工作表的背景图像不能被打印出来，要想将图片以工作表底纹的形式打印输出，可以将图片以页眉的形式插入到工作表中。

2. 默认情况下，在工作表中放置的各种对象，例如图形、图片等所有对象在打印工作表时都会打印出来。如果不想将工作表中的图片或者形状在打印时输出，该怎么办？

答：在工作表中选中不需要打印的对象，例如某个形状，右击，在弹出的快捷菜单中选择"大小和属性"命令，弹出"设置形状格式"面板。在"属性"区域，取消选中"打印对象"复选框，如图 14-46 所示。此时，执行打印操作，该形状不会被打印输出。

3. 如何自动显示分页符？

答：打开"Excel 选项"对话框，单击"高级"分类，在"此工作表显示选项"区域选中"显示分页符"复选框。

4. 如何删除分页符？

答：将鼠标指针移动到分页符上，当指针变成双箭头状时，按下鼠标左键将分页符拖出打印区域即可。

5. 一张工作表中的某些行或列打印到了其他的页面上，该如何处理？

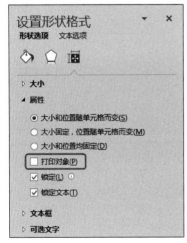

图 14-46 取消选中"打印对象"复选框

答：可以执行以下操作之一。

（1）缩小页边距；

（2）调整分页符；

（3）设置工作表按一页宽度或一页高度打印；

（4）更改纸张方向。

6. 如何打印超宽工作表？

答：打开"页面设置"对话框，切换至"工作表"选项卡下，选择"先行后列"单选按钮，然后单击"确定"按钮。

7. 如何只打印偶数行？

答：在打印工作表之前，先隐藏奇数行。

学习效果自测

选择题

1. 在 Excel 2019 中，在（　　　）选项卡中可切换工作簿视图方式。

    A. 开始　　　　　　　B. 页面布局　　　　　　C. 审阅　　　　　　　D. 视图

2. "页面设置"对话框的"页面"选项卡中，页面方向有（　　　）。

    A. 纵向和垂直　　　　B. 纵向和横向　　　　　C. 横向和垂直　　　　D. 垂直和平行

3. "页面设置"对话框中有（　　　）四个选项卡。

    A. 页面、页边距、页眉 / 页脚、打印　　　　B. 页边距、页眉 / 页脚、打印、工作表

    C. 页面、页边距、页眉 / 页脚、工作表　　　　D. 页面、页边距、页眉 / 页脚、打印预览

4. 在 Excel 中，打印工作表之前就能看到实际打印效果的操作是（　　　）。

    A. 仔细观察工作表　　B. 打印预览　　　　　　C. 分页预览　　　　　D. 按 F8 键

5. 如果要打印行号和列标，应该通过"页面设置"对话框中的（　　　）选项卡进行设置。

    A. 页面　　　　　　　B. 页边距　　　　　　　C. 页眉 / 页脚　　　　D. 工作表

6. 在 Excel 中，下列关于打印工作簿的表述错误的是（　　　）。

    A. 一次可以打印整个工作簿

    B. 一次可以打印一个工作簿中的一个或多个工作表

    C. 在一个工作表中可以只打印某一页

    D. 不能只打印一个工作表中的一个区域位置

第15章

PowerPoint的基本操作

本章导读

PowerPoint 是 Office 办公套件的一个组件,能够集文字、图形、图像、声音以及视频剪辑等多媒体元素于一体,创建形象生动、图文并茂的幻灯片。它广泛应用于产品介绍、方案展示、项目交流、教学讲座、广告宣传等领域,是日常办公中一个不可或缺的利器。

学习要点

❖ 初识 PowerPoint 2019

❖ 演示文稿的基本操作

❖ 幻灯片的基本操作

❖ 实例精讲——制作述职报告

15.1　初识 PowerPoint 2019

利用 PowerPoint 不仅可以创建演示文稿，还可以在互联网上召开面对面会议、远程会议或在网上给观众展示演示文稿。创建的演示文稿还可以保存为 pdf、多种图片格式和视频格式，便于在不同演示平台上展示。

15.1.1　演示文稿与幻灯片的联系

演示文稿是使用应用程序 PowerPoint 创建的以 ppt 或 pptx 为扩展名的文件，通常包含多个既相互独立又相互联系的页面，用于显示演讲内容或备注文本，每一页称为一张幻灯片。

 提示： *.ppt 是 PowerPoint 2003 及以前版本生成的文档格式；*.pptx 是 PowerPoint 2007 及以后版本的文件格式。高版本的 PowerPoint 功能更多，并且可以安装多种美化演示文稿的插件。

例如图 15-1 所示标题栏上的"演示文稿 1"是打开的演示文稿名称，左侧窗格中的缩略图代表其中的幻灯片，两者之间是包含与被包含的关系。

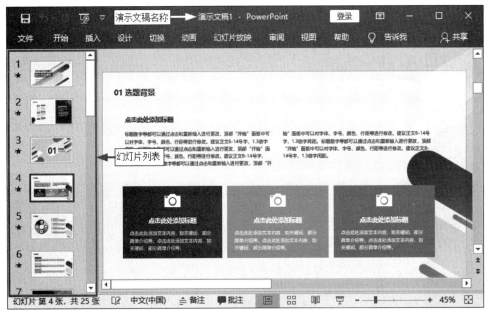

图 15-1　演示文稿与幻灯片

PPT 是对幻灯片和演示文稿的习惯叫法，可以是一页或多页幻灯片，也可以指整个演示文稿。

15.1.2　演示文稿的基本结构

与一本完整的书籍类似，一个完整的演示文稿通常应包含封面页、目录页、内容页和结束页。有些结构复杂的演示文稿还会有开场动画、过渡页和结束动画。

封面页主要显示演讲标题和演讲者名称，点明演讲主题，如图 15-2 所示。

目录页显示整个演示文稿的主体结构，起提纲挈领和导航的作用，如图 15-3 所示。也可以显示为一张议程表，让观众提前了解整个演讲的流程。

过渡页的作用类似于详细的目录页，如图 15-4 所示，用于分隔两个章节，也可以提醒观众上一部分已结束，开始下一部分。

图 15-2　封面页示例

图 15-3　目录页示例

图 15-4　过渡页示例

　　内容页用于展示演讲的具体内容，不同用途的演示文稿制作的重点也不一样，例如演讲辅助类的文稿主要内容是文字和图片；自动展示类的文稿通常图文并茂，包含大量的动画演示、音频和视频。

　　制作内容页时要注意简化文本，一张幻灯片上最好只列出一个主题，内容应精简、短少，不能长篇大论、全是文字。此外，简洁的版面设计和颜色搭配也至关重要，如图 15-5 所示。

结束页通常用于现场答疑，或表达谢意，如图 15-6 所示。

图 15-5　内容页示例

图 15-6　结束页示例

15.2　演示文稿的基本操作

工欲善其事，必先利其器。本节将介绍 PowerPoint 2019 工作界面的组成、基本的文件操作、查看演示文稿的几种视图方式，以及对幻灯片进行分节管理的方法。熟练掌握这些操作，可为之后运用 PowerPoint 2019 高效地制作演示文稿打下坚实的基础。

15.2.1　新建空白演示文稿

要了解演示文稿的结构和工作界面，最简单直接的方式是新建一个空白的演示文稿。

启动 PowerPoint 2019，在"开始"或"新建"界面的右侧窗格中单击"空白演示文稿"图标，如图 15-7 所示，即可创建一个空白的演示文稿，如图 15-8 所示。

空白演示文稿显示为白底黑字，不包含任何样式，适用于对演示文稿的内容和结构比较熟练的用户，或希望创建个性化演示文稿的用户，以充分发挥自己的创造力。

PowerPoint 的工作界面与 Word 和 Excel 的工作界面类似，不同的是文档编辑窗口和状态栏。

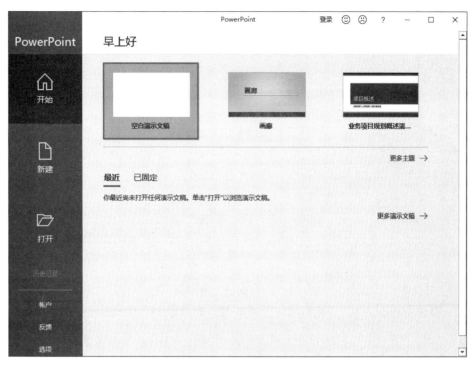

图 15-7 "开始"界面

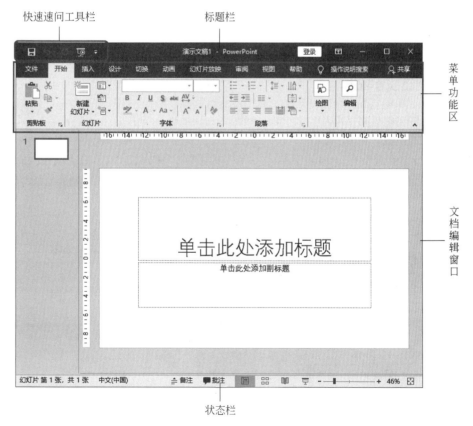

图 15-8 PowerPoint 2019 工作窗口

　　文档编辑窗口是制作、编辑文稿内容的工作区域，默认视图为"普通"视图，左侧窗格显示当前演示文稿中的幻灯片缩略图，橙色边框包围的缩略图为当前幻灯片；右侧窗格显示当前幻灯片，如图 15-9 所示。

图 15-9　文档编辑窗口

状态栏位于应用程序窗口底部，如图 15-10 所示。左侧显示当前幻灯片的位置信息；中间为"备注"和"批注"按钮；右侧为视图方式、"显示比例"滑块及"缩放级别"按钮。

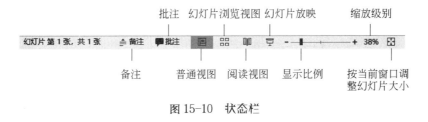

图 15-10　状态栏

15.2.2　使用模板创建演示文稿

对于初学者或不擅长版面设计的用户来说，要想创作出专业水准的演示文稿，可以使用模板。Office 2019 预置了丰富的联机模板，可以帮助用户快速创建格式化的演示文稿。

（1）在"开始"或"新建"任务窗格中单击一个模板图标，弹出如图 15-11 所示的面板。

图 15-11　联机模板的下载面板

如果模板列表中没有需要的模板样式，在"新建"任务窗格的搜索栏中输入关键字可以搜索更多联机模板。

（2）单击"创建"按钮，即可下载模板，并基于模板创建一个演示文稿，如图15-12所示。

图15-12　使用模板创建的演示文稿

提示：
　　单击快速访问工具栏上的"新建"按钮 🗋，也可创建一个空白工作簿。默认情况下，快速访问工具栏上不显示"新建"按钮 🗋。单击快速访问工具栏右侧的"自定义快速访问工具栏"按钮 ⮟，在弹出的下拉菜单中单击"新建"命令，可将该命令添加到快速工具栏上。

15.2.3　打开与关闭演示文稿

（1）单击"文件"选项卡中的"打开"命令，或按快捷键Ctrl+O，切换到如图15-13所示的任务窗格。

图15-13　"打开"任务窗格

（2）在位置列表中单击文件所在的位置，在弹出的"打开"对话框中浏览到文件所在路径，单击文件名称，然后单击"打开"按钮，即可打开指定的文件。

388 | Office 2019
办公应用入门与提高

提示: 在"打开"对话框中按住 Ctrl 键或 Shift 键选中多个文件后,单击"打开"按钮,可以同时打开多个文件。单击"打开"按钮右侧的下拉箭头,选择"打开并修复"命令,可以帮助用户对损坏的文档执行检测,并尝试修复检测到的任何故障。如果无法修复,还可以选择提取其中的内容。

如果要打开没有保存的演示文稿,单击"打开"窗格底部的"恢复未保存的演示文稿"按钮。

如果不再需要某个打开的文件,应将其关闭,这样既可节约一部分内存,也可以防止误操作。关闭文件常用的方法有以下两种:

❖ 单击"文件"选项卡中的"关闭"命令。

❖ 按快捷键 Ctrl+F4。

如果单击 PowerPoint 程序窗口右上角的"关闭"按钮,将在关闭演示文稿的同时,退出 PowerPoint 应用程序。

教你一招..

快速打开多个演示文稿

在 Windows 资源管理器中双击要打开的演示文稿,即可启动 PowerPoint 并打开该演示文稿。

如果要同时打开多个演示文稿,先选中演示文稿,然后右击,在弹出的快捷菜单中选择"打开"命令,可以启动 PowerPoint 并打开选中的所有演示文稿。

15.2.4 保存演示文稿

在处理文件时,应时常保存文件,以免因断电等意外导致数据丢失。PowerPoint 提供了 3 种保存文件的常用方法:

❖ 单击快速访问工具栏上的"保存"按钮。

❖ 按快捷键 Ctrl+S。

❖ 单击"文件"选项卡中的"保存"命令。

在保存文件时,如果文件之前已经保存过,PowerPoint 将用新的文件内容覆盖原有的内容;如果是首次保存文件,则弹出如图 15-14 所示的"另存为"任务窗格,单击要保存的位置,打开"另存为"对话框指定文件的保存路径和名称。

图 15-14 "另存为"任务窗格

将演示文稿另存为模板

将演示文稿另存为 PowerPoint 模板后，可以与他人共享该模板协同工作，并反复使用。

（1）打开要保存为模板的演示文稿，单击"文件"选项卡中的"另存为"命令，在任务窗格中单击"浏览"按钮，打开"另存为"对话框。

（2）在"保存类型"下拉列表框中选择"PowerPoint 模板"，存储位置自动跳转到"自定义 Office 模板"文件夹，如图 15-15 所示。

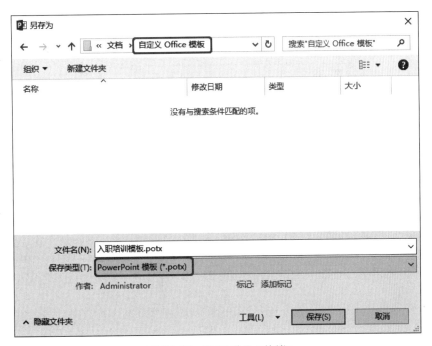

图 15-15　"另存为"对话框

（3）在"文件名"文本框中输入模板名称，然后单击"保存"按钮关闭对话框。

此时，打开"新建"任务窗格，切换到"自定义"选项卡，可以查看保存的模板。双击模板，即可基于模板新建一个演示文稿。

加密保存演示文稿

在保存重要的文件时，可以设置打开或修改演示文稿的密码。

（1）执行"文件"→"另存为"命令，在"另存为"任务窗格中单击保存位置，弹出"另存为"对话框。

（2）单击"工具"按钮，在弹出的下拉菜单中选择"常规选项"命令，如图 15-16 所示。

（3）在如图 15-17 所示的"常规选项"对话框中，设置打开权限密码和修改权限密码。

在加密保存时，还可以设置是否自动删除在文件中创建的个人信息。

（4）单击"确定"按钮关闭对话框。

再次打开该演示文稿时，系统会弹出一个对话框，要求输入密码。

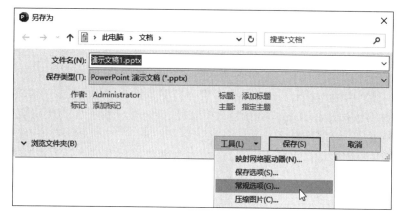

图 15-16　选择"常规选项"命令

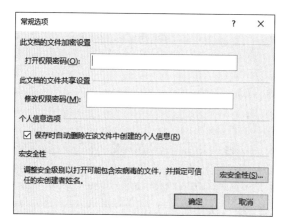

图 15-17　"常规选项"对话框

15.2.5　切换视图模式

视图是 PowerPoint 中编辑演示文稿的工作环境模式。每种视图都有特定的显示方式，包含特定的工作区、菜单命令和工具栏等组件。在一种视图中对演示文稿的修改和加工会自动反映在该演示文稿的其他视图中。

在"视图"选项卡"演示文稿视图"功能组中，可以看到 PowerPoint 2019 提供了多种视图方式，如图 15-18 所示。

图 15-18　演示文稿视图

1. 普通视图

"普通"视图是 PowerPoint 2019 打开演示文稿的默认视图，主要用于对单张幻灯片的内容进行编排与格式化，如图 15-19 所示。

左侧窗格显示当前演示文稿中所有幻灯片的缩略图，便于查看演示文稿的整体结构和效果。可以快速定位要编辑的幻灯片、调整幻灯片的位置、复制或删除指定的幻灯片等。

右侧窗格显示当前选中的幻灯片（即左侧窗格中橙色边框包围的缩略图），可以很直观地编辑幻灯片内容。

拖动左、右窗格之间的分隔条，可调整窗格宽度。

2. 大纲视图

大纲视图按幻灯片内容的顺序和层次关系，显示组成演示文稿大纲的各个幻灯片的编号、标题和主要的文本信息，常用于组织和创建整个演示文稿的提纲和要领，如图 15-20 所示。

图 15-19　普通视图

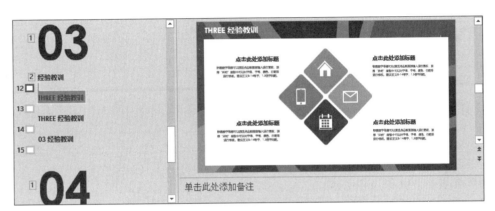

图 15-20　大纲视图

左侧窗格中的每一级标题都左对齐，下一级标题自动缩进；右上窗格用于预览幻灯片；右下窗格用于添加备注内容。拖动窗格的分隔线可以调整窗格的尺寸。

3. 幻灯片浏览视图

幻灯片浏览视图以缩略图形式显示当前演示文稿中的所有幻灯片，方便用户查看所有幻灯片的外观、顺序、计时和动画效果，如图 15-21 所示。

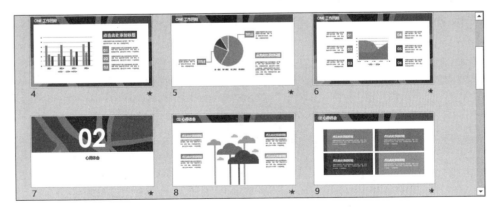

图 15-21　幻灯片浏览视图

在这种模式下，用户可以很方便地了解整个演示文稿的外观，拖动幻灯片调整顺序，设置切换效果，但不能编辑幻灯片的内容。

4. 备注页视图

如果需要在演示文稿时记录一些提示重点，可以使用备注页视图建立、修改和编辑备注。

在备注页视图中，文档编辑窗口分成上下两部分：上面是幻灯片缩略图，下面是备注文本框，如图 15-22 所示。

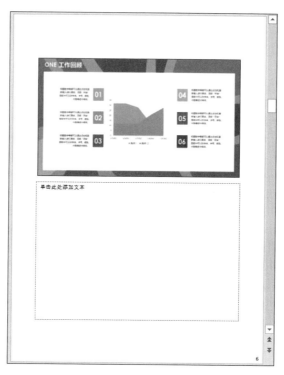

图 15-22　备注页视图

在备注文本框中可以输入当前幻灯片的备注内容，并且可以打印出来作为演讲稿。

5. 阅读视图

阅读视图是观众自行浏览模式的放映视图，不需要切换到全屏即可放映幻灯片，如图 15-23 所示。通常用于查看或预览演示文稿的演示效果。

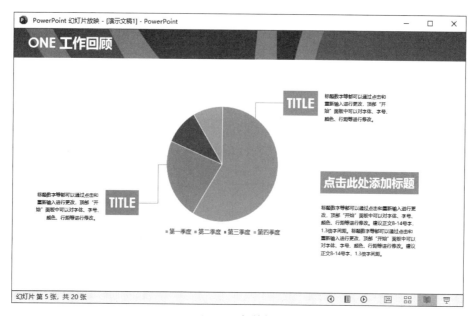

图 15-23　阅读视图

单击可以切换幻灯片或播放下一个动画效果；使用右键快捷菜单可以定位、复制、编辑幻灯片，或退出阅读视图。

15.2.6 设置显示比例

在编辑演示文稿时，为查看全局或细节，需要缩小或放大幻灯片。利用如图 15-24 所示的状态栏右端的"显示比例"滑块及"缩放级别"按钮，可以很方便地调整演示文稿的显示比例。

拖动"显示比例"滑块，可以设置幻灯片的显示比例；单击"缩放级别"按钮，在如图 15-25 所示的"缩放"对话框中，可以自定义显示比例。

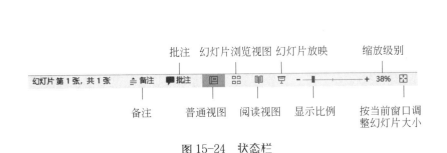

图 15-24 状态栏

图 15-25 自定义显示比例

单击"按当前窗口调整幻灯片大小"按钮，自动调整幻灯片大小，使幻灯片恰好能在当前窗口中完全显示。

15.3 幻灯片的基本操作

演示文稿由幻灯片组成，因此制作演示文稿的过程就是编辑幻灯片的过程。

15.3.1 选定幻灯片

选中要编辑的幻灯片，是编辑演示文稿的第一步。在普通视图、大纲视图和幻灯片浏览视图中都可以很方便地选择幻灯片。

在普通视图左侧窗格中单击幻灯片缩略图，即可选中指定的幻灯片。选中的幻灯片缩略图四周显示橙色边框，右侧窗格中显示当前幻灯片，如图 15-26 所示。

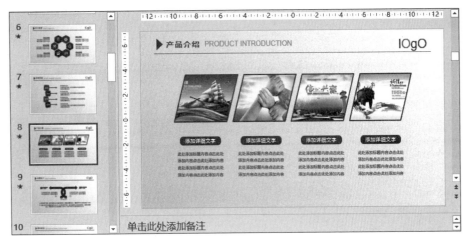

图 15-26 在普通视图中选中幻灯片

提示: 选中一张幻灯片后,按住键盘上的 Shift 键单击另一张幻灯片,可以选中两张幻灯片之间(并包含这两张)的所有幻灯片。如果按住 Ctrl 键,可选中不连续的多张幻灯片。

在大纲视图的左侧窗格中单击幻灯片编号右侧的图标,可选中对应的幻灯片,如图 15-27 所示。在右侧窗格中可以编辑幻灯片内容。

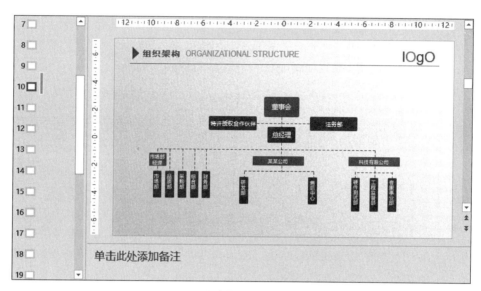

图 15-27　在大纲视图中选择幻灯片

在"幻灯片浏览"视图中单击幻灯片缩略图,即可选中对应的幻灯片,但不能编辑幻灯片的内容。

15.3.2　增删幻灯片

新建的空白演示文稿默认只有一张幻灯片,在实际应用中需要在演示文稿中添加幻灯片,以演示要表达的多个论点。通常在普通视图或大纲视图中新建幻灯片,有以下几种常用的操作方法。

(1)切换到普通视图或大纲视图,在左侧窗格中的幻灯片缩略图上右击,在弹出的快捷菜单中选择"新建幻灯片"命令,即可在选中幻灯片的下方新建一张幻灯片。

(2)在普通视图或大纲视图的左侧窗格中,单击要插入新幻灯片的位置。例如,要在第一张和第二张幻灯片之间插入,则单击两张幻灯片缩略图之间的空白位置,此时,单击的位置出现一条橙色的横线,标记要插入的位置,如图 15-28 所示。在此处右击,在弹出的快捷菜单中选择"新建幻灯片"命令,即可插入一张幻灯片,且幻灯片重新编号。

新建的幻灯片默认保留与上一张幻灯片(非标题幻灯片)相同的版式。

(3)定位幻灯片插入点后,单击"开始"选项卡"幻灯片"功能组中的"新建幻灯片"下拉按钮,在如图 15-29 所示的版式下拉列表框中单击需要的版式,即可新建一张指定版式的幻灯片。

不再需要的幻灯片应及时删除,以免影响展示效果。

选中要删除的幻灯片之后,直接按键盘上的 Delete 键;或右击,在弹出的快捷菜单中选择"删除幻灯片"命令,即可删除选中的幻灯片,其他幻灯片的编号自动重新排序。

图 15-28　定位要插入的位置

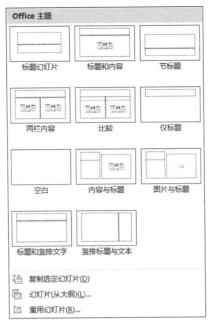

图 15-29　幻灯片的版式列表

使用大纲插入幻灯片

如果已使用 Word 或记事本编排了演示大纲，使用 PowerPoint 2019 可轻松将大纲转换为幻灯片插入演示文稿。

（1）选中要插入幻灯片的位置，在"开始"选项卡中单击"新建幻灯片"下拉按钮，在下拉菜单中选择"幻灯片（从大纲）"命令。

（2）在弹出的"插入大纲"对话框中浏览并选取大纲文件。

大纲文件可以是 Word 文档、文本文件和 RTF 等多种格式的文档。

（3）单击"插入"按钮，即可在当前选中幻灯片下方插入多张幻灯片，并在幻灯片中填充大纲内容。插入幻灯片之后的大纲视图如图 15-30 所示。

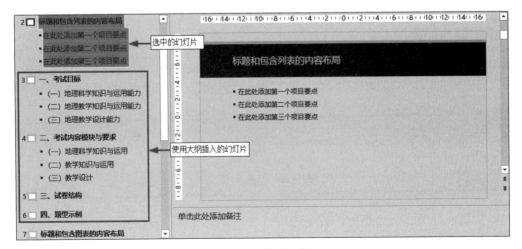

图 15-30　"大纲"视图

提示：

　　如果插入的大纲文件的层次多于五层，PowerPoint 2019 自动将第五层以上的内容转变成第五层的内容。

15.3.3　更改幻灯片版式

　　新建的幻灯片版式默认使用版式列表中的第一种内容版式，或与上一张幻灯片（非标题幻灯片）的版式相同。用户可以根据要编排的内容修改幻灯片版式。

　　（1）选中要修改版式的幻灯片，在"开始"选项卡"幻灯片"功能组中单击"版式"下拉按钮，打开版式下拉列表框，如图 15-31 所示。

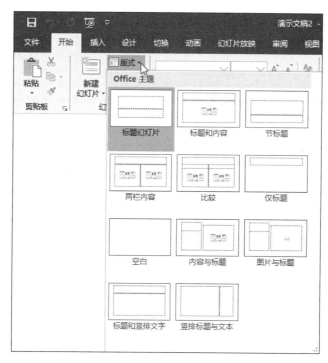

图 15-31　版式下拉列表框

　　（2）单击需要的版式，即可应用指定的版式。

15.3.4　调整幻灯片的顺序

　　默认情况下，幻灯片从第一张顺序播放到最后一张，因此调整幻灯片的顺序可以改变幻灯片的播放流程。

　　（1）在普通视图或大纲视图左侧窗格中选中要移动位置的幻灯片。

　　（2）按下鼠标左键拖动到目的位置释放，即可移动幻灯片到指定位置，且幻灯片序号重新编号，如图 15-32 所示。

15.3.5　复制幻灯片

　　如果演示文稿中有版式或内容相同的多张幻灯片，复制幻灯片可以提高工作效率。在 PowerPoint 2019 中复制幻灯片有多种方法。

　　（1）选择要复制的一张或多张幻灯片。

　　（2）执行以下操作之一。

图 15-32　移动幻灯片

❖ 右击，在弹出的快捷菜单中选择"复制幻灯片"命令，即可在选中幻灯片下方生成一个幻灯片副本。

❖ 单击"插入"选项卡中的"新建幻灯片"命令，在下拉菜单中选择"复制选定幻灯片"命令，或者直接按快捷键 Ctrl+ D，可在选定的幻灯片之后直接插入副本。

❖ 按住键盘上的 Ctrl 键的同时，按下鼠标左键拖动到目标位置释放，可复制幻灯片到指定位置。

如果要在其他位置制作幻灯片副本，右击，在弹出的快捷菜单中选择"复制"命令，然后右击要生成副本的位置，在快捷菜单中的"粘贴选项"中选择"保留源格式"命令，如图 15-33 所示。

图 15-33　选择粘贴选项

在不同演示文稿之间复制幻灯片

（1）打开要使用的所有演示文稿。

（2）在"视图"选项卡的"窗口"功能组中单击"全部重排"命令，所有演示文稿并排显示，如图 15-34 所示。

（3）选中要复制的一张或者多张幻灯片，按下鼠标左键拖动至目标演示文档释放，即可复制幻灯片。副本自动套用当前演示文稿的主题，下方显示粘贴选项，如图 15-35 所示。

粘贴选项默认为"使用目标主题"，因此幻灯片副本默认与源幻灯片的版式一样，但配色和背景等主题保留目标幻灯片的格式。如果选择"保留源格式"选项，则副本的版式和主题与源幻灯片相同，如图 15-36 所示。

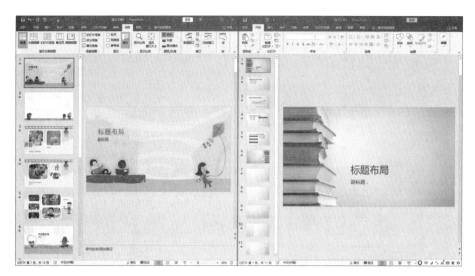

图 15-34　全部重排打开的演示文稿

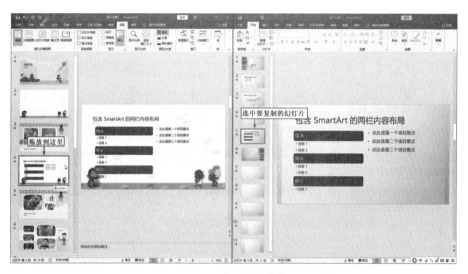

图 15-35　在不同演示文稿中复制幻灯片

图 15-36　保留源格式的副本

15.3.6 浏览幻灯片

查看一个演示文稿时，使用文档编辑窗口右侧的垂直滚动条可以快速浏览演示文稿中的幻灯片。

打开一个演示文稿，在滚动条上按下鼠标左键不放，显示"幻灯片：14/31"，如图 15-37 所示。表示当前演示文稿一共有 31 张幻灯片，当前是第 14 张。

按下鼠标左键拖动，可以按顺序切换幻灯片。

单击垂直滚动条下方如图 15-38 所示的"上一张幻灯片"按钮 ▲ 或"下一张幻灯片"按钮 ▼，可以在幻灯片之间进行导航；按键盘上的 PgUp 键和 PgDn 键可以实现同样的功能。

按键盘上的 Home 键或 End 键，可以转到第一张或者最后一张幻灯片。

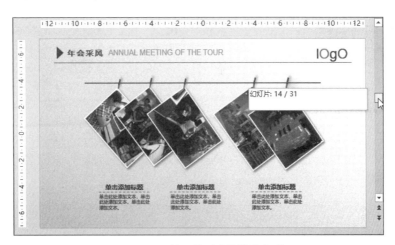

图 15-37　使用滚动条浏览幻灯片

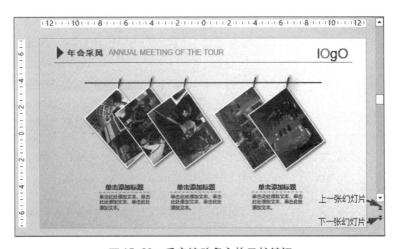

图 15-38　垂直滚动条上的导航按钮

15.3.7 幻灯片分节

在 PowerPoint 2019 中，使用"节"可以将演示文稿按内容划分为多个部分，将幻灯片整理成组并命名，便于在幻灯片中导航或与他人进行协作。

（1）打开一个演示文稿，并切换到幻灯片浏览视图。

提示：

在普通视图中也可以添加节，如果希望按自定义的逻辑类别对幻灯片进行组织和分类，幻灯片浏览视图更为方便。

（2）在要进行分节的位置右击，在弹出的快捷菜单中选择"新增节"命令，插入点之前的幻灯片自动组织为"默认节"，插入点生成一个名为"无标题"的节标志，并打开"重命名节"对话框，如图 15-39 所示。

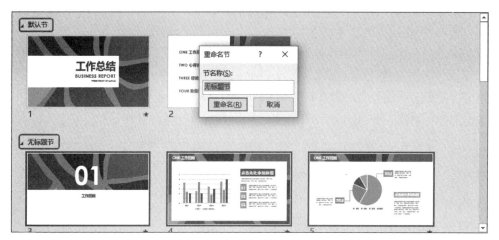

图 15-39　"重命名节"对话框

（3）输入节名称（例如"公司与团队"）后单击"重命名"按钮，即可重命名指定的节名称，且当前节中的幻灯片自动全部选中，如图 15-40 所示。

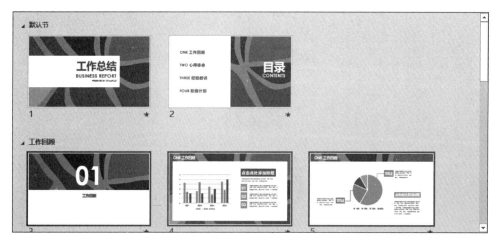

图 15-40　重命名节

　　如果要修改节名称，在节名称上右击，在弹出的快捷菜单中选择"重命名节"命令，可打开"重命名节"对话框进行修改。

（4）按照第（2）步和第（3）步的方法，可以将幻灯片划分为多个节进行管理。

　　使用节对幻灯片进行分组后，可以折叠或展开节内容，以查看演示文稿的主体结构或具体内容。

（5）单击要折叠的节名称左侧的三角图标按钮，即可折叠节内容。此时，节名称右侧显示折叠的幻灯片张数，如图 15-41 所示。再次单击此按钮，即可展开对应节中的幻灯片。

　　如果要折叠或展开当前演示文稿中的所有节，可以在任意一个节名称上右击，在弹出的快捷菜单中选择"全部折叠"命令或"全部展开"命令。

　　对演示文稿进行分节后，还可随时根据演讲需要调整节的顺序。

（6）在需要调整顺序的节名称上右击，在弹出的快捷菜单中选择"向上移动节"或"向下移动节"命令。或者在需要调整顺序的节名称上按下鼠标左键拖动到目标位置释放。

　　如果不再需要使用节管理幻灯片，可以删除节标志。

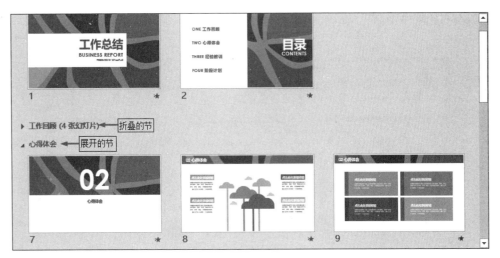

图 15-41　折叠节

在要删除的节名称上右击弹出快捷菜单，根据需要选择相应的删除命令。

❖ 如删除节：仅删除指定的节标记，该节中的幻灯片自动合并到上一节中。

❖ 删除节和幻灯片：删除指定节标志的同时，节中的所有幻灯片也一并删除。

❖ 删除所有节：删除当前演示文稿中的所有节标记。

15.4　实例精讲——制作述职报告

述职报告是任职者陈述自己任职情况，评议自己任职能力，接受上级领导考核和群众监督的一种应用文，具有汇报性和总结性的特点。使用演示文稿能更生动、形象地表述报告内容。

　　　　　本节练习制作一个简单的述职报告演示文稿，通过对操作步骤的详细讲解，读者可进一步掌握复制和移动幻灯片、修改幻灯片版式、通过添加节管理幻灯片等知识点，及相关的操作方法。

15-1　实例精讲——制作述职报告

　　　　　首先打开一个已完成基本布局和内容的演示文稿，分别通过三种方式复制和移动过渡页；然后修改内容页的版式；最后添加节对幻灯片进行分组，并通过节标记快速定位并浏览指定的幻灯片内容。

操作步骤

（1）打开已创建幻灯片基本布局和内容的演示文稿"述职报告初始 .pptx"，切换到幻灯片浏览视图，可以查看演示文稿的所有幻灯片，如图 15-42 所示。

本例打开的文档是一个结构完整的演示文稿，包含封面、目录、过渡页、内容页，以及封底。从目录页可以看出，该演示文稿包含 4 个演讲主题，但只有一个过渡页。此外，内容页采用了默认的"空白"版式，页面风格与其他页面不统一。接下来的步骤解决上述问题，完善演示文稿。

首先制作其他过渡页。由于过渡页的风格通常一致，因此可以采用复制的方法实现。

（2）单击幻灯片编号为 3 的第一个过渡页，按下 Ctrl 键的同时，按下鼠标左键拖动幻灯片至编号为 4 的幻灯片右侧，然后释放鼠标和 Ctrl 键。此时，在编号为 4 的幻灯片右侧生成一个过渡页副本，且之后的幻灯片自动重新编号，如图 15-43 所示。

由于在幻灯片浏览视图中不能编辑幻灯片中的页面对象，因此要切换到普通视图或大纲视图进行修改。

（3）单击"视图"选项卡中的"普通"按钮，切换到普通视图。在左侧窗格中选中编号为 5 的幻灯片缩略图，然后在右侧窗格中修改文本框中的文本内容，如图 15-44 所示。

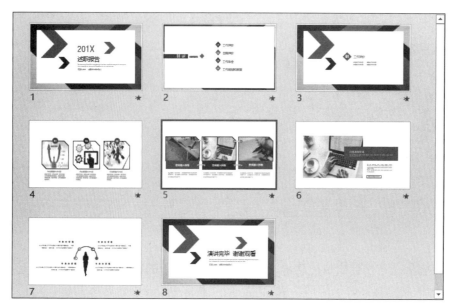

图 15-42　幻灯片浏览视图

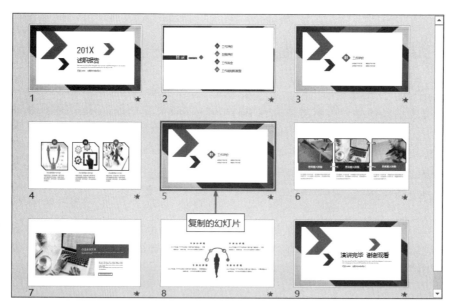

图 15-43　复制过渡页

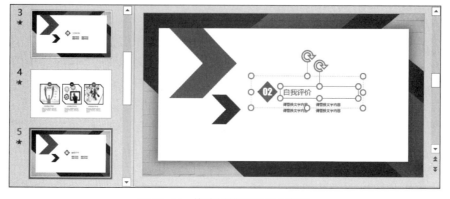

图 15-44　修改过渡页的文本内容

（4）在左侧窗格中右击编号为 5 的幻灯片缩略图，在弹出的快捷菜单中选择"复制幻灯片"命令，将在下方生成一个幻灯片副本，并显示为当前幻灯片，如图 15-45 所示。

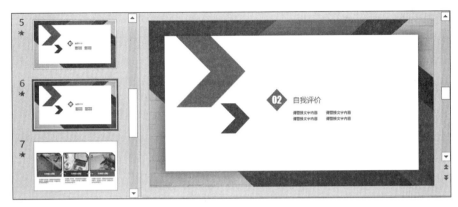

图 15-45　复制幻灯片

（5）在右侧窗格中修改幻灯片中的文本内容，然后在左侧窗格中将其拖放到编号为 7 的幻灯片下方，幻灯片编号将自动重排，如图 15-46 所示。

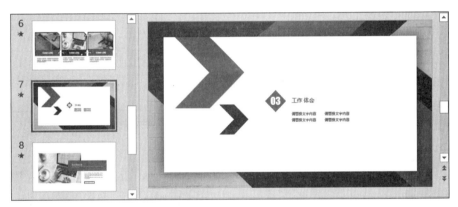

图 15-46　移动幻灯片

（6）在左侧窗格中右击编号为 7 的幻灯片，在弹出的快捷菜单中选择"复制"命令。然后单击编号为 8 和 9 之间的空白区域，再次右击打开快捷菜单，选择"粘贴选项"→"保留源格式"命令，如图 15-47 所示，即可在指定位置插入一个副本。

图 15-47　以"保留源格式"方式粘贴幻灯片

（7）修改粘贴的幻灯片中的文本内容。

至此，过渡页制作完成。接下来修改内容页的版式。

（8）选中要修改版式的幻灯片，例如编号为 4 的幻灯片，如图 15-48 所示。

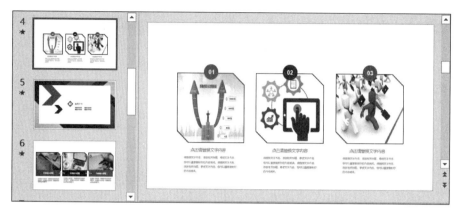

图 15-48　幻灯片的初始效果

（9）在"开始"选项卡的"版式"下拉列表框中选择需要的版式，即可应用指定的版式，效果如图 15-49 所示。

提示：　　　本例中选择的版式是已在母版中定义的相关的版式，并非 PowerPoint 2019 内置的版式。有关自定义版式的操作将在第 17 章进行讲解。

（10）使用与第（8）步和第（9）步相同的操作，修改其他内容页的版式，效果如图 15-50 所示。

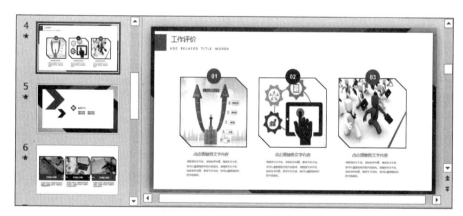

图 15-49　修改版式的效果（一）

图 15-50　修改版式的效果（二）

　　尽管目前演示文稿的结构已很完整，但为方便浏览和管理幻灯片，还可以添加节，将幻灯片进行分组。

　　（11）在左侧窗格中右击第3张幻灯片，在弹出的快捷菜单中选择"新增节"命令。然后在弹出的"重命名节"对话框中输入节名称，如图15-51所示。

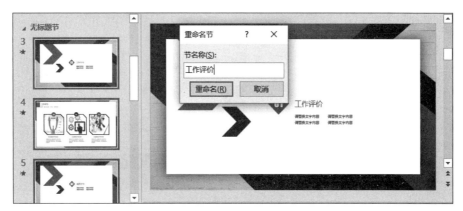

图15-51　指定节名称

　　（12）单击"重命名"按钮，即可在指定幻灯片上方插入一个命名节标记；选定幻灯片之前的幻灯片则命名为"默认节"，如图15-52所示。

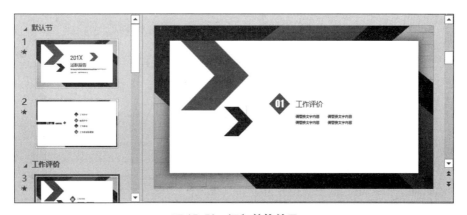

图15-52　添加节的效果

　　（13）在第4张幻灯片和第5张幻灯片之间右击，在弹出的快捷菜单中选择"新增节"命令。然后输入节名称，重命名节，效果如图15-53所示。

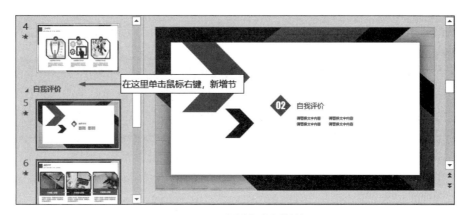

图15-53　在插入点新增节

接下来修改默认节的名称。

（14）在左侧窗格的"默认节"标记上右击，在弹出的快捷菜单中选择"重命名节"命令，然后在"重命名节"对话框中输入节名称，如图 15-54 所示。单击"重命名"按钮，即可修改节名称。

图 15-54　重命名节

使用节管理幻灯片，可以快速定位到指定位置，很方便地查看指定主题的幻灯片。

（15）在普通视图的左侧窗格中单击节标记，即可自动定位到指定节，并选中该节中所有的幻灯片，如图 15-55 所示。

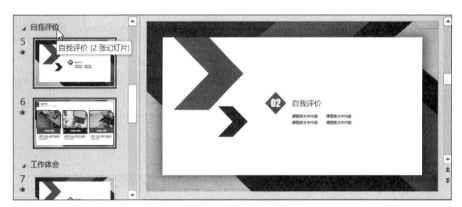

图 15-55　使用节标记浏览幻灯片

答 疑 解 惑

1. PowerPoint 2019 默认的主题是彩色的，可以更改 PowerPoint 2019 的主题吗？

答：可以更改。

（1）单击"文件"选项卡中的"选项"命令，打开"PowerPoint 选项"对话框。

（2）在"Office 主题"下拉列表框中可以选择其他主题，例如深灰色、黑色或白色。

2. 由于系统故障或突然断电，制作的演示文稿没有保存，怎样恢复最近的演示文稿？

答：PowerPoint 2019 具有自动恢复未保存的演示文稿功能，默认能恢复十分钟之前的幻灯片。

（1）单击"文件"选项卡中的"选项"命令，打开"PowerPoint 选项"对话框。

（2）在分类列表中单击"保存"分类，在右侧的"自动恢复文件位置"文本框中可以查看恢复文件自动保存的位置。

（3）复制自动保存的路径，然后返回到 PowerPoint 应用程序界面。

（4）执行"文件"选项卡中的"打开"命令，在"打开"窗格中选择"这台电脑"或"浏览"命令，然后在"打开"对话框顶部的地址栏中粘贴复制的路径,并按 Enter 键。

（5）在定位到的文件保存位置打开文件,即可恢复指定的文件。

3．在 PowerPoint 2019 中精心制作的演示文稿分发给同事时,却因对方计算机上的 Office 版本太低不能正常播放,如何解决?

答:考虑到目前使用 Office 97-2003 的用户不在少数,在保存分发演示文稿时,可以保存为较低版本,方便其他用户观看。

（1）单击"文件"选项卡中的"另存为"命令,在"另存为"任务窗格中选择保存位置,弹出"另存为"对话框。

（2）在"保存类型"下拉列表框中选择"PowerPoint 97-2003 演示文稿（*.ppt）",输入文件名后,单击"保存"按钮。

读者要注意的是,将演示文稿另存为较低的版本后,2019 版本中的一些动画效果和嵌入的音频或视频文件可能不能正常播放。

4．如果一个文件夹中的演示文稿很多,要打开某一个演示文稿却不记得文件名称,能不能像预览图片一样,在资源管理器中查看演示文稿的预览图?

答:执行以下操作可以查看演示文稿的预览图。

（1）单击"文件"选项卡中的"信息"选项,打开"信息"任务窗格。

（2）单击右侧窗格中的"属性"下拉按钮,在弹出的下拉菜单中选择"高级属性"命令,如图 15-56 所示。

（3）在打开的对话框底部选中"保存预览图片"复选框,如图 15-57 所示。然后单击"确定"按钮关闭对话框。

图 15-56　选择"高级属性"命令

图 15-57　设置高级属性

（4）在文件所在的文件夹中，单击"查看"选项卡，在"布局"区域设置以图标显示文档，即可查看文件的预览图，通常为演示文稿的标题幻灯片。

5. PowerPoint 2019 默认的撤销步数为 20 步，可以修改撤销的操作步骤数吗？

答：执行以下操作步骤可以修改撤销的步骤数。

（1）单击"文件"选项卡中的"选项"命令，打开"PowerPoint 选项"对话框。

（2）切换到"高级"分类，在"编辑选项"区域的"最多可取消操作数"数值框中输入数字。

（3）设置完成后，单击"确定"按钮关闭对话框。

6. 在制作演示文稿时，要用到其他演示文稿中的幻灯片，怎样将需要的幻灯片快速复制到当前演示文稿中？

答：使用重用幻灯片功能可以解决这个问题，方法如下。

（1）在普通视图或大纲视图的左侧窗格中，单击设置要复制幻灯片的插入点。

（2）单击"插入"选项卡中的"新建幻灯片"命令，在弹出的下拉菜单中选择"重用幻灯片"命令，打开如图 15-58 所示的"重用幻灯片"面板。

（3）单击"浏览"按钮，选中要引用的幻灯片所在的演示文稿。此时，"重用幻灯片"面板中将显示指定演示文稿中所有幻灯片的缩略图，如图 15-59 所示。

图 15-58 "重用幻灯片"面板

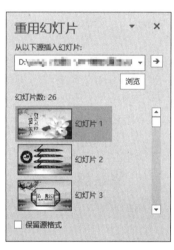

图 15-59 "重用幻灯片"面板 2

（4）单击需要的幻灯片，即可在当前演示文稿中插入选中的幻灯片，且默认套用当前演示文稿的主题和格式。单击"重用幻灯片"面板底部的"保留源格式"复选框，则插入的幻灯片将保留原有的主题和格式。

学习效果自测

一、选择题

1. 演示文稿的基本组成单元是（　　）。
    A. 文本　　　　　　　　B. 图形　　　　　　　　C. 超链点　　　　　　　　D. 幻灯片
2. PowerPoint 2019 中，当前处理的演示文稿文件名称显示在（　　）。
    A. 工具栏　　　　　　　B. 菜单栏　　　　　　　C. 标题栏　　　　　　　　D. 状态栏
3. 新建一个演示文稿后需要保存，PowerPoint 2019 默认的保存类型为（　　）。
    A. 演示文稿　　　　　　　　　　　　　　B. Windows 图元文件
    C. PowerPoint 放映　　　　　　　　　　D. 演示文稿设计模板

4. 在 PowerPoint 2019 的（　　　）视图中，可以用拖动方法改变幻灯片的顺序。

    A. 阅读　　　　　　　　　B. 备注页　　　　　　　C. 幻灯片浏览　　　　　　D. 幻灯片放映

5. 在 PowerPoint 2019 中，可以对幻灯片进行移动、删除、添加、复制、设置动画效果，但不能编辑幻灯片中具体内容的视图是（　　　）。

    A. 大纲视图　　　　　　　B. 幻灯片浏览视图　　　C. 普通视图　　　　　　　D. 以上三项均不能

6. 在（　　　）视图中，用户可以看到 PowerPoint 编辑窗口变成上下两部分，上部分是幻灯片，下部分是文本框，用于记录讲演时所需的一些提示重点。

    A. 备注页　　　　　　　　B. 幻灯片浏览　　　　　C. 普通　　　　　　　　　D. 大纲

7. 在幻灯片浏览视图中要选定连续的多张幻灯片，先选定起始的一张幻灯片，然后按（　　　）键，再选定末尾的幻灯片。

    A. Ctrl　　　　　　　　　B. Enter　　　　　　　　C. Alt　　　　　　　　　D. Shift

8. 在幻灯片浏览视图下，按下 Ctrl 键拖动某张幻灯片，可以完成（　　　）操作。

    A. 移动幻灯片　　　　　　B. 复制幻灯片　　　　　C. 删除幻灯片　　　　　　D. 选定幻灯片

9. PowerPoint 2019 中，使用快捷键（　　　）可快速复制一张同样的幻灯片。

    A. Ctrl+C　　　　　　　　B. Ctrl+X　　　　　　　C. Ctrl+V　　　　　　　D. Ctrl+D

10. 在幻灯片浏览视图中复制幻灯片，然后执行"粘贴"命令，其结果是（　　　）。

    A. 将复制的幻灯片粘贴到所有幻灯片的前面

    B. 将复制的幻灯片粘贴到所有幻灯片的后面

    C. 将复制的幻灯片粘贴到当前选定的幻灯片之后

    D. 将复制的幻灯片粘贴到当前选定的幻灯片之前

二、填空题

1. PowerPoint 2019 的工作界面由_____、_____、_____、_____和_____组成。

2. 普通视图的左侧窗格显示_____，右侧窗格显示_____。

3. PowerPoint 2019 的演示文稿具有_____、_____、_____、_____和_____等 5 种视图。

4. PowerPoint 2019 系统默认的视图方式是_____。

5. 幻灯片浏览视图以_____形式显示当前演示文稿中的所有幻灯片。

6. 在 PowerPoint 2019 中粘贴幻灯片时默认使用_____，幻灯片副本的版式、配色和背景等都将保留_____的格式。

三、操作题

套用联机模板"徽章"新建一个演示文稿，然后执行以下操作。

（1）分别使用菜单命令和右键菜单新建幻灯片。

（2）选中不连续的两张幻灯片，将幻灯片版式修改为"带题注的内容"。

（3）分别使用右键菜单和快捷键复制幻灯片。

（4）分别在普通视图和幻灯片浏览视图中移动幻灯片。

第 16 章

加工处理文本

本章导读

文本是传递信息的一种常用且很重要的媒介，演示文稿一般都包含一定数量的文本。PowerPoint 包含了几乎所有的文字处理功能，利用不同的编排方式合理组织文本，即使纯文本幻灯片也可以做到层次清晰、富有设计感。

学习要点

- ❖ 输入并格式化文本
- ❖ 使用大纲视图编辑文本
- ❖ 创建列表
- ❖ 实例精讲——科研工作会议简报

16.1   输入并格式化文本

PowerPoint 提供了丰富的文字处理功能，在普通视图中，可以很直观地创建"所见即所得"的文本效果。

16.1.1   在占位符中输入文本

所谓占位符，是指幻灯片版式的结构图中包括的矩形虚线框，可以用于填入标题、文本、图片、图表、SmartArt 和表格等，如图 16-1 所示。所有的占位符都有提示文字，按照文字提示即可修改文稿内容。

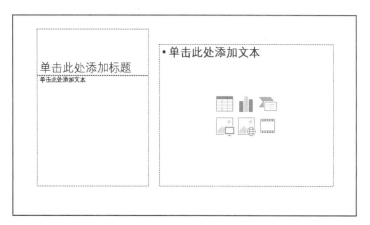

图 16-1   幻灯片中的占位符

在占位符中添加文本的方法与其他文本处理工具相同，操作步骤如下。

（1）设置插入点。单击文本占位符中的任意位置，占位符中的占位文本消失，出现一个闪烁的插入点。

（2）输入文本内容。输入的文本到达占位符边界时，PowerPoint 将自动转行，也可以按 Enter 键强制换行。

    在 PowerPoint 2019 中输入文本时只能用插入方式，不能用改写方式，按 Insert 键也不能将插入方式切换为改写方式。

如果在项目列表占位符（例如图 16-1 中右侧的占位符）中输入文本，按 Enter 键将开始一个新的列表项。

（3）输入完毕，单击幻灯片的空白区域。

（4）选中要设置格式的文本，将弹出如图 16-2 所示的快速格式工具栏，可以很便捷地设置文本格式。如果要设置更多的文本格式，可以利用"开始"选项卡"字体"功能组中的按钮，如图 16-3 所示。

图 16-2   快速格式工具栏

图 16-3   "字体"工具栏

对于其中的绝大多数按钮，读者都不会感到陌生，下面简要介绍几个不太常用，但作用强大的按钮的功能。

❖ "增大字号"按钮 A 和"减小字号"按钮 A：单击可以将字号增大或减小 4 号。

❖ "文字阴影"按钮 S：在所选文本后面添加阴影，使文本更醒目。

❖ "删除线"按钮 abc：在所选文本中间显示一条删除线。

❖ "更改大小写"按钮 Aa：将选定文本更改为大写、小写或其他常见的大小写方式。

❖ "清除所有格式"按钮 ：清除所选文本的所有格式。

如果要更全面地设置文本格式，例如上标、下标或双删除线，可以单击"字体"功能组右下角的扩展按钮 ，打开如图 16-4 所示的"字体"对话框进行设置。

图 16-4 "字体"对话框

替换演示文稿中的字体

如果要将演示文稿内的某种字体的文本全部替换为另一种字体，逐页逐个进行修改不仅花费时间精力，还容易遗漏。使用"替换字体"功能可以轻松解决这个问题。

（1）打开要修改字体的演示文稿。

（2）在"开始"选项卡的"编辑"区域单击"替换"下拉按钮，在弹出的下拉菜单中选择"替换字体"命令，如图 16-5 所示，弹出"替换字体"对话框。

（3）在"替换"下拉列表框中选择要替换的字体；在"替换为"下拉列表框中选择要应用的新字体，如图 16-6 所示。

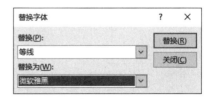

图 16-5 选择"替换字体"命令　　　　　　图 16-6 "替换字体"对话框

（4）单击"替换"按钮替换字体，然后单击"关闭"按钮关闭对话框。

16.1.2 使用文本框添加文本

如果要在占位符之外添加文本，可以使用文本框。文本框是一种显示文本的容器，可以自由灵活地移动、调整大小，创建风格各异的文本布局。

（1）切换到"插入"选项卡，在"文本"功能组中单击"文本框"下拉按钮，在如图16-7所示的下拉菜单中选择一种文本框样式。

两种文本框的不同点在于，横排文本框中的文本从左至右横向排列；竖排文本框中的文本自右向左纵向排列。

（2）当鼠标指针变成↓（选择"绘制横排文本框"）或←（选择"竖排文本框"）形状时，按下鼠标左键拖动绘制合适大小的文本框，或者直接单击，即可插入文本框，如图16-8所示。

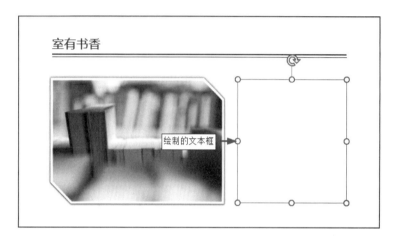

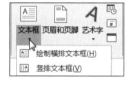

图 16-7 "文本框"下拉菜单

图 16-8 绘制文本框

提示： 按下鼠标左键拖动绘制的文本框是可以自动换行的固定宽度文本框，也就是说，当输入的文本宽度超出文本框宽度时，将自动换行；直接单击插入的是可变宽度文本框，宽度将随输入文本的长度自动扩充，不会自动换行，要按 Enter 键强制换行。如果改变可变宽度文本框的大小，则文本框变为固定宽度，不再自适应输入的文本宽度。

（3）在光标闪烁的位置输入文本，完成输入后，单击文本框之外的任意位置或者按 Esc 键，退出文本输入状态。

注意 文本框中的文本不显示在演示文稿的大纲中。

选中文本框之后，在菜单功能区可以看到如图16-9所示的"绘图工具/格式"选项卡。通过设置文本框的填充颜色和边框样式等效果，可以创建丰富多彩的文本样式。

图 16-9 "绘图工具/格式"选项卡

（4）选中要设置格式的文本框，单击"形状样式"列表框右下角的"其他"下拉按钮，在弹出的形状样式列表中单击一种样式，即可应用指定的样式。

指定文本自动扩展方向

默认情况下，当文本框中的文本内容超出文本框高度时，文本框将自动向下扩展。如果要指定文本框扩展的方向，可以执行以下操作。

（1）在"设置形状格式"面板中切换到如图 16-10 所示的"大小和属性"选项卡，选中"根据文字调整形状大小"复选框。

图 16-10 "大小和属性"选项卡

（2）在"垂直对齐方式"下拉列表框中选择文本的垂直对齐方式。

"顶端对齐"或"顶部居中"：文本内容超出文本框高度时，文本或文本框将向下方扩展。

"中部对齐"或"中部居中"：文本内容超出文本框高度时，文本或文本框将向上、下两个方向扩展。

"底端对齐"或"底部居中"：文本内容超出文本框高度时，文本或文本框将向上扩展。

修改文本框默认格式

为统一演示文稿的风格，通常会将相同用途的文本框设置为相同的格式，例如字体、字号、文本框的填充和边框效果。逐个设置文本框格式显然很烦琐，如果在插入文本框时设置文本框的默认格式，可以使后续插入的文本框自动应用指定的格式，事半功倍。

（1）插入一个文本框，设置文本框及文本格式。

（2）在文本框上右击，在弹出的快捷菜单中选择"设置为默认的文本框"命令。

（3）在演示文稿中插入新的文本框，并输入文本。可以看到新插入的文本框自动应用与指定文本框相同的格式设置。

16.1.3　插入特殊字符和公式

PowerPoint 2019 提供了插入符号的功能，可直接插入各种特殊字符。

（1）单击要插入特殊符号的占位符或文本框，设置插入点。

 注意　符号和公式都应在文本输入状态下插入，如果没有选中文本框或占位符等文本载体，"符号"按钮将显示为灰色，不可用。

（2）切换到"插入"选项卡，在"符号"功能组中单击"符号"按钮，弹出如图 16-11 所示的"符号"对话框。

图 16-11　"符号"对话框

（3）在对话框左上角的下拉列表框中选择字体，在右上角的"子集"下拉列表框中选择符号所属类别。

 提示：　不同的字体对应的子集也不相同，某些特殊字符可能只在某种字体下存在。

（4）在符号列表中选择需要的符号后，单击"插入"按钮，选中的符号将显示在"近期使用过的符号"列表中。此时，"取消"按钮变为"关闭"按钮，如图 16-12 所示。

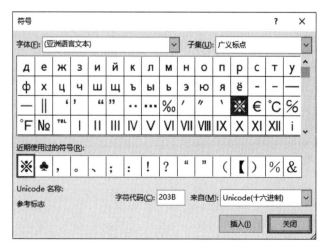

图 16-12　"符号"对话框 2

（5）单击"关闭"按钮关闭对话框，即可插入指定的特殊字符。

如果要进行比较专业的学术演讲或研究汇报，通常会涉及一些数学公式。PowerPoint 2019 提供了强大的公式编辑功能，可以直接插入常用的公式，也可以使用内置的数学符号和结构构造公式，甚至可以使用墨迹工具手写输入公式。

（6）在"插入"选项卡的"符号"功能组中单击"公式"下拉按钮，弹出如图 16-13 所示的下拉列表框。

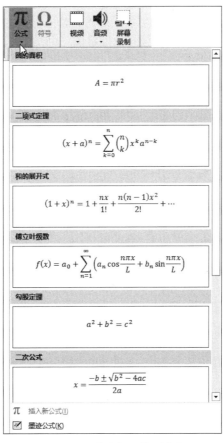

图 16-13 "公式"下拉列表框

（7）如果需要内置的数学公式，单击即可插入指定的公式。

（8）如果内置的公式列表中没有需要的公式，则选择"插入新公式"命令。

此时，占位符或文本框中将显示公式的占位文本"在此处键入公式。"，如图 16-14 所示。

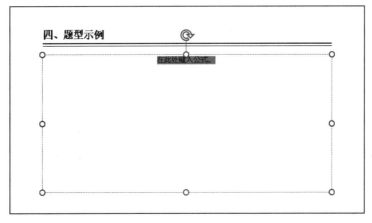

图 16-14 插入的新公式占位符

（9）选中公式占位文本，在菜单功能区可以看到如图 16-15 所示的"公式工具 / 设计"选项卡。选择需要的结构和符号，并输入数字，完成公式输入。

图 16-15 "公式工具 / 设计"选项卡

如果觉得频繁地选择结构和符号比较烦琐，还可以使用墨迹工具"手写"公式，PowerPoint 2019 可以对墨迹公式进行很好的识别，并转换为标准的公式。

（10）在占位符或文本框中设置插入点之后，单击"插入"选项卡中的"公式"下拉按钮，在弹出的下拉菜单中选择"墨迹公式"命令，打开如图 16-16 所示的"数学输入控件"对话框。

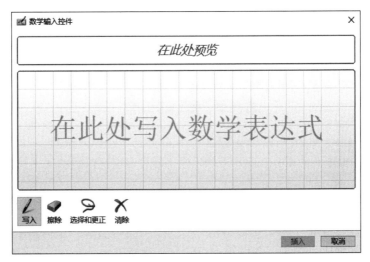

图 16-16 "数学输入控件"对话框

（11）按下鼠标左键拖动"书写"公式，对话框顶部的预览区域将显示识别的结果，如图 16-17 所示。

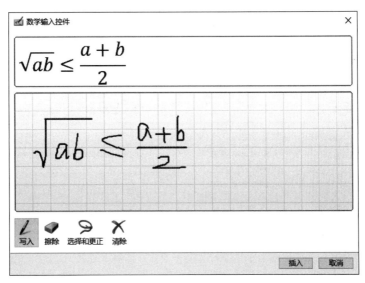

图 16-17 书写墨迹公式

如果识别有误，单击对话框底部的"擦除"按钮后单击要擦除的笔划，然后单击"写入"按钮重新书写。或者单击"选择和更正"按钮后单击要修改的笔划，在弹出的下拉菜单中选择正确的书写方式，如图 16-18 所示。

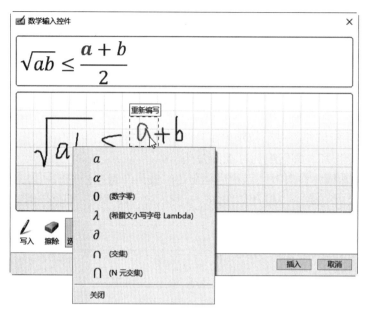

图 16-18　选择和更正笔划

如果要删除书写的墨迹，重新书写，则单击对话框底部的"清除"按钮。

（12）更正完成后，单击"插入"按钮关闭对话框，即可在指定位置插入书写的公式。

16.1.4　添加备注

备注是用于对幻灯片内容进行解释、说明或补充的文字材料，以提示并辅助演示者完成演讲。

（1）切换到普通视图或大纲视图，在编辑窗口的右下窗格中直接输入该页幻灯片的提示性文字、说明性文字，或幻灯片窗格无法容纳的详细内容等文本，如图 16-19 所示。

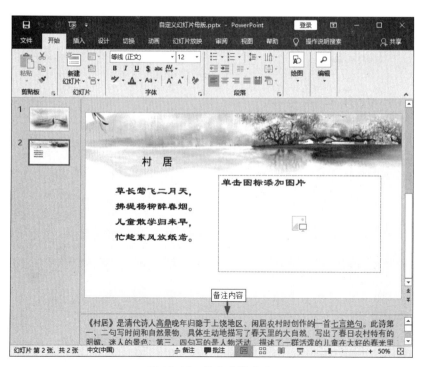

图 16-19　输入备注文本

注意 在备注窗格中不能插入图片、表格等内容。要插入这些内容，应使用备注页视图。

如果右下窗格不显示，单击状态栏上的"备注"按钮≜ 备注；拖动备注窗格顶部的分隔线，可以调整备注窗格的高度，如图16-20所示。

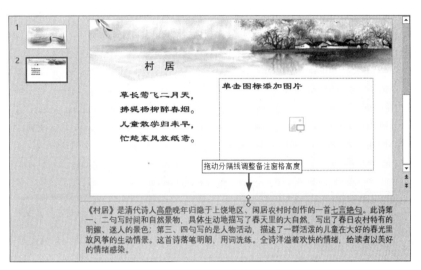

图16-20　调整备注窗格高度

在备注窗格中还可以设置文本格式、段落格式。不过有些格式设置在备注窗格中看不到效果，可以切换到备注页视图查看。

（2）选中备注文本，像格式化普通文本一样设置备注格式。

提示： 在备注页中设置的文本格式只能应用于当前页的备注，不会影响到其他备注页。如果要在每个备注页上都添加相同的内容，或使用统一的文本格式，可以使用备注母版。

16.1.5　设置段落缩进

段落缩进可以使演示文稿结构清晰、层次分明。使用标尺，可以很方便地设置段落的缩进格式。

（1）在要设置缩进格式的段落中单击，选中整个段落。

（2）在"视图"选项卡的"显示"功能组中选中"标尺"复选框，在文档编辑窗口显示标尺，如图16-21所示。

图16-21　显示标尺

（3）拖动标尺上的首行缩进符号，设置段落首行的缩进位置；拖动左缩进符号设置段落中其他行的左缩进位置，如图 16-22 所示。

图 16-22　水平标尺上的缩进符号

提示： 　　左缩进符号由一个三角滑块和一个矩形方块组成，拖动三角滑块，只调整首行以外的其他行的缩进，不影响首行缩进的位置；拖动矩形方块，首行缩进符号会随之移动，保持首行和其他行的相对位置不变。

使用制表符对齐文本

将光标放置在段落中，在水平标尺上除了缩进符号外，还可以看到一些黑色的短竖线，即默认制表符，如图 16-23 所示。

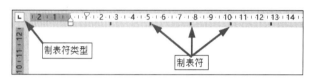

图 16-23　水平标尺上的默认制表符

如果默认的制表位不能满足设计需要，还可以自定义制表位的位置。

（1）选定要自定义制表位的文本。

（2）单击制表符类型图标，选择一种制表符类型。

单击水平标尺左端的制表符类型图标，可以在左对齐 └、居中 ┴、右对齐 ┘ 和小数点对齐 ┸ 之间依次切换。

（3）在标尺上单击要设置制表位的位置，即可在指定位置添加指定类型的制表符。其左侧的默认制表符自动清除，文本的格式按照新的制表符自动调整。

如果要清除自定义的制表位，只需要用鼠标将其拖离标尺即可。

16.1.6　修改行距和段间距

更改段落中的行距或者段落之间的段间距，可以使段落结构分明，增强可读性。

（1）选中段落，在"开始"选项卡的"段落"功能组中单击"行距"下拉按钮，弹出如图 16-24 所示的行距下拉列表框。

（2）在下拉列表框中可以选择常用的行距。

如果要自定义行距，选择"行距选项"命令，或者直接单击"段落"功能组右下角的扩展按钮 ⌐，打开如图 16-25 所示的"段落"对话框。

在"行距"下拉列表框中可以指定行距为多倍行距或某个固定值。

在"段前"和"段后"数值框中可以指定段前、段后的间距。

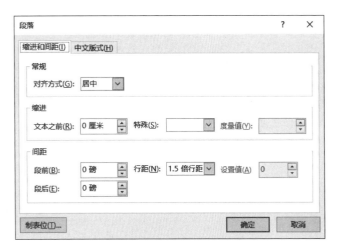

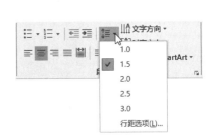

图 16-24　行距下拉列表框　　　　　　　　图 16-25　"段落"对话框

上机练习——读书分享会

　　本节练习制作读书分享会演示文稿的部分内容页。通过对操作步骤的详细讲解，读者可掌握在幻灯片中使用文本框添加文本、设置段落缩进和行距的方法。

16-1　上机练习——读书分享会

　　首先在占位符中输入文本，并设置文本格式；然后绘制一个文本框，在其中输入文本，并设置文本的字体、字号和颜色；最后打开"段落"对话框设置段落缩进方式和行距。演示文稿的最终效果如图 16-26 所示。

图 16-26　演示文稿效果

操作步骤

　　（1）打开一个已创建基本结构和布局的演示文稿，并定位到要插入文本的幻灯片，如图 16-27 所示。

提示：　　本例占位符中的文本显示为红色，是因为在母版中设置了标题占位符的格式。有关母版的操作参见下一章的介绍。

图 16-27 幻灯片初始状态

（2）在占位符中单击插入定位点，然后输入文本，效果如图 16-28 所示。

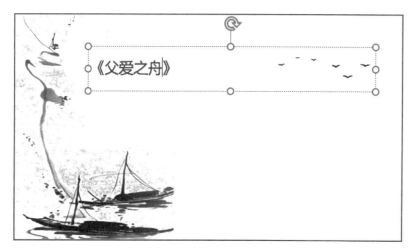

图 16-28 在占位符中输入文本

（3）切换到"插入"选项卡，在"文本"功能组单击"文本框"下拉按钮，在弹出的下拉菜单中选择"绘制横排文本框"命令。按下鼠标左键拖动，绘制一个文本框，如图 16-29 所示。

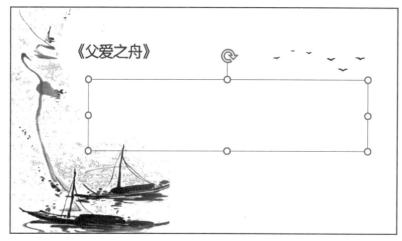

图 16-29 绘制横排文本框

（4）将光标定位在文本框中，输入要显示的文本内容，如图 16-30 所示。

（5）选中输入的文本，在弹出的快速格式工具栏中设置字体为"宋体"，字号为20，如图16-31所示。

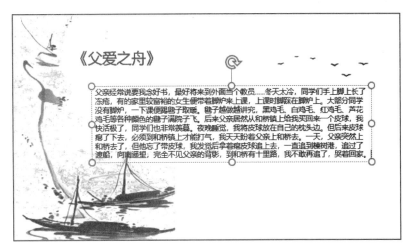

图 16-30　在文本框中输入文本

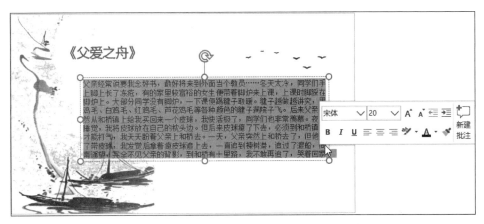

图 16-31　设置文本格式

（6）切换到"开始"选项卡，单击"段落"功能组右下角的扩展按钮，在打开的"段落"对话框中设置对齐方式为"两端对齐"，缩进方式为"首行"，段落之间的间距为0，行距为1.2倍，如图16-32所示。

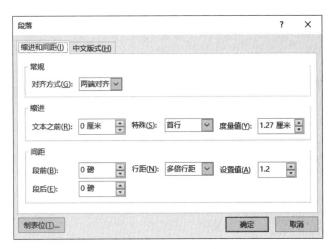

图 16-32　设置段落格式

（7）设置完成，单击"确定"按钮关闭对话框。此时的幻灯片效果如图 16-33 所示。

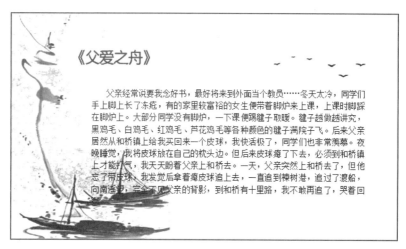

图 16-33　设置段落格式后的文本效果

（8）选中幻灯片，按组合键 Ctrl+D 复制一张幻灯片，然后修改文本框中的内容。修改完成后，切换到幻灯片浏览视图，可以查看演示文稿的效果，如图 16-26 所示。

16.2　使用大纲视图编辑文本

在大纲视图中编辑文本的方式与普通视图相同，之所以单独列节介绍，是因为在大纲视图中，可以很轻松地编排演示文稿的大纲、设置幻灯片文本的层级，能极大地提高办公效率。

16.2.1　输入演示文稿的大纲

一个完整的演示文稿通常包括多个并列的主题，每个主题下又包含多个并列的小标题。使用大纲视图可以很方便地组织演示文稿的主体内容和层次结构。

（1）切换到大纲视图，在左侧"大纲"窗格中的第一行输入文稿的主标题，如图 16-34 所示。

图 16-34　输入文稿主标题

（2）按 Enter 键新建一张幻灯片，输入演示文稿的第一个主题，如图 16-35 所示。

（3）按照与上一步同样的方法输入其他主题，最终的主题列表如图 16-36 所示。

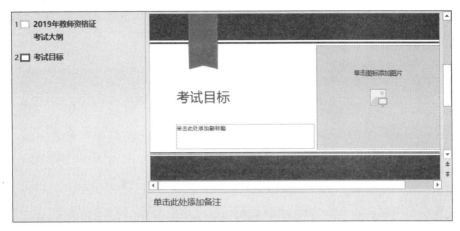

图 16-35　输入主题

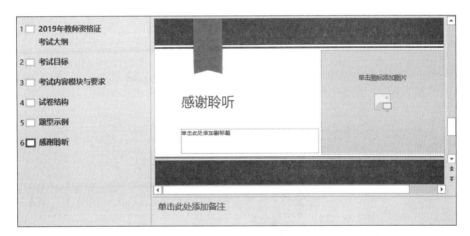

图 16-36　主题列表

16.2.2　更改大纲标题级别

主题输入完毕之后，就可以建立小标题了。小标题的建立方法与主题相同，不同的是建立完成以后应修改标题的级别。

（1）将光标定位于要添加小标题的主题末尾（例如"考试目标"），按 Enter 键自动插入一张新的幻灯片，然后输入小标题名称，如图 16-37 所示。

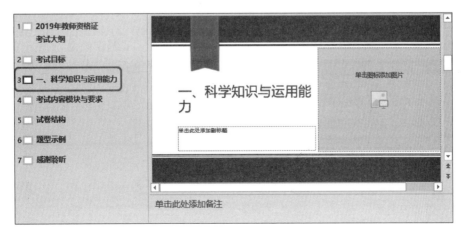

图 16-37　插入一个新的主题

（2）在输入的小标题上右击弹出快捷菜单，选择"降级"命令，即可将插入点所在的标题降级一层，并自动向右缩进，以反映层次级别，如图 16-38 所示。

图 16-38　主题降级的效果

技巧：　　　直接按 Tab 键也可以将当前插入点降级，按 Shift+Tab 键可以将当前插入点升级，利用这两个快捷键可以很快地建立各层的标题。

（3）将光标定位于降级后的小标题的末尾，按 Enter 键添加第二个小标题。采用同样的方法添加其他小标题，效果如图 16-39 所示。

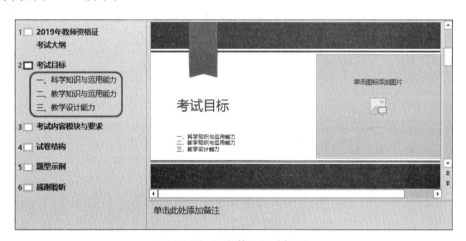

图 16-39　添加第一层小标题

（4）如果在最后一个主题下添加若干小标题后，要增加下一个主题，则在最后一个小标题末尾按 Enter 键，然后右击，在弹出的快捷菜单中选择"升级"命令，或者直接按 Shift+Tab 键。

提示：　　　每张幻灯片最多能加入五个不同层次的小标题，每一层都会向右缩进，表明层次关系。如果多次选择"升级"命令，可将某一级小标题变成一个幻灯片标题，从而将一张幻灯分成两张幻灯片。

此外，使用鼠标拖动也可以调整大纲级别。

（5）将鼠标指针移到要升高级别的小标题（例如"教学设计能力"）左侧，当指针变为四向箭头时，按下鼠标左键向左拖动。拖动时，会出现一条灰色的垂直线指示目前到达的位置，如图 16-40 所示。当指示线显示在幻灯片图标左侧时，释放鼠标，即可将选中的小标题升级为主题。

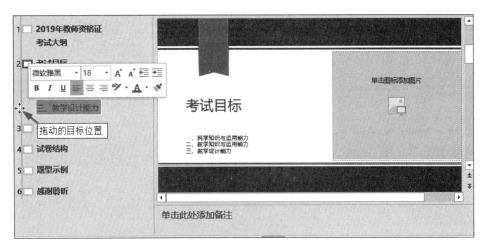

图 16-40 鼠标拖动升级小标题

（6）将鼠标指针移到要降低级别的标题左侧，当指针变为四向箭头 ⊕ 时，按下鼠标左键向右拖动，可以降级标题。

在大纲列表中显示文本格式

默认情况下，大纲列表中使用的是普通宋体，并不是幻灯片中的实际文本格式。如果希望显示实际的文本格式，可以在"大纲"窗格中右击，在弹出的快捷菜单中选择"显示文本格式"命令，效果如图 16-41 所示。

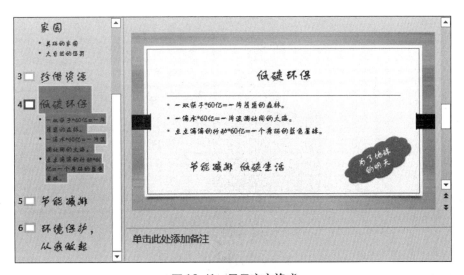

图 16-41 显示文本格式

再次选择"显示文本格式"命令，即可恢复默认文本格式。

上机练习——财务会计报告大纲

本节练习制作财务会计报告的大纲。通过对操作步骤的详细讲解，读者可掌握在大纲视图中编制演示文稿的大纲、调整大纲标题级别的方法。

16-2 上机练习——财务会计报告大纲

设计思路 首先新建幻灯片，输入演示文稿的一级标题；然后使用同样的方法创建二级标题；最后利用右键菜单和快捷键更改大纲标题的级别。最终效果如图 16-42 所示。

图 16-42　演示文稿大纲

操作步骤

（1）打开一个已创建基本布局的演示文稿，在"视图"选项卡中单击"大纲视图"按钮，切换到大纲视图，如图 16-43 所示。

图 16-43　切换到大纲视图

（2）在左侧窗格中，将光标定位在第一张幻灯片标题末尾，按 Enter 键新建一张幻灯片，并输入幻灯片标题。在"开始"选项卡"幻灯片"功能组中单击"幻灯片版式"下拉按钮，在弹出的版式列表中选择需要的版式，效果如图 16-44 所示。

（3）重复上一步的操作新建演示文稿的其他主题，效果如图 16-45 所示。

接下来在主题下创建二级标题。

（4）在左侧窗格中，将光标定位在第 4 张幻灯片的标题文本末尾，按 Enter 键新建一张幻灯片，并输入标题文本，如图 16-46 所示。

图 16-44　新建幻灯片并输入标题文本

图 16-45　演示文稿的主题

图 16-46　创建一个二级标题

（5）在创建的二级标题上右击，在弹出的快捷菜单中选择"降级"命令，即可将指定的幻灯片降低一级，合并到前一张幻灯片中。在左侧窗格的二级标题后按 Enter 键，可创建其他二级标题，如图 16-47 所示。

（6）在左侧窗格中，将光标定位在第 5 张幻灯片的标题文本末尾，按 Enter 键新建幻灯片并输入标题文本。利用同样的方法创建其他两张幻灯片，如图 16-48 所示。

图 16-47　创建"利润表"的二级标题

图 16-48　创建幻灯片

（7）按住 Shift 键选中上一步创建的三张幻灯片（第 6、7、8 张），然后按 Tab 键，即可将选中的三张幻灯片降级，合并到第 5 张幻灯片中，如图 16-49 所示。

图 16-49　降级幻灯片

至此，演示文稿大纲制作完成，单击第一张幻灯片的缩略图，可以预览整个演示文稿的大纲，如图 16-42 所示。

16.2.3　调整大纲的段落次序

编辑完演示文稿的大纲后，可以随时根据需要调整大纲的段落次序。

在"大纲"窗格中选中要调整次序的段落，然后右击，在弹出的快捷菜单中选择"上移"或"下移"命令，如图16-50所示，选定的段落即可向上或向下移动。

使用鼠标拖动的方法也可以很方便地移动段落次序。

在"大纲"窗格中，将鼠标指针移到要移动的段落左侧，当指针变为四向箭头✛时，按下鼠标左键拖动。此时，指针显示为✛形状，并显示一条灰色的指示线表明当前移到的位置，如图16-51所示。当灰色指示线显示在目标位置时释放鼠标，即可将选定段落移到指定位置。

除了可以在同一幻灯片中调整次序外，使用同样的方法还可以跨幻灯片移动文本。

图16-50　右键快捷菜单

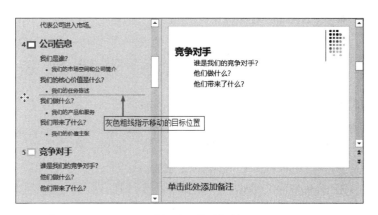

图16-51　移动段落

16.2.4　折叠或展开幻灯片

在处理文稿的大纲时，如果要集中处理文稿的标题列表，不受幻灯片中正文的影响，可以隐藏幻灯片中的正文。

（1）在"大纲"窗格中单击要隐藏正文的幻灯片标题的任意位置。

（2）右击，在弹出的快捷菜单中选择"折叠"命令，当前插入点所在的幻灯片内容被折叠，只显示标题，且标题下方显示一条灰色的下划线，如图16-52所示。

图16-52　折叠选中标题的正文

（3）在快捷菜单中单击"折叠"命令右侧的级联按钮，在弹出的子菜单中选择"全部折叠"命令，可以隐藏演示文稿中所有幻灯片的正文，只显示每张幻灯片的标题，如图 16-53 所示。

图 16-53　折叠所有幻灯片的正文

（4）将光标定位在要展开的幻灯片的标题中右击，在弹出的快捷菜单中选择"展开"命令，可以显示指定标题的正文。单击"展开"命令右侧的级联按钮，在弹出的子菜单中选择"全部展开"命令，可以显示所有幻灯片的标题级别和正文。

16.3　创 建 列 表

如果演示文稿中有一系列并列的文稿内容或要点，通常会使用项目符号或编号将这些内容创建为列表，使文本更具条理性。

"项目符号"和"编号"按钮位于"开始"选项卡的"段落"功能组中，如图 16-54 所示。两者的区别在于：项目符号没有次序，通常用于没有顺序之分的多个项目；而编号则有阿拉伯数字、汉字或者英文字母作为项目编排次序，适用于有顺序限制的多个项目。

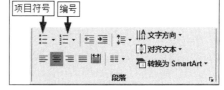

图 16-54　"项目符号"和"编号"按钮

16.3.1　创建项目列表

（1）选定要创建为项目列表的文本或者占位符。

（2）在"开始"选项卡的"段落"功能组中，单击"项目符号"按钮右侧的下拉按钮，弹出如图 16-55 所示的项目符号列表。

（3）单击需要的符号，即可在选定的文本左侧添加指定的项目符号，如图 16-56 所示。

图 16-55　项目符号列表

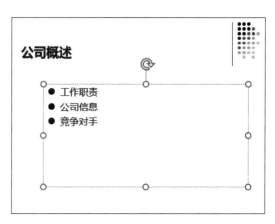

图 16-56　创建的项目列表

如果选择"无"选项，可以删除项目符号。

如果觉得内置的项目符号大小或颜色不美观，可以选中一种符号样式后进行修改。

（4）选中要修改项目符号的列表。

 注意 　项目符号和编号是文本格式的一种属性，并不是文本的一部分，所以要更改项目符号或编号时，应选择与此项目符号或编号相关的文本，而不是符号本身。

（5）单击"项目符号"按钮右侧的下拉按钮，在如图16-55所示的下拉列表框中选择"项目符号和编号"命令，打开如图16-57所示的"项目符号和编号"对话框。

（6）在"大小"数值框中设置符号相对于文本的大小；单击"颜色"按钮，修改符号的显示颜色。修改完成后，单击"确定"按钮关闭对话框。

图16-57　"项目符号和编号"对话框

自定义项目符号

如果要自定义项目符号，单击图16-57中的"自定义"按钮，在如图16-58所示的"符号"对话框中可以从计算机的所有字符集中选择一种符号作为项目符号。

单击"图片"按钮，在弹出的"插入图片"对话框中可以选择一张图片作为项目符号。

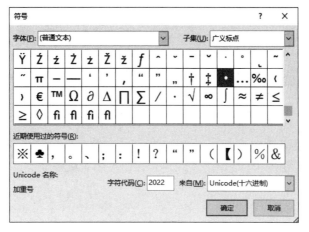

图16-58　"符号"对话框

16.3.2 创建编号列表

（1）选定要创建为编号列表的文本或者占位符。

（2）在"开始"选项卡的"段落"功能组中，单击"编号"按钮右侧的下拉按钮，弹出如图 16-59 所示的项目符号列表。

（3）单击需要的编号样式，即可在选定的文本左侧添加指定样式的编号，如图 16-60 所示。

图 16-59　编号列表

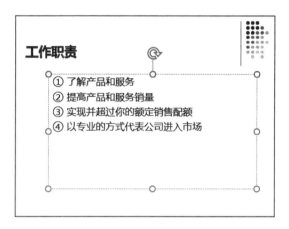

图 16-60　创建的项目列表

如果选择"无"选项，可以删除编号。

添加编号后，还可以修改编号的大小、颜色和起始值。

（4）选中要修改编号的列表，单击"项目符号"按钮右侧的下拉按钮，在如图 16-2 所示的下拉列表框中选择"项目符号和编号"命令，打开如图 16-61 所示的"项目符号和编号"对话框。

图 16-61　"项目符号和编号"对话框

（5）在"大小"数值框中设置符号相对于文本的大小；单击"颜色"按钮，修改符号的显示颜色；在"起始编号"数值框中输入起始值，然后单击"确定"按钮关闭对话框。

16.3.3 创建多级列表

一个列表中通常包含多个层次的列表项，通过修改列表项的缩进值可以创建多级列表。列表级别越高，向右缩进值越大，层次越低。

选中要修改层次级别的列表项，在"开始"选项卡的"段落"功能组中单击"提高列表级别"按钮
，选中的列表项即可向右缩进，且文本字号自动缩小，表明层次关系，如图 16-62 所示。

提示:
> 按下 Ctrl 键的同时拖动鼠标选择，可以选中多个不相邻的列表项。

单击"降低列表级别"按钮，选中的列表项将向左缩进。

提示:
> 选中列表项后，按 Tab 键一次可提高一个级别；按 Shift+Tab 键可降低一个级别。

除了菜单按钮外，使用标尺上的缩进符号也可以很方便地更改列表项的级别，但用法与设置文本缩
进时稍有不同。两个缩进符号中，总是靠左的缩进符号决定项目符号或者编号的位置，靠右的缩进符号
决定文本的左缩进位置，如图 16-63 所示。

图 16-62 提高列表级别的效果

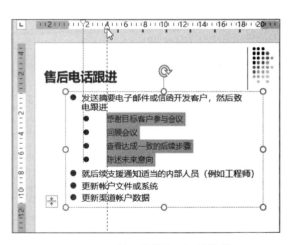

图 16-63 使用缩进符号调整缩进

16.4 实例精讲——科研工作会议简报

本节练习制作一个简单的工作会议简报。通过对操作步骤的详细讲解，读者可掌握在幻灯片中制作演示大纲、调整大纲标题级别、创建多级列表，并自定义项目符号，以及使用文本框添加文本、设置段落缩进和行距的方法。

16-3 实例精讲——科研
工作会议简报

首先在大纲视图中创建一级和二级大纲标题，通过更改标题级别形成多级列表；然后设置段落缩进方式和行距，并自定义项目符号；接下来调整项目符号与文本之间的间距；最后使用文本框输入文本，并设置文本的格式。演示文稿的最终效果如图 16-64 所示。

操作步骤

（1）打开一个已创建基本结构和布局的演示文稿，切换到大纲视图，将光标定位在标题幻灯片缩略
图右侧，如图 16-65 所示。

（2）输入标题文本，右侧的幻灯片中实时显示输入的文本内容，如图 16-66 所示。

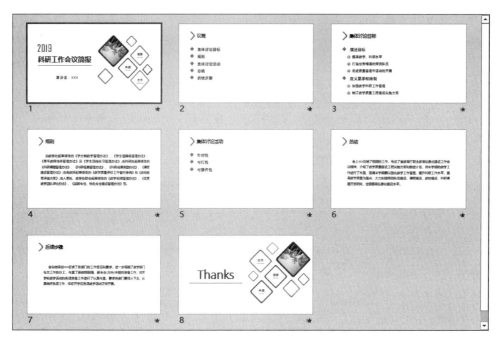

图 16-64　演示文稿效果

图 16-65　大纲视图中的标题幻灯片效果

图 16-66　输入标题文本（一）

（3）在大纲窗格中，将光标定位在标题文本末尾，按 Enter 键，将自动新建一张幻灯片并套用内容版式。在幻灯片缩略图右侧输入标题文本，如图 16-67 所示。

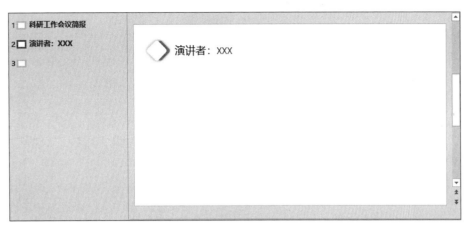

图 16-67　输入标题文本（二）

（4）将光标置于第二张幻灯片的大纲标题中，按 Tab 键，当前大纲标题将降低一级，合并到标题幻灯片中，显示为副标题，如图 16-68 所示。

图 16-68　第二张幻灯片大纲降级的效果

（5）在二级大纲标题后按 Enter 键，自动新建一条二级大纲标题，如图 16-69 所示。

图 16-69　新建二级大纲标题

（6）将光标放置在二级大纲标题中，按组合键 Shift+Tab，或者右击，在弹出的快捷菜单中选择"升级"命令，系统将自动新建一张幻灯片，当前大纲标题将升高一级，显示为新幻灯片的标题文本，如图 16-70 所示。

图 16-70　二级大纲标题升级的效果

（7）按照第（3）步的操作方法创建其他一级大纲标题，效果如图 16-71 所示。

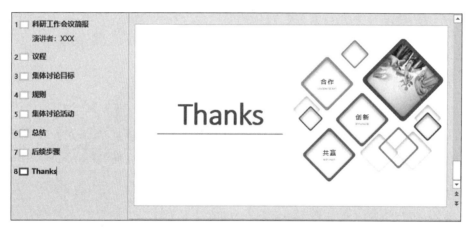

图 16-71　创建一级大纲标题文本

接下来创建二级大纲标题。

（8）在一级大纲标题"议程"后按 Enter 键，新建一张幻灯片，并输入标题文本"集体讨论目标"。然后在标题文本上右击，在弹出的快捷菜单中选择"降级"命令，指定的大纲标题降低一级，且左侧显示项目符号，如图 16-72 所示。

图 16-72　降低一级标题级别

（9）在右侧的编辑窗格中，将光标定位在文本末尾，按 Enter 键，然后输入文本，可新建一个列表项。

使用同样的方法创建其他列表项，如图 16-73 所示。

图 16-73   创建列表

接下来创建多级列表。

（10）按照与步骤（8）和步骤（9）相同的操作创建其他列表，如图 16-74 所示。

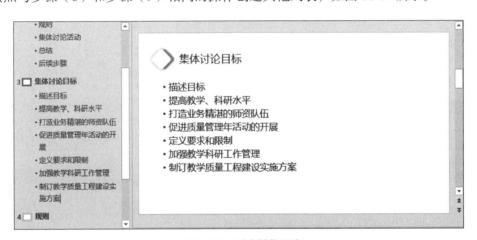

图 16-74   创建其他列表

（11）选中要降级的列表项，按 Tab 键，选中的列表项将向右缩进，并缩小字号，表明层次关系，如图 16-75 所示。

图 16-75   创建多级列表

（12）按照与上一步相同的方法创建其他二级列表，如图 16-76 所示。

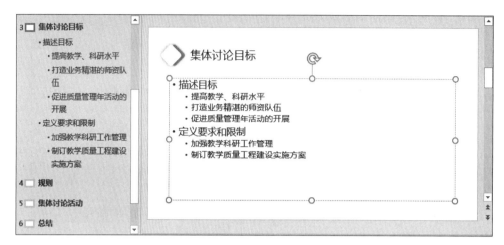

图 16-76　创建二级列表

（13）选中项目列表中的所有文本，在"开始"选项卡中单击"段落"功能组右下角的扩展按钮，在打开的"段落"对话框中设置段间距为 0，行距为 1.5 倍行距，如图 16-77 所示。设置完成后，单击"确定"按钮关闭对话框。

图 16-77　设置项目列表的段落格式

接下来修改一级列表项的项目符号。

（14）按住 Ctrl 键选中项目列表中的所有一级列表，在"开始"选项卡中单击"项目符号"下拉按钮，在下拉列表框中选择"项目符号和编号"命令打开对应的对话框，然后单击"自定义"按钮，打开"符号"对话框。设置"字体"为 Wingdings，在符号列表中选择需要的符号，如图 16-78 所示。

（15）单击"确定"按钮返回到"项目符号和编号"对话框，设置大小为 120% 字高，颜色为深蓝色，如图 16-79 所示。

（16）设置完成后，单击"确定"按钮，选定的一级列表项的项目符号即可更改为指定大小和颜色的符号，如图 16-80 所示。

（17）按住 Ctrl 键选中项目列表中的所有一级列表，切换到"视图"选项卡，在"显示"功能组选中"标尺"复选框。然后按下鼠标左键拖动标尺上的缩进符号，调整项目符号与文本之间的缩进值，如图 16-81 所示。

（18）将鼠标拖放到合适位置释放，此时的项目列表效果如图 16-82 所示。

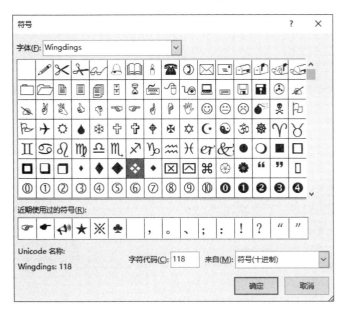

图 16-78　选择符号

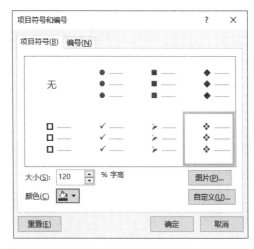

图 16-79　自定义符号格式

图 16-80　更改项目符号的效果

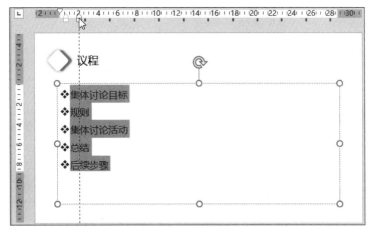

图 16-81　调整缩进值

（19）选中一个一级列表项，在"开始"选项卡中双击"格式刷"按钮，然后在要修改列表格式的列表项上拖动，粘贴格式，效果如图 16-83 所示。

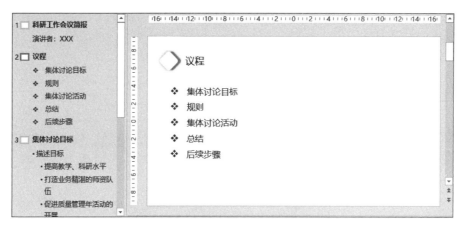

图 16-82　调整缩进值之后的列表效果

图 16-83　使用格式刷复制项目列表格式

（20）选中所有二级列表项的文本，在"开始"选项卡的"段落"功能组中单击"编号"下拉按钮，在弹出的下拉菜单中选择"带圆圈编号"。使用同样的方法，设置其他二级列表项的编号样式，效果如图 16-84 所示。

图 16-84　设置二级列表项的编号样式

（21）切换到要插入文本的幻灯片，在"开始"选项卡的"文本"功能组中单击"文本框"下拉按钮，在弹出的下拉菜单中选择"绘制横排文本框"命令。按下鼠标左键拖动绘制一个文本框，如图 16-85 所示。

（22）在文本框中输入文本，选中输入的文本，在弹出的快速格式工具栏设置字体为"微软雅黑"，字号为 22。然后单击"段落"功能组右下角的扩展按钮打开"段落"对话框，设置对齐方式为"两端对齐"，

缩进方式为 "首行"，段间距为 0，行距为 "1.5 倍行距"，如图 16-86 所示。

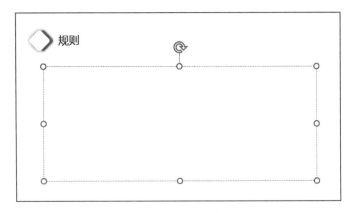
图 16-85　绘制文本框

图 16-86　设置段落格式

（23）设置完成后，单击 "确定" 按钮关闭对话框，文本效果如图 16-87 所示。

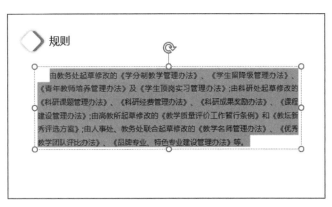
图 16-87　设置段落格式后的文本效果

（24）重复步骤（21）～步骤（23），在其他幻灯片中输入文本，最终效果如图 16-64 所示。

答 疑 解 惑

1. 新建的幻灯片中总是显示默认的占位符，一个一个地删除很烦琐，如何一次去除幻灯片中的所有默认占位符？

答：选中幻灯片，在 "开始" 选项卡的 "版式" 下拉列表框中选择 "空白"。

2. 在 PowerPoint 中能制作逐渐淡化的渐隐字吗？

答：渐隐文字逐渐变淡，能与图片或幻灯片背景很好地融合。

（1）选中要设置渐隐效果的文本，单击 "绘图工具 / 格式" 选项卡中的 "文本填充" 按钮，在弹出的菜单中单击 "渐变" 命令，然后在级联菜单中选择 "其他渐变" 命令。

（2）在 "设置形状格式" 面板中，选择 "渐变填充" 单选按钮，然后将渐变光圈两端设置为白色，右端透明度设置为 100%。

（3）修改中间位置的填充颜色，并可通过左右移动来调整效果。

3. 在演示文稿中使用了一些特别的字体美化文本，但复制到其他计算机上查看时，发现字体显示为常见的宋体了，怎样解决这个问题？

答：出现这种问题是因为其他计算机上没有安装演示文稿中使用的某些字体，可在保存演示文稿时嵌入使用的字体。

（1）单击"文件"选项卡中的"选项"命令，打开"PowerPoint 选项"对话框。

（2）切换到"保存"分类，选中右侧窗格底部的"将字体嵌入文件"复选框。

（3）单击"确定"按钮关闭对话框，然后保存演示文稿。

学习效果自测

一、选择题

1. 在 PowerPoint 中，创建新的幻灯片时出现的虚线框称为（　　　）。

    A. 占位符　　　　　　　B. 文本框　　　　　　　C. 图片边界　　　　　　D. 表格边界

2. 幻灯片中占位符的作用是（　　　）。

    A. 表示文本的长度　　　　　　　　　　B. 限制插入对象的数量

    C. 表示图形的大小　　　　　　　　　　D. 为文本、图形预留位置

3. 在 PowerPoint 中，如果文本占位符中有光标闪烁，证明此时是（　　　）状态。

    A. 移动　　　　　　　　B. 文字编辑　　　　　　C. 复制　　　　　　　　D. 文字框选取

4. 在普通视图模式下，要在当前幻灯片中制作"标题"文本，正确的操作是（　　　）。

    A. 插入文本框后，在新建的文本框中输入标题内容

    B. 在"版式"下拉列表框中选择"标题幻灯片"

    C. 在"版式"下拉列表框中选择"空白"版式

    D. 在"版式"下拉列表框中选择具有"标题"的自动版式

5. 在大纲视图下输入标题后，若要输入文本内容，正确的操作是（　　　）。

    A. 按 Enter 键，再输入文本　　　　　　B. 按 Shift + Enter 键，再输入文本

    C. 按 Ctrl + Enter 键，再输入文本　　　　D. 按 Alt + Enter 键，再输入文本

6. 在幻灯片的大纲编辑区，按 Shift+Tab 键可以（　　　）。

    A. 进入正文　　　　　　B. 使段落升级　　　　　C. 使段落降级　　　　　D. 交换正文位置

7. 在大纲视图窗格中输入演示文稿的标题时，执行（　　　）操作，可以在幻灯片的大标题后面输入小标题。

    A. 右键菜单中的"降级"命令　　　　　　B. 右键菜单中的"升级"命令

    C. 右键菜单中的"上移"命令　　　　　　D. 右键菜单中的"下移"命令

二、填空题

1. _____是指创建新幻灯片时出现的虚线方框，这些方框代表着一些待确定的对象。

2. 在文本中按_____键时，输入光标将自动移至下一个最近的默认制表符上，以方便对齐文本。

3. 将文本添加到幻灯片最简易的方式，是直接在幻灯片的占位符中输入文本。要在占位符之外的其他地方添加文字，可以在幻灯片中插入_____。

4. 项目列表包括项目符号和编号，两者的区别在于：_____通常用于没有顺序之分的多个项目；而_____则适用于有顺序限制的多个项目。

5. 在 PowerPoint 2019 中，符号和公式应显示在_____或_____中。

三、操作题

1. 新建一个演示文稿，分别在占位符和文本框中输入文本，并设置文本框的边框和底纹效果。

2. 使用插入新公式的方法，插入傅里叶级数。

3. 新建一张幻灯片，添加两级标题和相应的正文内容。

4. 制作一个含有项目符号的演示文稿，然后使用一张图片作为项目符号。

第 17 章

设计演示文稿

本章导读

　　同一个演示文稿中的幻灯片通常具有一致的风格和外观。在 PowerPoint 2019 中，统一幻灯片外观常用的方法有两种：主题和母版。

　　主题是一组预定义的颜色、字体、背景和视觉效果（如阴影、反射、三维效果等）的设计方案，可实现演示文稿一键换肤。母版通过把相同的内容汇集在一起，可以快速创建大量"似是而非"的幻灯片。

学习要点

❖ 使用主题快速格式化演示文稿

❖ 使用母版统一幻灯片风格

❖ 实例精讲——企业管理制度

17.1　使用主题快速格式化演示文稿

主题决定了幻灯片的配色、字体和背景样式。对初学者来说，使用主题美化演示文稿是一个很好的开始，即使不会设计版式和颜色搭配，也能轻松创建外观精美、风格统一的演示文稿。

17.1.1　应用默认的主题

（1）打开演示文稿，切换到"设计"选项卡。单击"主题"列表框右下角的"其他"下拉按钮，可以看到 PowerPoint 2019 预置了丰富的主题，如图 17-1 所示。

（2）单击需要的主题，当前演示文稿即可自动套用主题中的设计方案。例如，应用"红利"主题的演示文稿如图 17-2 所示。

图 17-1　主题列表

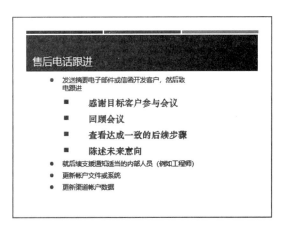

图 17-2　应用"红利"主题的效果

（3）选择主题后，在"主题"列表框右侧的"变体"列表框中可以选择不同的配色方案，如图 17-3 所示。

图 17-3　修改配色方案后的效果

如果要查看更多的配色方案，可以单击"变体"列表框右下角的下拉按钮，在弹出的下拉菜单中选择"颜色"命令，打开如图17-4所示的主题颜色列表。

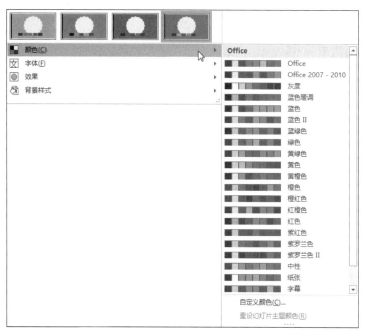

图17-4　主题颜色列表

将鼠标指针移到一个配色方案上，在演示文稿编辑区域可以查看应用指定配色方案的显示效果。单击即可应用指定的配色方案。

（4）单击"变体"列表框右下角的下拉按钮，在弹出的下拉菜单中选择"字体"命令，在弹出的字体列表中可选择需要的主题字体。

（5）单击"变体"列表框右下角的下拉按钮，在弹出的下拉菜单中选择"效果"命令，在弹出的效果列表中可选择需要的主题效果，如图17-5所示。

（6）选中要修改版式的幻灯片，切换到"开始"选项卡，在"幻灯片"功能组的"版式"下拉列表框中可以选择幻灯片的版式，如图17-6所示。

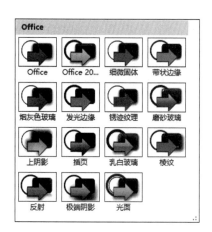

图17-5　效果列表

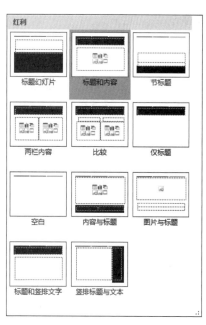

图17-6　"红利"主题的版式列表

注意 模板是已经具备排版布局设计，但没有实际内容的演示文稿。PowerPoint 内置的主题是模板的一种，但模板不一定是主题，因为模板不一定有配套设计的主题字体、主题颜色等规范。

17.1.2 自定义主题颜色和字体

如果预置的主题不能满足设计需要，还可以自定义主题颜色和主题字体。

主题颜色也称为配色方案，是一组可用于演示文稿的预设颜色。配色方案中的每种颜色会自动应用于幻灯片上的不同组件。

（1）单击"设计"选项卡"变体"列表框右下角的下拉按钮，在弹出的下拉菜单中选择"颜色"命令，然后在如图 17-4 所示的主题颜色列表中单击"自定义颜色"命令，打开如图 17-7 所示的"新建主题颜色"对话框。

主题颜色由背景、文本和线条、阴影、标题文本、填充、强调、强调文字和超链接、强调文字和已访问的超链接八个颜色设置组成。

（2）选择要更改颜色的主题元素名称右侧的颜色框，在弹出的颜色设置面板中选择需要的颜色，如图 17-8 所示。

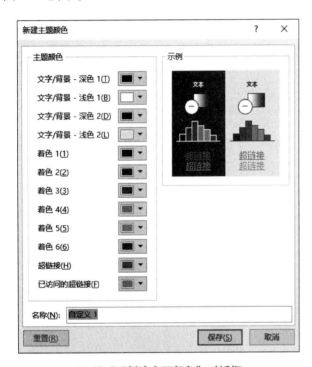
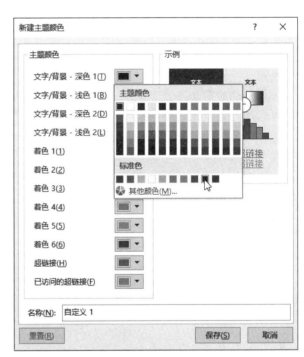

图 17-7 "新建主题颜色"对话框　　　图 17-8 设置主题颜色

 提示： 打开"新建主题颜色"对话框之后，按 Alt+ 主题标签右侧括号中的字母或数字，也可以打开对应的颜色设置面板。例如，按 Alt+T 键可以打开如图 17-8 所示的颜色设置面板；按 Alt+6 键可以打开"着色 6"的颜色设置面板。

（3）按照与上一步相同的方法，更改其他主题元素的颜色。在"名称"文本框中输入新主题颜色的名称，例如"古典 1"，然后单击"保存"按钮关闭对话框。

提示： 如果要将所有主题元素颜色恢复为各自初始的颜色，单击"重置"按钮，然后再单击"保存"按钮。

此时，在"颜色"下拉菜单中可以看到自定义的配色方案，如图 17-9 所示。该配色方案可应用于其他 PowerPoint 演示文稿、Word 文档或 Excel 工作簿。

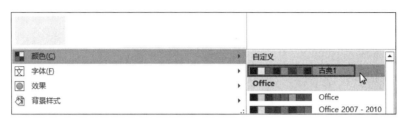

图 17-9 自定义的配色方案

选中的配色方案默认应用于当前演示文稿中的所有幻灯片，也可以选定某些幻灯片应用指定的主题颜色。

（4）选中要应用配色方案的幻灯片，在要应用的配色方案上右击，在弹出的快捷菜单中选择"应用于所选幻灯片"命令，如图 17-10 所示。

更改主题字体会更新演示文稿中的所有标题和项目符号文本的外观。

（5）单击"设计"选项卡"变体"列表框右下角的下拉按钮，在弹出的下拉菜单中选择"字体"命令，在弹出的级联菜单中选择"自定义字体"命令，打开"新建主题字体"对话框，如图 17-11 所示。

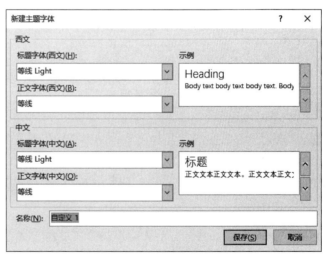

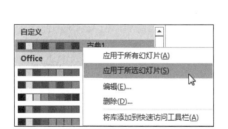

图 17-10 应用配色方案　　　　　图 17-11 "新建主题字体"对话框

（6）分别在"标题字体"和"正文字体"下拉列表框中选择要使用的中文字体和西文字体。在右侧的"示例"框中可以看到字体的示例效果。

（7）设置完成后，在"名称"文本框中输入新主题字体的名称，然后单击"保存"按钮关闭对话框。

此时，演示文稿中的所有幻灯片自动应用定义的主题字体。

提取图片或形状中的颜色

PowerPoint 2019 提供了一个强大的颜色提取工具——取色器。使用取色器可以快速准确地提取幻灯片编辑窗口或编辑窗口之外的颜色，并应用到演示文稿中。

如果对提取的颜色精度要求不是很高，可以执行以下操作。

（1）将要提取颜色的区域截图并粘贴到幻灯片编辑窗口。

（2）选中图片，在"图片工具/格式"选项卡中单击"图片边框"按钮，在弹出的下拉列表框中选择"取色器"。

（3）将取色器移动到需要提取的颜色位置，如图 17-12 所示，单击即可提取颜色。

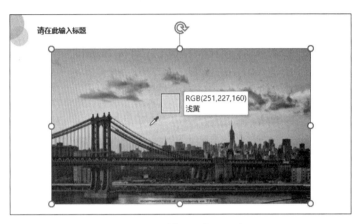

图 17-12　使用取色器取色

如果希望精确地提取颜色，可以执行以下操作。

（1）同屏显示 PowerPoint 编辑窗口和包含要提取颜色的图片或形状。

（2）选中图片或形状，在"图片工具/格式"选项卡（或"绘图工具/格式"选项卡）中激活取色器工具。

（3）按下鼠标左键移动到要取色的区域，然后释放。

上机练习——低碳生活

随着人类社会的发展，生活物质条件的提高，也对人类周围环境带来了影响与改变。节能减排，低碳生活，不仅是当今社会的流行语，更是关系到人类未来的战略选择。对于普通人来说，低碳生活既是一种生活方式，更是一种可持续发展的环保责任。

17-1　上机练习——低碳生活

本节练习制作一个简单的低碳生活倡议演示文稿，通过对操作步骤的详细讲解，读者可进一步掌握应用内置主题统一幻灯片外观风格，自定义主题颜色、字体和背景样式等知识点的操作方法。

首先打开一个已完成基本布局和内容的演示文稿，通过应用内置主题统一幻灯片的外观样式；然后新建主题颜色和主题字体，修改演示文稿中文本的显示颜色和字体，以及形状的填充颜色；最后自定义封面和封底的背景样式，完善演示文稿。

操作步骤

（1）打开一个演示文稿"低碳生活初始.pptx"，该文稿已完成基本布局和内容，在普通视图中的效果如图 17-13 所示。

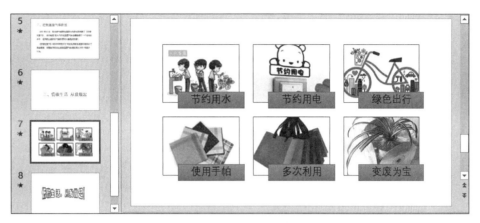

图 17-13　演示文稿初始效果

下面应用 PowerPoint 中的内置主题格式化演示文稿。

（2）在"设计"选项卡的"主题"列表框中单击主题"画廊"，演示文稿即可自动套用指定的背景样式、主题颜色和文本字体，如图 17-14 所示。

图 17-14　应用"画廊"主题的效果

通常，以环保为主题的文稿在配色上采用绿色系，接下来通过自定义主题颜色，修改文本颜色和幻灯片中的形状颜色。

（3）在"设计"选项卡中，单击"变体"区域右下角的"其他"按钮，在下拉菜单中选择"颜色"级联菜单中的"自定义颜色"命令，打开"新建主题颜色"对话框。

（4）单击"文字/背景-深色1"右侧的颜色下拉按钮，在弹出的下拉列表框中选择墨绿色；采用同样的方法，设置"着色1"为浅绿色，然后输入新主题颜色的名称为 new theme，如图 17-15 所示。

主题颜色中的四种文字/背景颜色分别对应"设计"选项卡中"背景样式"中的四种样式的背景色。同时，"文字/背景-深色1"也是"文字/背景-浅色1"和"文字/背景-浅色2"样式的文本颜色；"文字/背景-浅色1"也是"文字/背景-深色1"和"文字/背景-深色2"样式的文本颜色。

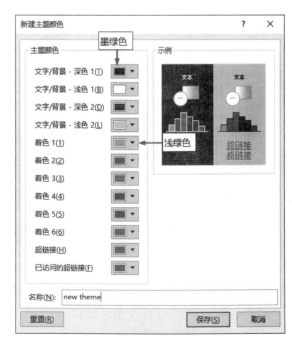

图 17-15　修改主题颜色

着色 1 到着色 6 分别对应示例中 6 个柱形图的颜色，也是图表默认的颜色。其中着色 1 是所有形状的默认填充色。

（5）单击"保存"按钮关闭对话框，新建的主题颜色默认自动应用于全部幻灯片。效果如图 17-16 所示，文本颜色显示为墨绿色，形状颜色显示为浅绿色。

图 17-16   应用新主题颜色的效果

接下来修改幻灯片中标题和正文的字体。

（6）在"设计"选项卡中，单击"变体"区域右下角的"其他"按钮，在下拉菜单中选择"字体"级联菜单中的"自定义字体"命令，打开"新建主题字体"对话框。

（7）在"标题字体（中文）"下拉列表框中选择"等线"，在"正文字体（中文）"下拉列表框中选择"微软雅黑"，然后输入新主题字体的名称 fontstyle，如图 17-17 所示。

图 17-17   设置主题字体

（8）单击"保存"按钮关闭对话框，演示文稿中的所有幻灯片自动应用新建的主题字体。效果如图 17-18 所示，幻灯片的标题显示为等线字体，正文显示为微软雅黑字体。

通常，演示文稿的封面背景样式与内容页的样式不同，应选用具有设计感和较强视觉效果的图片或图形，以切合演讲主题，吸引观众。本例中的所有幻灯片使用相同的背景样式，下面修改封面和封底的背景，完善演示文稿。

（9）在左侧窗格中选中第一张幻灯片，单击"设计"选项卡"自定义"区域的"设置背景格式"命令，打开"设置背景格式"面板。在"填充"选项区中选中"图片或纹理填充"单选按钮，如图 17-19 所示。

图 17-18 应用新建主题字体的效果　　　　图 17-19 设置填充选项

（10）单击"文件"按钮，在弹出的"插入图片"对话框中选择需要的背景图片，然后单击"插入"按钮，即可将选中图片设置为当前幻灯片的背景，如图 17-20 所示。

图 17-20 设置封面页的背景

（11）在左侧窗格中选中最后一张幻灯片，右击，在弹出的快捷菜单中选择"设置背景格式"命令，打开"设置背景格式"面板。

（12）在"填充"选项区中选中"图片或纹理填充"单选按钮，然后按照第（10）步的方法设置封底页的背景图片，效果如图 17-21 所示。

图 17-21 设置封底页的背景

至此,演示文稿制作完成。选中封面页后,单击状态栏上的"阅读视图"按钮,可以查看幻灯片的效果。

17.1.3 修改演示文稿的尺寸

使用不同的放映设备展示幻灯片,对演示文稿的尺寸要求也会有所不同。在 PowerPoint 2019 中, 用户可随时修改演示文稿的尺寸, 但建议在制作演示文稿之前就根据放映设备确定幻灯片的大小, 以免后期修改影响版面布局。

(1)切换到"设计"选项卡,在"自定义"功能组中单击"幻灯片大小"按钮,弹出如图 17-22 所示的下拉菜单。

(2)根据要演示的屏幕尺寸选择幻灯片的长宽比例。如果没有合适的尺寸,则单击"自定义幻灯片大小"命令,弹出如图 17-23 所示的"幻灯片大小"对话框。

图 17-22 "幻灯片大小"下拉菜单

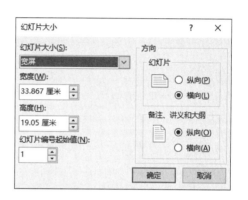

图 17-23 "幻灯片大小"对话框

(3)在"幻灯片大小"下拉列表框中可以选择预设大小,如图 17-24 所示。也可以在"宽度"和"高度"数值框中自定义幻灯片大小。

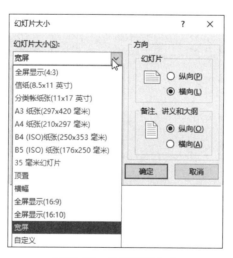

图 17-24 选择预设大小

(4)在"方向"区域设置幻灯片的方向,以及备注、讲义和大纲的排列方向。

(5)单击"确定"按钮关闭对话框。

17.1.4 自定义背景样式

设置主题的背景样式可以控制幻灯片的背景颜色,并能控制背景格式中的某些设计元素是否显示。

(1)在"设计"选项卡的"自定义"功能组中单击"设置背景格式"按钮,打开如图 17-25 所示的"设置背景格式"面板。

（2）选择填充方式。

幻灯片背景的填充方式有纯色、渐变、图片或纹理、图案四种。在一张幻灯片上只能使用一种背景填充方式。

❖ **纯色填充**：使用一种单一的颜色作为幻灯片的背景颜色。单击"颜色"右侧的"填充颜色"下拉按钮 选择颜色。

❖ **渐变填充**：使用一种颜色逐渐过渡到另一种颜色的渐变色填充幻灯片。此时，可以设置颜色过渡的方式、渐变色的排列方式和旋转角度，如图17-26所示。

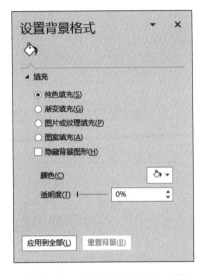

图 17-25   "设置背景格式"面板

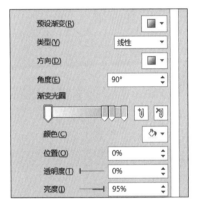

图 17-26   "渐变填充"选项

❖ **图片或纹理填充**：使用图片或纹理填充幻灯片的背景。

注意   如果要将一幅图片作为纹理填充背景，图片的上边界和下边界、左边界和右边界应能平滑衔接，才能有理想的填充效果。

❖ **图案背景**：选中一种图案后，分别指定图案的线条颜色（前景色）和填充颜色（背景色），如图17-27所示，并以图案填充幻灯片。

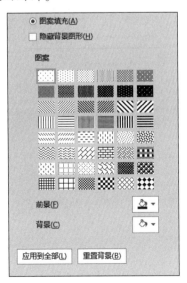

图 17-27   "图案填充"选项

提示：　　图案背景与纹理背景都是通过平铺一种图案来填充背景。不同的是，纹理可以是任意选择的图片，而图案是系统预置的样式，用户只能改变图案的前景颜色和背景颜色。

（3）设置指定背景的应用范围。

设置的背景默认应用于当前幻灯片，单击"应用到全部"按钮，可以应用于全部幻灯片；单击"重置背景"按钮，取消背景设置。

注意　　如果选中"隐藏背景图形"复选框，则幻灯片母版的图形和文本不会显示在当前幻灯片上。在讲义的母版视图中不能使用该选项。

17.1.5　保存主题并应用

如果希望对主题颜色、字体、背景或效果所做的更改应用到其他演示文稿，可将更改保存为主题（thmx 文件）。

（1）打开修改了主题样式的演示文稿，在"设计"选项卡的"主题"功能组中单击右下角的"其他"下拉按钮，在弹出的下拉菜单中选择"保存当前主题"命令，如图 17-28 所示。

（2）打开的"保存当前主题"对话框自动定位到系统的 Document Themes 文件夹，输入主题名称（例如 first_theme），然后单击"保存"按钮关闭对话框。此时，在主题列表框中可以看到保存的主题，如图 17-29 所示。

图 17-28　选择"保存当前主题"命令

图 17-29　保存的主题

（3）新建演示文稿时，在任务窗格中切换到"自定义"选项卡，在 Document Themes 文件夹中也可以看到自定义的主题，如图 17-30 所示。

（4）在主题上右击，在弹出的快捷菜单中选择"创建"命令，即可基于指定的主题新建一个演示文稿。

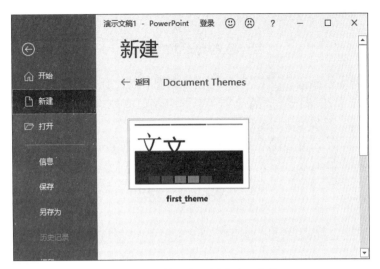

图 17-30　基于主题新建演示文稿

将常用主题设置为默认主题

　　默认新建的演示文稿为空白演示文稿，如果希望新建的演示文稿自动应用指定的主题，可将该主题设置为默认主题。

　　（1）切换到"设计"选项卡，单击"主题"列表框右下角的"其他"按钮，打开主题列表。

　　（2）在需要应用的主题上右击，然后在弹出的快捷菜单中选择"设置为默认主题"命令，如图 17-31所示。

图 17-31　选择"设置为默认主题"命令

　　如果选择"将库添加到快速访问工具栏"命令，可将主题添加到快速访问工具栏，单击即可应用。

17.2 使用母版统一幻灯片风格

母版存储演示文稿的主题颜色、字体、版式等设计信息，以及所有幻灯片共有的页面元素，例如徽标、Logo、页眉页脚等。所有基于母版生成的幻灯片都具有相似的外观。如果更改母版，会影响所有基于母版生成的幻灯片。

在"视图"选项卡的"母版视图"功能组中，可以看到 PowerPoint 2019 中的母版有三种：幻灯片母版、讲义母版和备注母版，如图 17-32 所示。

图 17-32　"母版视图"功能组

17.2.1 认识幻灯片母版

切换到"视图"选项卡，单击"母版视图"功能组中的"幻灯片母版"按钮，进入如图 17-33 所示的幻灯片母版视图。

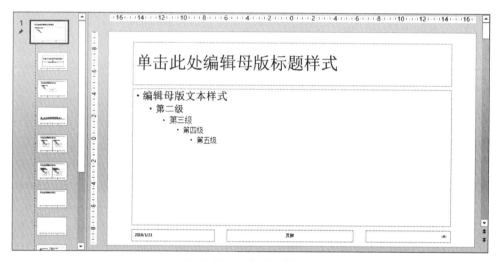

图 17-33　幻灯片母版视图

母版视图左侧的窗格显示母版列表，最上方的母版为幻灯片母版，控制演示文稿中除标题幻灯片以外的所有幻灯片的默认外观，例如文字的格式、位置、项目符号、配色方案以及图形项目。如果有个别页面（如封面、封底、过渡页）不出现这些元素，可以隐藏母版中的背景图形。

幻灯片母版下方是标题幻灯片，通常是演示文稿中的第一张幻灯片。标题幻灯片下方是幻灯片版式列表，包含在特定的版式中需要重复出现且无须改变的内容。如果是在特定的版式中需要重复，但是具体内容又有所区别的内容，可以插入对应类别的占位符。

17.2.2 幻灯片母版的结构

在幻灯片母版上可以看到有 5 个占位符：标题区、对象区、日期区、页脚区、编号区，如图 17-34 所示。修改它们可以影响所有基于该母版的幻灯片。

- ❖ 标题区：用于格式化所有幻灯片的标题。
- ❖ 对象区：用于格式化所有幻灯片的主体文字、项目符号和编号等。
- ❖ 日期区：用于在幻灯片上添加、定位和格式化日期。
- ❖ 页脚区：用于在幻灯片上添加、定位和格式化说明性文字。
- ❖ 编号区：用于在幻灯片上添加、定位和格式化页面编号。

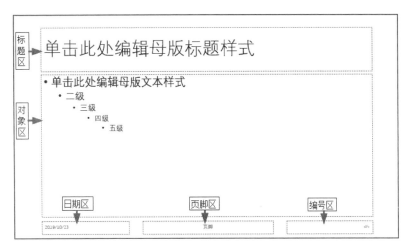

图 17-34　幻灯片母版上的占位符

注意　　最好在创建幻灯片之前编辑幻灯片母版和版式。这样，添加到演示文稿中的所有幻灯片都会基于指定版式。如果在创建各张幻灯片之后编辑幻灯片母版或版式，则需要在普通视图中将更改的布局重新应用到演示文稿中的现有幻灯片。

17.2.3　自定义母版主题

母版主题包含预定义的文本格式、配色方案和背景效果。

（1）打开一个演示文稿。可以是空白演示文稿，也可以是应用主题创建的演示文稿。然后单击"视图"选项卡中的"幻灯片母版"命令，切换到"幻灯片母版"视图。

此时，菜单功能区显示"幻灯片母版"选项卡，如图 17-35 所示。

图 17-35　"幻灯片母版"选项卡

（2）在母版视图的左侧窗格中选中幻灯片母版，然后在"幻灯片母版"选项卡中单击"幻灯片大小"命令，设置幻灯片的尺寸。

（3）在"幻灯片母版"选项卡的"背景"功能组中，分别设置主题颜色、主题字体、主题效果，以及背景样式。

设置幻灯片母版的背景样式之后，母版列表中的所有母版都默认应用指定的背景，如图 17-36 所示。其编辑方法与 17.1 节讲解的自定义主题方法相同，本节不再叙述。

幻灯片母版中默认定义了五级文本的缩进格式和显示外观，接下来具体定义母版文本样式。

（4）选中要定义格式的文本（例如一级文本），弹出如图 17-37 所示的快速格式工具栏，可以很方便地设置文本的字体、字号、颜色和对齐方式等属性。

占位符中的文本默认显示为项目列表，如果希望将某个级别的文本显示为普通的文本段落，可以选中文本后，在"开始"选项卡的"段落"功能组中单击"项目符号"下拉按钮，在弹出的下拉菜单中选择"无"选项。

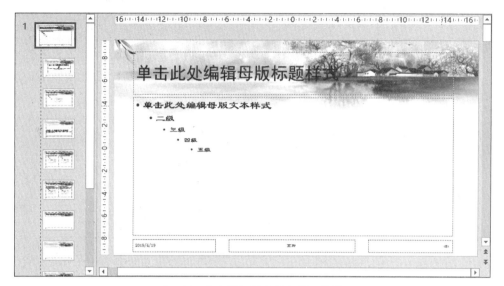

图 17-36　自定义母版字体和背景的效果

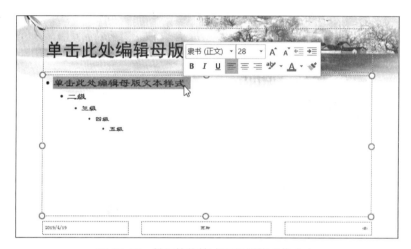

图 17-37　使用快速格式工具栏格式化文本

（5）按照上一步的方法修改其他级别的文本格式。

通常情况下，标题幻灯片的背景与内容幻灯片的背景会有所不同。接下来修改标题幻灯片的背景。

（6）在母版列表中选中标题幻灯片，修改背景和占位符样式。

17.2.4　自定义幻灯片版式

幻灯片母版中默认设置了多种常见版式，用户还可以根据需要在幻灯片母版中添加自定义版式，以便在演示文稿中轻松创建相应版式的幻灯片。

（1）切换到"幻灯片母版"视图，单击"幻灯片母版"选项卡"编辑母版"功能组中的"插入版式"命令，即可在母版中添加一个只有标题占位符的幻灯片，如图 17-38 所示。

（2）在"母版版式"功能组中根据需要取消选中"标题"和"页脚"复选框，在当前版式中隐藏幻灯片的标题和页脚，其他版式幻灯片不受影响。

（3）在"母版版式"功能组中单击"插入占位符"下拉按钮，在弹出的下拉列表框中选择要容纳特定类型内容的占位符，如图 17-39 所示。

（4）选中一种占位符（例如"文本"），当鼠标指针显示为十字形＋时，按下鼠标左键拖动到合适大小释放，即可插入一个占位符，如图 17-40 所示。

图 17-38　插入的版式

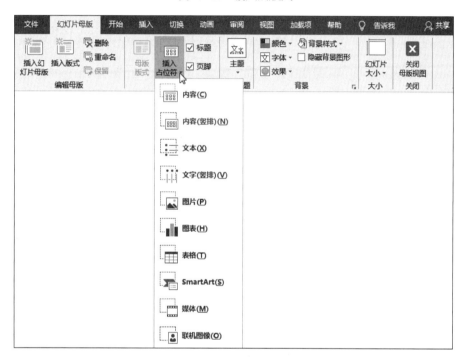

图 17-39　占位符列表

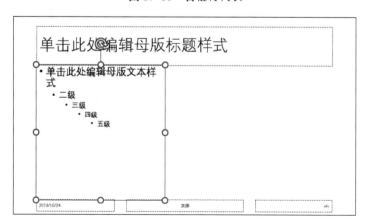

图 17-40　插入文本占位符

提示：　　　拖动占位符边框上的圆形控制手柄，可以调整占位符的大小；选中占位符，然后按下鼠标左键拖动，可以移动占位符；选中占位符，按 Delete 键可将其删除。

（5）选中要设置文本格式的层级，在弹出的快速格式工具栏或"开始"选项卡中格式化文本。

例如，取消显示第一级文本左侧显示的项目符号，修改其他层级文本的项目符号样式，并设置1.5倍行距的效果如图17-41所示。

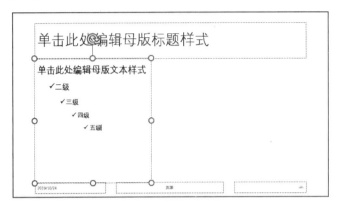

图17-41　格式化文本的效果

（6）按照与上一步相同的方法插入其他占位符，例如，插入"图片"占位符的效果如图17-42所示。

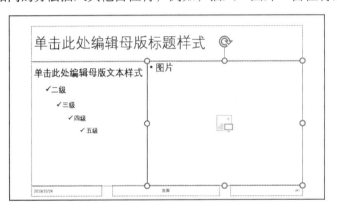

图17-42　插入图片占位符

（7）设置完毕，单击"关闭母版视图"按钮，返回普通视图。

此时，在"开始"选项卡"幻灯片"功能组中单击"版式"下拉按钮，在弹出的版式下拉列表框中可以看到自定义的版式，如图17-43所示。

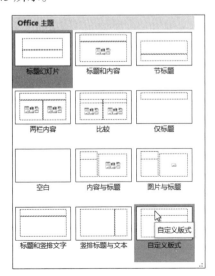

图17-43　选择版式

在版式下拉列表框中单击"自定义版式"选项，当前的幻灯片版式即可更改为指定的版式。

（8）分别在标题占位符和文本占位符中输入幻灯片内容，然后单击图片占位符中的图标，在弹出的"插入图片"对话框中选择需要的图片，单击"插入"按钮，效果如图 17-44 所示。

图 17-44　在幻灯片中添加内容

从图 17-44 可以看到，插入的文本和图片的大小、位置与母版中指定的大小和位置相同。

注意

　　更改幻灯片母版，会影响所有基于母版的演示文稿幻灯片；如果要使个别幻灯片的外观与母版不同，可以直接修改幻灯片。但是对已经改动过的幻灯片，在母版中的改动对之就不再起作用。因此对演示文稿，应该先改动母版来满足大多数的要求，再修改个别的幻灯片。

　　如果已经改动了幻灯片的外观，又希望恢复为母版的样式，可以在"开始"选项卡的"幻灯片"功能组中单击"重置"按钮。

17.2.5　添加页眉和页脚

页眉和页脚也是幻灯片的重要组成部分，常用于显示统一的信息，例如公司徽标、演讲主题或页码。幻灯片中页眉／页脚的位置由对应的母版决定，如果要更改页眉和页脚的外观，应打开母版修改。

（1）切换到幻灯片母版视图，在母版列表中选中顶部的幻灯片母版。

（2）单击"幻灯片母版"选项卡上的"母版版式"按钮，弹出"母版版式"对话框，如图 17-45 所示。

图 17-45　"母版版式"对话框

"母版版式"对话框中的 5 个占位符与幻灯片母版中的占位符一一对应。如果取消选中某个复选框，即可在母版中隐藏对应的占位符。

注意　隐藏标题幻灯片或某张版式幻灯片中的占位符，不会影响其他的版式幻灯片。

（3）拖动母版底部的"日期""页脚"或"编号"占位符，可以移动占位符的位置。

（4）设置页眉/页脚元素的显示外观。选中占位符中的占位文本，在弹出的快速格式工具栏中设置文本格式，如图 17-46 所示；使用"绘图工具/格式"选项卡可以格式化占位符的外观。

　注意　格式化"幻灯片编号"占位符时，应选中占位符中的"<#>"进行格式设置，千万不能删除，然后用文本框输入"<#>"；也不能用格式刷将其格式化为普通文本，否则会失去占位符的功能。

幻灯片默认从 1 开始编号，用户可以指定编号起始值。

（5）单击"幻灯片母版"选项卡上的"幻灯片大小"按钮，在弹出的"幻灯片大小"对话框中设置幻灯片编号的起始值，如图 17-47 所示。

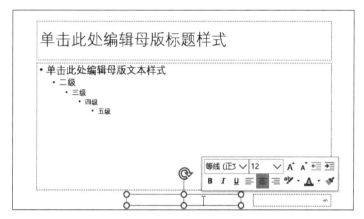

图 17-46　使用快速格式工具栏设置文本格式

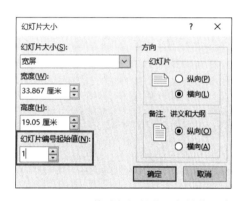

图 17-47　修改幻灯片编号起始值

设置页眉/页脚的位置和格式后，就可以插入页眉/页脚内容了。

（6）在"幻灯片母版"选项卡中，单击"关闭母版视图"按钮，返回普通视图。切换到"插入"选项卡，单击"页眉和页脚"按钮打开"页眉和页脚"对话框，如图 17-48 所示。

图 17-48　"页眉和页脚"对话框

（7）在"幻灯片"选项卡中选中"页脚"复选框，然后在下方的文本框中输入页脚内容。

日期和时间、幻灯片编号、页脚选项分别对应于预览框中的三个实线方框。选中相应的复选框，预览框中相应的方框显示为黑色。

 注意 预览框中页眉/页脚的位置由对应的母版决定，只能在母版中修改。

如果希望在页脚中插入的时期和时间自动更新，则选中"日期和时间"复选框，并选择"自动更新"单选按钮。

（8）通常标题幻灯片中不显示编号和页脚，因此选中"标题幻灯片中不显示"复选框。然后单击"全部应用"按钮，关闭对话框。

17.2.6　使用备注母版

备注母版用于格式化演讲者备注页面，统一备注的文本格式。

（1）单击"视图"选项卡"母版视图"功能组中的"备注母版"按钮，切换到备注母版视图，如图 17-49 所示。

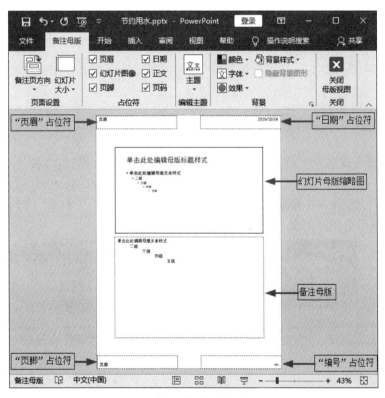

图 17-49　"备注母版"视图

此时，菜单功能区显示"备注母版"选项卡，可以方便地设置母版的页面版式、主题和背景样式。

（2）分别选中要编辑的占位符或段落，设置文本格式。

在备注母版中，还可以设置页眉/页脚的格式。

（3）在"备注母版"选项卡的"占位符"功能组中，设置在备注页中各个占位符的可见性。选中对应的复选框可显示，取消选中即可隐藏。

（4）按照编辑幻灯片母版的方法，设置备注母版的页眉/页脚格式和位置，然后关闭母版视图。

（5）在"插入"选项卡中单击"页眉和页脚"按钮，打开"页眉和页脚"对话框，然后切换到如图 17-50 所示的"备注和讲义"选项卡。

图 17-50 "备注和讲义"选项卡

（6）根据需要选中要在备注页中显示的元素，并输入相应的内容。然后单击"全部应用"按钮，关闭对话框。

 注意 备注和讲义的页眉／页脚应用于整个演示文稿，不能仅应用于部分幻灯片。

17.2.7 使用讲义母版

讲义可以帮助演讲者或观众了解演示文稿的总体概要。使用讲义母版，可以设置讲义的页面布局和背景样式。

（1）单击"视图"选项卡"母版视图"功能组中的"讲义母版"按钮，进入讲义母版视图，如图 17-51 所示。此时菜单功能区显示"讲义母版"选项卡。

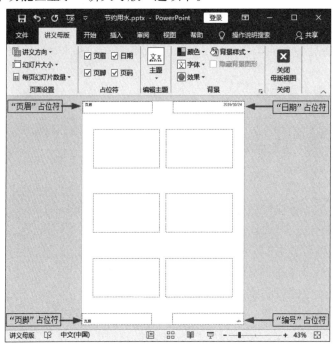

图 17-51 "讲义母版"选项卡

（2）利用"页面设置"功能组中的按钮，设置讲义母版的页面版式和每页包含的幻灯片数量；在"占位符"功能组中设置各个占位符的可见性；在"编辑主题"和"背景"功能组中设置讲义的主题和背景样式。

（3）按照设置备注母版的方法，编辑讲义的页眉／页脚格式。编辑完成后，单击"关闭母版视图"按钮，返回普通视图。

在打印讲义时，还可进一步设置讲义的打印版式。单击"文件"菜单中的"打印"命令，在打印选项中选择讲义版式，如图 17-52 所示，并预览讲义的打印效果。

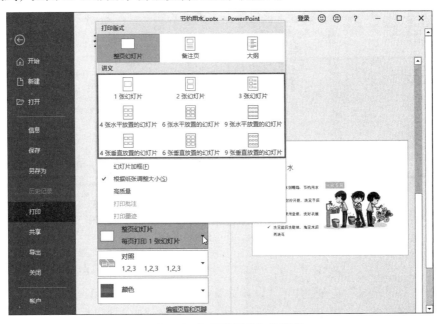

图 17-52　设置讲义的打印版式

17.3　实例精讲——企业管理制度

本节练习制作一个宣讲企业管理相关知识的演示文稿。通过对操作步骤的详细讲解，读者可进一步掌握自定义母版和内容版式，统一幻灯片外观风格的操作方法。

首先新建空白演示文稿，并进入幻灯片母版视图，设置母版的背景和标题样式；然后制作标题幻灯片版式，自定义纯文本版式和图文混排版式；最后使用母版制作幻灯片。最终效果如图 17-53 所示。

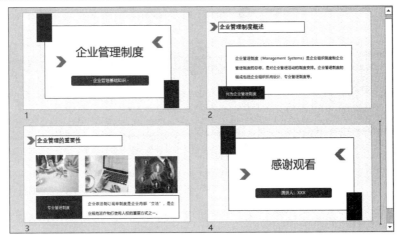

图 17-53　演示文稿的效果

操作步骤

17.3.1 设计母版主题

（1）新建一个空白的演示文稿，在"视图"选项卡中单击"幻灯片母版"按钮进入母版视图。在左侧的窗格中选中顶端的幻灯片母版，如图 17-54 所示。

17-2 设计母版主题

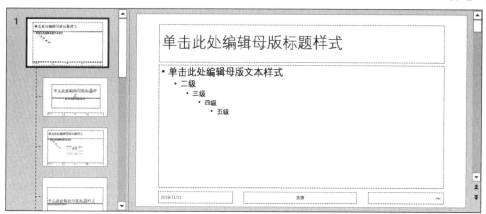

图 17-54 选中幻灯片母版

（2）切换到"幻灯片母版"选项卡，在"背景"功能组中单击"背景样式"下拉按钮，在弹出的下拉菜单中选择"设置背景格式"命令，打开"设置背景格式"面板。设置填充方式为"图片或纹理填充"，然后单击"插入"按钮，选择一幅图像作为幻灯片的背景，如图 17-55 所示。

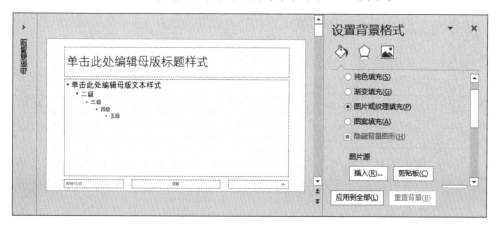

图 17-55 设置幻灯片背景图像

（3）单击"母版版式"按钮打开"母版版式"对话框，取消选中"日期""幻灯片编号"和"页脚"复选框，如图 17-56 所示。然后单击"确定"按钮关闭对话框。

（4）选中母版标题中的占位文本，在弹出的快速格式工具栏中设置字体为"等线"，字号为 32，颜色为深蓝色，如图 17-57 所示。

（5）选中文本占位符中的一级占位文本，设置显示颜色为深蓝色。切换到"开始"选项卡，在"段落"功能组中单击"项目符号"下拉按钮，在弹出的下拉菜单中选择"无"选项；然后单击"段落"功能组右下角的扩展按钮，在打开的"段落"对话框中设置段间距为 0，行距为"1.5 倍行距"，如图 17-58 所示。

（6）设置完成后，单击"确定"按钮关闭对话框。切换到"开始"选项卡，设置字体为"微软雅黑"，字号为 24，此时的母版效果如图 17-59 所示。

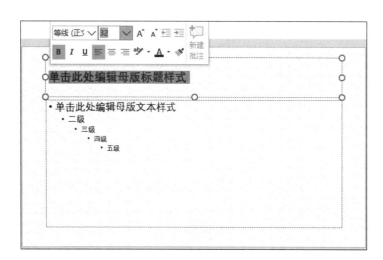

图 17-56 "母版版式"对话框   图 17-57 设置母版标题样式

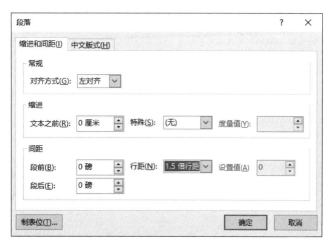

图 17-58 设置段落格式

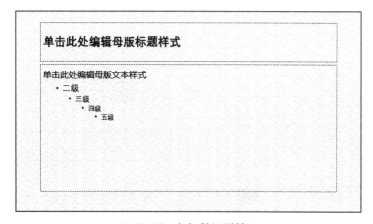

图 17-59 幻灯片母版效果

17.3.2 设计标题幻灯片版式

本节利用形状装饰幻灯片。为便于编辑，可以先隐藏标题幻灯片版式中的标题占位符。

（1）在幻灯片母版视图中选中标题幻灯片版式，在"幻灯片母版"选项卡的"母版版式"功能组中取消选中"标题"复选框，如图 17-60 所示。

17-3 设计标题幻灯片版式

图 17-60　隐藏标题占位符

（2）切换到"插入"选项卡，在"插图"功能组中单击"形状"下拉按钮，在弹出的形状列表中单击"矩形"，如图 17-61 所示。当鼠标指针变为十字形时，按下鼠标左键拖动，绘制一个矩形。

（3）选中绘制的矩形，在"绘图工具／格式"选项卡的"形状样式"功能组中单击"形状填充"按钮，设置填充色为白色；单击"形状轮廓"按钮，设置轮廓颜色为深蓝色；单击"形状效果"按钮，在效果列表中选择"阴影"，然后在级联菜单中的"外部"区域选择"偏移：右下"，效果如图 17-62 所示。

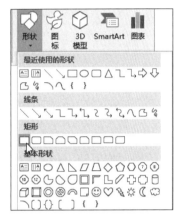

图 17-61　在形状列表中选择"矩形"

图 17-62　设置形状样式后的效果

（4）按照与第（2）步相同的方法绘制两个矩形，并填充深蓝色，无轮廓颜色，效果如图 17-63 所示。

（5）在"插图"功能组中单击"形状"下拉按钮，在弹出的形状列表中单击"圆角矩形"。然后按下鼠标左键拖动，绘制一个圆角矩形。切换到"绘图工具／格式"选项卡，利用"形状样式"功能组中的"形状填充"按钮，将形状填充为蓝色，效果如图 17-64 所示。

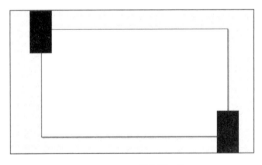

图 17-63　绘制矩形

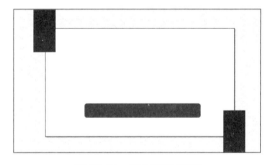

图 17-64　绘制圆角矩形

（6）切换到"幻灯片母版"选项卡，在"母版版式"功能组选中"标题"复选框。然后选中标题占位符，在弹出的快速格式工具栏中设置字号为 66，对齐方式为"居中"，颜色为深蓝色，如图 17-65 所示。

（7）在"母版版式"功能组中单击"插入占位符"下拉按钮，在弹出的下拉菜单中选择"文本"命令，按下鼠标左键拖动，在圆角矩形上绘制一个文本占位符，如图 17-66 所示。

（8）删除文本占位符中一级文本以外的占位文本，然后选中一级文本，在弹出的快速格式工具栏中设置文本颜色为白色，如图 17-67 所示。

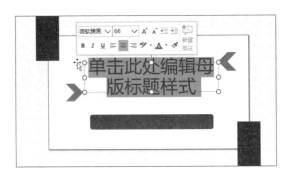

图 17-65　设置标题文本的格式

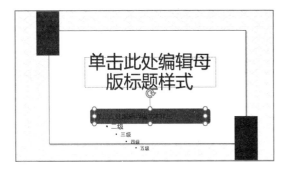

图 17-66　插入文本占位符

（9）切换到"插入"选项卡，单击"形状"下拉按钮，在弹出的形状列表中选择"箭头：V形"，按下鼠标左键绘制形状，并填充蓝灰色。然后按下 Ctrl 键拖动形状复制箭头，选中复制的形状，在"绘图工具格式"选项卡"排列"功能组中单击"旋转对象"下拉按钮，在下拉菜单中选择"水平翻转"命令。调整形状的位置，效果如图 17-68 所示。

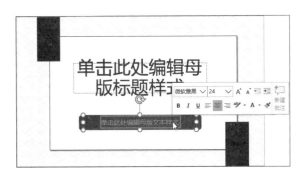

图 17-67　设置文本颜色

图 17-68　绘制箭头并调整位置

至此，标题幻灯片版式制作完成。

17.3.3　设计纯文本版式

纯文本的幻灯片如果编排不合理，难免显得单调枯燥。本节设计一个纯文本幻灯片版式，通过定制文本格式和版面布局，可以快速创建美观的纯文本幻灯片。

（1）在"幻灯片母版"选项卡"编辑母版"功能组中单击"插入版式"按钮，将新建一张版式幻灯片，如图 17-69 所示。

17-4　设计纯文本版式

（2）切换到标题幻灯片版式，复制应用了阴影效果的矩形，粘贴到新建的版式中，并调整矩形的大小和位置。然后在矩形上右击，在弹出的快捷菜单中选择"置于底层"命令，效果如图 17-70 所示。

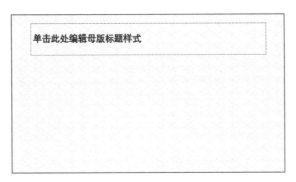

图 17-69　新建的版式幻灯片

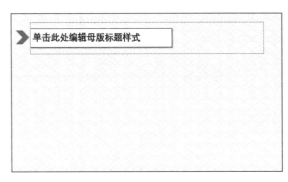

图 17-70　排列矩形的位置

（3）再次按 Ctrl+V 组合键粘贴矩形，并调整矩形的大小和位置，效果如图 17-71 所示。该形状将用于显示文本内容。

（4）切换到"插入"选项卡，单击"形状"下拉按钮，在弹出的形状列表中选择"矩形"，然后按下鼠标左键绘制矩形，并填充为深蓝色，效果如图 17-72 所示。

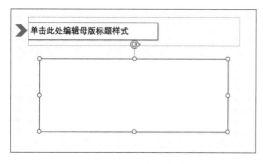

图 17-71　粘贴矩形的效果

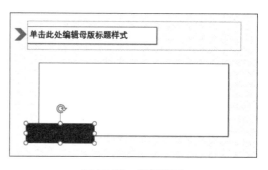

图 17-72　绘制矩形

（5）切换到"幻灯片母版"选项卡，在"母版版式"功能组中单击"插入占位符"下拉按钮，在弹出的下拉菜单中选择"文本"命令，按下鼠标左键拖动，在蓝色矩形上绘制一个文本占位符。然后删除一级文本之外的其他文本占位符，并将文本颜色修改为白色，效果如图 17-73 所示。

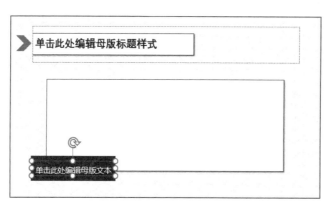

图 17-73　插入文本占位符

（6）按照上一步的操作方法，在幻灯片中间的矩形上绘制一个文本占位符。切换到"开始"选项卡，单击"段落"功能组右下角的扩展按钮，在打开的"段落"对话框中设置文本对齐方式为"两端对齐"，段间距为 0，行距为"2 倍行距"，如图 17-74 所示。设置完成后，单击"确定"按钮关闭对话框。

图 17-74　设置段落格式

（7）选中占位符中的一级占位文本，在弹出的快速格式工具栏中设置字号为22，颜色为蓝灰，如图17-75所示。

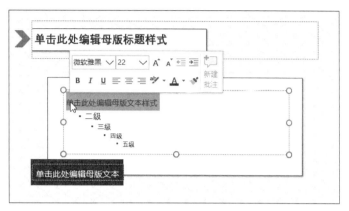

图17-75　设置文本格式

至此，纯文本版式制作完成。

17.3.4　设计图文版式

使用图文版式能便捷地创建大量文本版式相同、图片大小位置相同的"整齐"幻灯片。

17-5　设计图文版式

（1）在"幻灯片母版"选项卡"编辑母版"功能组中单击"插入版式"按钮，新建一张版式幻灯片。然后在纯文本版式幻灯片中复制标题占位符底部的矩形，粘贴到新建的版式中。在矩形上右击，在弹出的快捷菜单中选择"置于底层"命令，效果如图17-76所示。

（2）在"母版版式"功能组中单击"插入占位符"下拉按钮，在弹出的下拉菜单中选择"图片"命令，按下鼠标左键拖动，绘制一个图片占位符，效果如图17-77所示。

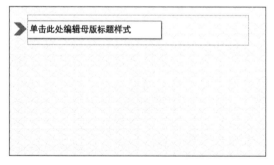

图17-76　排列矩形的位置

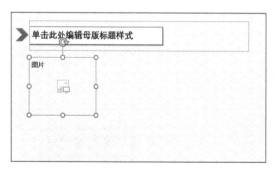

图17-77　绘制图片占位符

（3）按住Ctrl键，在图片占位符上按下鼠标左键拖动复制两个图片占位符。借助智能参考线可以排列、对齐图片占位符，如图17-78所示。

（4）切换到"插入"选项卡，单击"形状"下拉按钮，在形状列表中选择"矩形"。然后按下鼠标左键绘制两个矩形，并设置矩形的填充色和效果，如图17-79所示。也可以复制纯文本版式中的矩形进行修改。

（5）在"母版版式"功能组中单击"插入占位符"下拉按钮，在弹出的下拉菜单中选择"文本"命令，按下鼠标左键拖动，在蓝色矩形上绘制一个文本占位符。然后删除一级文本之外的其他文本占位符，并将文本颜色修改为白色。按照同样的方法插入另一个文本占位符，设置字号为22，颜色为蓝灰，效果如图17-80所示。

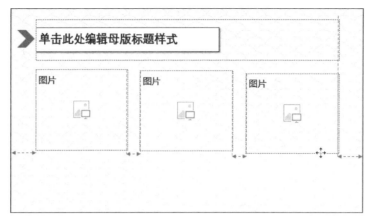

图 17-78　复制并排列占位符

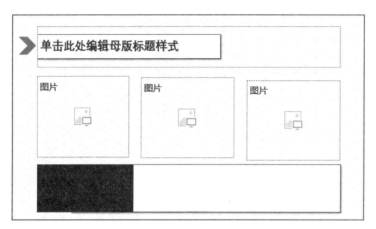

图 17-79　绘制矩形并设置样式

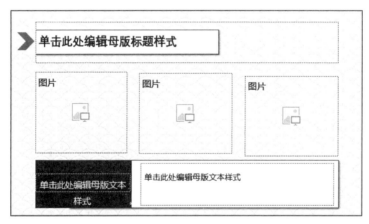

图 17-80　插入文本占位符

到此，图文版式制作完成。

（6）在"幻灯片母版"选项卡中单击"关闭母版视图"按钮，返回普通视图。

17.3.5　基于母版制作幻灯片

母版编辑完成后，就可以基于母版快速生成大量页面风格和布局相同的页面。

（1）选中标题幻灯片，在"开始"选项卡"幻灯片"功能组中单击"幻灯片版式"下拉按钮，在弹出的版式列表中选择"标题幻灯片"。应用版式的幻灯片效果如图 17-81 所示。

17-6　基于母版制作
幻灯片

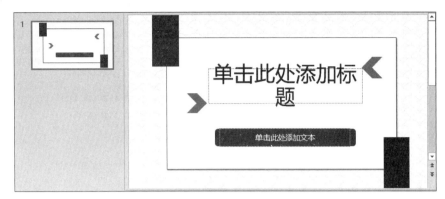

图 17-81　应用标题幻灯片版式

（2）单击标题占位符，输入标题文本；单击标题下方的文本占位符，输入副标题。输入的文本将以母版中指定的字体、字号和颜色显示，效果如图 17-82 所示。

图 17-82　输入标题文本

（3）在"幻灯片"功能组中单击"新建幻灯片"命令，然后单击"幻灯片版式"下拉按钮，在弹出的版式列表中选择自定义的纯文本版式，效果如图 17-83 所示。

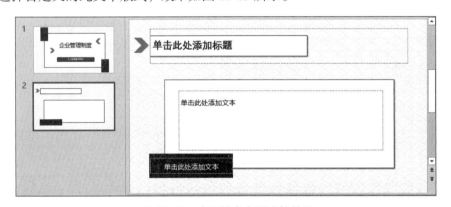

图 17-83　应用纯文本版式的效果

（4）单击标题占位符，输入标题文本；单击文本占位符，输入内容文本。输入的段落文本以纯文本版式中指定的段落格式显示，效果如图 17-84 所示。

（5）在第二张幻灯片上右击，在弹出的快捷菜单中选择"新建幻灯片"命令，新建一张幻灯片。单击"幻灯片版式"下拉按钮，在弹出的版式列表中选择自定义的图文版式，效果如图 17-85 所示。

（6）单击标题占位符，输入标题文本；单击图片占位符中间的图标，在弹出的"插入图片"对话框中选择需要的图片，单击"插入"按钮插入图片。按照同样的方法，在其他图片占位符中插入图片。插入的图片以图文版式中指定的大小和位置显示，如图 17-86 所示。

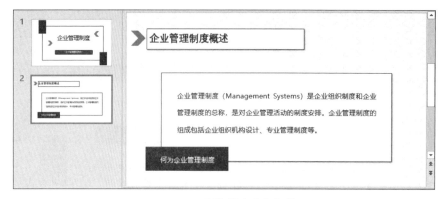

图 17-84　制作纯文本幻灯片

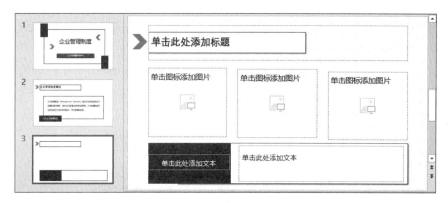

图 17-85　新建图文幻灯片

图 17-86　在图片占位符中插入图片

（7）单击文本占位符，输入文本标题和内容。输入的文本以图文版式中指定的字号和段落格式显示，如图 17-87 所示。

图 17-87　在图文版式中输入文本

（8）将光标定位在第三张幻灯片缩略图下方，右击，在弹出的快捷菜单中选择"新建幻灯片"命令。然后单击"幻灯片版式"下拉按钮，在弹出的版式列表中选择标题幻灯片版式。单击文本占位符，输入文本内容，如图17-88所示。

图 17-88　制作结束幻灯片

至此，实例制作完成。在"视图"选项卡中单击"幻灯片浏览"按钮，切换到幻灯片浏览视图，可以查看演示文稿的整体效果，如图17-53所示。

答 疑 解 惑

1. PowerPoint 2019 提供了三种母版：幻灯片母版、讲义母版和备注母版，它们各自有什么作用？

答：幻灯片母版可以为标题幻灯片之外的其他幻灯片提供标题、文本、页脚的默认样式，以及统一的背景颜色或图案。

讲义母版提供打印排版设置，可以设置在一张打印纸上同时打印多张幻灯片的讲义版面布局和页眉/页脚的默认样式。

备注母版用于设置在幻灯片中添加备注文本的默认样式。

2. 在模板中将几个对象进行了组合，并设置了动画效果。使用该模板制作演示文稿时，因内容展示的需要，要在组合中添加或删除某个对象，应该怎样操作？

答：单击组合中要复制的对象两次（注意，不是双击）选中对象，然后按 Ctrl+D 键，即可制作一个选中对象的副本。此时，可调整副本的位置和色彩效果等属性。

如果要删除组合中的对象，单击组合中的对象两次，然后按 Delete 键即可。按照这种方法，可以删除组合中的多个对象。在这里，读者要注意的是，如果组合中的对象删除到仅剩一个时，组合状态随之消失，组合上添加的动画效果也随之消失。

学习效果自测

一、选择题

1. 在 PowerPoint 2019 中，新建演示文稿应用了一种内置的主题，则新建幻灯片时，新幻灯片的配色将（　　）。

　　A. 采用默认的配色方案　　　　　　　　B. 采用已选定主题的配色方案

　　C. 随机选择任意的配色方案　　　　　　D. 需要用户指定配色方案

2. 演示文稿中每张幻灯片都是基于某种(　　　　)创建的，它预定义了新建幻灯片中各种占位符的布局。

　　A. 视图　　　　　　B. 版式　　　　　　C. 母版　　　　　　D. 模板

3. 下列说法错误的是（　　　）。

　　A. 主题颜色包含四种文本和背景颜色、六种强调文本颜色和两种超链接颜色

　　B. 主题颜色默认应用于当前演示文稿中的所有幻灯片，也可以仅应用于选定的幻灯片

　　C. 在一张幻灯片上只能使用一种背景类型

　　D. 自定义的主题只能用于当前演示文稿

4. 在 PowerPoint 2019 中，有关幻灯片母版的说法错误的是（　　　）。

　　A. 只有标题区、文本区、日期区、页脚区

　　B. 可以更改占位符的大小和位置

　　C. 可以设置占位符的格式

　　D. 可以更改文本格式

5. 在 PowerPoint 2019 中，有关幻灯片母版中的页眉 / 页脚的说法，错误的是（　　　）。

　　A. 页眉或页脚是加在演示文稿中的注释性内容

　　B. 典型的页眉 / 页脚内容是日期、时间以及幻灯片编号

　　C. 在打印演示文稿的幻灯片时，页眉 / 页脚的内容也可打印出来

　　D. 不能设置页眉和页脚的文本格式

6. 可以通过（　　　）在讲义中添加页眉和页脚。

　　A. 标题母版

　　B. 幻灯片母版

　　C. 讲义母版

　　D. 备注母版

7. 如果在母版中加入了公司 Logo 图片，每张幻灯片都会显示此图片。如果不希望在某张幻灯片中显示此图片，下列（　　　）做法能实现。

　　A. 在母版中删除图片

　　B. 在幻灯片中删除图片

　　C. 在幻灯片中设置不同的背景颜色

　　D. 在"设置背景格式"面板中选中"隐藏背景图形"复选框

8. 关于 PowerPoint 2019 的母版，以下说法中错误的是（　　　）。

　　A. 可以自定义幻灯片母版的版式

　　B. 可以对母版进行主题编辑

　　C. 可以对母版进行背景设置

　　D. 在母版中插入图片对象后，在幻灯片中可以根据需要进行编辑

二、填空题

1. 如果要在每张幻灯片上显示公司名称，可在＿＿＿＿＿＿中插入文本框，输入公司名称，它会自动显示在每张幻灯片中。

2. 如果要统一演示文稿中所有幻灯片的背景，可以在"设置背景格式"面板中设置背景后，单击"＿＿＿＿＿＿"按钮。

3. 幻灯片母版上有 5 个默认的占位符：＿＿＿＿＿＿、＿＿＿＿＿＿、＿＿＿＿＿＿、＿＿＿＿＿＿、＿＿＿＿＿＿。修改它们可以影响所有基于该母版的幻灯片。

4. 在 PowerPoint 2019 中，母版视图有三种：＿＿＿＿＿＿、＿＿＿＿＿＿和＿＿＿＿＿＿。

5. 如果改动了幻灯片的外观，又希望恢复为母版的样式，可以单击"＿＿＿＿＿＿"选项卡"＿＿＿＿＿＿"功能组中的"＿＿＿＿＿＿"按钮。

三、操作题

1. 使用 PowerPoint 2019 内置的主题模板新建一个演示文稿。

2. 自定义主题颜色、字体和背景样式，然后保存自定义的主题，应用于一个新建的空白演示文稿。

3. 打开上一步保存的自定义主题，自定义两种内容版式。

4. 打开一个演示文稿，插入页脚和幻灯片编号。

第 18 章

图形和图表的应用

本章导读

　　图形是一种视觉化的语言，不仅能丰富幻灯片的界面，而且能够使幻灯片内容清晰直观，更形象地传达要表述的观点。

　　表格可以轻松地组织和显示信息，比较多组相关值；图表与工作数据相关联，是一种快速、高效地表达数据关系的数据组织形式，用户通过它可以一目了然地查看数据的差异或变化趋势。

学习要点

- ❖ 图片编辑技巧
- ❖ 绘制与编辑形状
- ❖ 使用 SmartArt 图形制作示意图
- ❖ 展示与分析数据

18.1 图片编辑技巧

一幅恰当的图片往往有胜过千言万语的功效，在幻灯片中使用图片，还可以美化演示文稿，避免文本幻灯片太过单调。

18.1.1 插入图片

在 PowerPoint 中使用图片有三种来源：本机图片、联机图库和屏幕截图。除了可以像 Word 和 Excel 一样直接执行"插入"选项卡"图像"功能组中的相关命令插入图片，还可以在内容占位符上单击图片按钮插入图片。

（1）在"插入"选项卡的"图像"功能组中单击"图片"按钮，或单击幻灯片图片占位符中的图片按钮，打开"插入图片"对话框。

如果单击"联机图片"按钮，将打开在线图片库；如果单击"屏幕截图"按钮，可以直接插入当前活动窗口，或截取当前活动窗口中的某一区域。

（2）选中需要的图片后，单击"插入"按钮，即可在幻灯片中插入指定图片。

选中插入的图片，在图片四周显示有 8 个白色圆圈控制手柄和一个旋转控制手柄的变形框，如图 18-1 所示。

图 18-1 选中图片

将鼠标指针移到旋转手柄 ⟳ 上，指针变为 ↻。按下鼠标左键拖动，可以图片中心点为中心旋转图片。

将鼠标指针移到任意一个白色的控制手柄上，指针变为双向箭头。按下鼠标左键拖动，可以缩放图片。

 提示： 拖动变形框角上的控制手柄，可以保持纵横比例缩放图片；如果要以图形对象的中心为基点进行缩放，则按住 Ctrl 键拖动变形框角上的控制手柄。

如果要更换插入的图片，可以切换到"图片工具/格式"选项卡，在"调整"功能组中单击"更改图片"按钮 ，然后在弹出的下拉菜单中选择图片来源，如图 18-2 所示。

图 18-2 "更改图片"下拉菜单

自动更新插入的图片

如果在外部图像编辑器中修改了演示文稿中的图片，通常要重新插入图片，才能反映对图片的更改。其实，PowerPoint 2019 提供了自动更新图片的功能。

（1）单击"插入"选项卡上的"图片"按钮，弹出"插入图片"对话框。

（2）在图片列表中选中要插入的图片，然后单击"插入"按钮右侧的下拉按钮，在弹出的下拉菜单中选择"插入和链接"命令，如图 18-3 所示。

图 18-3 选择"插入和链接"命令

（3）关闭演示文稿，然后在外部图像编辑器中修改图片并保存。

（4）重新打开演示文稿，修改的图片自动更新。

18.1.2 设置图片样式

（1）选中图片，在菜单功能区可以看到如图 18-4 所示的"图片工具 / 格式"选项卡。

图 18-4 "图片工具 / 格式"选项卡

从图 18-4 可以看到，PowerPoint 2019 提供了丰富的图片编辑工具。

（2）在"图片样式"功能组中，单击"图片样式"下拉列表框右下角的"其他"下拉按钮弹出样式列表，如图 18-5 所示。

（3）将鼠标指针移到一种图片样式上，在幻灯片编辑区可以实时看到应用该样式的效果。单击选择一种样式，即可应用指定的效果，如图 18-6 所示。

应用内置样式后，用户还可以利用"图片边框"和"图片效果"按钮进一步修改图片的显示外观。

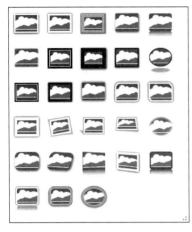

图 18-5　图片样式列表

图 18-6　应用"金属框架"样式的图片效果

将图片裁剪为形状

PowerPoint 2019 具备强大的图形编辑功能，可以轻松地将图片裁剪成某种形状，丰富幻灯片的视觉效果。

（1）选中要裁剪的图片，如图 18-7 所示。

图 18-7　要裁剪的图片

（2）在"图片工具/格式"选项卡中，单击"裁剪"下拉按钮，在弹出的下拉菜单中选择"裁剪为形状"命令。

（3）单击需要的形状，例如"云形"，即可裁剪图片，效果如图 18-8 所示。

为使图片效果更明显，可以单击"图片边框"按钮添加轮廓线，效果如图 18-9 所示。

图 18-8　裁剪为形状的图片

图 18-9　图片的最终效果

上机练习——旅行相册

 练习目标　本节练习制作一个简单的旅行相册。通过对操作步骤的详细讲解，读者可进一步掌握在幻灯片中插入图片，并使用 PowerPoint 2019 内置的图片编辑工具和样式美化图片效果的操作方法。

18-1　上机练习——旅行相册

 设计思路　首先打开一个已创建基本布局的演示文稿，插入风景图片；然后套用内置的图片样式为图片添加边框和透视效果，并调整图片的旋转角度；最后将图片裁剪为形状，应用映像效果。演示文稿的最终效果如图 18-10 所示。

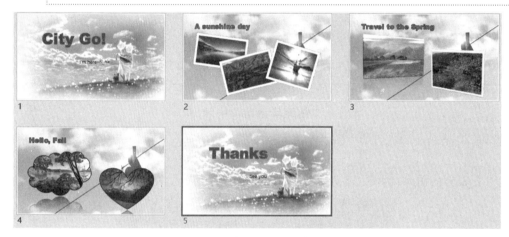

图 18-10　演示文稿的浏览视图

操作步骤

首先使用母版设置幻灯片的背景样式和文本效果。

（1）新建一个空白的演示文稿，切换到幻灯片母版视图，并在左侧窗格中选中幻灯片母版。单击"幻灯片母版"选项卡"背景"功能组中的"背景样式"下拉按钮，在下拉菜单中选择"设置背景格式"命令，然后在打开的"设置背景格式"面板中设置填充方式为"图片或纹理填充"，单击"插入"按钮选择需要的背景图像，效果如图 18-11 所示。

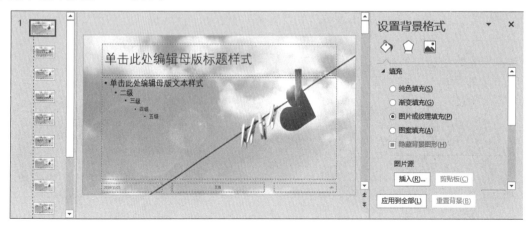

图 18-11　设置母版的背景图像

（2）选中母版中的标题占位符，在"绘图工具／格式"选项卡"艺术字样式"功能组中，设置文本填充颜色为浅蓝，文本轮廓为金色；切换到"开始"选项卡，设置字体为 Arial Black，字号为 44，效果如图 18-12 所示。

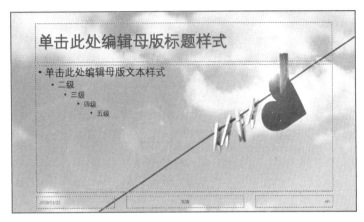

图 18-12　设置标题文本的样式

（3）选中标题幻灯片版式，切换到"幻灯片母版"选项卡，在"背景"功能组中单击"背景样式"下拉按钮，在下拉菜单中选择"设置背景格式"命令，然后在打开的"设置背景格式"面板中设置填充方式为"图片或纹理填充"，单击"插入"按钮选择需要的背景图像，效果如图 18-13 所示。

图 18-13　设置标题幻灯片的背景图像

（4）选中标题幻灯片版式中的标题占位符，在"绘图工具 / 格式"选项卡"艺术字样式"功能组中，设置文本填充颜色为金色，文本轮廓为浅灰色，效果如图 18-14 所示。

图 18-14　设置标题幻灯片的标题样式

（5）切换到"开始"选项卡，设置标题文本的字号为96，然后拖动标题文本框到幻灯片左上角。选中副标题占位符，设置字体为"等级"，大小为32，效果如图18-15所示。设置完成后，单击"关闭母版视图"按钮，返回普通视图。

图18-15　设置标题幻灯片的文本样式

（6）选中自动新建的标题幻灯片，在"开始"选项卡"幻灯片"功能组中单击"幻灯片版式"下拉按钮，在弹出的版式列表中单击"标题幻灯片"应用自定义的版式。然后分别在标题占位符和副标题占位符中输入文本，效果如图18-16所示。

图18-16　标题幻灯片的效果

（7）在"开始"选项卡"幻灯片"功能组中单击"新建幻灯片"按钮，新建的幻灯片将自动应用"标题和内容"版式。然后在标题占位符中输入标题文本，效果如图18-17所示。

图18-17　新建幻灯片并输入标题

（8）选中幻灯片中的文本占位符，按 Delete 键删除。然后切换到"插入"选项卡，单击"图片"按钮，在弹出的"插入图片"对话框中选择需要的图片后单击"插入"按钮关闭对话框。调整图片的大小和位置，效果如图 18-18 所示。

（9）切换到"图片工具 / 格式"选项卡，在"图片样式"下拉列表框中选择"旋转，白色"样式。应用样式后的图片效果如图 18-19 所示。

图 18-18　插入图片

图 18-19　应用"旋转，白色"样式的效果

（10）单击"图片"按钮，在弹出的"插入图片"对话框中按住 Ctrl 键选择两张图片。插入后，调整图片的大小和位置，并应用"旋转，白色"样式，效果如图 18-20 所示。

图 18-20　应用样式的图片效果

（11）选中一张图片，在旋转手柄上按下鼠标左键拖动，调整图片的角度。使用同样的方法旋转其他图片，效果如图 18-21 所示。

（12）新建一张幻灯片，输入标题文本，然后插入两张图片，并调整图片的大小和位置，效果如图 18-22 所示。

（13）选中左侧的图片，在"图片样式"下拉列表框中选择"映像右透视"样式；选中右侧的图片，在"图片样式"下拉列表框中应用"棱台左透视，白色"样式，效果如图 18-23 所示。

（14）新建一张幻灯片，输入标题文本，然后插入两张图片，并调整图片的大小和位置，效果如图 18-24 所示。

图 18-21　调整图片的角度

图 18-22　插入图片的效果

图 18-23　图片应用样式的效果

图 18-24　插入图片的效果

（15）选中左侧的图片，在"图片工具 / 格式"选项卡"大小"功能组中单击"裁剪"下拉按钮，在弹出的下拉菜单中选择"裁剪为形状"命令，然后在形状列表中选择"云形"；使用同样的方法将右侧的图片裁剪为"心形"，效果如图 18-25 所示。

图 18-25　裁剪图片的效果

（16）按住 Ctrl 键选中两张图片，在"图片样式"功能组中单击"图片边框"下拉按钮，设置边框颜色为黑色；单击"图片效果"下拉按钮，在效果下拉菜单中选择"映像"，然后在级联菜单中选择"紧密映像：4 磅偏移量"，效果如图 18-26 所示。

图 18-26　设置图片边框和映像效果

（17）新建一张幻灯片，在"开始"选项卡"幻灯片"功能组中单击"幻灯片版式"下拉按钮，在弹出的版式列表中单击"标题幻灯片"版式。然后分别在标题占位符和副标题占位符中输入文本，效果如图 18-27 所示。

图 18-27　结束幻灯片的效果

（18）切换到"视图"选项卡，单击"幻灯片浏览"按钮，即可查看演示文稿的整体效果，如图 18-10 所示。

18.1.3　调整图片背景

在 PowerPoint 2019 中，不需要启动专门的图片处理软件，使用"图片工具 / 格式"选项卡"调整"功能组中的工具按钮，就可以轻松校正图片的亮度、对比度和颜色，或删除背景、设置图片的艺术效果。

（1）选中图片，在"调整"功能组中单击"校正"按钮，在弹出的下拉列表框中可以选择一种锐化 / 柔化或是亮度 / 对比度的校正效果，如图 18-28 所示。

如果选择"图片校正选项"命令，将打开如图 18-29 所示的"设置图片格式"面板，在这里可以自定义图片的清晰度、亮度和对比度。

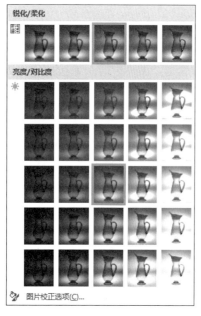

图 18-28　"校正"下拉列表框

图 18-29　"图片校正"选项

（2）单击"颜色"按钮，在弹出的下拉列表框中可以应用预置的颜色饱和度、色调，或对图片重新着色，如图 18-30 所示。选择"图片颜色选项"命令，可以打开"设置图片格式"面板，并展开"图片颜色"选项，以便用户修改图片的颜色效果，如图 18-31 所示。

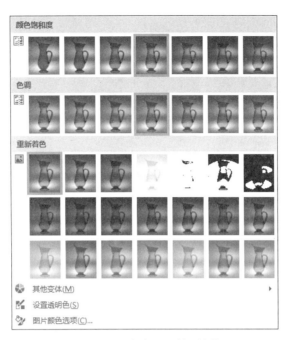

图 18-30 "颜色"下拉列表框

（3）单击"艺术效果"按钮，在如图 18-32 所示的下拉列表框中可以应用预置的艺术效果，例如素描或水粉效果。

图 18-31 "图片颜色"选项

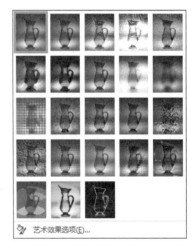

图 18-32 "艺术效果"下拉列表框

使用 PowerPoint 2019 还能轻松抠图，去除图片的背景。

（4）单击"删除背景"按钮，PowerPoint 将自动选中图片的背景及与背景颜色相近的区域，并填充为紫红色，如图 18-33（a）所示。

（5）单击"标记要保留的区域"按钮，鼠标指针显示为铅笔形状，标记不应作为背景删除的区域，标记线显示为绿色，如图 18-33（b）所示。

（6）单击"标记要删除的区域"按钮，鼠标指针显示为铅笔形状，标记应作为背景删除的区域，标记线显示为红色。背景选择完成后，单击"保留更改"按钮，即可删除选中的背景区域，效果如图 18-33（c）所示。

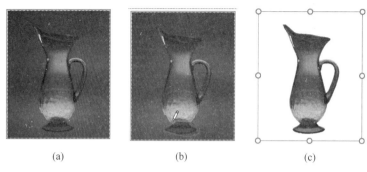

(a)　　　　　　　　(b)　　　　　　　　(c)

图 18-33　删除背景

（7）如果要放弃对图片所做的所有格式修改，单击"重置图片"按钮 。如果不仅要将图片恢复为原始状态，还要恢复为原始大小，则单击"重置图片"按钮右侧的下拉按钮，在弹出的下拉菜单中选择"重置图片和大小"命令。

18.1.4　制作相册

如果演示文稿中要展示的图片很多，利用 PowerPoint 2019 可以轻松将一组图片制作成图片演示文稿，像电子相册一样，不仅方便浏览，而且妙趣横生。

在制作相册之前，建议新建一个文件夹专门放置需要的图片。

（1）新建或打开一个演示文稿，在"插入"选项卡的"图像"功能组中单击"相册"按钮，弹出如图 18-34 所示的"相册"对话框。

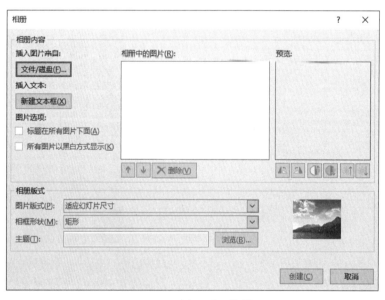

图 18-34　"相册"对话框

（2）单击"文件 / 磁盘"按钮，打开"插入新图片"对话框，按住 Shift 键或 Ctrl 键选择一组用于制作相册的图片。单击"插入"按钮，添加的图片名称将显示在"相册中的图片"列表框中。

在"相册"对话框中还可以对插入的图片进行编辑。

（3）选中要编辑的图片名称左侧的复选框，"相册中的图片"列表框下方的按钮变为可用状态，图片预览窗口下方的编辑工具按钮也变为可用状态，如图 18-35 所示。

使用图片预览窗口下方的编辑工具可以调整图片的亮度、对比度，或旋转图片。

（4）如果要调整图片在演示文稿中的顺序，选中图片后，单击"上移"按钮 或"下移"按钮 。

单击 ✕删除(V) 按钮，可以在演示文稿中删除选定的图片。

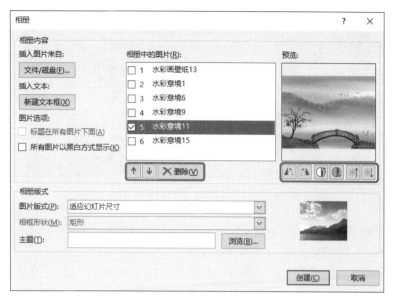

图18-35 "相册"对话框

（5）单击"新建文本框"按钮，在相册中新建一张幻灯片插入文本框。

 注意 　　　　插入的文本框只能在相册建立以后，在文档编辑窗口进行编辑。

（6）在"相册版式"选项区设置图片的版式，包括每张幻灯片显示几张图片、相框的形状和幻灯片的设计主题。

如果设置的图片版式不是"适应幻灯片尺寸"，还可以在"图片选项"区域设置图片标题是否显示在图片下方。

（7）单击"创建"按钮，将新建一个演示文稿存放创建的相册。

例如，设置"图片版式"为"1张图片（带标题）"，"相框形状"为"复杂框架，黑色"，"主题"为"画廊"的演示文稿在幻灯片浏览视图中的效果如图18-36所示。

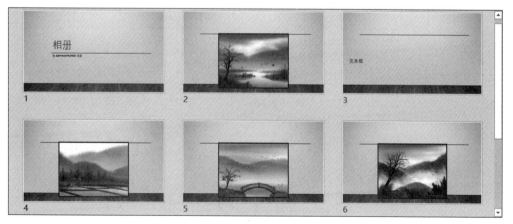

图18-36 相册示例

切换到普通视图，可以看到除标题幻灯片以外的每张幻灯片顶部显示标题占位符，如图18-37所示。如果将"图片版式"修改为"1张图片"，则不显示标题占位符。

图 18-37　"1 张图片（带标题）"的效果

（8）在幻灯片编辑窗口填写相册的标题幻灯片、每张幻灯片的标题和相册中的文本框。
创建相册以后，还可以对相册幻灯片进行修改。

（9）在"插入"选项卡的"图像"区域单击"相册"下拉按钮，在弹出的下拉菜单中选择"编辑相册"命令，打开如图 18-38 所示的"编辑相册"对话框。

图 18-38　"编辑相册"对话框

（10）修改相册的内容或外观后，单击"更新"按钮。

注意　　更新相册后，在"相册"对话框之外对相册幻灯片所做的更改（例如幻灯片背景和动画效果）可能会丢失。单击快速访问工具栏上的"撤销"按钮可以恢复这些修改。

18.2　绘制与编辑形状

PowerPoint 2019 内置了丰富的常用形状，并分门别类组织在一起，方便用户选择使用。即使用户没有经过专业的绘画训练，也可以轻松绘制美观的基本形状。

18.2.1 绘制基本形状

（1）切换到"插入"选项卡，在"插图"功能组中单击"形状"按钮，在形状列表中单击需要的形状，鼠标指针变为十字形。

（2）在幻灯片中单击，或按下鼠标左键拖动到合适大小后释放，即可在幻灯片中添加一个指定大小的形状。例如，"卷形：水平"效果如图 18-39 所示。

直接单击添加的形状大小和位置是默认的；拖动鼠标添加的形状则在指定位置显示为指定的大小。

图 18-39 "卷形：水平"形状

> **提示：** 　　绘制直线（或箭头）时，按住 Shift 键可以保持直线或箭头呈垂直、水平或 45° 的方向。绘制几何图形时，按住 Shift 键可以绘制正几何形状。

（3）选中绘制的形状，切换到如图 18-40 所示的"绘图工具／格式"选项卡，在"形状样式"功能组中单击"形状填充"按钮，可以设置形状的填充效果；单击"形状轮廓"按钮，可以设置轮廓线的颜色、粗细和样式；单击"形状效果"按钮，可以应用一种内置的效果。

图 18-40 绘图工具的"格式"选项卡

如果要自定义形状的样式，可以单击"形状样式"功能组右下角的扩展按钮，在如图 18-41 所示的"设置形状格式"面板中对形状的各个属性进行详细的设置。

例如，设置形状轮廓线为黑色，填充为"信纸"纹理，效果为"内部：中"阴影的效果如图 18-42 所示。

图 18-41 "设置形状格式"面板

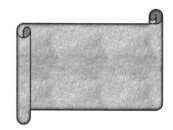

图 18-42 形状效果

锁定绘图模式

默认情况下，如果要绘制多个相同的形状，每绘制一个形状后，都要重新在形状列表中选择相同的形状，然后在幻灯片上绘制。锁定绘图模式，可以使用同一绘图工具连续绘制多个形状。

（1）打开形状列表，在需要的形状上右击打开快捷菜单。

（2）选择"锁定绘图模式"命令，如图 18-43 所示。

这样，绘制完一个形状后，该绘图工具仍然处于被选中的状态，可以直接绘制下一个同类的形状对象。

如果要绘制其他形状，单击其他绘图工具按钮或按 Esc 键，取消锁定。

图 18-43　锁定绘图模式

18.2.2　使用线条绘制形状

除了各种常用的形状，PowerPoint 2019 还提供了曲线、任意多边形以及自由曲线等线条工具，方便有一定绘画技能的用户发挥自己的想象力绘制图形。本节主要介绍"曲线"工具的使用方法。

（1）切换到"插入"选项卡，单击"插图"功能组中的"形状"按钮，在打开的形状列表中单击"曲线"图标〜。

（2）当鼠标指针变为十字形时，在幻灯片上单击添加起始点，然后拖动鼠标，此时起始点与鼠标位置之间显示一条直线段，如图 18-44（a）所示。

（3）单击添加一个顶点，然后拖动鼠标，此时绘制的线段将随鼠标拖动自动调整弯曲度，如图 18-44（b）所示。

（4）使用与上一步相同的方法添加顶点，绘制其他的曲线段，双击结束绘制，效果如图 18-44（c）所示。

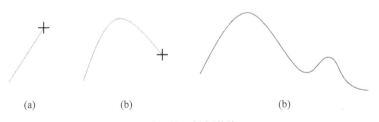

(a)　　　　　　　　　(b)　　　　　　　　　(b)

图 18-44　绘制曲线

如果要绘制封闭曲线，则拖动鼠标将曲线的终点移动到起点位置，此时封闭曲线自动填充颜色，如图 18-45（a）所示。单击即可完成封闭曲线的绘制，如图 18-45（b）所示。

(a)　　　　　　　　　　　　　(b)

图 18-45　绘制封闭曲线

18.2.3　修改形状的几何外观

选中绘制的形状，形状四周显示多个控制手柄，如图 18-46 所示。调整控制手柄可以改变形状的几何外观。

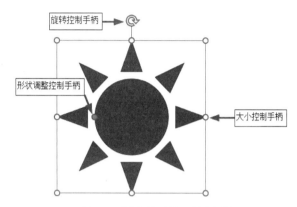

图 18-46　插入的形状及控制手柄

各种控制手柄的功能简要介绍如下。

❖ **旋转控制手柄**：将鼠标指针移到旋转手柄 ⟳ 上，按下鼠标左键并拖动，以形状中心为变形点旋转形状。

❖ **大小控制手柄**：将鼠标指针移到大小控制手柄（白色圆圈，共有 8 个）上，按下鼠标左键并拖动，可改变形状的尺寸。

❖ **形状调整控制手柄**：将鼠标指针移到形状调整控制手柄（橙色的圆圈）上，按下鼠标左键并拖动，可以调整形状的几何特征，如图 18-47（a）和（b）所示。

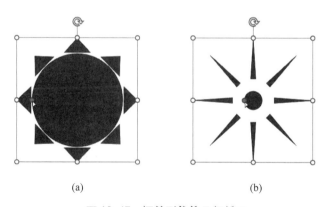

(a)　　　　　　　　　　　　　　(b)

图 18-47　调整形状的几何外观

使用控制手柄可以使形状按既定的方式进行改变。如果希望按自己的需要对形状进行变形，可以使用"编辑顶点"命令。

（1）选中要编辑的形状，在"绘图工具 / 格式"选项卡的"插入形状"功能组中单击"编辑形状"按钮，在弹出的下拉菜单中单击"编辑顶点"命令，形状的各个顶点上显示黑色的控制手柄，如图 18-48 所示。

（2）将鼠标指针移到黑色控制手柄上，按下鼠标左键并拖动，可以调整形状的外观，如图 18-49 所示。

图 18-48   形状顶点上显示控制手柄   图 18-49   调整形状外观

（3）将鼠标指针移到白色的方形控制手柄上，按下鼠标左键并拖动可以调整线条的曲度，如图 18-50（a）所示。采用同样的方法调整其他线条的曲度，效果如图 18-50（b）所示。

（4）将鼠标指针移到一个黑色控制手柄上右击，在弹出的快捷菜单中可以看到更多顶点编辑的命令，如图 18-51 所示。

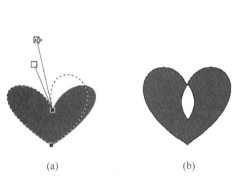

(a)   (b)

图 18-50   调整线条曲度

图 18 51   右键快捷菜单

使用快捷菜单中的命令，可以多种方式编辑形状的顶点，从而创建独特的形状。

18.2.4   在形状中添加文本

绘制形状之后，还可以在形状中添加文本。

（1）选中要添加文本的形状，右击，在弹出的快捷菜单中选择"编辑文字"命令。此时，形状中显示光标插入点。

（2）在光标插入点输入文本，然后选中文本，在弹出的快速格式工具栏中可以设置字体、字号、颜色或对齐方式，如图 18-52 所示。

图 18-52   设置文本格式

注意

采用这种方式添加的文本与形状是一个整体，默认情况下不能单独移动文本的位置，如果文本较多时，部分文本可能不能显示。如果旋转或翻转形状，文本也会随之旋转或翻转。

如果要修改形状中的文本，直接点击文字部分，即可编辑文本。

18.2.5 图形的组合与排列

在幻灯片中插入多个图形对象之后，往往还需要对插入的对象进行组合、排列或重新叠放次序等操作。

1. 组合与取消组合

将多个对象组合在一起，可以同时更改对象组合中所有对象的属性。

（1）按住 Shift 键或 Ctrl 键单击要组合的多个对象。

（2）在"图片工具 / 格式"选项卡中单击"组合"按钮 回 组合，或直接按 Ctrl+G 组合键。

如果要撤销组合，则选中组合对象后按 Ctrl+Shift+G 组合键，或单击"组合"按钮，在弹出的下拉菜单中选择"取消组合"命令。

2. 对齐与分布

将幻灯片中的多个图形按某种方式对齐或分布，可以使幻灯片看起来整洁、有条理。

（1）按住 Ctrl 或 Shift 键选中要对齐的多个图形对象。

（2）在"图片工具 / 格式"选项卡中单击"对齐"按钮 ，在如图 18-53 所示的下拉菜单中选择需要的对齐或分布命令。

这里要提请读者注意的是，在对齐或分布对象时，可以选择当前幻灯片或所选对象为参照系。选择"对齐幻灯片"命令，则所选对象相对于整个幻灯片页面的范围对齐；选择"对齐所选对象"命令，则以所选元素所组成的矩形区域为范围对齐。

例如，将图 18-54 中的三个元素分别以所选对象和幻灯片为参照系横向分布的效果分别如图 18-55 和图 18-56 所示。

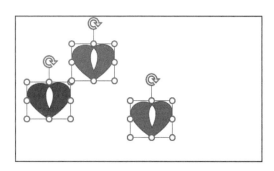

图 18-53 "对齐"下拉菜单　　　　　　　　　图 18-54 选中要对齐的对象

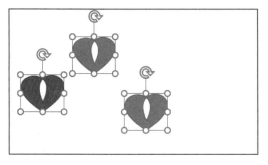

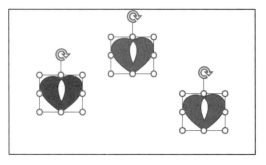

图 18-55 基于所选对象横向分布　　　　　　　图 18-56 基于幻灯片横向分布

此外，在幻灯片中移动图形对象时，会显示一条智能参考线，借助参考线也可以很方便地对齐和分布图像，如图 18-57 所示。

提示： 如果对齐对象时不显示智能参考线，则切换到"视图"选项卡，单击"显示"功能组右下角的扩展按钮打开"网格和参考线"对话框，选中"形状对齐时显示智能向导"复选框，如图 18-58 所示。

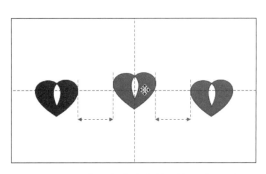

图 18-57　借助智能参考线对齐分布图形　　　　图 18-58　"网格和参考线"对话框

3. 叠放图形次序

在默认情况下，后添加的图形显示在先添加的图形之上，有可能发生重叠，从而挡住下方图形。用户可以根据需要改变它们的层叠次序。

（1）选择要改变层叠次序的绘图对象。

（2）切换到"图片工具 / 格式"选项卡，在如图 18-59 所示的"排列"功能组中选择一种叠放次序。

如果图形对象很多且相互重叠，要选中底层的图形会很困难。使用"选择"窗格可以轻松解决这个问题。

（3）单击"排列"功能组中的"选择窗格"命令，打开如图 18-60 所示的"选择"窗格。

在这里可以看到当前幻灯片中所有对象的名称和叠放次序。

（4）单击对象名称，即可选中相应的对象，然后按下鼠标左键并拖动；或单击右上角的"上移一层"按钮▲、"下移一层"按钮▼，更改对象排列顺序。

（5）单击图形名称右侧的眼睛图标　，可以修改对象在幻灯片中的可见性。单击"全部显示"或"全部隐藏"按钮，可以同时显示或隐藏当前幻灯片中的所有对象。

图 18-59　叠放次序命令　　　　　　　　　　图 18-60　"选择"窗格

上机练习——年会礼品清单

本节练习制作年会演示文稿中的一张礼品清单幻灯片。通过对操作步骤的详细讲解，读者可进一步掌握绘制形状、修改形状的几何外观、编辑形状的填充颜色和效果、在形状中添加文本，以及合并、排列多个形状的方法。

18-2　上机练习——年会礼品清单

设计思路　　　首先绘制圆角矩形和正圆形，利用结合命令将其合并为一个新形状；然后复制、填充、对齐并翻转形状；接下来插入图片并裁剪为形状；最后绘制形状并添加文本，效果如图 18-61 所示。

图 18-61　年会礼品清单

操作步骤

（1）打开一个已创建基本结构和布局的演示文稿，并定位到要绘制形状的幻灯片，如图 18-62 所示。

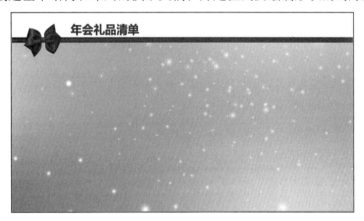

图 18-62　幻灯片初始状态

（2）切换到"插入"选项卡，在"插图"功能组中单击"形状"下拉按钮，在弹出的形状列表中选择"圆角矩形"。按下鼠标左键拖动，绘制一个圆角矩形，然后在"绘图工具/格式"选项卡中分别单击"形状填充"和"形状轮廓"按钮，设置圆角矩形的填充颜色和轮廓线颜色，效果如图 18-63 所示。

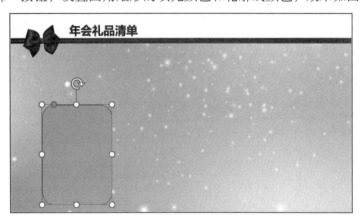

图 18-63　绘制形状并填充

（3）将鼠标指针移到圆角矩形左上角的橙色控制手柄上，按下鼠标左键向左拖动，调整矩形的圆角大小，效果如图 18-64 所示。

（4）在"插图"功能组中单击"形状"下拉按钮，在弹出的形状列表中选择"椭圆"。按住 Shift 键的同时按下鼠标左键拖动，绘制一个半径与圆角矩形宽度相同的正圆形，效果如图 18-65 所示。

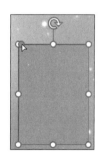

图 18-64　调整矩形圆角大小

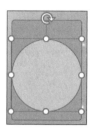

图 18-65　绘制正圆形

（5）在圆形上按下鼠标左键拖动，移动圆形的位置。拖动时可以借助智能参考线定位圆形的位置，使圆心与矩形上边线中点对齐，如图 18-66 所示。

（6）按住 Shift 键选中圆形和圆角矩形，在"绘图工具 / 格式"选项卡中单击"合并形状"下拉按钮，在弹出的下拉菜单中选择"结合"命令，将两个形状合并为一个形状，效果如图 18-67 所示。

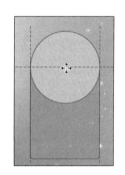

图 18-66　调整圆形的位置

图 18-67　结合形状的效果

（7）选中合并后的形状，按住 Ctrl 键拖动，制作三个形状副本，效果如图 18-68 所示。

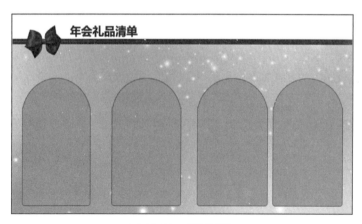

图 18-68　复制形状

（8）按住 Shift 键选中幻灯片上的四个形状，在"绘图工具 / 格式"选项卡"排列"功能组中单击"对齐对象"下拉按钮，在弹出的下拉菜单中选择"底端对齐"命令；然后再次打开"对齐对象"下拉菜单，选择"横向分布"命令，效果如图 18-69 所示。

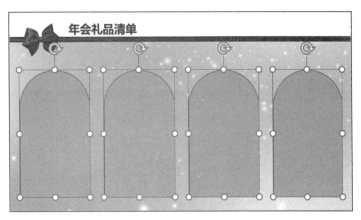

图 18-69　对齐、分布形状

（9）选中一个形状，在"绘图工具 / 格式"选项卡中分别单击"形状填充"和"形状轮廓"按钮，设置圆角矩形的填充颜色和轮廓线颜色。使用同样的方法，分别填充其他形状，效果如图 18-70 所示。

图 18-70　填充形状的效果

（10）按住 Shift 键单击第二个形状和第四个形状，在"绘图工具 / 格式"选项卡"排列"功能组中单击"旋转对象"下拉按钮，在弹出的下拉菜单中选择"垂直翻转"命令，效果如图 18-71 所示。

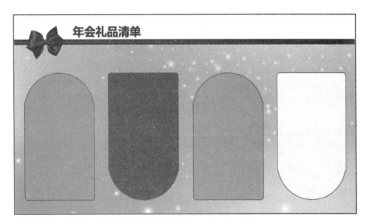

图 18-71　翻转形状的效果

（11）切换到"插入"选项卡，单击"图片"按钮，在弹出的"插入图片"对话框中按住 Ctrl 键选中四张图片，单击"插入"按钮关闭对话框。

（12）选中一张图片，在"图片工具 / 格式"选项卡"大小"功能组中单击"裁剪"下拉按钮，在下拉菜单中选择"纵横比",在级联菜单中选择"1:1"。然后在"大小"功能组中修改图片的宽度,使之与圆角矩形的宽度相同或略小。采用同样的方法修改其他图片的尺寸,效果如图 18-72 所示。

图 18-72　修改图片的尺寸

（13）按住 Shift 键选中四张图片,在"大小"功能组中单击"裁剪"下拉按钮,在下拉菜单中选择"裁剪为形状"命令,然后在形状列表中选择"流程图:接点",效果如图 18-73 所示。

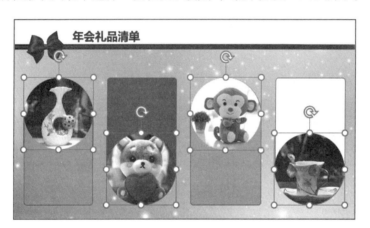

图 18-73　将图片裁剪为形状

（14）切换到"插入"选项卡,单击"形状"下拉按钮,在弹出的形状列表中选择"卷形:水平"。按下鼠标左键拖动,绘制形状,效果如图 18-74 所示。

图 18-74　绘制形状

（15）在形状上右击,在弹出的快捷菜单中选择"编辑文字"命令,在形状中输入文本。输入完成后,选中形状，在"开始"选项卡中设置字体为"微软雅黑"，字号为20；然后在"段落"功能组中单击"对齐文本"下拉按钮，在弹出的下拉菜单中选择"中部对齐"命令，效果如图18-75所示。

图 18-75　在形状中输入文本并格式化

（16）选中形状，按住 Ctrl 键的同时拖动形状，制作三个副本。然后修改形状中的文本，并调整形状的位置，最终效果如图 18-61 所示。

18.3　使用 SmartArt 图形制作示意图

SmartArt 图形可直观地描述各单元的层次结构和相互关系。PowerPoint 2019 内置了多种不同布局的 SmartArt 图形，可以帮助用户轻松创建具有设计师水准的各种示意图。

18.3.1　创建 SmartArt 图形

（1）切换到"插入"选项卡，在"插图"功能组中单击 SmartArt 按钮，打开如图 18-76 所示的"选择 SmartArt 图形"对话框。

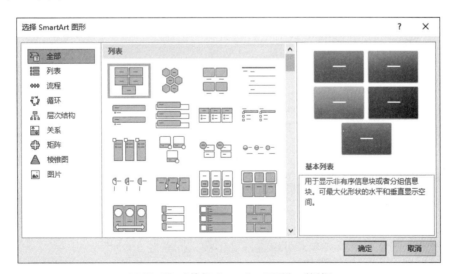

图 18-76　"选择 SmartArt 图形"对话框

（2）在左侧窗格中选择需要的图示类型，然后在中间窗格的图示列表中选择具体图示，右侧窗格中将显示选中图示的简要说明和预览图。

（3）单击"确定"按钮，即可在幻灯片中插入指定类型的 SmartArt 图形。例如，插入的"圆形重点日程表"如图 18-77 所示。

（4）编辑文本和图片。单击图示中的文本占位符，可以直接输入文本，如图 18-78 所示。如果选择的图示包含图片，单击图片占位符，将打开"插入图片"对话框。插入图片后，图片将以指定的大小和样式显示。

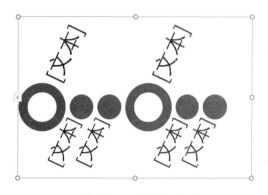

图 18-77　圆形重点日程表

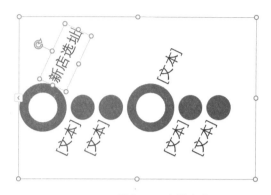

图 18-78　输入图示中的文本

单击图示左边框上的"展开"按钮，或单击"SmartArt 工具 / 格式"选项卡"创建图形"功能组中的"文本窗格"按钮，可以打开如图 18-79 所示的文本窗格编辑图示文本。在文本窗格中输入的文字将实时显示在图示中。

图 18-79　文本窗格

（5）调整图示的大小和位置。

将鼠标指针移到图示边框上的控制手柄上，指针变为双向箭头时，按下鼠标左键拖动，可以调整图示的大小；将鼠标指针移到图示上，指针变为四向箭头时，按下鼠标左键拖动，可以移动图示。

18.3.2　设置布局和样式

如果要在图示中分层显示多级文本，可以设置文本级别和顺序。

（1）调整文本级别和顺序

打开文本窗格，在需要调整级别的文本上右击，在如图 18-80 所示的快捷菜单中选择"降级"或"升级"命令，可以调整文本的级别；选择"上移"或"下移"命令，可以调整文本的排列顺序。

（2）添加或删除图示中的形状。

图示中默认的形状个数通常与实际需要不符，因此，需要添加或删除形状。

选中一个形状,切换到"SmartArt 工具 / 设计"选项卡,在"创建图形"功能组中单击"添加形状"命令,在如图 18-81 所示的下拉菜单中选择形状位置即可。

图 18-80　快捷菜单

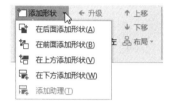

图 18-81　"添加形状"下拉菜单

　　　　选中 SmartArt 图形中的形状后,按 Delete 键并不能删除选中的形状。如果要删除 SmartArt 图形中的某个形状,应选中对应的文本框,然后按 Delete 键。

(3)美化示意图。

选中图示,在"SmartArt 工具 / 设计"选项卡的"SmartArt 样式"功能组中(如图 18-82 所示),可以使用 PowerPoint 内置的配色方案和样式美化 SmartArt 图形。

图 18-82　"SmartArt 样式"功能组

在"SmartArt 工具 / 格式"选项卡中可以自定义形状和文本的外观。

此外,在 SmartArt 图形上右击弹出快捷菜单,选择"设置对象格式"命令,在打开的"设置形状格式"面板中可以自定义 SmartArt 图形中形状和文本的外观样式。

旋转 SmartArt 图形

创建 SmartArt 图形之后,如果选中其中单个的形状,可以看到旋转手柄,利用它可以对形状进行旋转或者翻转。如果选中整个 SmartArt 图形,则不显示旋转手柄,无法对图形进行旋转。

(1)先复制一个 SmartArt 图形,然后右击,在弹出的快捷菜单中选择"转换为形状"命令。

(2)选中图形,在图形的变形边框上显示旋转手柄,即可旋转图形。例如,向左旋转90°的效果如图 18-83 所示。

读者要注意的是,将 SmartArt 图形转换为形状是不可逆的,也就是说,转换之后的形状失去了

SmartArt 图形的功能，只是普通的形状，不能再转换为 SmartArt 图形。因此，建议在转换之前先保留一个副本。

（3）选中除连接线以外的所有形状，在"绘图工具 / 格式"选项卡"排列"功能组中单击"旋转"按钮，在弹出的下拉菜单中选择"向右旋转 90°"命令，效果如图 18-84 所示。

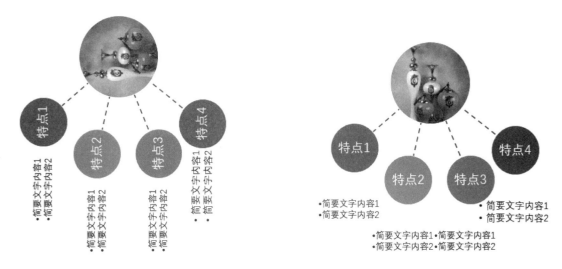

图 18-83　形状向左旋转 90° 的效果　　　　　　图 18-84　形状向右旋转 90° 的效果

（4）调整文本框到合适的位置，最终效果如图 18-85 所示。

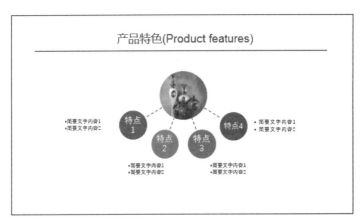

图 18-85　"产品特色"幻灯片的最终效果

上机练习——项目流程图

本节练习利用 SmartArt 图形制作项目流程图。通过对操作步骤的详细讲解，读者可进一步掌握编辑 SmartArt 图形的结构和文本，以及设置 SmartArt 图形显示外观的操作方法。

18-3　上机练习——项目流程图

首先打开一个已创建基本布局的幻灯片，插入"步骤下移流程"图形布局；然后编辑图形中的一级文本和二级文本；接下来在图形中添加形状，并使用文本窗格输入文本，调整文本的层次级别；最后修改图形的外观，结果如图 18-86 所示。

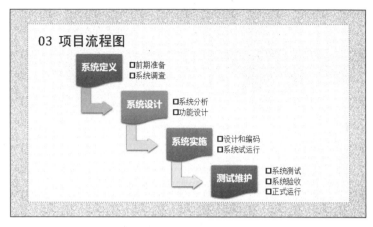

图 18-86　项目流程图

操作步骤

（1）打开一个已创建基本结构和布局的演示文稿，并定位到要插入 SmartArt 图形的幻灯片，如图 18-87 所示。

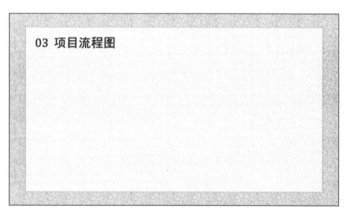

图 18-87　幻灯片的初始状态

（2）在"插入"选项卡"插图"功能组中单击"SmartArt 图形"按钮，在弹出的"选择 SmartArt 图形"对话框的左侧窗格中选择"流程"分类，然后在对应的图形布局列表中选择"步骤下移流程"，如图 18-88 所示。

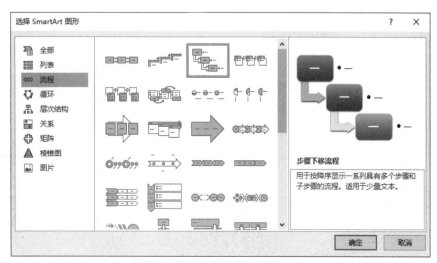

图 18-88　选择需要的 SmartArt 图形布局

（3）单击"确定"按钮，即可在幻灯片中插入指定的图形布局，如图 18-89 所示。

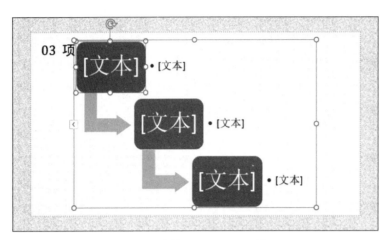

图 18-89　插入 SmartArt 图形布局

（4）单击圆角矩形中的文本占位符，输入一级文本；单击圆角矩形右侧的文本占位符，输入二级文本，按 Enter 键可添加二级文本，如图 18-90 所示。

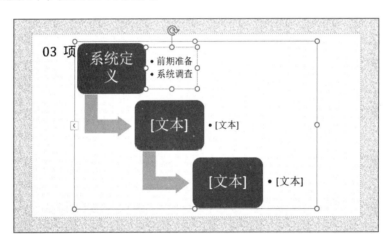

图 18-90　输入图形中的文本（一）

（5）按照上一步的方法输入图形中的其他一级文本和二级文本，效果如图 18-91 所示。

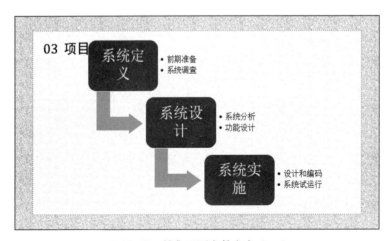

图 18-91　输入图形中的文本（二）

接下来在 SmartArt 图形中添加形状。

（6）选中图形最底部的圆角矩形，切换到"SmartArt 图形工具 / 设计"选项卡，在"创建图形"功能组中单击"添加形状"下拉按钮，在弹出的下拉菜单中选择"在后面添加形状"命令，即可在指定位置添加一个圆角矩形及相应的文本占位符。单击图形左边框线上的"展开"按钮，在打开的"文本窗格"中输入一级文本，如图 18-92 所示。

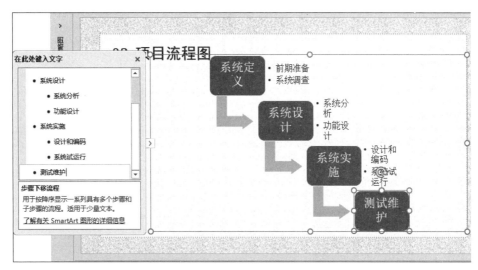

图 18-92　添加形状，并输入一级文本

（7）在"文本窗格"中将光标定位在最后一个一级文本末尾，按 Enter 键输入其他文本。SmartArt 图形中将相应地添加形状和占位符，如图 18-93 所示。

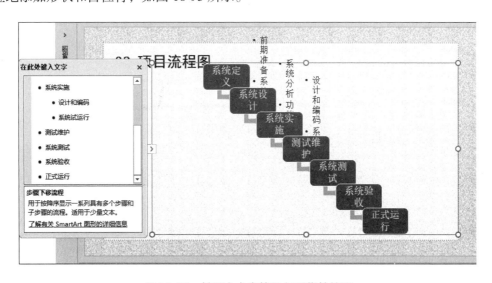

图 18-93　使用文本窗格添加形状的效果

（8）在"文本窗格"中选中"测试维护"下方的文本，右击，在弹出的快捷菜单中选择"降级"命令，或直接按 Tab 键，选中的文本将向右缩进，图形中对应的形状降级为二级文本，如图 18-94 所示。

（9）选中图形，利用鼠标调整图形的大小和位置，然后调整二级文本的位置和占位符的大小，如图 18-95 所示。

（10）选中图形，切换到"SmartArt 工具 / 设计"选项卡，单击"更改颜色"下拉按钮，在"彩色"区域选择"彩色范围 - 个性色 5 至 6"；然后在"SmartArt 样式"下拉列表框中选择"强烈效果"，结果如图 18-96 所示。

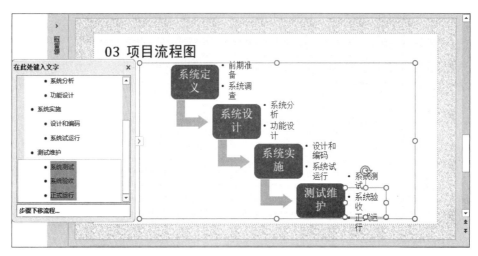

图 18-94　将文本降级的效果

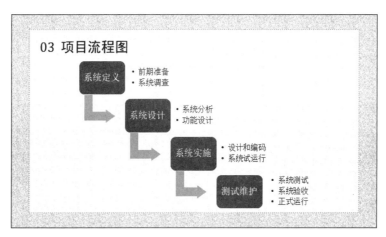

图 18-95　调整图形的大小和位置

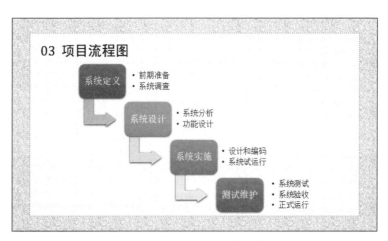

图 18-96　更改颜色并应用样式的效果

（11）按住 Ctrl 键选中图形中的四个圆角矩形，在"开始"选项卡中设置字体为"微软雅黑"，字号为 24，字形加粗；然后切换到"SmartArt 工具 / 格式"选项卡，单击"更改形状"下拉按钮，在弹出的形状列表中选择"流程图：文档"，效果如图 18-97 所示。

（12）按住 Ctrl 键选中二级文本占位符，切换到"开始"选项卡，单击"项目符号"下拉按钮，在弹出的下拉列表框中选择"加粗空心方形项目符号"，结果如图 18-86 所示。

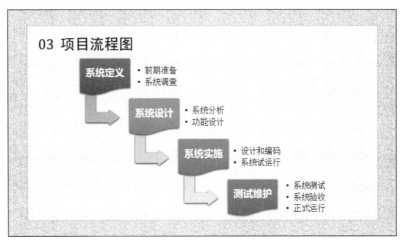

图 18-97　更改形状的效果

18.4　展示与分析数据

图表在 PowerPoint 演示文稿中有着很重要的作用，可以形象地展示数据表信息，反映数据表中不易察觉的某些信息，例如趋势线、比例等。

18.4.1　创建数据表格

在 PowerPoint 2019 中，可以使用多种方式创建表格。

（1）切换到普通视图或大纲视图，在"插入"选项卡的"表格"功能组中单击"表格"下拉按钮，执行以下操作之一插入表格。

❖ 在如图 18-98 所示的下拉列表框的表格模型中拖动鼠标指针选择需要的行数和列数，然后单击。

❖ 在下拉列表框中选择"插入表格"命令，在如图 18-99 所示的"插入表格"对话框中指定行数和列数后，单击"确定"按钮。

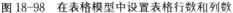

图 18-98　在表格模型中设置表格行数和列数

图 18-99　"插入表格"对话框

使用上述两种方式创建的表格默认套用主题样式。此外，还可以从 Word 或者 Excel 中复制表格，然后粘贴到演示文稿中。

（2）在表格中单击要输入内容的单元格，然后在插入点输入文本。

在单元格中输入数据时，输入的内容将在当前单元格的宽度范围内自动换行。如果内容行数超过单元格高度，单元格高度将向下扩张。按 Enter 键可以结束一个段落并开始一个新段落。

提示:

按 Ctrl+Tab 键可以在表格中输入制表符。

（3）单击其他单元格，输入文本内容。

按 Tab 键可以将插入点快速移到右侧相邻的单元格中；按 Shift+Tab 键可以将插入点快速移到左侧相邻的单元格中。

> 注意
> 当插入点为最后一行的最后一个单元格的末尾时，按 Tab 键将在表格的底部增加一个新行。

（4）单击表格以外的任意位置退出表格编辑状态。

（5）单击表格中的任意一个单元格，在如图 18-100 所示的"表格工具"选项卡中设置表格样式。相关操作与在 Word 中设置表格样式的方法相同，不再赘述。

图 18-100 "表格工具"选项卡

18.4.2 修改表格的结构

通常情况下，直接插入的表格并不能满足数据编排的需要，因此还需要对表格的结构进行修改。

（1）选中要修改的表格元素。

❖ 选取单元格：直接在单元格中单击。

❖ 选取单元格中的部分文本：在文本上按下鼠标左键拖动，到结束位置时释放。

❖ 选取整行：将鼠标指针移到该行最左侧或最右侧，指针变为➡或⬅时单击，可选中一行。按住鼠标左键上下拖动可以选取多行。

❖ 选取整列：将鼠标指针移到该列顶部或底部，指针变为⬇或⬆时单击，可选中一列。按住鼠标左键左右拖动可以选取多列。

❖ 选取单元格区域：按下鼠标左键在表格中拖动一个矩形区域，即可选中矩形区域中的所有单元格。选中一个单元格后，按住 Shift 键单击另一个单元格，可以选中两个单元格之间的矩形区域。

❖ 选取整个表格：单击表格中的任意一个单元格，或表格的边框。

> 注意
> 使用 Shift+ 方向键也可以选取单元格区域，如果起始单元格中有文本，按住 Shift+ 方向键将选取单元格中的文本。当选取光标超过单元格的时候，才开始选取多个单元格的区域。

（2）插入、删除行和列。

在表格中单击要插入行或列的位置，切换到"表格工具 / 布局"选项卡，利用如图 18-101 所示的"行和列"功能组可以方便地插入、删除行和列。

选择"在上方插入"或"在下方插入"命令，可以插入行；选择"在左侧插入"或"在右侧插入"命令，可以插入列。单击"删除"按钮，在下拉菜单中使用相应的命令可删除表格元素。

注意 选中单元格区域或者行、列时，按 Delete 键并不会删除单元格行、列，而是删除单元格中的内容。

（3）合并、拆分单元格。

选中要合并的单元格区域，然后单击"表格工具/布局"选项卡中的"合并单元格"按钮。合并前后的效果如图 18-102 所示。

图 18-101 "行和列"功能组

图 18-102 单元格合并前、后的效果

单击"拆分单元格"按钮，在如图 18-103 所示的"拆分单元格"对话框中，可以设置将单元格拆分为多行多列。

图 18-103 "拆分单元格"对话框

将单元格拆分为多个单元格后，原单元格中的内容将显示在拆分后的单元格区域左上角的单元格中。

提示： 如果要创建的数据表格结构较复杂，可能需要组合使用多种修改操作。此时，可以考虑使用 PowerPoint 2019 提供的"绘制表格"功能。有关绘制表格的操作步骤，可参见第6章的相关介绍。

将表格保存为图片

将表格保存为图片，可以防止表格内容被他人修改。

（1）在表格上右击弹出快捷菜单。

（2）选择"另存为图片"命令，打开"另存为图片"对话框。

（3）选择保存路径，输入文件名称之后，单击"保存"按钮。

18.4.3 使用图表展示数据

在 PowerPoint 2019 中使用图表的方法与在 Word 中大致相同，下面简要介绍操作步骤。

（1）切换到"插入"选项卡，单击"插图"功能组中的"图表"按钮，打开"插入图表"对话框。

（2）在对话框左侧窗格中选择一种图表类型，然后在右上窗格中选择一种子类型，单击"确定"按钮，即可插入图表，并打开一个 Excel 窗口，用于编辑图表数据，如图 18-104 所示。

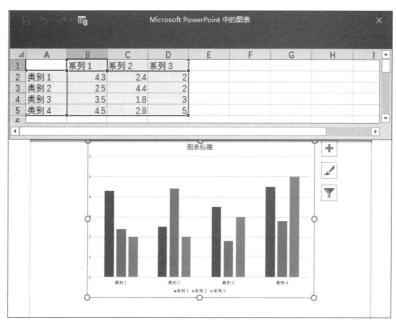

图 18-104　在 PowerPoint 中创建图表

（3）在 Excel 窗口中编辑图表数据，完成后关闭。

（4）单击图表边框选中图表，然后单击图表右上角的"图表元素"按钮，在弹出的下拉列表框中设置要显示在图表上的元素及样式，如图 18-105 所示。

如果要设置图表元素的格式，则单击级联菜单中的"更多选项"命令，可打开对应的设置面板进行自定义，如图 18-106 所示。

图 18-105　图表元素级联菜单

图 18-106　"设置数据标签格式"面板

上机练习——每月营业收入占比图

练习目标   本节练习创建某企业每月营业收入的占比图。通过对操作步骤的详细讲解，读者可进一步掌握在 PowerPoint 中创建图表，添加、删除图表元素，以及美化图表的操作方法。

18-4   上机练习——每月营业收入占比图

设计思路   首先打开一个已创建基本布局的幻灯片，插入三维饼图；然后编辑图表数据更新图表；接下来隐藏图表标题和图例，并添加数据标注；最后设置数据标注的外观，结果如图 18-107 所示。

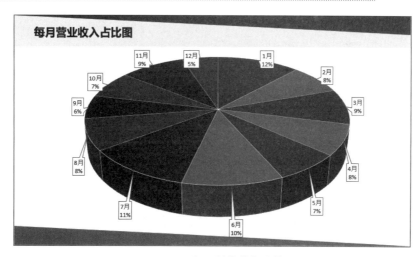

图 18-107   每月营业收入占比图

操作步骤

（1）打开一个已创建基本结构和布局的演示文稿，并定位到要插入图表的幻灯片，如图 18-108 所示。

（2）切换到"插入"选项卡，单击"图表"按钮弹出"插入图表"对话框。在图表分类中选择"饼图"，然后在右上窗格中选择"三维饼图"，如图 18-109 所示。

图 18-108   幻灯片初始状态

（3）单击"确定"按钮关闭对话框，即可在幻灯片中插入一张饼图的示例图表，并打开 Excel 编辑窗口，如图 18-110 所示。

（4）在 Excel 编辑窗口中编辑图表数据，幻灯片中的图表将随之自动更新，如图 18-111 所示。数据编辑完成后，关闭 Excel 编辑窗口。

图 18-109　选择图表类型

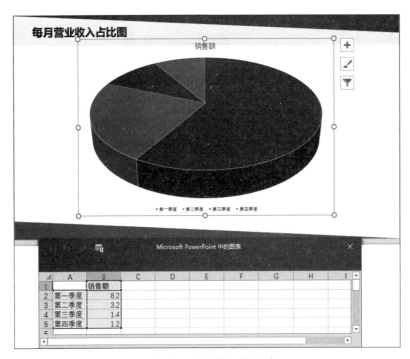

图 18-110　插入的示例图表

如果要再次编辑图表数据，可以在图表上右击，在弹出的快捷菜单中选择"编辑数据"命令。

从图 18-111 中可以看出，本例中的图例默认显示在图表下方，且看不清楚。为充分利用显示空间，可以调整图例的显示位置。

（5）在图例上双击打开"设置图例格式"面板，在"图例选项"区域设置图例位置为"靠右"，图例将显示在图表右侧，如图 18-112 所示。

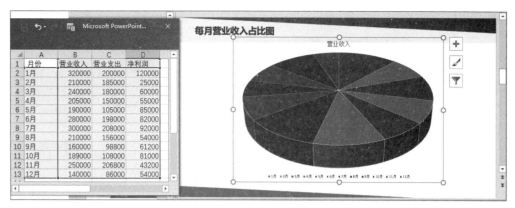

图 18-111　编辑图表数据

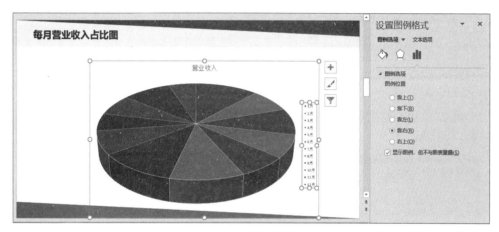

图 18-112　调整图例位置

（6）选中图例，在"开始"选项卡中修改图例文本的字体和字号，效果如图 18-113 所示。

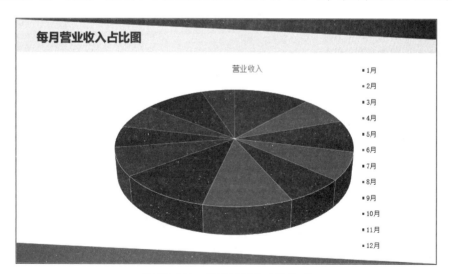

图 18-113　修改图例文本的格式

从图 18-113 可以看出，尽管图例很清晰，但由于图例较多，且颜色相近，仍然不便于区分各个数据系列。接下来隐藏图表标题和图例，使用数据标注替代图例标识各个数据系列，并显示数据系列的类别名称和百分比。

（7）单击图表右上角的"图表元素"按钮，在弹出的图表元素列表中取消选中"图表标题"和"图例"复选框。然后选中"数据标签"复选框，并在级联菜单中选中"数据标注"，图表中将显示添加数据标注的效果，如图 18-114 所示。

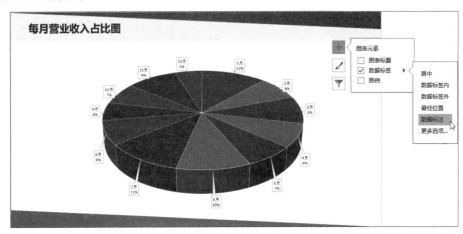

图 18-114　添加数据标注

默认显示的数据标注不够醒目，接下来修改数据标注的显示外观。

（8）在图 18-114 所示的"数据标签"级联菜单中选择"更多选项"命令，打开"设置数据标签格式"面板。在"文本填充"区域设置文本填充颜色为黑色，然后在"开始"选项卡中设置字号为 16。此时的图表效果如图 18-115 所示。

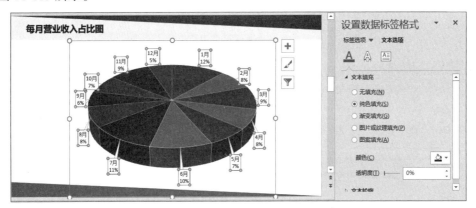

图 18-115　设置数据标签格式

本例添加的数据标注默认包括类别名称和百分比，如果要修改数据标注的内容，可以切换到如图 18-116 所示的"标签选项"设置区域，根据需要选中要显示的内容。

图 18-116　设置数据标签的标签内容

（9）根据需要调整图表的大小和位置，最终效果如图18-107所示。

答 疑 解 惑

1. 如果演示文稿中的图片较多，文件的体积相应地也会很大，如何在不影响放映质量的情况下压缩演示文稿的大小？

答：通常图片占用较大的空间，因此可以压缩图片减小演示文稿的体积。在压缩图片之前，建议将演示文稿另存一个副本，以备用于其他有高质量需求的演示场合。

（1）打开演示文稿，单击"文件"选项卡中的"另存为"命令，在打开的"另存为"任务窗格中选择保存位置，弹出"另存为"对话框。

（2）单击对话框底部的"工具"下拉按钮，在弹出的下拉菜单中选择"压缩图片"命令，如图18-117所示。

（3）在弹出的"压缩图片"对话框中选中"Web（150 ppi）：适用于网页和投影仪"单选按钮，如图18-118所示。然后单击"确定"按钮关闭对话框。

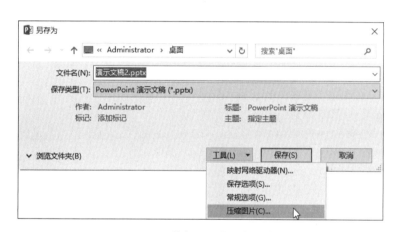

图 18-117　选择"压缩图片"命令

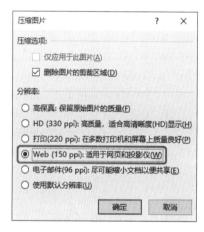

图 18-118　"压缩图片"对话框

2. 在形状中添加文字时，有时一行可以显示的文本却自动分成了两行，影响版式的美观。在不缩小字体和放大形状的前提下，怎样使形状中的文本显示在一行？

答：形状格式中默认设置了文本自动换行，取消选中该项即可。

（1）在形状上右击打开快捷菜单，选择"设置形状格式"命令，打开"设置形状格式"面板。

（2）切换到"文本选项"选项卡，单击"文本框"按钮，在面板底部取消选中"形状中的文字自动换行"复选框。

3. 在一张幻灯片中输入了大量文本，有什么方法可将文本快速排版为图形？

答：在PowerPoint 2019中，可以将文本转化为SmartArt图形。

在文本框内右击弹出快捷菜单，选择"转换为SmartArt"命令，然后在弹出的级联菜单中选择需要的图形布局。

4. 在制作图表时，如果横坐标的标签名称太长，影响图表的显示效果，怎么办？

答：可以将横坐标标签适当地进行旋转，操作步骤如下。

（1）双击图表中的横坐标，打开"设置坐标轴格式"面板。

（2）切换到"大小与属性"选项卡，在"对齐方式"区域设置自定义旋转角度，如图18-119所示。

图 18-119　自定义旋转角度

学习效果自测

一、选择题

1. 在 PowerPoint 2019 中使用图片的操作，不正确的是（　　）。
   - A. 一张幻灯片中包含多张图片时，图片之间会互相遮挡，可在图片上右击，选择相应的命令调整先后顺序
   - B. 如果图片的背景色为单一色调，可选中图片，利用"图片工具 / 格式"选项卡中的"删除背景"工具，将图片背景设为透明
   - C. 如果希望整个图片作为幻灯片的背景，可调整图片大小，使其覆盖整个幻灯片
   - D. 如果要减小演示文稿文件占用存储空间的大小，可利用"压缩图片"命令

2. 如果要选定多个图形，需（　　），然后单击要选定的图形对象。
   - A. 先按住 Alt 键
   - B. 先按住 Home 键
   - C. 先按住 Shift 键
   - D. 先按住 Ctrl 键

3. 一张幻灯片中有多个图片、文本框等对象，执行（　　）操作，不可以调整它们的位置和对齐方式。
   - A. 显示参考线，对象移动到参考线旁边时，将自动对齐参考线
   - B. 显示参考线，拖动水平或垂直参考线到预定位置，再移动对象与参考线对齐
   - C. 选中多个对象，在"图片工具 / 格式"选项卡中单击"对齐对象"按钮，使用下拉菜单中的命令，可快速调整所选对象的对齐或分布
   - D. 按住 Ctrl 键拖动对象，可微调某个对象的位置

4. 关于 PowerPoint 2019 表格的说法，错误的是（　　）。
   - A. 在普通视图下，可以在幻灯片中插入表格
   - B. 在大纲视图下，可以在幻灯片中插入表格
   - C. 可以拆分表格中的单元格
   - D. 只能插入规则表格，不能在单元格中插入斜线

5. 在 PowerPoint 中，下列关于表格的说法错误的是（　　）。
   - A. 可以在表格中插入新行和新列
   - B. 不能合并单元格
   - C. 可以改变列宽和行高
   - D. 可以给表格添加边框

6. 在 PowerPoint 2019 中，关于在幻灯片中插入图表的说法中，错误的是（　　）。
   - A. 可以直接通过复制和粘贴的方式将图表插入到幻灯片中
   - B. 在不含图表占位符的幻灯片中也可以插入图表
   - C. 只能通过插入包含图表的新幻灯片来插入图表
   - D. 双击图表占位符可以插入图表

7. 在 PowerPoint 2019 中，如果生成图表的数据发生了变化，图表（　　）。
   - A. 会发生相应的变化
   - B. 会发生变化，但与数据无关
   - C. 不会发生变化
   - D. 必须进行编辑后才会发生变化

8. 在 Excel 工作表中删除与图表链接的数据时，图表将（　　）。
   - A. 被删除
   - B. 必须用编辑器删除相应的数据点
   - C. 不会发生变化
   - D. 自动删除相应的数据点

二、填空题

1. 选中要绘制的形状后，在幻灯片中按下鼠标左键拖出一个矩形区域，可以确定形状的_____。如果直接在幻灯片中单击，可插入一个_____的形状。

2. 在形状上右击，在弹出的快捷菜单中选择"_____"命令，可以在形状中输入文本。

3. 在编辑 SmartArt 图形时，除了可以直接在文本占位符中输入文本以外，还可以使用_____编辑图示文本。

4. 在表格中，位于水平方向上的一排单元格称作_____；位于垂直方向上的一排单元格称作_____；行、列交叉处的小方格称为_____。

5. 将插入点放在表格最后一行的最后一个单元格的末尾，按_____键可以在表格的底部插入一行。

6. 选中一行单元格，按下鼠标左键拖动到目标区域释放，可_____选中的行。如果拖动的同时按住 Ctrl 键，可_____选中的行。

三、操作题

1. 在计算机上选择一些图片，制作一个简单的相册。

2. 使用 SmartArt 图形创建新店开业的流程图，并进行美化。

3. 新建一张幻灯片，分别使用表格模型、"插入表格"命令插入一个 4 行 5 列的表格，并在表格中添加文本。

4. 合并上一题创建的表格的第 1 行和第 4 行单元格，然后将第 4 行单元格拆分为 3 列。

5. 在第二行下方插入一个空行，然后在第二列右方插入一个空列。

6. 使用图 18-120 所示的数据表创建一个三维簇状柱形图，并添加数据标注。

A	B	C	D	E
1	销售绩效表			
2	姓名	产品A	产品B	产品C
3	Lily	35	32	40
4	Jerry	33	32	39
5	Vian	24	36	35
6	Shally	23	29	37
7	Tom	30	28	38

图 18-120　示例数据表

第 19 章

制作动态幻灯片

本章导读

在演示文稿中为幻灯片元素添加动画效果和交互动作，可以突出重点、控制信息的流程；为幻灯片添加切换效果，可以以丰富多彩的切换形式过渡到其他幻灯片；适度地加入多媒体，可以增强演示文稿的趣味性。

学习要点

- ❖ 添加动画效果
- ❖ 添加幻灯片转场动画
- ❖ 添加交互动作
- ❖ 使用多媒体文件

19.1　添加动画效果

在 PowerPoint 2019 中，可以为幻灯片文本、图片、图表、动作按钮、多媒体等对象添加动画效果。例如，设置各个段落出现的方式，以及添加新的页面对象时，其他页面对象的显示颜色是否发生变化。如果在母版中设置动画方案，可以使整个演示文稿有一致的动画效果。

19.1.1　快速创建动画效果

PowerPoint 2019 在"动画"选项卡中内置了丰富的动画方案。使用内置的动画方案可以为所选幻灯片对象快速创建动画效果。

（1）选中要添加动画效果的页面对象。

（2）切换到"动画"选项卡，单击"动画"下拉列表框右下角的"其他"按钮，打开如图 19-1 所示的动画方案列表。

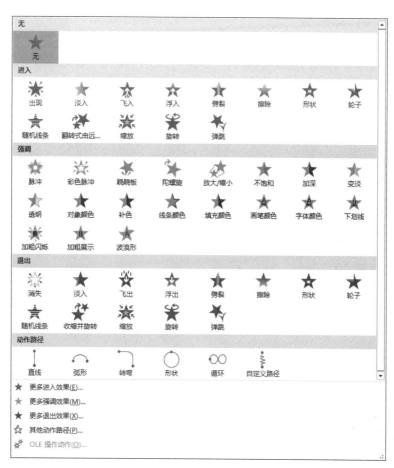

图 19-1　内置的动画方案

从图 19-1 可以看到，PowerPoint 将预定义动画分为了四大类：进入、强调、退出和动作路径。前三类用于设置页面对象在不同阶段的动画效果，"动作路径"通常用于自定义页面对象的运动轨迹。如果要取消添加的动画效果，则选择"无"选项。

（3）单击需要的动画方案，应用动画效果的页面对象左上方显示效果标号，如图 19-2 所示。

此时，单击"动画"选项卡中的"预览"按钮，在幻灯片编辑窗口可以预览添加的动画效果。

图 19-2　添加动画效果

　　如果应用动画效果的页面对象是包含多个段落的占位符，则占位符中所有的段落都自动添加同样的效果。例如，选中文本占位符添加"飞入"动画，则其中的每一个段落都按顺序应用指定的动画，如图 19-3 所示。

　　（4）重复步骤（1）~步骤（3），为幻灯片上的其他页面对象添加动画效果。

　　在一张幻灯片上为多个对象设置动画效果之后，还可以更改动画的播放顺序。

　　（5）选中要调整顺序的动画效果，在"动画"选项卡的"计时"功能组中单击"向前移动"或"向后移动"按钮，如图 19-4 所示，可重新排序动画效果。

图 19-3　为文本占位符添加动画效果

图 19-4　重排动画顺序

19.1.2　为同一对象添加多个动画

　　在 PowerPoint 2019 中，同一个页面对象可添加多个动画效果，这些效果按添加的先后顺序播放。

　　（1）选中要添加动画效果的页面对象，按上一节介绍的操作步骤添加一个动画效果。

　　（2）在"动画"选项卡的"高级动画"功能组中单击"添加动画"按钮，弹出如图 19-5 所示的动画列表。

　　该下拉列表框与图 19-1 所示的动画方案列表几乎相同，不同的是这里没有"无"分类，即在这里不能取消添加的动画。

　　（3）单击需要的动画效果，选中对象左上角显示对应的效果标号，如图 19-6 所示。

图 19-5 "添加动画"下拉列表框

图 19-6 同一对象添加多个动画效果

注意 在为同一页面对象添加多个动画效果时,第一个动画效果可使用"动画"下拉列表框设置,后续的动画效果则不能在"动画"列表框中添加,否则将替换前一个添加的动画效果。

19.1.3 设置效果选项

使用默认的动画效果难免单一,通过修改动画的效果选项,可以使用同一动画方案创建不同的动画效果。

(1)单击要修改动画效果的页面对象,或直接单击动画对应的效果标号。

当前选中的效果标号显示为红色。

(2)在"动画"选项卡的"动画"区域,单击"效果选项"下拉按钮,在弹出的下拉菜单中设置效果的方向、形状或序列。例如,"飞入"动画的效果选项如图 19-7 所示。

图 19-7　"飞入"动画的"效果选项"下拉菜单

提示：

并非所有的内置动画都可自定义效果选项。

（3）在"计时"功能组的"开始"下拉列表框中设置动画播放的时机，如图 19-8 所示。然后设置动画的持续时间和延迟时间。

除了方向、形状或应用序列等属性，PowerPoint 2019 还允许用户自定义更多的效果选项。

（4）选中要设置效果选项的页面对象，在"动画"选项卡中单击"动画"功能组右下角的扩展按钮 ，打开动画效果对应的选项设置对话框。例如，"飞入"动画效果对应的选项设置对话框如图 19-9 所示。

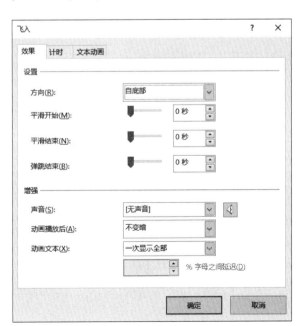

图 19-8　设置动画开始时间　　　　　　　　　图 19-9　"飞入"对话框"效果"选项卡

（5）在"效果"选项卡的"设置"区域可以设置效果的方向和平滑程序；在"增强"区域可以设置预置的声音效果、动画播放后的颜色变化效果和可见性，以及动画文本的发送单位。

❖ 声音：选择动画播放时播放的声音效果。选择声音效果后，单击 🔊 按钮可以试听效果。

❖ 动画播放后：设置动画播放后的效果，可以选择不隐藏或者在播放动画或下次单击后隐藏，如图 19-10 所示。

❖ 动画文本：设置应用动画效果的文本单位，如图 19-11 所示。

图 19-10　"动画播放后"下拉菜单　　　　　　　　　图 19-11　"动画文本"下拉菜单

（6）切换到如图 19-12 所示的"计时"选项卡，设置动画开始播放的条件、延迟、速度和重复方式。有关"触发器"的使用，请参见下一节的介绍。

图 19-12　"计时"选项卡

（7）如果应用动画的页面对象是文本，切换到如图 19-13 所示的"文本动画"选项卡，可以设置含有多个段落或者多级段落的正文动画效果。

❖ 组合文本：选择段落的组合方式。"作为一个对象"是指将文本框或文本占位符中的所有文本作为一个整体执行指定的动画。"所有段落同时"是将文本框或文本占位符中的每一个段落作为最小单位，同时开始执行动画。"按第一级段落"是指将第一级段落及其子段落视为一个独立的整体执行动画，其他几个选项依此类推。

❖ 每隔：选中该复选框，可以设置以秒为单位的时间间隔，默认为 0 秒。

❖ 相反顺序：选中该复选框，段落按照从后向前的顺序播放。

（8）设置完毕，单击"确定"按钮关闭对话框。

图 19-13　"文本动画"选项卡

使用动画刷快速复制动画

动画刷的功能类似于文本格式刷,不需要重复设置,就可以将已定义的动画效果应用于其他页面对象。

(1)选择包含要复制的动画效果的幻灯片对象。

(2)单击"动画"选项卡"高级动画"功能组中的"动画刷"按钮 ★ 动画刷 。

如果要对多个对象应用动画,则双击"动画刷"按钮 ★ 动画刷 。

(3)打开要应用动画效果的幻灯片,单击要自动应用动画的幻灯片对象。

上机练习——年会片头文字动画

　　本节练习制作一个文字动画,使文字一个一个旋转出现,然后一个一个翻转消失。通过对操作步骤的详细讲解,读者可进一步掌握添加动画效果、设置效果参数等操作的方法。

　　首先设置幻灯片的背景,添加文本框,并设置文本的填充背景和轮廓样式;然后添加"旋转"动画效果,修改文本动画的播放方式;接下来添加退出动画效果;最后设置效果的开始方式和持续时间。

19-1　上机练习——年会片头文字动画

操作步骤

　　(1)新建一个空白的演示文稿,在"设计"选项卡"自定义"功能组中单击"设置背景格式"按钮,打开"设置背景格式"面板。设置填充方式为"图片或纹理填充",然后单击"插入"按钮,选择需要的背景图片。填充后的效果如图 19-14 所示。

图 19-14　填充幻灯片背景

（2）切换到"插入"选项卡，单击"文本框"下拉按钮，在弹出的下拉菜单中选择"绘制横排文本框"命令，在幻灯片中绘制一个文本框，并输入文本内容。设置字体为"华文琥珀"，字号为 100，效果如图 19-15 所示。

图 19-15　在文本框中输入文本

（3）选中文本框，在"绘图工具 / 格式"选项卡"艺术字样式"功能组中单击"文本填充"下拉按钮，在弹出的下拉菜单中选择"图片"，然后在弹出的对话框中选择一幅图片填充文本。单击"文本轮廓"下拉按钮，设置颜色为黑色，粗细为 2.25 磅，效果如图 19-16 所示。

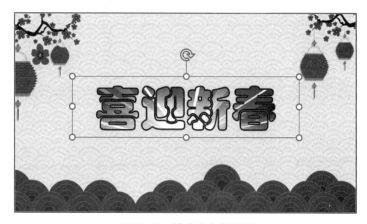

图 19-16　填充文本的效果

（4）切换到"动画"选项卡，在"动画"下拉列表框中选择"旋转"，然后单击"动画"功能组右下角的扩展按钮，在弹出的"旋转"对话框中设置文本动画为"按字母顺序"，字母之间的延迟为100%，如图19-17所示。

图 19-17　设置"旋转"动画的选项

进行上述的设置后，文本框中的文字将依次播放指定的动画效果，一个字的效果播放完成后，显示下一个字的动画效果。

（5）设置完成后，单击"确定"按钮关闭对话框。在"计时"功能组中设置动画持续时间为2秒。

此时单击"预览"按钮可以看到文字动画：第一个文字旋转淡入，然后第二个文字旋转淡入，……，直到最后一个文字的动画播放完成。其中两个时刻的效果如图19-18（a）和（b）所示。

(a)　　　　　　　　　　　　　　(b)

图 19-18　文字旋转淡入的效果

接下来添加退出动画。

（6）选中文本框，在"动画"选项卡"高级动画"功能组中单击"添加动画"下拉按钮，在"退出"动画列表中选择"收缩并旋转"，然后单击"动画"功能组右下角的扩展按钮，在弹出的"收缩并旋转"对话框中设置文本动画为"按字母顺序"，字母之间的延迟为100%，如图19-19所示。

图 19-19　设置"收缩并旋转"选项

（7）设置完成后，单击"确定"按钮关闭对话框。此时，在文本框左侧显示两个效果标号，并按顺序编号，如图 19-20 所示。

图 19-20　动画的效果标号

（8）选中第一个动画效果标号，在"计时"功能组中设置动画的开始时间为"与上一动画同时"；选中第二个动画效果标号，设置动画的开始时间为"上一动画之后"。此时，两个效果标号重叠，如图 19-21 所示。

图 19-21　设置开始方式后的效果标号

（9）保存文档，单击"预览"按钮预览动画效果。

19.1.4　使用触发器控制动画

触发器可以是一张图片、一个形状、一段文字或一个文本框等页面元素。单击触发器可以触发一个操作，例如播放音乐、演示动画等，可增强演示文稿的交互性和趣味性，并实现动画效果的反复播放。

（1）选中一个已添加动画效果的页面对象作为被触发的对象。

注意　只有当前选中的对象添加了动画效果时，触发器才能使用。否则，"触发"命令不能使用。

（2）单击"触发"按钮右侧的下拉按钮，在弹出的下拉菜单中可以设置触发动画的方式和对象，如图 19-22 所示。

触发器的动作可以是单击某个页面对象，或到达媒体对象中定义的某个书签。例如，如果选择"通过单击"级联菜单中的"标题 3"，则单击幻灯片中的占位符"标题 3"，播放步骤（1）中选定的页面对象应用的动画效果。

图 19-22　"触发"级联菜单

　　添加触发动作后，被触发的对象对应的效果标号显示为触发器标志⌀。例如，被触发的图片占位符中包含两个动画效果，设置触发动作后，对应的两个效果标号都显示为触发器标志，如图 19-23 所示。

图 19-23　触发器标志

　　在"效果选项"对话框中也可以设置触发动作和对象。

　　（3）在"动画"选项卡中单击"动画"功能组右下角的扩展按钮 ，打开"效果选项"对话框。

　　（4）切换到"计时"选项卡，选择"单击下列对象时启动动画效果"单选按钮，然后在右侧的下拉列表框中可以选择用于触发该动画效果的对象，如图 19-24 所示。

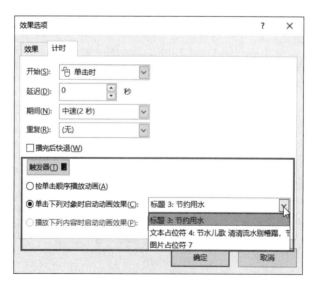

图 19-24　设置触发器

　　如果选择"按单击顺序播放动画"单选按钮，可取消指定动画效果上的触发器。

　　（5）设置完成后，单击"确定"按钮关闭对话框。

此时单击状态栏上的"阅读视图"按钮预览动画,可以看到,只有单击指定的触发器(例如"标题3"),才会播放指定的图片动画;多次单击指定的触发器,图片动画将反复播放。如果单击触发器以外的对象,将跳过该动画效果的播放。利用触发器的这一特点,演讲者可以在放映演示文稿时决定是否显示某一对象。

如果要删除某个触发器,可以选中触发器标志之后,直接按 Delete 键。

上机练习——制作下拉式菜单

练习目标

本节练习利用触发器的原理制作一个下拉式菜单。通过对操作步骤的详细讲解,读者可进一步了解触发器的使用条件,掌握为页面对象添加动画效果,以及使用触发器控制动画播放的操作方法。

19-2 上机练习——制作
下拉式菜单

设计思路

首先使用形状绘制一级菜单;然后绘制二级菜单,并添加超链接;接下来通过为二级菜单添加进入动画效果,并设置触发动作,显示二级菜单;最后为二级菜单添加退出动画效果,并设置触发动作,隐藏二级菜单。

操作步骤

(1)打开一个已创建基本布局的演示文稿,并定位到要添加下拉式菜单的幻灯片,如图 19-25 所示。

图 19-25 幻灯片初始状态

首先制作一级菜单。

(2)单击"插入"选项卡中的"形状"按钮,在弹出的形状列表中选择"矩形:圆角",在幻灯片合适的位置绘制一个圆角矩形。

(3)在圆角矩形上右击打开快捷菜单,选择"编辑文字"命令,输入一级菜单的名称。然后在"绘图工具/格式"选项卡中设置圆角矩形的轮廓颜色为蓝色,效果如图 19-26 所示。

接下来制作二级菜单。

(4)单击"插入"选项卡中的"形状"按钮,在弹出的形状列表中选择"矩形"。然后按下鼠标左键拖动,绘制一个略小于圆角矩形的矩形,并将该矩形移动到圆角矩形下方。

(5)在矩形上右击打开快捷菜单,选择"编辑文字"命令,输入二级菜单的名称。按 Enter 键可以输入多行文本,为便于区分,可以输入短横线分隔菜单项,效果如图 19-27 所示。

(6)选中二级菜单中的第一个菜单项后右击,在弹出的快捷菜单中选择"超链接"命令。在打开的

"插入超链接"对话框的左侧窗格中，选择链接目标的位置为"本文档中的位置"，然后在中间窗格中选择要链接到的幻灯片，如图 19-28 所示。

图 19-26　一级菜单的效果

图 19-27　二级菜单的效果

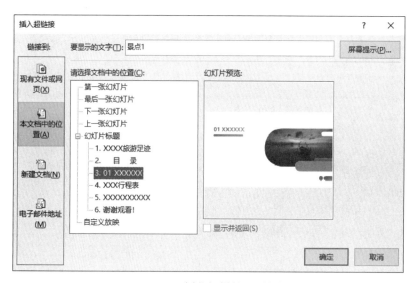

图 19-28　"插入超链接"对话框

（7）单击"确定"按钮关闭对话框，此时可以看到选中的文本显示为设计主题指定的超链接样式，如图 19-29 所示。

（8）按照第（6）步和第（7）步的方法设置其他二级菜单项的超链接，效果如图 19-30 所示。

图 19-29   建立超链接的效果

图 19-30   设置二级菜单项的超链接

至此，二级菜单制作完成。默认情况下，二级菜单应隐藏，单击一级菜单项时才显示。下面通过设置动画效果和触发器实现下拉菜单的效果。

（9）选中二级菜单所在的矩形，在"动画"选项卡的"动画"列表框中单击"出现"效果。此时，矩形左侧显示效果标号，如图 19-31 所示。

图 19-31   设置矩形的进入动画效果

（10）单击"动画"选项卡"高级动画"区域的"触发"按钮，在弹出的下拉菜单中选择"通过单击"命令，然后在级联菜单中选择将触发二级菜单显示的圆角矩形，如图 19-32 所示。

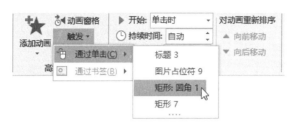

图 19-32　设置触发条件

这两步操作实现的效果是，当单击"矩形：圆角 1"（即一级菜单所在的圆角矩形）时，显示二级菜单。此时，二级菜单左侧的效果标号显示为触发标志 ，如图 19-33 所示。

图 19-33　设置触发器的效果

（11）选中二级菜单所在的矩形，单击"添加动画"按钮，在动画列表框中单击"消失"效果。然后单击"触发"按钮，在"通过单击"命令的级联菜单中选择将触发二级菜单消失的圆角矩形。此时的幻灯片效果如图 19-34 所示。

图 19-34　设置触发器的效果

本例中需要制作三个这样的下拉菜单，可以重复上面的步骤制作。更简单的方法是复制已制作的下拉式菜单，然后进行修改。

（12）按住 Shift 键选中圆角矩形和矩形，然后在按住 Ctrl 键的同时按下鼠标左键拖动，复制两个下拉式菜单。最后依次修改菜单项，效果如图 19-35 所示。

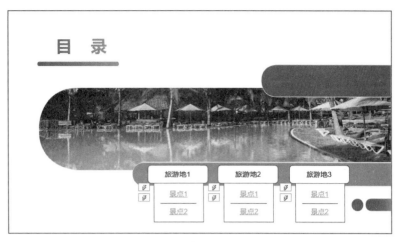

图 19-35　复制下拉式菜单

此时，单击状态栏上的"阅读视图"按钮，可以查看触发器的效果。初始时，仅显示一级菜单项，将鼠标指针移到一级菜单项上，鼠标指针显示为手形🖑，如图 19-36 所示；单击一级菜单项显示二级菜单项，如图 19-37 所示。再次单击一级菜单项，隐藏二级菜单。

图 19-36　预览下拉式菜单的效果

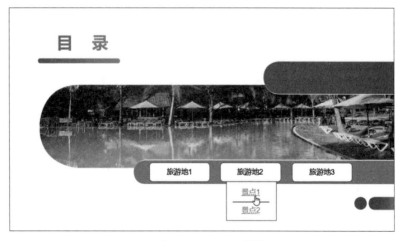

图 19-37　显示二级菜单

19.1.5 利用动画窗格管理动画

在修改动画效果时，如果当前幻灯片中添加的动画效果较多，且部分相互重叠，此时选择效果标号或应用动画的对象会很不方便。使用"动画窗格"面板可以很直观地查看当前幻灯片中所有动画的应用对象、顺序、开始时间和方式，以及动画的持续时间。

（1）在"动画"选项卡的"高级动画"功能组中单击"动画窗格"按钮，打开如图 19-38 所示的"动画窗格"面板。

动画列表中，最左侧的数字表明动画的次序；序号右侧的鼠标图标🖰或时钟图标🕐表示动画的计时方式为"单击时"或"上一动画之后"；绿色五角星表示"进入动画"，加粗图标 **B** 表示"强调动画"（在触发器中显示为黄色五角星），红色五角星表示"退出动画"。动画类型标记右侧为应用动画的对象，其后的方块称为高级日程表，表明动画效果的开始、持续和结束时间。

将鼠标指针移到某一个动画上，当指针变为纵向双向箭头时，可以查看该动画的详细信息，如图 19-39 所示。

图 19-38　动画窗格

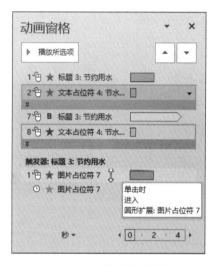

图 19-39　查看动画信息

如果一个占位符中有多个段落或层级文本，默认折叠显示，例如图 19-39 中序号为 8 的占位符。单击效果列表窗格中的"展开内容"按钮⯆，可查看、设置单个段落或层次文本的效果。单击"隐藏内容"按钮⯅可折叠占位符。

（2）将鼠标指针移到高级日程表上，指针变为横向双向箭头，且显示对应的动画效果开始和持续的时间，如图 19-40 所示。按下鼠标左键拖动，可以在保持动画的持续时间不变的同时，改变动画的开始时间。

（3）将鼠标指针移到高级日程表的边界上，当指针显示为 ↔ 时，按下鼠标左键拖动，可以调整动画的开始时间和结束时间，如图 19-41 所示。

如果高级日程表太大或太小，不便于查看，还可以调整时间尺的标度。

（4）单击"动画窗格"面板左下角的"秒"下拉按钮，在弹出的下拉菜单中可以放大或缩小时间尺的标度，如图 19-42 所示。

（5）选中一个或多个动画效果，单击"动画窗格"面板右上角的"向前移动"按钮▾或"向后移动"按钮▴，可调整动画的顺序。

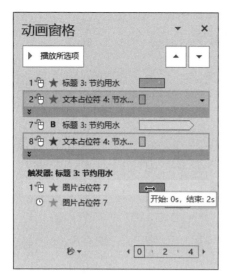

图 19-40　查看动画的起始时间

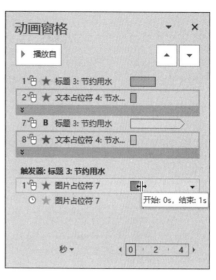

图 19-41　调整动画的结束时间

（6）在选中的动画效果上右击，或单击右侧的下拉按钮，利用如图 19-43 所示的快捷菜单可以修改动画设置。

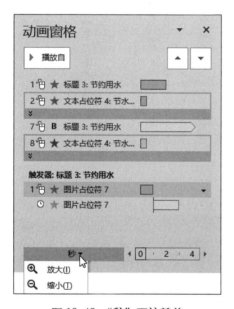

图 19-42　"秒"下拉菜单

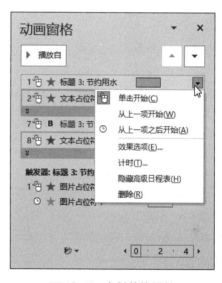

图 19-43　右键快捷菜单

对于在母版中定义的动画效果，右击动画效果，将打开如图 19-44 所示的下拉菜单。

❖ 拷贝幻灯片母版效果：将母版中设置的动画效果在当前幻灯片中制作一个副本，可以修改该效果副本，而不影响母版中的效果。

❖ 查看幻灯片母版：切换到幻灯片母版视图，直接编辑母版中定义的动画效果。

（7）单击"动画窗格"面板左上角的"播放自"（或"播放所选项"）按钮，可以从当前选中的动画效果开始播放，或仅播放选定对象的动画。

图 19-44　快捷菜单

19.2 添加幻灯片转场动画

使用切换动画可以很好地将主题或画风不同的幻灯片进行衔接、转场，并增强演示文稿的视觉效果。

19.2.1 应用切换效果

（1）切换到幻灯片浏览视图，选中要设置切换效果的一张或多张幻灯片。

（2）在"切换"选项卡中单击"切换到此幻灯片"下拉列表框右下角的"其他"按钮，弹出如图 19-45 所示的切换效果列表。

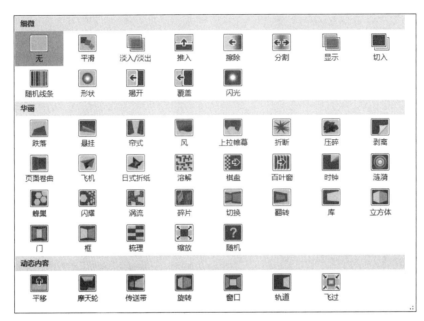

图 19-45　切换效果列表

将鼠标指针移到一种切换效果上，可以查看该效果的简要说明。

（3）单击需要的效果，即可在选定的幻灯片上应用指定的切换动画。

此时单击"预览"按钮，可以预览由上一张幻灯片切换为当前幻灯片的过渡动画。添加动画效果或切换效果后，幻灯片右下角会显示效果图标★，如图 19-46 所示。单击该图标，也可以预览动画效果或切换效果。

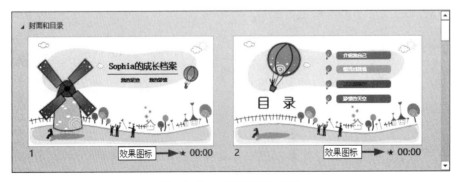

图 19-46　幻灯片浏览视图

19.2.2 设置切换选项

PowerPoint 2019 允许用户修改预定义切换效果的选项，如进入的方向和形态，以及切换速度、声音效果和换片方式等，以创建切合演示文稿的转场效果。

（1）在幻灯片浏览视图中选择要设置切换参数的幻灯片。

（2）单击"切换"选项卡中的"效果选项"下拉按钮，在弹出的下拉菜单中选择效果进入的方向或形态，如图 19-47 所示。

图 19-47 设置效果选项

 注意 与动画效果类似，并不是每一种切换效果都可自定义效果选项。

（3）在"计时"功能组中单击"声音"右侧的下拉按钮，在弹出的下拉列表框中选择切换时的声音效果。

除了内置的音效，还可以从本地计算机上选择声音效果。如果希望在幻灯片演示的过程中始终播放指定的声音，应选择"播放下一段声音之前一直循环"命令。

（4）在"持续时间" ⏱ 数值框中输入切换效果持续的时间。

（5）在"换片方式"区域选择切换幻灯片的时机。默认为"单击鼠标时"，也可以指定经过特定时间后，自动切换到下一张幻灯片。

（6）如果要将切换效果和计时设置应用于演示文稿中所有的幻灯片，单击"应用到全部"按钮，否则仅应用于当前选中的幻灯片。

（7）单击"预览"按钮查看切换效果。

上机练习——展示礼品清单

 使用"平滑"切换效果，不需要设置烦琐的路径动画，只需要调整好对象的位置、大小与角度，就可以让前后两页幻灯片中相关的对象呈现平滑过渡的效果。本节练习利用"平滑"切换的效果制作一组图片自动滚动展示的效果。通过对操作步骤的详细讲解，读者可进一步掌握添加幻灯片的换片效果、设置切换参数，以及预览切换效果的操作方法。

19-3 上机练习——展示礼品清单

 首先绘制一个用于展示图片的形状，并插入要展示的图片；然后裁剪图片，显示初始时要展示的图片；接下来复制幻灯片，通过裁剪图片，显示要展示的最后一张图片；最后设置第二张幻灯片的切换效果，以及切换参数。

操作步骤

首先绘制用于展示图片的形状。

（1）打开一个已设置背景的演示文稿，并定位到一张空白的幻灯片。在"插入"选项卡的"插图"功能组中单击"形状"下拉按钮，在弹出的形状列表中单击"椭圆"，然后在按下 Shift 键的同时按下鼠标左键拖动，绘制一个正圆形。

（2）选中绘制的圆形，切换到"绘图工具 / 格式"选项卡"形状样式"功能组，设置形状的填充颜色为白色；轮廓颜色为蓝色，粗细为 6 磅；效果为"紧密映像：8 磅偏移量"。效果如图 19-48 所示。

图 19-48　绘制形状

"平滑"切换涉及两张幻灯片，一张是平滑前的幻灯片，一张是平滑后的幻灯片。接下来制作平滑前的幻灯片。

（3）在"插入"选项卡中单击"图片"按钮，在弹出的"插入图片"对话框中选中已制作好的展示图片，如图 19-49 所示。

图 19-49　插入展示图片

（4）右击插入的图片，在弹出的快捷菜单中选择"大小和位置"命令，打开"设置图片格式"对话框。选中"锁定纵横比"复选框，然后设置图片的缩放高度和宽度，如图 19-50 所示。

（5）切换到"图片工具 / 格式"选项卡，在"大小"功能组中单击"裁剪"按钮，将图片裁剪为最底部的图片，然后调整图片的位置，如图 19-51 所示。

（6）在"大小"功能组中单击"裁剪"下拉按钮，在弹出的下拉菜单中选择"裁剪为形状"命令，然后在形状列表中选择"流程图：接点"，将图片裁剪为圆形，效果如图 19-52 所示。

图 19-50　设置图片的缩放比例

图 19-51　裁剪图片的效果

图 19-52　将图片裁剪为圆形

接下来制作平滑后的幻灯片。

（7）选中已制作好的平滑前的幻灯片，按 Ctrl+D 组合键复制幻灯片。在"图片工具 / 格式"选项卡"大小"功能组中单击"裁剪"按钮，将图片裁剪为最顶端的图片，然后调整图片的位置，如图 19-53 所示。

（8）单击"裁剪"下拉按钮，在弹出的下拉菜单中选择"裁剪为形状"命令，然后在形状列表中选择"流程图：接点"，将图片裁剪为圆形，效果如图 19-54 所示。

平滑前后的幻灯片制作完成后，就可以添加切换效果了。

（9）选中第二张幻灯片，打开"切换"选项卡，在"切换到此幻灯片"下拉列表框中单击"平滑"效果，在"计时"功能组设置"持续时间"为 6 秒。此时单击"预览"按钮，即可看到插入的图片向下滚动展示，某一时刻的效果如图 19-55 所示。

图 19-53　裁剪图片

图 19-54　将图片裁剪为圆形

图 19-55　预览图片滚动效果

　　为了实现图片向下滚动到顶部图片时能自动反向滚动，可以复制平滑前的幻灯片。

　　（10）选中第一张幻灯片，按 Ctrl+C 键复制，然后粘贴到第二张幻灯片下方。选中复制的幻灯片，在"切换到此幻灯片"下拉列表框中单击"平滑"效果，在"计时"功能组中设置"持续时间"为 6 秒。

　　此时单击"预览"按钮，即可看到插入的图片向上滚动展示。选中第一张幻灯片，单击状态栏上的"幻灯片放映"按钮，可看到图片先向下滚动展示，然后向上滚动展示。

19.3 添加交互动作

在放映演示文稿时，演讲者通常会根据讲解需要调整幻灯片的展示顺序，而非从始至终顺序播放。利用超链接和动作按钮可以在幻灯片页面之间实现跳转，根据演示需要调整放映次序和进程。

19.3.1 创建超链接

"超链接"是广泛应用于网页的一种浏览机制，单击某些文字或图片可以跳转到其他网页。在演示文稿中使用超链接，可在幻灯片之间进行导航，或跳转到其他文档或者应用程序。

（1）选中要建立超链接的对象。超链接的对象可以是文字、图标、各种图形等。

（2）切换到"插入"选项卡，在"链接"功能组中单击"链接"按钮，或者直接按快捷键 Ctrl + K，打开如图 19-56 所示的"插入超链接"对话框。

图 19-56 "插入超链接"对话框

（3）在"链接到"列表框中选择要链接的目标文件所在的位置，可以是现有文件或网页、本文档中的位置，也可以是新建文档和电子邮件地址。

如果要通过超链接在当前演示文稿中进行跳转，则选择"本文档中的位置"，然后在幻灯片列表中选择要链接到的幻灯片，如图 19-57 所示。

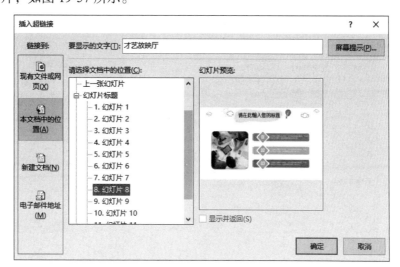

图 19-57 选择要链接的幻灯片

（4）在"要显示的文字"文本框中输入要在幻灯片中显示为超链接的文字。默认显示为在文档中选定的内容。

 注意　只有当要建立超链接的对象为文本时，"要显示的文字"文本框才可编辑。如果选择的是形状或文本框，则该文本框不可编辑。

（5）单击"屏幕提示"按钮，在如图 19-58 所示的"设置超链接屏幕提示"对话框中输入提示文本。当鼠标指针移动到超链接上时将显示指定的文本。

（6）单击"确定"按钮关闭对话框，超链接创建完成。

此时在幻灯片编辑窗口中可以看到，超链接文本显示为蓝色，且带有下划线；将鼠标指针移到超链接对象上，会显示指定的屏幕提示，如图 19-59 所示。按住 Ctrl 键单击即可跳转到指定的幻灯片。

图 19-58　"设置超链接屏幕提示"对话框　　　　图 19-59　查看建立的超链接

 注意　如果选择的超链接对象为文本框、形状或其他占位符，则其中的文本不显示为蓝色和下划线。

19.3.2　更改超链接的目标

创建超链接后，可以随时修改链接设置。

在要修改的链接上右击，在弹出的快捷菜单中选择"编辑链接"命令，打开如图 19-60 所示的"编辑超链接"对话框。

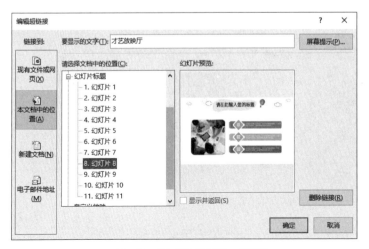

图 19-60　"编辑超链接"对话框

该对话框与"插入超链接"对话框基本相同，可以修改要链接的目标，重新设置屏幕提示。单击"删除链接"按钮，可以删除当前选中的超链接。

19.3.3　插入动作按钮

PowerPoint 内置了一组预定义的动作按钮，在放映幻灯片时单击动作按钮可以激活另一个程序，播放声音或影片，跳转到其他幻灯片、文件或网页，从而在放映时动态地决定放映流程和内容。

（1）切换到"插入"选项卡，在"插图"功能组中单击"形状"下拉按钮，在弹出的形状列表底部，可以看到 PowerPoint 2019 内置的动作按钮，如图 19-61 所示。

将鼠标指针移到动作按钮上，可以查看该按钮的功能提示，如图 19-62 所示。

图 19-61　内置的动作按钮

图 19-62　查看动作按钮的功能

（2）单击需要的按钮，鼠标指针显示为十字形十，在幻灯片上按下鼠标左键拖动到合适大小后释放，弹出如图 19-63 所示的"操作设置"对话框。

图 19-63　"操作设置"对话框

（3）在"单击鼠标"选项卡中设置单击动作按钮时执行的动作。

❖ 无动作：不添加动作，或删除已添加的动作。

❖ 超链接到：链接到某一张幻灯片、URL、其他演示文稿或文件、结束放映或创建的自定义放映。

❖ 运行程序：运行一个外部程序。单击"浏览"按钮选择外部程序。

❖ 运行宏：运行在"宏列表"中制定的宏。

❖ 对象动作：打开、编辑或播放在"对象动作"下拉列表框中选定的嵌入对象。

❖ 播放声音：播放在预置列表中选择的或从外部导入的声音，或者选择结束前一声音。

❖ 单击时突出显示：单击或者移过对象时，突出显示。该选项对文本不适用。

（4）切换到如图 19-64 所示的"鼠标悬停"选项卡，设置鼠标移到动作按钮上时执行的动作。

（5）设置完成后，单击"确定"按钮关闭对话框。

（6）重复步骤（1）～步骤（5），添加其他动作按钮，并设置动作按钮的使用方式。

图 19-64 "鼠标悬停"选项卡

（7）选中添加的动作按钮，在"绘图工具/格式"选项卡中修改按钮的填充、轮廓和效果外观。

与超链接类似，创建动作按钮之后，可以随时修改按钮的交互动作。

（8）在动作按钮上右击，在弹出的快捷菜单中选择"编辑链接"命令，打开如图 19-64 所示的"操作设置"对话框，修改鼠标单击和鼠标移过按钮时执行的动作。然后单击"确定"按钮关闭对话框。

修改动作按钮的形状

如果希望创建个性化的动作按钮，用户可以修改按钮的形状。

（1）选择要修改的动作按钮，在"绘图工具/格式"选项卡的"插入形状"功能组中单击"编辑形状"按钮。

（2）在弹出的下拉菜单中选择"更改形状"命令，弹出形状列表。

（3）在形状列表中选择要替换的形状。

此外，还可以通过"编辑顶点"命令，自定义动作按钮的形状。

上机练习——好书推荐

　　本节练习通过创建目录超链接和动作按钮，将演示文稿中的相关页面整合为一个整体。通过对操作步骤的详细讲解，读者可进一步掌握添加超链接和动作按钮、设置超链接选项和按钮操作的方法。

19-4 上机练习——好书推荐

　　首先选取将作为超链接载体的页面对象，并打开"插入超链接"对话框，设置链接目标和屏幕提示；然后添加动作按钮，设置鼠标单击和悬停时触发的操作；最后更改动作按钮的形状和样式，并编辑动作按钮的操作设置，使按钮在鼠标移过时突出显示。演示文稿的最终效果如图 19-65 所示。

图 19-65　演示文稿的效果

操作步骤

（1）打开一个已创建页面布局和内容的演示文稿，选中要建立超链接的对象，可以是文字、图标、各种形状或图片等页面对象。本例选中图 19-66 所示的图片。

图 19-66　选择要添加超链接的图片

（2）单击"插入"选项卡中的"链接"按钮，或者按快捷键 Ctrl + K，打开"插入超链接"对话框。在"链接到"列表框中选择超链接目标所在的位置，如图 19-67 所示。

（3）单击"屏幕提示"按钮，在弹出的对话框中输入屏幕提示文本，如图 19-68 所示。设置完成后，单击"确定"按钮关闭对话框，一个超链接创建完成。

此时，将鼠标指针移到建立了超链接的图片上时，将显示指定的屏幕提示文本，如图 19-69 所示。按住 Ctrl 键单击，即可跳转到指定的幻灯片。

（4）按照与上面相同的操作步骤，设置其他图书的超链接。然后单击状态栏上的"幻灯片放映"按钮，将鼠标指针移到建立了超链接的对象上，指针变为手形，指针下方显示指定的屏幕提示，如图 19-70 所示。单击即可跳转到指定的幻灯片。按 Esc 键退出放映模式。

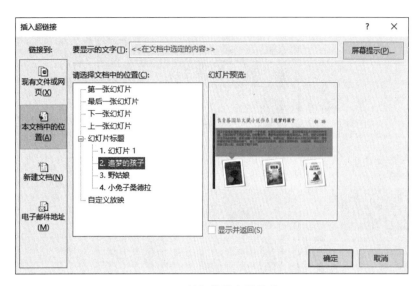

图 19-67　选择链接文档的位置

图 19-68　设置超链接的屏幕提示

图 19-69　预览超链接

图 19-70　预览超链接效果

接下来在幻灯片中添加转到前一页和进入下一页的动作按钮。

（5）选中第二张幻灯片，单击"插入"选项卡中的"形状"下拉按钮，在形状列表底部单击"动作按钮：后退或前一项"，然后按下鼠标左键在幻灯片上拖动，绘制动作按钮，如图 19-71 所示。

图 19-71　绘制动作按钮

（6）拖动到合适大小后释放鼠标，弹出如图 19-72 所示的"操作设置"对话框。在"单击鼠标"选项卡中设置单击动作按钮时执行的动作，本例保留默认设置，单击"确定"按钮关闭对话框。

图 19-72　"操作设置"对话框

（7）单击"插入"选项卡中的"形状"下拉按钮，在形状列表底部单击"动作按钮：前进或下一项"，按下鼠标左键在幻灯片上拖动，绘制动作按钮。然后在打开的"操作设置"对话框中保留默认设置，关闭对话框。此时的幻灯片效果如图 19-73 所示。

（8）选中添加的"后退或前一项"动作按钮，在"绘图工具 / 格式"选项卡中单击"编辑形状"按钮，在弹出的下拉菜单中选择"更改形状"命令，然后在级联菜单中选择"箭头：左"。按照同样的方法，将"前进或下一项"动作按钮修改为形状"箭头：右"，如图 19-74 所示。

（9）按住 Shift 键选中两个动作按钮，在"绘图工具 / 格式"选项卡的"形状样式"下拉列表框中选择"半透明 - 紫色，强调色 1，无轮廓"。然后调整按钮的大小和位置，效果如图 19-75 所示。

图 19-73　添加的动作按钮

图 19-74　更改动作按钮的形状

图 19-75　修改形状样式的效果

（10）选中一个动作按钮，右击，在弹出的快捷菜单中选择"编辑链接"命令，打开"操作设置"对话框。切换到"鼠标悬停"选项卡，选中对话框底部的"鼠标移过时突出显示"复选框，如图 19-76 所示。单击"确定"按钮关闭对话框。

（11）按住 Shift 键选中两个动作按钮，并按 Ctrl+C 组合键复制。切换到其他幻灯片，按 Ctrl+V 组合键粘贴。切换到幻灯片浏览视图，最终效果如图 19-65 所示。

图 19-76　设置鼠标悬停时突出显示

19.3.4　使用缩放定位导航

PowerPoint 2019 新增了"缩放定位"功能，可轻松实现跨页面跳转无缝衔接。进入指定幻灯片后，还可以控制是继续顺序播放，还是返回缩放定位幻灯片，大大提升了演示的自由度和视觉效果。

（1）单击"插入"选项卡"链接"区域的"缩放定位"按钮，弹出如图 19-77 所示的下拉菜单。

❖ 摘要缩放定位：自动在幻灯片列表的顶部新建一张幻灯片显示摘要缩放定位，如图 19-78 所示。在创建时，自动选中各节的第一张幻灯片；放映幻灯片时，可以根据创建的摘要，跳转到指定的节浏览演示文稿。

❖ 节缩放定位：使用节组织幻灯片后，可创建指向某些节的链接，如图 19-79 所示，播放完指定节的幻灯片后，自动返回到节缩放定位。创建节缩放定位需要先创建一张幻灯片放置缩放定位并选中。

图 19-77　"缩放定位"下拉菜单

❖ 幻灯片缩放定位：在演示文稿中创建指向某个幻灯片的链接，如图 19-80 所示，播放完指定的幻灯片后，继续播放后续的幻灯片。创建幻灯片缩放定位需要先创建一张幻灯片放置缩放定位并选中。

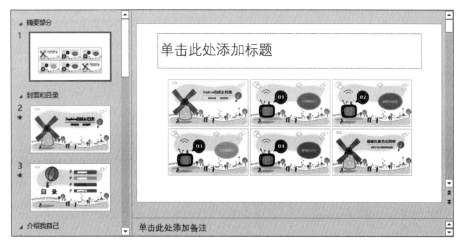

图 19-78　摘要缩放定位

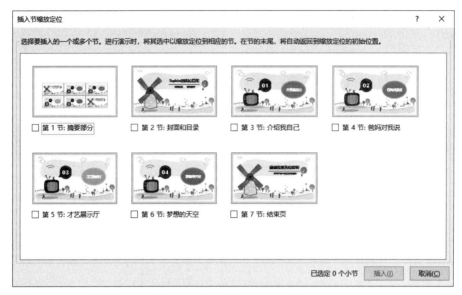

图 19-79 "插入节缩放定位"对话框

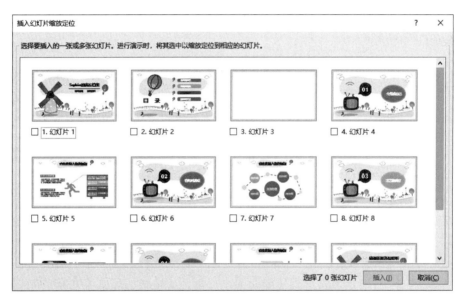

图 19-80 "插入幻灯片缩放定位"对话框

（2）选择需要的缩放定位命令之后，在如图 19-79 或图 19-80 所示的对话框中选中要插入缩放定位的幻灯片缩略图下方的复选框，单击"插入"按钮关闭对话框，即可在幻灯片中显示选中的幻灯片缩略图，如图 19-81 所示。

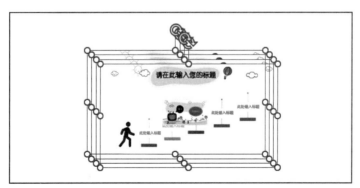

图 19-81 插入幻灯片缩略图

（3）在缩略图角上的控制手柄上按下鼠标左键拖动，调整缩略图的大小，然后移动到合适的位置。排列缩略图时，借助智能参考线可以很方便地排列和对齐，如图 19-82 所示。

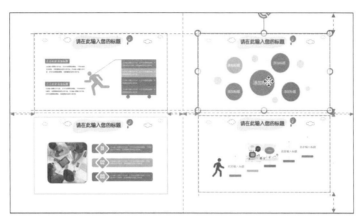

图 19-82　排列和对齐缩略图

排列好缩放定位之后，就可以查看缩放定位的效果了。

（4）单击状态栏上的"阅读视图"按钮，预览幻灯片效果。将鼠标指针移到一张缩略图上时，指针显示为手形 ；单击鼠标，选中的缩略图放大，平滑地切换到指定的幻灯片开始播放。

从上面的效果可以看出，"缩放定位"可以看作是"平滑"切换的一种特殊形式，"平滑"切换应用于页面对象，而"缩放定位"应用于幻灯片。

上机练习——咖啡分类

　　本节练习通过设置咖啡分类图片的缩放定位，制作一个简单的咖啡分类演示文稿。通过对操作步骤的详细讲解，读者可进一步掌握设置幻灯片缩放定位、更改缩放定位图像，以及设置缩放定位选项的操作方法。

19-5　上机练习——咖啡分类

　　首先打开要插入缩放定位的幻灯片；然后插入幻灯片缩放定位，并调整缩放定位的大小和位置；最后更改缩放定位的图像和选项。

操作步骤

（1）打开要插入幻灯片缩略图的幻灯片，如图 19-83 所示。

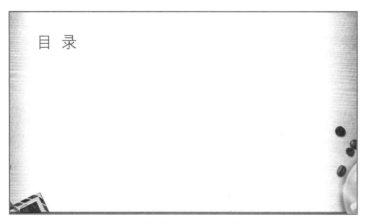

图 19-83　待插入导航缩略图的幻灯片

（2）单击"插入"选项卡"链接"区域的"缩放定位"按钮，在弹出的下拉菜单中选择"幻灯片缩放定位"命令，弹出"插入幻灯片缩放定位"对话框。选中要插入的幻灯片，如图19-84所示。

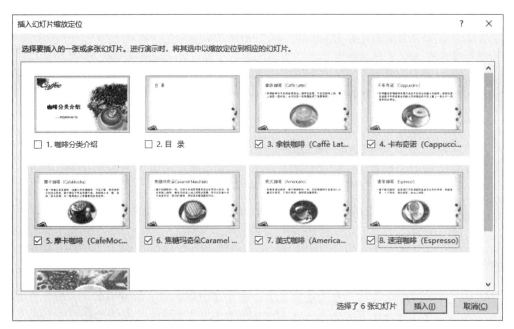

图19-84 "插入幻灯片缩放定位"对话框

（3）单击"插入"按钮关闭对话框，在幻灯片中显示选中的幻灯片缩略图，如图19-85所示。

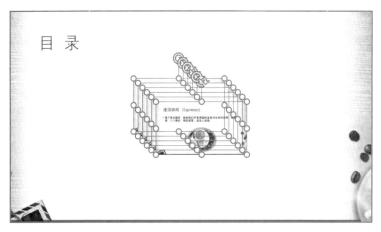

图19-85 插入幻灯片缩略图

接下来根据设计需要排列缩略图，排列之前可以先调整缩略图的大小。

（4）选中缩略图，按下鼠标左键移动到合适的位置。排列缩略图时，借助智能参考线可以很方便地排列和对齐图片，效果如图19-86所示。

接下来放映幻灯片，查看缩放定位的效果。

（5）单击编辑窗口状态栏上的"阅读视图"按钮，查看幻灯片放映效果。将鼠标指针移到一张缩略图上，指针显示为手形🖑；单击鼠标，选中的缩略图放大，平滑地切换到指定的幻灯片开始播放。

使用幻灯片缩略图作为目录项，页面显然不够简洁。接下来修改缩放定位的图像。

（6）选中第一张缩放定位图，在"缩放工具/格式"选项卡的"缩放定位选项"区域单击"更改图像"按钮，在弹出的"插入图片"面板中选择"来自文件"，选择需要的图片。采用同样的方法更改其他缩放定位的图像，效果如图19-87所示。

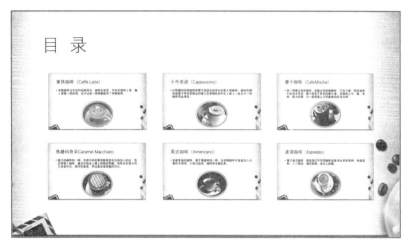

图 19-86　排列缩略图

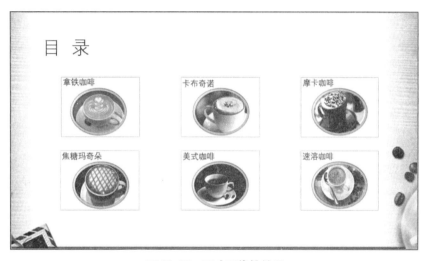

图 19-87　更改图像的效果

在"缩放工具／格式"选项卡中可以像编辑图片一样，设置缩放定位的边框、效果和大小，如图 19-88 所示。

图 19-88　"缩放工具／格式"选项卡

默认情况下，创建的幻灯片缩放定位不会自动返回，也就是说，通过幻灯片缩放定位切换到指定幻灯片后，将按既定的顺序播放，直到结束。如果希望指定的幻灯片放映完成后进入其他指定的幻灯片，可以设置返回到幻灯片缩放定位。

（7）选中第一张缩放定位的幻灯片，在"缩放工具／格式"选项卡的"缩放定位选项"区域，选中"返回到缩放定位"复选框，缩放定位上将显示定位到的幻灯片编号，以及一个返回标记。采用同样的方法，设置其他缩放定位的选项，效果如图 19-89 所示。

至此，实例制作完毕。有兴趣的读者可以试着旋转排列缩放定位，将看到不一样的切换效果。

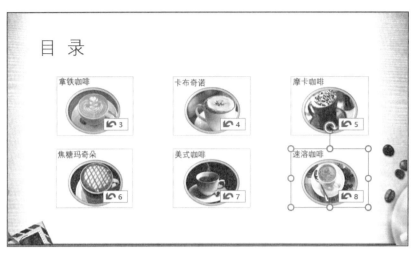

图 19-89　设置"返回到缩放定位"的效果

19.4　使用多媒体文件

如果幻灯片中需要讲解的内容比较多,使用音频、视频等多媒体对象不仅能简化页面,吸引观众注意,还能使讲解内容更清晰易懂。

19.4.1　插入音频文件

在演示文稿中,音频文件通常用于为幻灯片添加背景音乐,或作为演示内容的配音讲解,以增强演示文稿的表现力。

提示:

> 与 PowerPoint 早期的版本不同,在 PowerPoint 2019 中插入音频不是简单地把音频文件放置在演示文稿所在目录下,而是直接嵌入到演示文稿之中。

(1)打开要插入音频的幻灯片,单击"插入"选项卡"媒体"功能组中的"音频"下拉按钮,在如图 19-90 所示的下拉菜单中选择音频来源。

❖ PC 上的音频:选择此命令,打开"插入音频"对话框,从本地计算机或连接到的其他计算机上查找音频。

❖ 录制音频:选择此命令,打开如图 19-91 所示的"录制声音"对话框,单击"录制"按钮●,使用麦克风录制音频。

图 19-90　音频来源下拉菜单

图 19-91　"录制声音"对话框

(2)定位到要插入的音频文件后,单击"插入音频"对话框中的"插入"按钮,或单击"录制声音"对话框中的"确定"按钮,即可在幻灯片中显示音频图标◀和播放控件,如图 19-92 所示。

图 19-92　插入音频

（3）将鼠标指针移到音频图标顶点位置的变形手柄上，当指针变为双向箭头时，按下鼠标左键拖动，可以调整图标的大小。将鼠标指针移到音频图标上，当指针变为四向箭头 时，按下鼠标左键拖动，可以移动图标的位置。

单击播放控件上的"播放 / 暂停"按钮，可以试听音频效果。还可以前进或后退、调整播放音量。

提示：

如果不希望在幻灯片上显示音频图标，可以将图标拖放到幻灯片之外。

19.4.2　更改音频图标

音频图标实质上是一张图片，因此，可以像美化图片一样更改音频图标、设置图标的样式和颜色效果，以保持幻灯片风格。

（1）选中音频图标，在菜单功能区可以看到如图 19-93 所示的"音频工具 / 格式"选项卡。

图 19-93　"音频工具 / 格式"选项卡

（2）利用"调整"功能组中的按钮可以设置图标的背景样式、亮度 / 对比度、着色和艺术效果。单击"更改图片"按钮，可以使用其他图片替换默认的音频图标，如图 19-94 所示。

图 19-94　更改图片并着色的效果

（3）单击"图片样式"下拉列表框右下角的"其他"按钮，在弹出的内置样式下拉列表中可以选择音频图标的视觉样式。

如果要自定义图片样式，可以分别单击"图片边框"和"图片效果"按钮，在弹出的下拉菜单中选择需要的效果。

19.4.3　设置音频选项

在幻灯片中添加音频文件后，还可以对音频进行一些简单的编辑，例如剪裁音频、设置音效和播放音量、指定播放时机和方式。

（1）选中音频图标，切换到如图 19-95 所示的"音频工具／播放"选项卡。

图 19-95　"音频工具／播放"选项卡

（2）在"编辑"功能组中单击"剪裁音频"按钮，弹出如图 19-96 所示的"剪裁音频"对话框。拖动音轨左侧的绿色滑块指定音频开始播放的位置，拖动红色的滑块指定音频结束的位置。单击"上一帧"按钮◄ 或"下一帧"按钮▶ ，可以帧为单位精确地调整时间。

图 19-96　"剪裁音频"对话框

剪裁音频后，单击"播放"按钮▶ ，可以试听音频效果。

（3）在"淡化持续时间"区域分别设置音频开始时淡入的效果持续的时间，结束时淡出效果持续的时间。

（4）在"音频选项"功能组中单击"音量"按钮，在弹出的下拉菜单中可以设置放映幻灯片时播放音频文件的音量等级，如图 19-97 所示。

（5）在"音频选项"功能组中单击"开始"按钮右侧的下拉按钮，设置放映幻灯片时音频的播放方式，如图 19-98 所示。

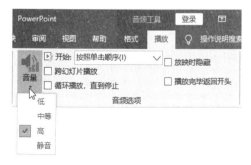

图 19-97　设置音量级别

图 19-98　设置音频播放方式

　　默认情况下,当前幻灯片放映完成时,插入的音频自动停止播放。如果选中"跨幻灯片播放"和"循环播放,直到停止"复选框,音频将一直循环播放。

19.4.4　插入视频剪辑

　　在演示文档中使用视频辅助展示和讲演,可以增强说明力。在 PowerPoint 2019 中,插入视频剪辑与插入图片一样简单、方便。

　　(1)选中要插入视频文件的幻灯片,在"插入"选项卡的"媒体"功能组中单击"视频"下拉按钮,在如图 19-99 所示的下拉菜单中选择视频来源。

图 19-99　插入视频剪辑

　　❖ 联机视频:通过输入在线视频的地址,获取需要的视频。

　　❖ PC 上的视频:在本地计算机上查找视频。

　　(2)在弹出的"插入视频文件"对话框或"在线视频"对话框中选中需要的视频文件后,单击"插入"按钮,即可在幻灯片中显示插入的视频和播放控件,如图 19-100 所示。

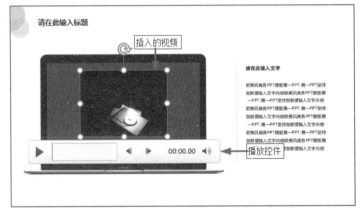

图 19-100　插入视频

　　(3)将鼠标指针移到视频顶点位置的变形手柄上,当指针变为双向箭头时,按下鼠标左键拖动,调整视频文件的显示尺寸。将鼠标指针移到视频上,当指针变为四向箭头时,按下鼠标左键拖动,可以移动视频。

> **注意**　视频图标的大小范围是观看视频文件的屏幕大小,因此,调整视频尺寸时,应尽量保持视频的长宽比一致,以免影像失真。

　　此时,单击播放控件上的"播放 / 暂停"按钮,可以预览视频,如图 19-101 所示。还可以前进或后退、调整播放音量。

　　(4)切换到如图 19-102 所示的"视频工具 / 格式"选项卡,可以像格式化图片一样设置视频的颜色效果和样式,或将视频剪辑裁剪为形状。

　　插入的视频剪辑默认按照单击顺序播放,幻灯片切换时,视频停止。用户可以根据演讲需要设置视频的播放时机和方式。

　　(5)切换到"视频工具 / 播放"选项卡,在如图 19-103 所示的"视频选项"功能组中设置放映幻灯片时视频的播放方式。

　　❖ 音量:设置低、中等、高和静音四个级别的音量。

　　❖ 开始:设置视频播放的时机,可以自动播放、单击时播放,默认为按照单击顺序播放。

　　❖ 全屏播放:播放时,视频全屏显示。

　　❖ 未播放时隐藏:视频没有开始播放时,处于隐藏状态。

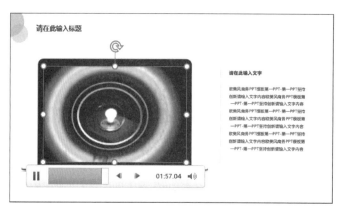

图 19-101　预览视频

图 19-102　"视频工具 / 格式"选项卡

图 19-103　视频播放选项

- ❖ 循环播放，直到停止：重复播放视频，直到幻灯片切换或人为中止。
- ❖ 播放完毕返回开头：视频播放完毕后，返回到第一帧停止，而不是停止在最后一帧。

19.4.5　设置标牌框架

标牌框架是指视频还没有播放时显示的图片。视频剪辑在未播放的状态下默认显示第一帧的图像，用户可以自定义视频的标牌框架。

（1）选中插入的视频，在"视频工具 / 格式"选项卡的"调整"功能组中单击"海报框架"下拉按钮。

（2）选择"文件中的图像"命令，在打开的"插入图片"对话框中选择视频剪辑标牌框架的来源。

标牌框架可以源自计算机或本地网络的文件，也可以是 Bing、OneDrive 或图标集等联机资源中的图像。如果选择"重置"命令，可删除已指定的标牌框架。

设置标牌框架后，播放控件上显示"标牌框架已设定"，如图 19-104 所示。

图 19-104　设置视频剪辑的标牌框架

19.4.6 添加书签

如果在幻灯片中插入的视频剪辑较长，希望在放映时分为几个片断进行播放，在 PowerPoint 2019 中不需要分割视频，添加书签就可轻松实现。

（1）选中插入的视频，在菜单功能区可以看到如图 19-105 所示的"视频工具 / 播放"选项卡。

图 19-105 "视频工具 / 播放"选项卡

（2）在视频播放位置条上单击要添加书签的时间，然后单击"书签"功能组中的"添加书签"按钮，选中的位置显示黄色的圆圈，如图 19-106 所示。

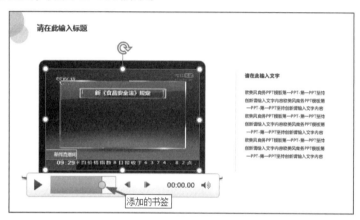

图 19-106 添加书签

此时单击书签，即可自动跳转到指定的位置开始播放。为避免视频切换太过生硬，可以在"淡化持续时间"区域设置视频开始或结束时的淡化效果。

（3）重复上一步的操作，添加其他书签。

提示：

> 按组合键 Alt+Home 或 Alt+End 可在添加的多个书签之间进行导航。

如果要删除某个书签，应选中书签，然后单击"删除书签"按钮。

上机练习——古诗《小池》诵读

 练习目标

本节练习制作一个文字动态出现与音频朗读相结合的古诗学习课件。通过对操作步骤的详细讲解，读者可进一步掌握设置文本的动画效果、添加音频文件，以及同步文字与音频的操作方法。

19-6 上机练习——古诗《小池》诵读

 设计思路

首先制作幻灯片母版，利用竖排文本框在幻灯片中插入诗文内容，并添加动画效果；然后插入音频文件，调整动画次序和播放方式；最后调整文本框动画的开始时间和效果持续时间。幻灯片的最终效果如图 19-107 所示。

图 19-107　幻灯片效果

操作步骤

（1）新建一个空白的演示文稿，切换到幻灯片母版视图。选中幻灯片母版，在"插入"选项卡中单击"图片"按钮，在弹出的对话框中选择一幅图片插入母版，效果如图 19-108 所示。

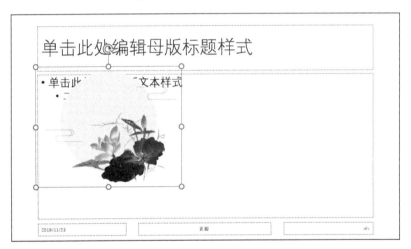

图 19-108　在母版中插入图片

（2）选中标题幻灯片版式，在"幻灯片母版"选项卡"背景"功能组中单击"背景样式"下拉按钮，在弹出的下拉菜单中选择"设置背景格式"命令，然后在打开的"设置背景格式"面板中设置标题幻灯片的背景图像，如图 19-109 所示。

图 19-109　设置标题幻灯片的背景

（3）设置完成后，单击"关闭母版视图"按钮返回普通视图。在标题幻灯片中输入标题"小池"，然后新建一张幻灯片。单击"开始"选项卡"幻灯片"功能组中的"版式"下拉按钮，在弹出的版式列表中选择"空白"，效果如图 19-110 所示。

图 19-110　"空白"版式的幻灯片

（4）切换到"插入"选项卡，单击"文本框"下拉按钮，在弹出的下拉菜单中选择"竖排文本框"命令，绘制一个文本框并输入文本，然后设置文本字体为"华文行楷"，字号为 48，效果如图 19-111 所示。

图 19-111　竖排文本框效果

（5）按照与上一步相同的方法插入其他竖排文本框，分别输入作者和每行诗句，设置作者文本字号为 24，诗句字号为 32。然后选中诗句文本框，在"绘图工具/格式"选项卡中使用"对齐对象"下拉菜单对齐、分布文本框，效果如图 19-112 所示。

图 19-112　文本框排列、对齐的效果

（6）选中绘制的所有竖排文本框，切换到"动画"选项卡，在"动画"下拉列表框中选择"擦除"效果。单击"效果选项"下拉按钮，在弹出的下拉菜单中选择擦除的方向为"自顶部"。此时，所有文本框左上角显示相同的效果标号，如图 19-113 所示。

图 19-113　添加动画效果

（7）在"动画"选项卡中单击"动画窗格"按钮，打开"动画窗格"面板。可以看到所有文本框的动画效果同时开始、同时结束，如图 19-114 所示。

接下来调整各个文本框的开始时间，使文本框依次出现。

（8）在"动画窗格"面板中按住 Shift 键选中除诗文标题以外的所有文本框，在"计时"功能组的"开始"下拉列表框中选择"上一动画之后"。所有选中文本框的开始时间将自动调整，如图 19-115 所示。

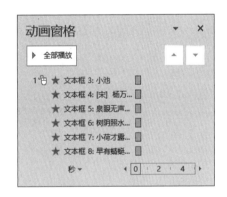

图 19-114　"动画窗格"面板

图 19-115　调整动画的开始时间

此时，取消选中文本框，单击"全部播放"按钮，可以预览文本框的动画效果。

接下来插入音频。

（9）切换到"插入"选项卡，在"媒体"功能组中单击"音频"下拉按钮，在弹出的下拉菜单中选择"PC 上的音频"，然后在弹出的对话框中选择需要的音频文件，单击"插入"按钮，即可在幻灯片中看到音频图标。切换到"动画"选项卡，可以看到音频图标左上角显示效果标号，如图 19-116 所示。

（10）将音频图标拖放到幻灯片右下角，然后打开"动画窗格"面板，将音频拖放到效果列表最顶端。此时，可以看到效果标号相应地发生了变化，如图 19-117 所示。

（11）单击音频效果右侧的下拉按钮，在弹出的下拉菜单中选择"效果选项"命令，打开"播放音频"对话框。在"开始播放"区域选择"从头开始"单选按钮，如图 19-118 所示。设置完成后，单击"确定"按钮关闭对话框。

（12）在"动画"选项卡的"计时"功能组中单击"开始"下拉按钮，在弹出的下拉列表框中选择"与上一动画同时"选项，如图 19-119 所示。

图 19-116　插入音频

图 19-117　调整动画效果的顺序

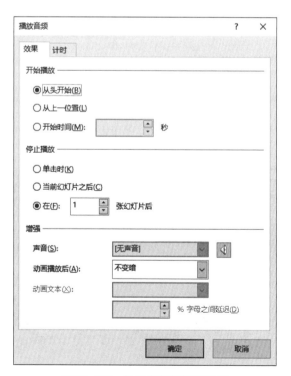

图 19-118　设置音频的播放选项

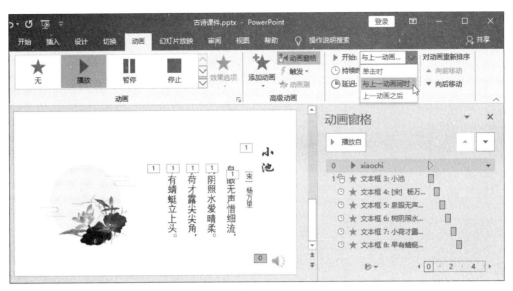

图 19-119　设置音频的开始方式

（13）选中所有文本框，在"计时"功能组中将开始方式设置为"上一动画之后"，然后根据音频依次修改各个文本框的持续时间，如图 19-120 所示。

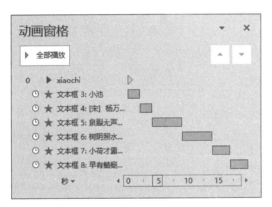

图 19-120　设置动画持续时间

至此，实例制作完成，在"动画"选项卡中单击"预览"按钮，可以查看幻灯片的动画效果，某一时刻的效果如图 19-121 所示。

图 19-121　某一时刻的幻灯片效果

答 疑 解 惑

1. 在演示文稿中插入了视频剪辑，放映时，影片剪辑左右两边或上下显示有黑边，如何去除黑边？

答：如果视频播放窗口的比例与视频的长宽比例不一致，可能会显示黑边。可以调整视频播放窗口的大小。

2. 在制作演示文稿时，希望在放映指定的多张幻灯片时播放背景音乐，放映其他幻灯片时不播放，如何设置？

答：可以按如下的操作步骤给指定的幻灯片添加背景音乐。

（1）在要开始播放背景音乐的幻灯片中插入音频文件。

（2）切换到"动画"选项卡，在"动画"下拉列表框中选择"播放"，然后在"开始"下拉列表框中设置播放音频的时机。

（3）打开动画窗格，在添加的音乐文件上右击，在弹出的快捷菜单中选择"效果选项"命令，打开"播放音频"对话框。

（4）在"停止播放"区域选中最后一个选项，并输入背景音乐要贯穿的幻灯片数量，如图 19-122 所示。

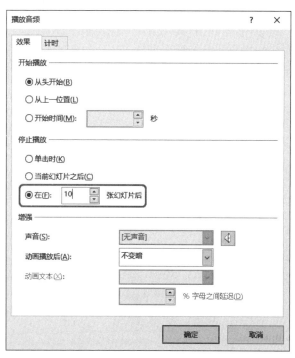

图 19-122　设置停止播放音频的时机

（5）单击"确定"按钮关闭对话框。

3. 如何导出演示文稿中的音频和视频文件？

答：切换到插入了音频或视频的幻灯片，在音频或视频图标上右击，在弹出的快捷菜单中选择"将媒体另存为"命令，打开"将媒体另存为"对话框。指定音频或视频保存的路径和文件名称，然后单击"保存"按钮。

如果要一次导出演示文稿中的所有音频和视频文件，可将演示文稿另存为一个副本，然后修改文件后缀名为 .rar。解压该文件后，即可在自动生成的 media 文件夹中看到所有的音频和视频资源。

4. 在演示文稿中添加了音频文件，但放映时不播放，可能是什么原因？

答：首先检查音频的开始播放方式设置是否有误，如果没有，可能是幻灯片中同时还设置了其他动画效果。

解决办法是打开动画窗格，将音频文件移动到窗格顶部，作为第一个动画效果播放。

5. 默认的超链接文本显示为蓝色，已访问的超链接颜色为红褐色，能否自定义链接文本的颜色？

答：在 PowerPoint 2019 中，没有应用主题的超链接默认显示为蓝色；应用了主题的超链接显示为指定的颜色。因此，新建主题颜色，或在主题颜色中修改"超链接"和"已访问的超链接"对应的颜色，即可修改链接文本的颜色。

6. 演示文稿中的超链接文本下方默认显示下划线，如何去除？

答：在 PowerPoint 2019 中，如果超链接的载体为文本，则文本下方显示下划线；如果超链接的载体为图片、形状或文本框，则不显示下划线，且文本以默认的颜色显示。因此，可以在文本框中输入文本后，选中整个文本框设置超链接。

学习效果自测

一、选择题

1. 关于 PowerPoint 2019 的动画功能，以下说法错误的是（　　）。
   A. 各种对象均可设置动画
   B. 动画的先后顺序不可改变
   C. 动画播放的同时可配置声音
   D. 可将对象设置成播放后隐藏

2. 幻灯片的切换方式是指（　　）。
   A. 在编辑新幻灯片时的过渡形式
   B. 在编辑幻灯片时切换不同视图
   C. 在编辑幻灯片时切换不同的主题
   D. 在幻灯片放映时两张幻灯片之间的过渡形式

3. 在 PowerPoint 2019 中，若要为幻灯片中的对象设置"飞入"动画，应选择（　　）命令。
   A. 添加动画　　　　　　　　　　　　B. 动画窗格
   C. 自定义幻灯片放映　　　　　　　　D. 效果选项

4. 在一个包含多个对象的幻灯片中，选定某个对象设置"切入"效果后，则（　　）。
   A. 该幻灯片的放映效果为"切入"
   B. 该对象的放映效果为"切入"
   C. 下一张幻灯片的放映效果为"切入"
   D. 未设置效果的对象放映效果也为"切入"

5. 有关动画出现的时间和顺序的调整，以下说法不正确的是（　　）。
   A. 动画必须依次播放，不能同时播放
   B. 动画出现的顺序可以调整
   C. 有些动画可设置为满足一定条件时再出现，否则不出现
   D. 如果使用了排练计时，则放映时无须单击鼠标控制动画的出现时间

6. PowerPoint 2019 在幻灯片中建立超链接有两种方式：通过把某对象作为超链接载体和（　　）。
   A. 文本框　　　　　B. 文本　　　　　C. 图片　　　　　D. 动作按钮

7. 在 PowerPoint 2019 中，激活超链接的动作可以是在超链接载体用鼠标单击和（　　）。
   A. 悬停　　　　　　B. 拖动　　　　　C. 双击　　　　　D. 右击

8. 要实现在播放时幻灯片之间的跳转，可采用的方法是（　　）。
   A. 设置预设动画　　　　　　　　　　B. 设置自定义动画
   C. 设置幻灯片切换方式　　　　　　　D. 设置动作按钮

9. 下列关于音频的叙述，错误的是（　　　）。

　　A. 在幻灯片母版中插入了音频，则所有幻灯片上都会包含音频图标

　　B. 在幻灯片中可以插入录制的声音文件

　　C. 在播放幻灯片的同时，也可以播放音频

　　D. 播放音频时，不可以隐藏音频图标

二、填空题

1. 在幻灯片中插入视频剪辑后，通过设置_____，可以指定视频剪辑的预览图。

2. 如果插入的视频较长，希望放映时能根据演讲需要即时跳转到相应的位置播放，应在视频中_____。

3. 在编辑幻灯片中的音频时，可以按_____、_____、_____和_____四个级别更改音频的音量。

4. 如果要删除一个动作按钮上已添加的单击鼠标时的动作，可以利用右键快捷菜单打开"操作设置"对话框，选中"_____"选项。

5. 创建_____缩放定位可选中各节的第一张幻灯片，并自动在幻灯片列表的顶部新建一张幻灯片显示缩放定位。放映幻灯片时，可以根据创建的缩放定位，跳转到_____进行浏览。

6. 在 PowerPoint 2019 中，使用"_____"工具可以快速为不同对象设置相同动画。

7. _____是加在幻灯片之间的特殊效果；_____是加在幻灯片对象上的特殊效果。

8. 如果希望单击幻灯片中的特定图片时才显示某个动画效果，否则不出现此动画，可设置_____。

三、操作题

1. 新建一张幻灯片，输入标题文本后，再输入一个段落文本，并插入一张图片。然后执行以下操作。

　　（1）设置文本动画，使标题文本逐字飞入幻灯片，完全显示后文本颜色显示为红色。

　　（2）设置段落文本淡入效果，动画播放后隐藏。

　　（3）设置动画效果，使图片旋转进入幻灯片后，显示紫色边框。

　　（4）在幻灯片中添加一个"笑脸"形状，单击"笑脸"形状播放图片的动画效果。

　　（5）经过 10 秒后，以"剥离"的方式显示下一张幻灯片。

2. 在幻灯片中插入一幅图片，通过设置，使鼠标指针经过图片时显示屏幕提示，单击则打开一个网站。

3. 打开一个已完成的演示文稿，分别创建摘要缩放定位、节缩放定位和幻灯片缩放定位。

4. 在幻灯片中插入一个影片剪辑，设置视频的预览图和外观样式。然后剪裁视频，并添加两个书签。

5. 设置视频的播放方式，在放映幻灯片时，视频剪辑自动全屏播放，且播放完成后停止在第一帧。

6. 新建一张幻灯片，插入一段音频作为演示文稿的背景音乐。

第 20 章

演示、共享与发布

本章导读

　　编排好演示文稿的内容和效果之后，就可以放映幻灯片了。通过放映可以查看演示文稿是否达到预期的效果。展示幻灯片时，可以根据演讲需要和受众的不同，设置不同的放映方式，放映不同的幻灯片集合，还可以在放映时使用画笔工具圈划重点。

　　制作好的演示文稿可以通过多种方式与他人共享，实现协同办公，还可以打包成不同格式，方便用户在多种平台上查看。

学习要点

- ❖ 放映前的准备
- ❖ 控制放映过程
- ❖ 分享演示文稿
- ❖ 发布演示文稿

20.1 放映前的准备

在正式展示幻灯片之前，有时还需要对演示文稿进行一些设置，例如，面向不同需求的观众，展示不同的幻灯片内容；根据演讲进度控制幻灯片的播放节奏等。

20.1.1 设置放映模式

PowerPoint 2019 针对不同的展示用途提供三种放映模式，并提供不同的放映操作，可在不同的演示场景达到最佳的放映效果。

在"幻灯片放映"选项卡的"设置"功能组中单击"设置幻灯片放映"按钮，打开如图 20-1 所示的"设置放映方式"对话框，在"放映类型"区域可以选择放映模式。

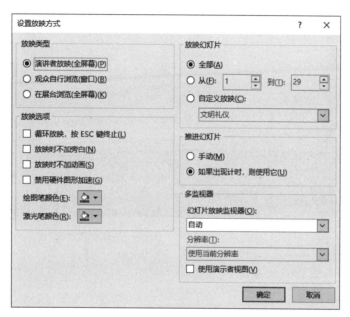

图 20-1 "设置放映方式"对话框

1. 演讲者放映

"演讲者放映（全屏幕）"模式通常用于全屏播放演示文稿，例如投射到大屏幕上或召开文稿会议，演讲者对演示文档具有完全的控制权。

（1）设置放映选项。

❖ 循环放映，按 Esc 键终止：幻灯片循环播放，直到按 Esc 键退出。

❖ 放映时不加旁白：幻灯片放映时，不播放旁白。

❖ 放映时不加动画：幻灯片放映时，不显示添加的动画。

❖ 禁用硬件图形加速：在带有 3D 支持（Microsoft DirectX）的显示卡时，取消选中该复选框可获得更佳的动画性能。

❖ "绘图笔颜色"和"激光笔颜色"：设置放映时使用的画笔和激光笔的颜色。

（2）设置幻灯片的放映范围。

默认播放从第一张到最后一张的所有幻灯片，用户也可以设置要播放的幻灯片编号范围。如果创建了自定义放映，还可以选择要播放的幻灯片队列。

（3）设置换片方式。

❖ 手动：通过鼠标或按钮控制播放进程。要注意的是，除非创建了超链接，否则单击不会有任何反应。

❖ 如果出现计时，则使用它：按预定的时间或排练计时播放幻灯片。

（4）如果要多屏显示演示文稿，在"多监视器"区域设置监视器和屏幕分辨率。

调整幻灯片放映分辨率可以在放映效果与放映速度之间找到性能的折中点。

（5）设置完成后，单击"确定"按钮返回 PowerPoint 主界面。

此时单击 PowerPoint 状态栏上的"幻灯片放映"按钮 🖵 ，或者利用快捷键 F5 即可以演讲者放映模式展示幻灯片。放映时在屏幕上右击，使用如图 20-2 所示的快捷菜单可控制幻灯片播放。

如果选择"显示演示者视图"命令，可以查看下一页幻灯片、备注和操作工作栏，如图 20-3 所示，但观众只能看到全屏放映的幻灯片。在快捷菜单中选择"隐藏演示者视图"命令，可以关闭演示者视图。

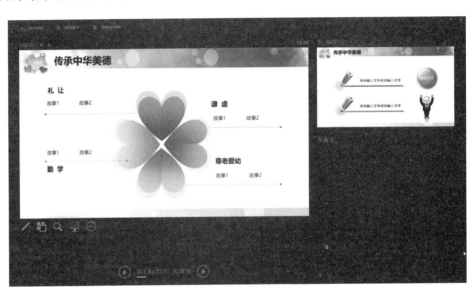

图 20-2　放映控制菜单　　　　　　　　图 20-3　演示者视图

选择"结束放映"命令，返回到演示文档的编辑视图。

2. 观众自行浏览

在"观众自行浏览（窗口）"模式下，演示文稿显示在一个小窗口中，并在状态栏上提供菜单命令，用于在放映时定位、复制、编辑和打印幻灯片，如图 20-4 所示。此时，绘图笔和多监视器选项不可用。

图 20-4　"观众自行浏览"模式

注意　　　在这种放映模式下，应单击窗口状态栏上的"上一张"或"下一张"按钮，或者利用 Page Up 和 Page Down 键切换幻灯片。

3. 在展台浏览

"在展台浏览（全屏幕）"模式自动全屏运行演示文稿，适用于在展示台上循环播放。在这种模式下，不能使用鼠标控制放映，除非单击超链接。每次放映完毕后自动重新启动，循环播放。

注意　　　采用"在展台浏览（全屏幕）"模式放映幻灯片时，鼠标的任何动作都不会影响放映进程。如果演示文稿中没有设置结束放映的动作按钮，则只能按 Esc 键结束。

20.1.2　自定义放映

演示文稿制作完成后，使用自定义放映功能，不需要删除部分幻灯片或保存多个副本，就可以仅演示其中的部分幻灯片，或针对不同的受众放映不同的幻灯片内容。

（1）打开演示文稿，在"幻灯片放映"选项卡的"开始放映幻灯片"功能组中，单击"自定义幻灯片放映"下拉按钮，在弹出的下拉菜单中选择"自定义放映"命令，弹出如图 20-5 所示的"自定义放映"对话框。

图 20-5　"自定义放映"对话框

如果当前演示文稿中还没有创建任何自定义放映，则窗口显示为空白；如果创建过自定义放映，则显示自定义放映列表。

（2）单击"新建"按钮，打开如图 20-6 所示的"定义自定义放映"对话框。

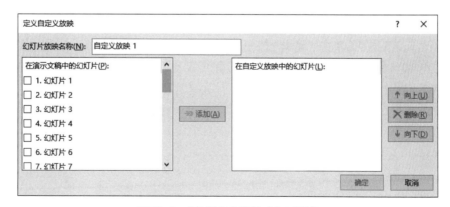

图 20-6　"定义自定义放映"对话框

左侧列表框中显示当前演示文稿中的幻灯片列表，右侧为自定义的幻灯片列表。

（3）在"幻灯片放映名称"文本框中输入一个意义明确的名称，以便于区分不同的自定义放映。

（4）在左侧的幻灯片列表框中选中要加入自定义放映队列的幻灯片，然后单击"添加"按钮。右侧的列表框中将显示选中的幻灯片，如图 20-7 所示。

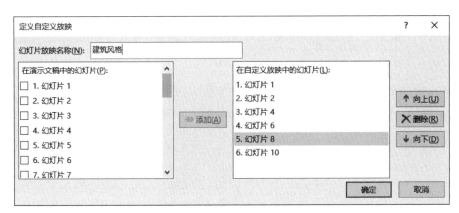

图 20-7　添加要展示的幻灯片

 注意　　在 PowerPoint 2019 中，可以将同一张幻灯片多次添加到自定义放映队列中。

（5）在右侧的列表框中选中要调整顺序的幻灯片，单击"向上"按钮或"向下"按钮，可以调整幻灯片在自定义放映队列中的放映顺序。

（6）在右侧的列表框中选中不希望展示的幻灯片，单击对话框右侧的"删除"按钮，可在自定义放映队列中删除指定的幻灯片，左侧的幻灯片列表不受影响。

（7）设置完成后，单击"确定"按钮关闭对话框，返回到"自定义放映"对话框。此时，在窗口中可以看到已创建的自定义放映，如图 20-8 所示。

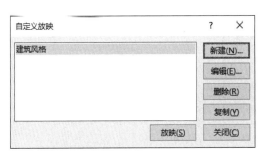

图 20-8　自定义放映列表

（8）如果要修改自定义放映，单击"编辑"按钮打开"定义自定义放映"对话框进行修改；单击"删除"按钮可删除当前选中的自定义放映；单击"复制"按钮可制作当前选中的自定义放映的一个副本，并保存为新的自定义放映；单击"放映"按钮，可全屏演示当前选中的自定义放映。

（9）设置完毕后，单击"关闭"按钮关闭对话框。

隐藏幻灯片

如果在放映时仅有少数几张幻灯片不希望显示出来，可以将其隐藏。

在普通视图中，选中要隐藏的幻灯片，然后在"幻灯片放映"选项卡中单击"隐藏幻灯片"按钮。此时，在左侧窗格中可以看到隐藏的幻灯片淡化显示，且幻灯片编号上显示一条斜向的删除线，如图 20-9所示。

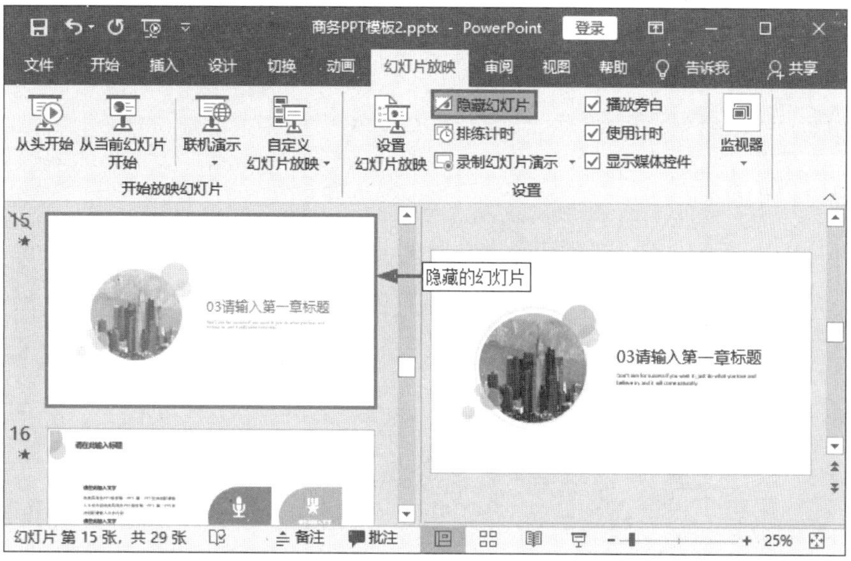

图 20-9　隐藏幻灯片

尽管隐藏的幻灯片在放映时不显示，但并没有从演示文稿中删除。选中隐藏的幻灯片后，再次单击“隐藏幻灯片”按钮即可恢复显示。

20.1.3　添加排练计时

在设置幻灯片页面元素的动画效果和幻灯片的切换效果时，都可以指定效果播放的持续时间，但这样设置的时间通常不准确。使用排练计时功能，可以在排练演示文稿时自动记录每张幻灯片播放的时间，放映时，则使用记录的时间间隔自动播放。

（1）切换到“幻灯片浏览”视图，选择需要添加排练计时的第一张幻灯片。

（2）在“幻灯片放映”选项卡的“设置”功能组中，单击“排练计时”按钮，即可全屏放映幻灯片，并在屏幕左上角显示排练计时工具栏，如图 20-10 所示。

计时工具栏上各个按钮的功能简要介绍如下。

- “下一项”按钮 ➔：单击该按钮结束当前幻灯片的放映和计时，开始放映下一张幻灯片，或播放下一个动画。
- “暂停”按钮 ❚❚：暂停幻灯片计时。再次单击该按钮继续计时。
- 第一个时间框：显示当前幻灯片的放映时间。
- “重复”按钮 ↶：单击该按钮，返回到刚进入当前幻灯片的时刻，重新开始当前幻灯片计时。
- 第二个时间框：显示排练开始的总计时。

（3）排练完成后，按 Esc 键或单击计时工具栏右上角的“关闭”按钮终止排练。此时将弹出如图 20-11 所示的对话框询问是否保存本次排练结果。单击“是”按钮，保存排练的时间；单击“否”按钮，取消本次排练计时。

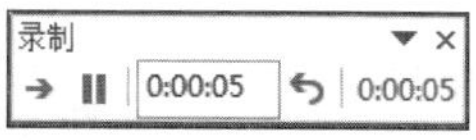

图 20-10　排练计时工具栏

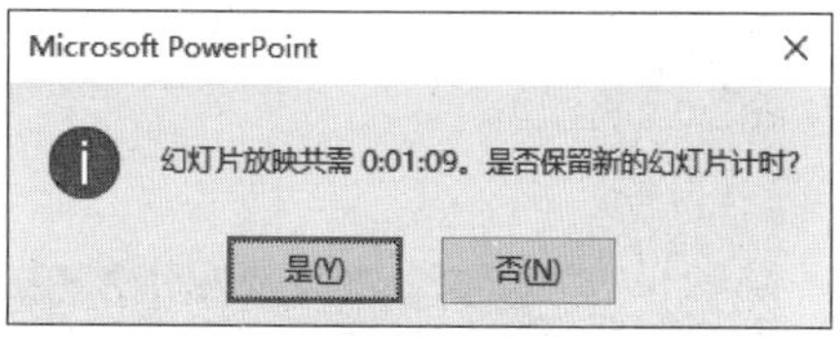

图 20-11　对话框

提示：

为得到更精确的排练计时，可以对计时做进一步的调整，然后重复"排练 - 调整"的过程。

20.1.4 录制幻灯片演示

如果要为幻灯片添加语音讲解，或创建自动放映的演示文稿，可以使用 PowerPoint 2019 自带的录制幻灯片演示功能。不仅能录制每张幻灯片和效果的播放计时、旁白，还能录制墨迹和激光笔势，实现像播放视频一样的自动演示效果。

（1）打开要录制幻灯片演示的演示文稿。

提示：

如果要录制语音旁白，还应插入麦克风。

（2）切换到"幻灯片放映"选项卡，在"设置"功能组中单击"录制幻灯片演示"下拉按钮，弹出如图 20-12 所示的下拉菜单。

图 20-12 "录制幻灯片演示"下拉菜单

❖ 从当前幻灯片开始录制：从当前选中的幻灯片开始放映并录制。

❖ 从头开始录制：从演示文稿的第一张幻灯片开始放映并录制。

（3）根据需要选择相应的录制命令，进入幻灯片全屏录制界面，如图 20-13 所示。

图 20-13 幻灯片录制界面

（4）单击左上角的"录制"按钮⚪，录制界面上显示倒计时动画，倒计时结束后开始自动播放当前幻灯片，此时，"录制"按钮⚪变为"暂停"按钮▮，幻灯片左上角显示"正在进行录制"。幻灯片左下角显示当前幻灯片的录制时间。

如果要结束放映，可以按 Esc 键或单击"停止"按钮▮停止录制。如果要重新录制当前幻灯片，单击"重播"按钮▮，将重新播放当前幻灯片。

（5）单击幻灯片右侧的"前进到下一动画或幻灯片"按钮⚫，播放当前幻灯片中的下一个动画，或进入下一张幻灯片。

此时，"返回到上一张幻灯片"按钮⚫不可用。

（6）单击录制控件右侧的"备注"按钮，可以显示或隐藏备注内容，方便用户录制旁白。显示备注时，单击"放大文字"按钮▮或"缩小文字"按钮▮可以调整备注文本显示的字号。

（7）在录制界面底部选中笔或荧光笔，然后选择墨迹颜色，可以在录制时圈画重点或添加注释。

（8）录制完成后，在屏幕上右击，在弹出的快捷菜单中选择"结束放映"命令，或单击录制界面右上角的"关闭"按钮，退出录制界面。

此时，切换到幻灯片浏览视图，在幻灯片右下方可以看到录制时间，如图 20-14 所示。如果同时录制了旁白，幻灯片右下角还将显示一个音频图标。

图 20-14　幻灯片浏览视图

 注意　录制的旁白默认单击音频图标播放，不会在打开幻灯片时自动播放。

如果对某一页录制的计时或旁白不满意，可以清除后重新录制。

（9）在普通视图或大纲视图中切换到要重新录制的幻灯片，单击"录制幻灯片演示"按钮，在如图 20-15 所示的级联菜单中选择相应的清除命令。

 注意　如果在录制屏幕演示时单击界面右上角的"清除"按钮，在弹出的下拉菜单中选择"清除当前幻灯片上的记录"命令（如图 20-16 所示），则不仅会清除当前幻灯片中的计时和旁白，还会清除当前幻灯片中的墨迹和激光笔势。

（10）单击"幻灯片放映"选项卡的"录制幻灯片演示"下拉按钮，在弹出的下拉菜单中选择"从当前幻灯片开始录制"命令。

（11）录制完成后，按 Esc 键退出。

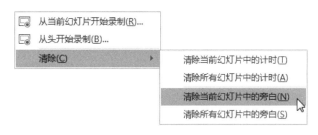

图 20-15　清除当前幻灯片中的旁白　　　图 20-16　选择"清除当前幻灯片上的记录"命令

20.2　控制放映过程

设置幻灯片的展示方式和放映内容之后，就可以正式放映幻灯片，查看播放效果了。

20.2.1　启动幻灯片放映

对于打开的演示文稿，开始放映幻灯片有以下三种常用的方法。

❖ 单击状态栏上的"幻灯片放映"按钮 🖵。

提示：

按住 Ctrl 键的同时单击"幻灯片放映"按钮 🖵，可进入联机演示模式。

❖ 按快捷键 F5。

❖ 单击"幻灯片放映"选项卡"开始放映幻灯片"功能组中的放映命令，如图 20-17 所示。

图 20-17　放映命令

在资源管理器中放映演示文稿

通常情况下，在放映幻灯片之前都要先打开演示文稿。如果希望在资源管理器中直接放映演示文稿，可以执行以下步骤。

（1）打开演示文稿所在的路径。

（2）在演示文稿上右击弹出快捷菜单。

（3）选择"显示"命令。

这样，不用事先打开演示文稿，就可直接全屏播放。

20.2.2　切换幻灯片

在放映幻灯片时，利用右键快捷菜单可以很方便地切换幻灯片，20-18 所示。

演讲者放映模式下的右键菜单如图 20-19 所示。

单击"下一张"或"上一张"命令可以在相邻的幻灯片之间进行切换；单击"查看所有幻灯片"命令，可显示所有幻灯片的预览图，单击即可进入指定的幻灯片开始播放。

单击"自定义放映"命令，可在级联菜单中选择一个自定义放映开始演示。

观众自行浏览模式下的右键菜单如图 20-20 所示。

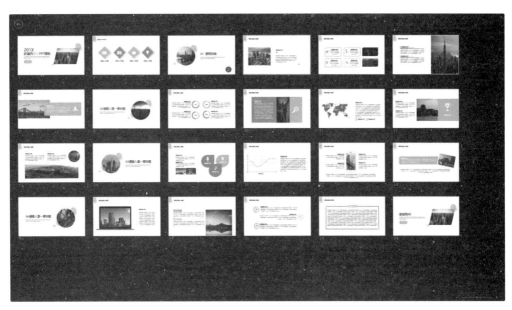

图 20-18 查看所有幻灯片

❖ 定位至幻灯片：单击该命令，在级联菜单中显示当前放映列表中的所有幻灯片列表，可快速切换到想要显示的幻灯片。

❖ 放大：放大幻灯片中的指定区域，此时菜单命令变为"缩小"。单击"缩小"命令，恢复原始尺寸显示。

❖ 打印预览和打印：切换到"打印"任务窗格，设置演示文档的打印属性。

❖ 复制幻灯片：将当前幻灯片复制到剪贴板上以供编辑使用。

❖ 编辑幻灯片：结束放映，返回到演示文档的编辑视图。

❖ 全屏显示：切换到"演讲者放映"模式。

图 20-19 演讲者放映模式下的右键菜单

图 20-20 观众自行浏览模式下的右键菜单

20.2.3 暂停与继续放映

在幻灯片演示过程中，演讲者可以随时根据演示进程暂停播放，临时增添讲解内容，讲解完成后继续播放。

暂停／继续放映幻灯片常用的方法有以下三种。

❖ 按键盘上的 S 键。

❖ 同时按大键盘上的 Shift 键和"+"键。

❖ 按小键盘上的"+"键。

注意　并非所有幻灯片都能暂停/继续播放，前提是当前幻灯片的切换方式为经过一定时间后自动换片。

结束放映常用的方法有以下两种。

❖ 右击，在快捷菜单中选择"结束放映"命令。

❖ 按键盘上的 Esc 键。

控制放映的快捷键

使用键盘或鼠标可以方便地控制放映流程和效果。

在演讲者放映（全屏幕）模式下放映幻灯片时，按功能键 F1 打开"幻灯片放映帮助"对话框。该对话框中列示了常规、排练/记录、媒体、墨迹/激光指针和触摸等操作相关的快捷键，如图 20-21 所示。

图 20-21　幻灯片放映的快捷控制

用移动设备控制幻灯片播放

在展示演示文稿时，通常会使用专业的红外遥控笔控制幻灯片的演示。事实上，用手机也可以很轻松地实现幻灯片翻页和激光笔功能。用于控制幻灯片播放的 APP 有很多，本书以百度袋鼠为例进行介绍。

（1）打开浏览器，在地址栏中输入 ppt.baidu.com，下载百度袋鼠手机端和电脑端。

（2）双击运行下载的应用程序，并使用手机扫描二维码进行连接。

（3）打开要展示的演示文稿，在手机上单击"播放"按钮，按照提示就可以控制幻灯片播放了。

此外，PowerPoint 2019 还支持使用 Surface 触控笔或其他任何带蓝牙按钮的触控笔控制幻灯片放映。

20.2.4 使用画笔标记重点

在放映演示文稿并进行讲解时，使用 PowerPoint 2019 提供的画笔功能，可以在重要的地方书写或圈画，以标记重点，提醒观众注意。结束放映时还可以选择保存或擦除勾画的墨迹。

（1）在演讲者放映模式下右击，在弹出的快捷菜单中选择"指针选项"命令，然后在弹出的级联菜单中选择笔尖类型，如图 20-22 所示。

图 20-22　选择笔尖类型

（2）再次打开如图 20-22 所示的快捷菜单，在"指针选项"的级联菜单中单击"墨迹颜色"命令，设置墨迹颜色，如图 20-23 所示。

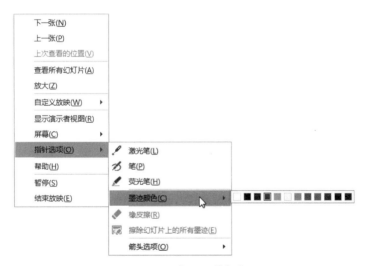

图 20-23　设置墨迹颜色

（3）按下鼠标左键在幻灯片上拖动，即可绘出笔迹。例如，使用荧光笔在标题上涂画的墨迹如图 20-24 所示。

 注意　　如果笔尖类型选择"激光笔"，不能在幻灯片上进行涂画。

如果要修改或删除幻灯片上的笔迹，可以擦除墨迹。

图 20-24　使用荧光笔涂画的墨迹

（4）在屏幕上右击弹出快捷菜单，选择"指针选项"级联菜单中的"橡皮擦"工具。此时鼠标指针变为✎形状，在创建的墨迹上单击，即可擦除绘制的墨迹。完成擦除后，按 Esc 键退出橡皮擦的使用状态。

如果要删除幻灯片上添加的所有墨迹，可以在"指针选项"的级联菜单中选择"擦除幻灯片上的所有墨迹"命令。

（5）退出放映状态时，PowerPoint 2019 会弹出如图 20-25 所示的提示对话框，询问是否保存墨迹。

如果不需要保存墨迹，应单击"放弃"按钮；否则单击"保留"按钮。保留的墨迹可以在 PowerPoint 编辑窗口中查看，在放映时也会显示。如果不希望在幻灯片上显示墨迹，可在"审阅"选项卡的"墨迹"功能组中单击"隐藏墨迹"按钮，在如图 20-26 所示的下拉菜单中选择相应的命令，隐藏墨迹或删除墨迹。

图 20-25　提示对话框

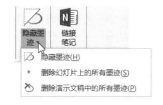

图 20-26　"隐藏墨迹"下拉菜单

 注意　隐藏墨迹并不是删除墨迹，再次单击该按钮即可显示墨迹。

20.2.5　设置黑白屏

黑屏和白屏类似于操作系统中的屏幕保护，不用退出放映模式，就能暂停放映，并显示黑屏或白屏隐藏放映的内容。这种功能在需要暂停演示，或给观众留下思考时间时很实用。

（1）在幻灯片放映过程中按键盘上的 W 键或"，"键，可进入白屏模式。此时，屏幕显示为空白。

（2）如果要退出白屏，可按键盘上的任意一个键。或者右击，在快捷菜单中选择"屏幕"命令级联菜单中的"取消白屏"命令，如图 20-27 所示。

图 20-27　取消白屏

按键盘上的 B 键或"."键，可进入黑屏模式。此时，屏幕黑屏。按键盘上的任意一个键，或者右击，在弹出的快捷菜单中选择"屏幕"命令级联菜单中的"取消黑屏"命令，可退出黑屏模式。

20.3　分享演示文稿

制作好的演示文稿通常要传送给上级查阅批示，或分发给同组人员协同工作。使用 Office 2019 的共享功能，可以将文件副本共享到云存储，邀请部分用户参与文档的审阅和修订。

如果创建的演示文稿包含独特的样式或保密内容，不希望被他人随意查看、编辑或修改，可以先对演示文稿进行保护，再共享文档。

20.3.1　保护演示文稿

（1）打开要进行保护的演示文稿，单击"文件"选项卡中的"信息"命令，在打开的"信息"窗格中单击"保护演示文稿"按钮，弹出如图 20-28 所示的保护类型下拉列表框。

（2）不同的情况需要不同的保护方式，根据实际需要选择合适的保护方式。

设置保护后，"信息"窗格中的"保护演示文稿"按钮以黄色加亮显示，并显示相应的提示信息。例如，设置密码保护后，提示"打开此演示文稿时需要密码"，如图 20-29 所示。

图 20-28　保护类型

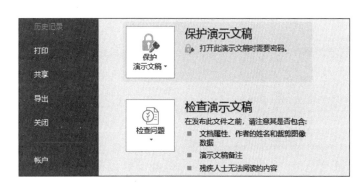

图 20-29　演示文稿处于加密状态

如果要解除对演示文稿的保护，单击"信息"任务窗格中的"保护演示文稿"按钮，在弹出的下拉菜单中单击设置保护所用的命令。例如，如果将演示文稿标记为最终状态，则再次单击"标记为最终状态"命令，即可解除保护。

提示：　如果采用加密的方法保护文档，再次单击"用密码进行加密"命令，将打开如图 20-30 所示的"加密文档"对话框。删除"密码"文本框中的内容，然后单击"确定"按钮，即可解除密码。

图 20-30　"加密文档"对话框

20.3.2　共享 OneDrive 文件

OneDrive 是微软针对 PC 和手机等设备推出的一项云存储服务。用户可以将一些重要的文件数据上传到 OneDrive 上，或者同步电脑、手机中的重要备份数据，防止数据丢失。

（1）单击选项卡右侧的"共享"按钮，在编辑窗口右侧显示"共享"面板，如图 20-31 所示。

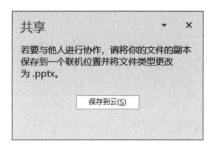

图 20-31 "共享"面板

（2）单击"保存到云"按钮，打开"另存为"任务窗格，选择 OneDrive 保存当前演示文稿的副本，如图 20-32 所示。

图 20-32 选择 OneDrive

（3）单击"登录"按钮，使用 Microsoft 账户登录 OneDrive，如图 20-33 所示。

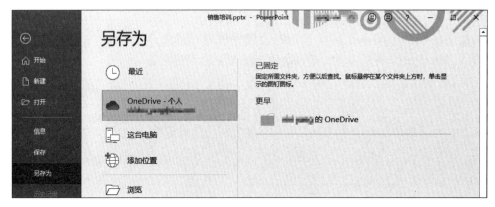

图 20-33 登录 OneDrive

（4）双击"另存为"任务窗格右侧的 OneDrive 文件夹，在弹出的"另存为"对话框中选择文件保存的名称和位置，如图 20-34 所示。

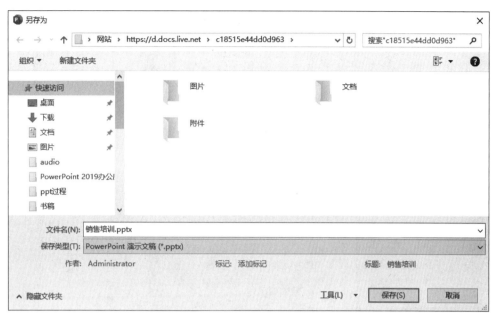

图 20-34　选择保存位置

（5）单击"保存"按钮，开始上传演示文稿到 OneDrive。

文件上传结束后，就可以共享文档了。

（6）单击"文件"选项卡上的"共享"命令，打开如图 20-35 所示的"共享"任务窗格。

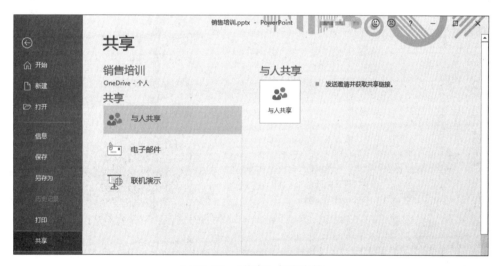

图 20-35　"共享"任务窗格

（7）单击"与人共享"按钮，编辑窗口右侧展开如图 20-36 所示的"共享"面板。

（8）单击"邀请人员"文本框右侧的"在通讯簿中搜索联系人"按钮，打开如图 20-37 所示的通讯簿。在左侧的列表框中选择要邀请的联系人，单击"收件人"按钮，添加到邮件收件人列表中，然后单击"确定"按钮关闭对话框。

如果没有添加过联系人，则左侧的列表框显示为空。单击对话框左下角的"新建联系人"按钮，可以添加联系人。

（9）设置受邀联系人的权限级别。单击"邀请人员"文本框下方的下拉按钮，在弹出的下拉列表框中选择权限，如图 20-38 所示。

（10）输入邀请消息后，单击"共享"按钮。使用同样的方法，添加可查看共享文档的联系人。此时，在"共享"面板底部显示受邀联系人列表，如图 20-39 所示。

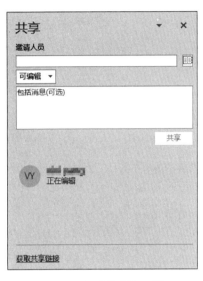

图 20-36　"共享"面板

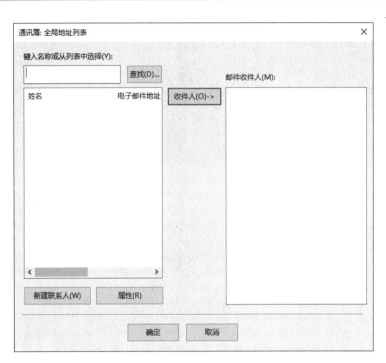

图 20-37　通讯簿

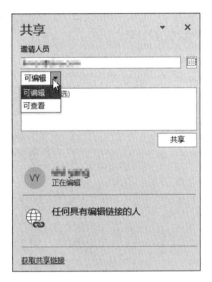

图 20-38　设置受邀联系入的访问权限

图 20-39　共享文档

20.3.3　停止共享

演示文稿的所有者可以通过关闭 OneDrive 中的权限停止共享文件。

（1）打开要停止共享的文件，然后单击菜单功能区右侧的"共享"按钮，打开如图 20-11 所示的"共享"面板。

在面板中可以查看受邀共享当前文档的用户及权限。

（2）在要停止对其共享的用户上右击，在弹出的快捷菜单中选择"删除用户"命令，如图 20-40 所示。

图 20-40　删除用户

20.3.4　获取共享链接

使用共享链接可与许多人，甚至不认识的人共享项目。例如，可将共享链接发布到微博、朋友圈等社交平台，或者在电子邮件或即时消息中共享。获得链接的任何人都可查看或编辑项目，具体取决于共享者指定的权限。

注意　要共享的演示文稿必须保存在共享位置，且查看人必须有访问 OneDrive 共享文件夹的权限。

（1）打开保存到 OneDrive 的演示文稿，单击菜单栏右侧的"共享"按钮，展开如图 20-36 所示的"共享"面板。

（2）单击面板底部的"获取共享链接"命令，在如图 20-41 所示的面板中选择访问共享文档的权限。

❖ 编辑链接：使用该链接可以查看并编辑共享的文档。

❖ 仅供查看的链接：使用该链接只能查看共享的文档，不能进行编辑。

（3）单击需要创建的链接类型（例如，单击"创建编辑链接"按钮），显示相应的链接地址和"复制"按钮，如图 20-42 所示。

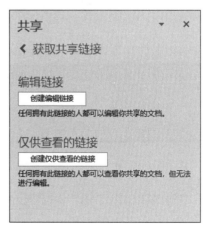

图 20-41　选择访问链接的权限

图 20-42　获取链接

（4）单击"复制"按钮，即可将链接地址复制到剪贴板上。

（5）将链接粘贴到电子邮件或要共享链接的其他平台。

注意　如果使用"共享"任务窗格中的"电子邮件"命令发送共享链接，共享者计算机中应安装邮件客户端软件，否则不能发送邮件。

20.3.5　添加批注

审阅演示文稿时，可将审阅意见或建议批注在幻灯片上，以便于共享者查看、修改，实现小组协作。

（1）定位到要添加批注的幻灯片，并选中有疑义的内容。

（2）切换到"审阅"选项卡，在"批注"功能组中单击"新建批注"按钮，将在编辑窗口右侧展开"批注"窗格，显示批注人和时间，幻灯片中显示批注框，如图20-43所示。

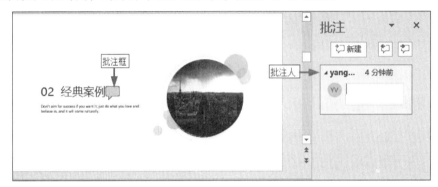

图 20-43　新建批注

（3）在批注文本框中输入批注内容，输入完成后按Enter键，批注内容下方显示答复区，如图20-44所示。

图 20-44　添加的批注

（4）将鼠标指针移到幻灯片上的批注框上，显示工具提示"单击显示批注窗格"。单击批注框，即可展开"批注"窗格查看批注内容。

20.3.6　与 Word 和 Excel 协作

在实际应用中，有时要在演示文稿中使用 Word 或 Excel 应用程序创建的对象。使用"插入对象"功能可在 Office 组件之间进行无缝切换。

1. 插入 Word 文档对象

（1）打开要嵌入 Word 对象的幻灯片，在"插入"选项卡的"文本"功能组中单击"对象"按钮，打开如图 20-45 所示的"插入对象"对话框。

图 20-45　"插入对象"对话框

（2）选择插入对象的方式和类型。

❖ 新建：在幻灯片中嵌入一个在"对象类型"列表框中选择的空白文档对象。

❖ 由文件创建：在如图 20-46 所示的对话框中单击"浏览"按钮选择一个文件，将文档内容作为对象插入演示文稿。

图 20-46　选择要插入的文档

 提示：　　如果选中"链接"复选框，在其他应用程序中编辑文档后，演示文稿中插入的相应对象也会自动更新。

（3）单击"确定"按钮，即可在幻灯片中嵌入一个空白的文档对象或文档内容，并显示 Word 应用程序界面和菜单功能区。

例如，插入的空白文档对象如图 20-47 所示；插入的文档内容如图 20-48 所示。

（4）在对象内部双击，可进入编辑状态。编辑完成后，单击幻灯片中的空白区域返回到 PowerPoint 编辑窗口。

如果不希望在幻灯片中直接显示插入的 Word 文档内容，而是显示文件图标，可以执行以下操作步骤。

（5）选择插入方式后，在"插入对象"对话框中选中"显示为图标"复选框，插入的文档对象默认显示为 Microsoft Word 文档图标，如图 20-49 所示。

（6）如果要显示为个性化的图标，则单击"更改图标"按钮，在弹出的对话框中自定义图标外观。

（7）单击"确定"按钮，将启动 Word 应用程序，自动新建或打开一个文档用于编辑文档内容，且文档名称显示为当前演示文稿中的文档，如图 20-50 所示。

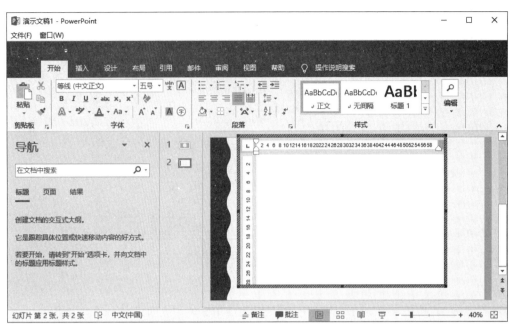

图 20-47　新建一个空白的 Word 文档对象

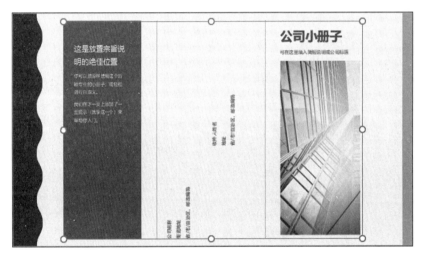

图 20-48　插入的文档内容

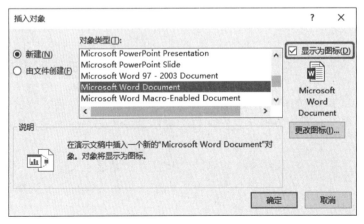

图 20-49　选中"显示为图标"复选框

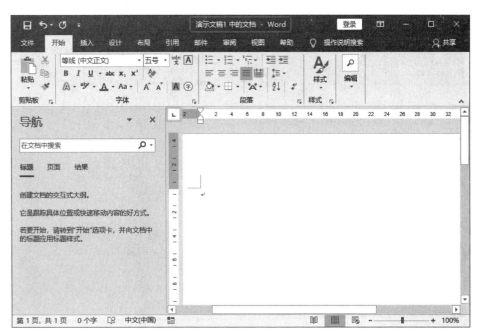

图 20-50 新建一个空白的 Word 文档

（8）完成文档内容的编辑后，单击 Word 应用程序右上角的"关闭"按钮，即可关闭 Word 应用程序，返回到幻灯片，如图 20-51 所示。

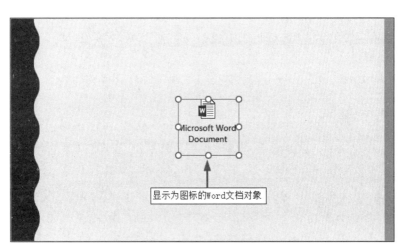

图 20-51 嵌入的对象显示为图标

（9）双击图标，可进入 Word 文档对象的编辑状态。

2. 嵌入 Excel 表格

在演示文稿中嵌入 Excel 工作表的方法与插入 Word 文档对象的方法类似，在此不再赘述。下面简要介绍一下使用"插入"选项卡的"表格"下拉菜单，在幻灯片中嵌入一个空白 Excel 电子表格对象的方法。

（1）在普通视图或大纲视图中，单击"插入"选项卡"表格"功能组中的"表格"下拉按钮，在下拉列表框底部可以看到"Excel 电子表格"命令，如图 20-52 所示。

（2）单击"Excel 电子表格"命令，即可嵌入一个空白的 Excel 电子表格，并显示 Excel 选项卡，如图 20-53 所示。

图 20-52 "Excel 电子表格"命令

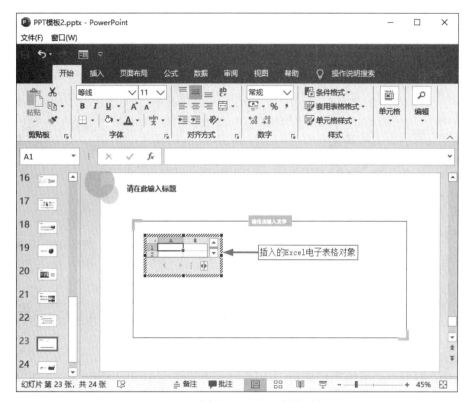

图 20-53　插入 Excel 电子表格对象

（3）调整 Excel 表格对象的大小后，编辑表格数据。完成后，单击表格之外的空白区域退出编辑状态，返回到 PowerPoint 编辑窗口。

如果要修改表格中的数据，双击 Excel 表格对象，即可进入编辑状态。

上机练习——年度工作总结

某企业进行年度工作总结时，要了解各部门的年度工作状况。一个简单的方法是将各个部门的工作总结嵌入到一页幻灯片中，方便主管查阅。

本节练习在幻灯片中插入 Word 文档对象的方法。通过对操作步骤的详细讲解，读者可进一步掌握在演示文稿中嵌入 Word 文档，以及更改文档图标和标题的操作方法。

20-1　上机练习——年度工作总结

首先在幻灯片中嵌入对象，并将对象显示为图标；然后修改文档对象的图标和显示标题；最后为文档图标对象添加鼠标单击或经过时的动作。

操作步骤

（1）打开要插入员工工作总结的幻灯片，如图 20-54 所示。

（2）单击文本占位符，输入各部门的名称，效果如图 20-55 所示。

（3）单击"插入"选项卡"文本"功能组中的"对象"命令，在打开的"插入对象"对话框中单击"由文件创建"按钮，并单击"浏览"按钮选择已创建的一个 Word 文档。然后选中"显示为图标"复选框，如图 20-56 所示。

将文档对象显示为图标时，默认在 Word 文档的图标下显示标题"Microsoft Word 文档"，用户可以根据设计需要进行修改。

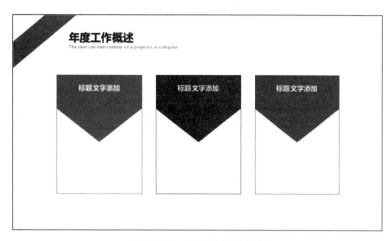

图 20-54　幻灯片初始效果

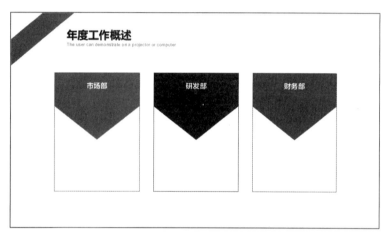

图 20-55　输入部门名称

图 20-56　设置"插入对象"对话框

（4）单击"更改图标"按钮，在打开的"更改图标"对话框中选择图标；在"标题"文本框中自定义插入对象的显示标题，如图 20-57 所示。

　如果图标列表中没有合适的图标，可以制作或下载图标文件（ico 文件）后，单击"更改图标"对话框中的"浏览"按钮，使用指定的图标。

（5）单击"确定"按钮返回"插入对象"对话框。单击"确定"按钮关闭对话框，即可在幻灯片中插入文档对象。调整图标大小和位置之后的效果如图 20-58 所示。

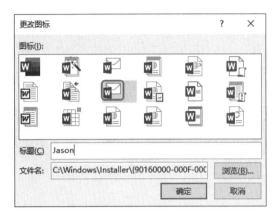

图 20-57 "更改图标"对话框

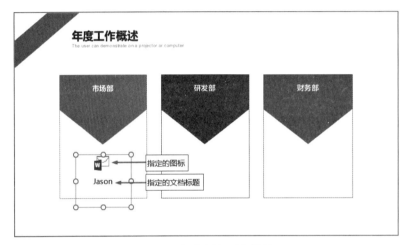

图 20-58 调整插入对象的效果

（6）重复第（3）~（5）步的操作，插入其他部门的工作总结。然后调整图标的位置，借助智能参考线对齐图标，效果如图 20-59 所示。

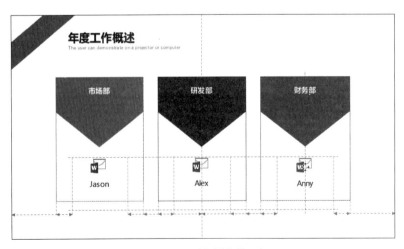

图 20-59 对齐插入的图标

为使幻灯片页面效果更丰富有趣，可以添加各部门汇报人的头像。

（7）单击"插入"选项卡中的"图片"按钮，在打开的"插入图片"对话框中选择图片，然后单击"插入"按钮关闭对话框，效果如图 20-60 所示。

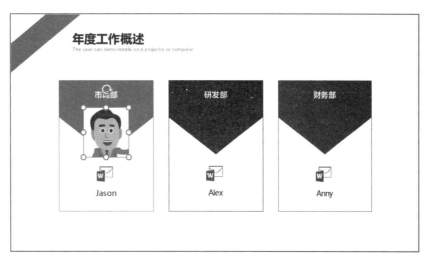

图 20-60　插入图片

接下来裁剪图片，做成头像，以增强图片表现力。

（8）选中插入的图片，单击"图片工具/格式"选项卡中的"裁剪"按钮，在弹出的下拉菜单中选择"裁剪为形状"命令，然后在级联菜单中选择"流程图：接点"形状。调整图片大小和位置后的效果如图 20-61 所示。

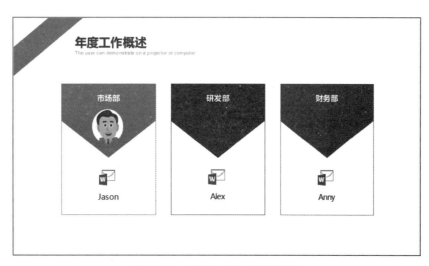

图 20-61　裁剪图片为形状的效果

提示：　　裁剪后的图片通常不是圆形的，除非图片的长度和宽度相同。如果要将任意一幅图片裁剪为圆形，可将图片裁剪为椭圆形以后，单击"裁剪"按钮，在弹出的下拉菜单中选择"纵横比"命令，然后在级联菜单中选择"1∶1"，如图 20-62 所示。

（9）重复第（7）步和第（8）步的操作，制作其他头像，并对齐图片，效果如图 20-63 所示。

此时，在 PowerPoint 编辑窗口中双击插入的 Word 文档对象图标，可启动 Word 应用程序查看文档内容，但在放映时不能查看文档内容，这显然与制作幻灯片的初衷不符。接下来通过添加动作，实现在放映时查看 Word 文档的效果。

（10）选中一个插入的文档对象图标，单击"插入"选项卡"链接"功能组中的"动作"按钮，打开"操作设置"对话框。在"单击鼠标"选项卡中选择"对象动作"单选按钮，然后在下拉列表框中选择"打开"选项，如图 20-64 所示。

图 20-62　设置图片纵横比　　　　　　　　　图 20-63　图片裁剪、对齐的效果

（11）切换到"鼠标悬停"选项卡，选中"播放声音"复选框，然后在声音列表中选择"鼓掌"选项，如图 20-65 所示。单击"确定"按钮关闭对话框。

图 20-64　设置单击鼠标时的动作　　　　　　图 20-65　设置鼠标移过时的声音效果

（12）重复第（10）～（11）步的操作，为其他对象图标添加鼠标单击和经过时的动作。

至此，幻灯片制作完成。单击状态栏上的"阅读视图"按钮，可以查看放映效果，如图 20-66 所示。将鼠标指针移动到文档对象图标上时，指针显示为手形；单击鼠标，则启动 Word 应用程序显示对应的文档内容。

图 20-66　预览幻灯片的放映效果

20.4　发布演示文稿

PowerPoint 2019 提供了多种输出演示文稿的方式，除了原本的 pptx 格式，还可以转换为 Word 形式的大纲或讲义、PDF/XPS 文档、视频或打包为 CD 等多种广泛应用的文档格式，以满足不同用户的需求。

20.4.1　创建为 PDF/XPS 文档

PDF 是 Adobe 公司用于文件存储与分发而发展出的一种文件格式，能跨平台保留文件原有格式。利用 Adobe Acrobat Reader 软件，或安装了 Adobe Reader 插件的网络浏览器即可阅读。

XPS 是 Microsoft 公司开发的一种查看与保存文档的格式，可以使用任何能在 Windows 中进行打印的程序创建，但是只能使用 Viewer 阅读器查看。

将演示文稿创建为 PDF 或 XPS 文档，不仅可以保留幻灯片的布局、格式、字体和图像，还能避免他人对演示文稿进行更改。

（1）打开演示文稿，在"文件"选项卡上单击"导出"命令，打开如图 20-67 所示的"导出"任务窗格。

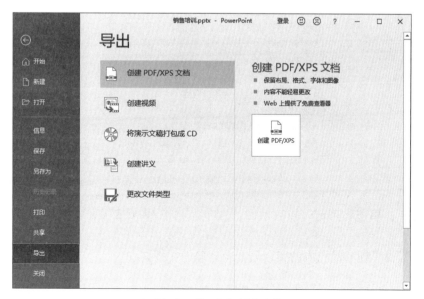

图 20-67　"导出"任务窗格

（2）单击"导出"任务窗格右侧的"创建 PDF/XPS 文档"按钮，在如图 20-68 所示的"发布为 PDF 或 XPS"对话框中选择保存类型。

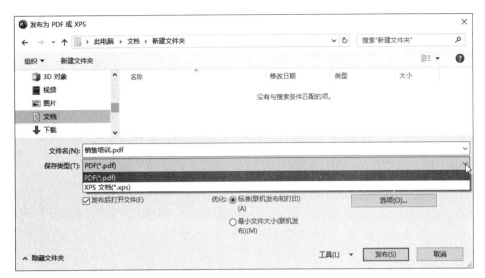

图 20-68　"发布为 PDF 或 XPS"对话框

（3）浏览到要保存文件的目录之后，在"文件名"文本框中输入保存的文件名称。

（4）单击"选项"按钮，在如图 20-69 所示的"选项"对话框中设置要创建为 PDF 或 XPS 文档的幻灯片范围，以及发布选项。

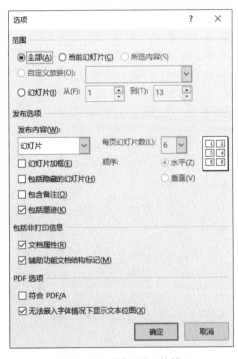

图 20-69　"选项"对话框

（5）设置完成后，单击"确定"按钮返回"发布为 PDF 或 XPS"对话框。然后单击"发布"按钮，开始创建文档。

创建完成后，默认自动启动相应的阅读器查看创建的文档。

20.4.2 转换为视频

将演示文稿转换为视频文件，在没有安装 PowerPoint 的计算机上也能流畅地观看演示效果。视频中可包含所有幻灯片上的动画效果和切换效果，以及录制的计时、旁白、墨迹笔划和激光笔势。

（1）打开要创建为视频的演示文稿，在"文件"选项卡上单击"导出"命令。然后在打开的"导出"任务窗格中单击"创建视频"命令，如图 20-70 所示。

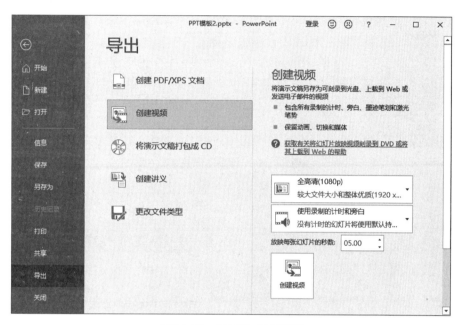

图 20-70　"导出"任务窗格

（2）在第一个下拉列表框中选择生成的视频文件的大小和分辨率。

（3）在第二个下拉列表框中选择视频中是否包含录制的计时和旁白。

如果演示文稿中没有录制计时和旁白，在下拉列表框中可以选择录制或预览计时和旁白。

如果选择"不要使用录制的计时和旁白"选项，可在"放映每张幻灯片的秒数"数值框中设置每张幻灯片播放的时间。

（4）设置完成后，单击"创建视频"按钮，在弹出的"另存为"对话框中指定视频格式（mp4 或 wmv）和视频名称。然后单击"保存"按钮即可关闭对话框，并开始创建视频。

20.4.3 打包成 CD

如果要查看演示文稿的计算机上没有安装 PowerPoint，或缺少演示文稿中使用的某些字体，可以将演示文档和与之链接的文件一起打包成 CD 输出。

（1）打开要打包的演示文稿，在"文件"选项卡上单击"导出"命令。然后在打开的"导出"任务窗格中单击"将演示文稿打包成 CD"命令，如图 20-71 所示。

在右侧窗格中可以看到，打包的内容包括演示文稿链接或嵌入的所有项目，如视频、声音和字体。

（2）单击"打包成 CD"按钮，弹出如图 20-72 所示的"打包成 CD"对话框。

（3）单击"添加"按钮，在打开的"添加文件"对话框中选择要添加在 CD 中的其他演示文稿或文档。添加完成后，单击"打开"按钮返回"打包成 CD"对话框。

（4）单击"选项"按钮，在如图 20-73 所示的"选项"对话框中设置 CD 包含的文件内容，还可以设置密码用于打开和修改其中的演示文稿。设置完成后，单击"确定"按钮返回"打包成 CD"对话框。

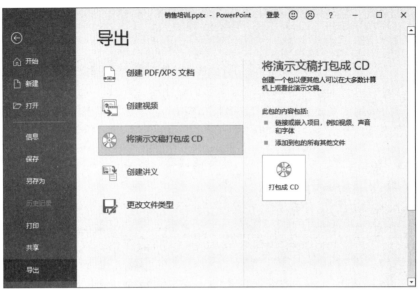

图 20-71 "导出"任务窗格

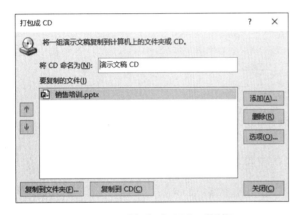

图 20-72 "打包成 CD"对话框

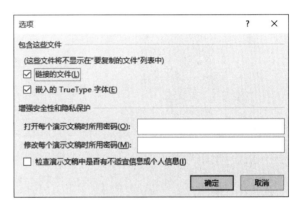

图 20-73 "选项"对话框

> 注意　打包应包含链接文件，否则，在新的运行环境下，超链接找不到外部链接文件。如果在演示文稿中使用了一种特殊的或不常用的字体，最好嵌入这种字体，以免影响演示效果。

（5）单击"复制到文件夹"按钮，在如图 20-74 所示的对话框中修改文件夹名称和保存位置。单击"确定"按钮，开始复制文件。

图 20-74 "复制到文件夹"对话框

复制完成后，在指定目录下可以看到如图 20-75 所示的文件夹，其中包含要保存的演示文稿和一些其他自带文件。

（6）在驱动器中插入一张空白 CD 后，在"打包成 CD"对话框中单击"复制到 CD"按钮，即可将指定的文件写入 CD。

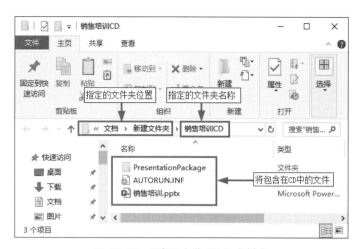

图 20-75 "演示文稿 CD" 文件夹

20.4.4 保存为讲义

讲义是一个包含演示文档中的幻灯片和备注的 Word 文档，不仅方便阅读，还容易预览和打印。在 PowerPoint 2019 中使用"创建讲义"功能，不用逐张复制、粘贴幻灯片和备注内容，简单几步就可轻松创建版式整洁的讲义。

（1）在"导出"任务窗格中单击"创建讲义"命令，然后单击右侧窗格中的"创建讲义"按钮，打开如图 20-76 所示的"发送到 Microsoft Word"对话框。

图 20-76 "发送到 Microsoft Word"对话框

（2）在"Microsoft Word 使用的版式"区域设置备注和幻灯片的排列方式，然后选择在讲义中添加幻灯片的方式。

❖ 粘贴：将幻灯片作为对象嵌入到 Word 文档中，原始演示文稿中的内容更新时，讲义保持不变。

❖ 粘贴链接：将幻灯片作为对象嵌入到 Word 文档中，原始演示文稿中的内容更新时，讲义也随之自动更新。

（3）单击"确定"按钮，即可启动 Word 应用程序创建一个 Word 文档，并按指定版式显示每张幻灯片和备注内容。

例如，版式为"备注在幻灯片旁"的讲义如图 20-77 所示。

图 20-77　创建的讲义

（4）在 Word 中可进一步设置讲义的格式和布局，还可以编辑讲义内容。

将演示文稿导出为大纲

使用 PowerPoint 可以很方便地将演示文稿导出为大纲文件，作为讲义辅助演讲。

（1）打开要导出为大纲文件的演示文稿。单击"文件"选项卡中的"另存为"命令，在打开的"另存为"任务窗格中选择存储的位置，弹出"另存为"对话框。

（2）浏览到要保存文件的目录，在"保存类型"下拉列表框中选择"大纲 /RTF 文件（*.rtf）"选项，如图 20-78 所示。

（3）输入文件名称，然后单击"保存"按钮。

如果用户更习惯使用 Word 编辑文本，可将 RTF 文档另存为 Word 文档。

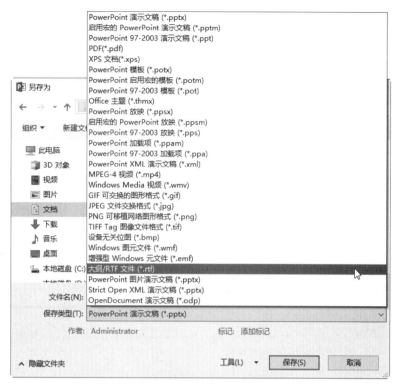

图 20-78　选择保存类型

将演示文稿保存为自动放映文件

　　将演示文稿保存为自动放映文件，无须打开 PowerPoint，双击即可直接进入放映状态，且无法切换到编辑模式。这在一定程度上能保护演示文稿不被他人修改。

　　（1）打开要保存为自动放映的演示文稿，在"文件"选项卡中单击"另存为"命令，打开"另存为"任务窗格。

　　（2）选择保存文件的位置，在弹出的"另存为"对话框中输入文件名称，在"保存类型"下拉列表框中选中"PowerPoint 放映（*.ppsx）"选项。

　　（3）单击"保存"按钮关闭对话框。

　　双击保存的放映文件，即可自动放映演示文稿。

　　注意：将自动放映文件复制到其他计算机上进行放映时，应将演示文稿链接的音频、视频等文件一起复制，且放置在同一个文件夹中。否则，放映文件时，链接的内容可能无法显示。

20.4.5　打印大纲和备注

　　如果希望了解演示文稿的提纲和讲解内容，可以将演示文档的大纲和备注打印出来，不仅言简意赅，而且图文并茂。

　　（1）打开要打印的演示文稿后，单击"文件"选项卡中的"打印"命令，打开如图 20-79 所示的"打印"任务窗格。

图 20-79 "打印"任务窗格

（2）在"打印"任务窗格中单击"打印机属性"选项，在弹出的对话框中可以设置打印用纸的方向、纸张规格和图形的打印质量。

> **提示：**
>
> 添加的打印机不同，打开的对话框及选项也会有所不同。

（3）在"打印"任务窗格中单击"设置"列表中的第一个下拉按钮，在如图 20-80 所示的下拉列表框中指定幻灯片的打印范围。

如果选择"自定义范围"，可以在下方的"幻灯片"文本框中输入要打印的幻灯片编号或范围，如图 20-81 所示。多个幻灯片编号之间以英文逗号分隔；打印范围使用短横线（-）分隔。

图 20-80 打印范围列表

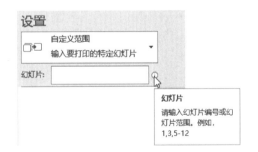

图 20-81 自定义打印范围

如果在演示文稿中定义了自定义放映队列，可以选择仅打印自定义放映中的幻灯片。

如果隐藏了某些幻灯片，"打印隐藏幻灯片"选项默认选中，即打印隐藏的幻灯片。

PowerPoint 2019 默认以全色模式显示幻灯片，并提供了彩色视图与黑白视图的切换功能，用户可以在打印前预览打印的效果。

（4）在"打印"任务窗格中单击"颜色"下拉按钮，在弹出的下拉列表框中设置幻灯片的颜色效果，如图 20-82 所示。

 注意   如果演示文稿设置有背景，打印时最好选择"灰度"或"纯黑白"模式，以免影响打印效果。当然，如果是彩色打印的话，就另当别论了。

（5）在"打印"任务窗格中单击"设置"列表中的第二个下拉按钮，在弹出的下拉列表框中选择幻灯片的打印版式，如图 20-83 所示。

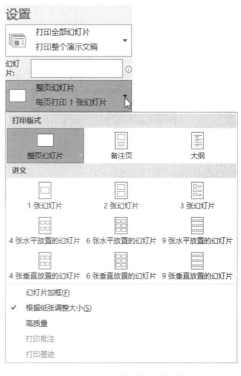

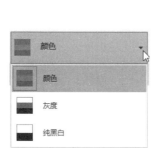

图 20-82   "颜色"下拉列表框   图 20-83   打印版式下拉列表框

默认情况下，每页纸打印一张幻灯片。选择"备注页"可以在一张纸上同时打印幻灯片和备注；选择"大纲"可提取并打印演示文稿的大纲。

各种打印版式的效果可通过单击对应的选项，在预览窗格中查看。

 提示：   在打印幻灯片、备注和大纲时，建议不要选中"幻灯片加框"选项，而是选中"根据纸张调整大小"选项。而在打印讲义时，选中"幻灯片加框"选项，可以区分各张幻灯片。

（6）设置打印份数后，单击"打印"按钮。

答 疑 解 惑

1. 放映幻灯片时如何快速定位?

答：快速定位幻灯片的前提是需要记得每个章节的大概次序，这也是演讲前的必要准备工作。放映幻灯片时，在键盘上按下幻灯片编号后，按 Enter 键；或者右击，在弹出的快捷菜单中选择"定位"命令，然后在级联菜单中选择需要的幻灯片，即可快速定位到指定的幻灯片开始播放。

2. 在全屏放映演示文稿时，能不能不退出放映就切换到另外一个窗口进行操作？

答：在编辑窗口打开需要播放的文稿，按住 Alt 键不放，再依次按 D 键和 V 键，将打开一个播放窗口全屏放映幻灯片，如图 20-84 所示。单击左上角的"显示任务栏"按钮，或右上角的"向下还原"按钮，即可显示任务栏。此时，可以在任务栏上切换应用程序，或调节、拖放窗口，按 Esc 键退出。

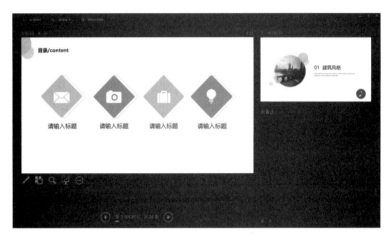

图 20-84　放映界面

此外，在放映状态下按 Alt+Tab 键，或者 Win+Tab 键，也可以快速切换窗口。

3. 在放映演示文稿时，有时会不小心按下鼠标右键，弹出右键快捷菜单，能不能在放映时禁用右键快捷菜单？

答：如果要禁用右键菜单，可以执行以下操作。

（1）单击"文件"选项卡中的"选项"命令，打开"PowerPoint 选项"对话框。

（2）切换到"高级"分类，在"幻灯片放映"区域取消选中"鼠标右键单击时显示菜单"复选框。

（3）单击"确定"按钮关闭对话框。

4. 如果想要将演示文稿中的幻灯片作为图片插入到其他应用程序中，逐张截图不仅花费时间，而且影响分辨率，有没有快捷的处理方法？

答：可以使用 PowerPoint 2019 将演示文稿直接导出为图片格式。

（1）打开演示文稿，在"文件"选项卡中单击"另存为"命令。

（2）在"另存为"窗格中选择保存图片的位置，弹出"另存为"对话框。

（3）在"保存类型"下拉列表框中选择需要的图片格式。

（4）输入保存的文件名称后，单击"保存"按钮，弹出一个对话框，询问要导出哪些幻灯片。可以导出演示文稿中的所有幻灯片，也可以仅导出当前幻灯片，或者取消导出图片。

（5）选择导出的幻灯片范围之后，即可在指定的位置生成一个以文件名称命名的文件夹，演示文稿中的每张幻灯片都以指定的图片格式保存在其中。

5. 在 Excel 中创建了一个部门支出汇总表，插入到演示文稿后，在本地计算机上可以打开，但复制到其他计算机上无法打开插入的汇总表，可能是什么原因？

答：可能是以链接的方式插入的 Excel 汇总表，复制到其他机器上时没有复制链接的文件，或链接文件的相对路径不对。

6. 在 Excel 中创建并美化了图表，怎样将图表插入到 PowerPoint 中，并且可以在 PowerPoint 中直接编辑图表？

答：在 Excel 中复制图表后，粘贴到幻灯片中，然后单击图表右下角的"粘贴选项"图标，选择"保留源格式和嵌入工作簿"命令，如图 20-85 所示。

7. 如果要以相同的方式打印多个演示文稿，一个一个地进行页面和版式设置很麻烦。有没有好的办法可以批量打印演示文稿？

答：如果要经常进行相同的打印设置，可以将其设置为默认的打印方式。

（1）单击"文件"选项卡中的"选项"命令，打开"PowerPoint 选项"对话框。

（2）切换到"高级"分类，在"打印此文档时"区域选择"使用以下打印设置"单选按钮，然后设置相关的选项。

（3）单击"确定"按钮关闭对话框。

图 20-85 粘贴选项

学习效果自测

一、选择题

1. 在 PowerPoint 2019 中，对于已创建的多媒体演示文稿，可以用（   ）命令转移到其他没有安装 PowerPoint 的计算机上放映。

    A. 将演示文稿打包成 CD　　　　　　　　B. 与人共享

    C. 复制　　　　　　　　　　　　　　　　D. 设置幻灯片放映

2. 下面关于打印幻灯片的叙述中，正确的是（   ）。

    A. 选择"打印全部幻灯片"，将打印选中的所有幻灯片

    B. 选择"打印选定区域"，仅打印当前幻灯片中选定的内容

    C. 选择"自定义范围"，可打印指定编号的幻灯片

    D. 不可以打印隐藏的幻灯片

3. 将演示文稿打包为 CD 时，包含的内容不包括（   ）。

    A. PowerPoint 演示文稿　　　　　　　　B. TrueType 字体

    C. 链接的文件　　　　　　　　　　　　　D. PowerPoint 程序

4. 如果希望在 PowerPoint 2019 中制作的演示文稿能在 PowerPoint 较低版本中放映，必须将演示文稿的保存类型设置为（   ）。

    A. PowerPoint 演示文稿（*.pptx）

    B. PowerPoint 97-2003 演示文稿（*.ppt）

    C. XPS 文档（*.xps）

    D. Windows Media 视频（*.wmv）

5. 从第一张幻灯片开始放映幻灯片的快捷键是（   ）。

    A. F2　　　　　　　B. F3　　　　　　　C. F4　　　　　　　D. F5

6. 在幻灯片的放映过程中要中断放映，可以直接按（   ）键。

    A. Alt+F4　　　　　B. Ctrl+X　　　　　C. Esc　　　　　　D. End

7. 要使幻灯片在放映时能够自动播放，需要设置（   ）。

    A. 预设动画　　　　B. 排练计时　　　　C. 动作按钮　　　　D. 录制旁白

8. 不属于演示文稿的放映方式的是（   ）。

    A. 演讲者放映（全屏幕）　　　　　　　　B. 观众自行浏览（窗口）

    C. 在展台浏览（全屏幕）　　　　　　　　D. 定时浏览（全屏幕）

9. 设置"在展台浏览（全屏幕）"放映幻灯片后，将导致（   ）。

    A. 不能用鼠标控制，可以按 Esc 键退出

    B. 自动循环播放，可以看到菜单

    C. 不能用鼠标及键盘控制，无法退出

    D. 鼠标右击无效，但双击可以退出

10. 下列有关保护演示文稿的说法，正确的是（   ）。

    A. 文档保护密码最多可以包含 255 个字母、数字、空格和符号，且不区分大小写

    B. 如果丢失或忘记了密码，可以解除文档的密码保护

    C. 将演示文稿标记为最终状态后，其他用户不能编辑

    D. 标记为最终状态，是指将演示文稿设置为只读模式

11. 下列关于共享演示文稿的说法，正确的是（   ）。

    A. 使用 Microsoft 账户不能登录 OneDrive

    B. 在 OneDrive 中共享的文件是本地计算机上存储的原始文件

    C. 获取编辑链接的受邀用户可编辑共享的文档

    D. 使用电子邮件共享的演示文稿不需要保存在共享位置

12. 在 PowerPoint 2019 中，不能作为演示文稿的插入对象的是（   ）。

    A. 图表   B. Excel 工作簿

    C. 图像文件   D. Windows 操作系统

二、填空题

1. 将演示文稿保存为_____，以后只要打开该文件便自动进入放映状态，而且该文件是不可编辑的。

2. 创建讲义时，将幻灯片添加到 Word 的方式设置为_____，则原始演示文稿中的内容更新时，讲义也随之自动更新。

3. 发布演示文稿时，将演示文稿_____，可包含所有录制的计时、旁白、墨迹笔划和激光笔势，并保留动画效果和切换效果，以及插入的音频和视频等媒体对象。

4. 如果要终止放映幻灯片，可直接按_____键。

5. 对于演示文稿中不准备放映的幻灯片，可以用"幻灯片放映"选项卡中的"_____"命令。

6. 将演示文稿设置为只读，且不能进行更改的文档保护方式是_____。

7. OneDrive 是微软针对 PC 和手机等设备推出的一项_____服务。

8. 使用共享链接邀请其他用户审阅演示文稿时，可以设置两种受邀用户使用共享文档的权限，分别是_____和_____。

三、操作题

1. 将已经制作好的演示文稿制作成高清视频，并使用录制的计时和旁白。

2. 将演示文稿保存到 OneDrive，然后共享给两个用户，一个可以编辑文档，一个只能查看文档。

3. 在 PowerPoint 2019 中插入一张 Excel 工作表，在 Excel 中编辑工作表时，幻灯片中的表格内容能自动更新。

4. 自定义一个幻灯片放映序列，并在放映时使用画笔圈注标题文字、设置黑屏和白屏。

附录　学习效果自测参考答案

第1章

一、填空题

1. Word　Excel　PowerPoint　Access　Outlook　Publisher　Skype　OneNote

2. 矢量

3. F1

二、简答题

略

三、操作题

略

第2章

一、选择题

1. D　　　　　　　2. B　　　　　　　3. D　　　　　　　4. C　　　　　　　5. A

二、操作题

略

第3章

一、选择题

1. D　　　　　　　2. C　　　　　　　3. D　　　　　　　4. C　　　　　　　5. A

二、填空题

1. 页面视图　　阅读视图　　Web 版式视图　　大纲视图　　草稿视图

2. 视图　　缩放　　页宽　　单页

3. 新建窗口

4. 拆分

第4章

一、选择题

1. B　　　　　　　2. C　　　　　　　3. B　　　　　　　4. B　　　　　　　5. AC

6. D

二、操作题

略

第5章

一、选择题

1. D	2. C	3. C	4. D	5. C
6. C				

二、操作题

略

第6章

选择题

1. A	2. A	3. D	4. B	5. B
6. B				

第7章

一、选择题

1. A	2. A	3. C	4. C	5. B
6. C				

二、填空题

1. 页边距　　纸张　　布局　　文档网格

2. 设计　　页面背景

3. 下一页　　连续

4. 大纲级别

第8章

一、选择题

1. B	2. B	3. A	4. C	5. C
6. B	7. B	8. A		

二、判断题

1. √	2. ×	3. ×

三、填空题

1. 工作簿　　xlsx　　工作表

2. 1

3. 工作表

4. 单元格

5. 字母　　数字

6. 复制　　移动

四、操作题

略

第9章

一、选择题

1. A	2. B	3. A	4. D	5. C
6. C				

二、判断题

1. √   2. ×   3. ×

三、填空题

1. 填充柄

2. 1900/1/10

3. 0 3/4

4. –38   （–38）

四、操作题

略

第 10 章

一、选择题

1. A   2. C   3. A   4. B

二、操作题

略

第 11 章

一、选择题

 1. B   2. D   3. A   4. A   5. D

 6. B   7. B   8. A   9. A   10. B

11. C   12. D   13. C   14. C

二、填空题

1. 算术运算符   比较运算符   字符串连接运算符   引用运算符

2. =

3. 相对引用   绝对引用   混合引用

4. A5:F10

5. False

6. 40   60

第 12 章

一、选择题

1. C   2. A   3. A   4. B   5. B

6. B   7. B   8. A   9. B   10. C

二、操作题

略

第 13 章

一、选择题

1. B   2. A   3. D   4. B   5. C

6. B   7. D   8. C   9. C   10. C

二、操作题

略

第14章

选择题

1. D	2. B	3. C	4. B	5. D
6. C				

第15章

一、选择题

1. D	2. C	3. A	4. C	5. B
6. A	7. D	8. B	9. D	10. C

二、填空题

1. 标题栏　　快速访问工具栏　　菜单功能区　　文档编辑窗口　　状态栏

2. 幻灯片列表　　当前选中的第一张幻灯片

3. 普通　　大纲　　幻灯片浏览　　备注页　　阅读

4. 普通视图

5. 缩略图

6. 目标主题　　目标幻灯片

三、操作题

略

第16章

一、选择题

1. A	2. D	3. B	4. D	5. C
6. B	7. A			

二、填空题

1. 占位符

2. Tab

3. 文本框

4. 项目符号　　编号

5. 占位符　　文本框

三、操作题

略

第17章

一、选择题

1. B	2. B	3. D	4. A	5. D
6. C	7. D	8. D		

二、填空题

1. 幻灯片母版

2. 应用于全部

3. 标题　　文本　　日期　　页脚　　幻灯片编号

4. 幻灯片母版　　讲义母版　　备注母版

5. 开始　　幻灯片　　重置

三、操作题

略

第 18 章

一、选择题

| 1. C | 2. C | 3. D | 4. D | 5. B |
| 6. C | 7. A | 8. D | | |

二、填空题

1. 位置和大小　　默认大小

2. 编辑文字

3. 文本窗格

4. 行　　列　　单元格

5. Tab

6. 移动　　复制

三、操作题

略

第 19 章

一、选择题

| 1. B | 2. D | 3. A | 4. B | 5. A |
| 6. D | 7. A | 8. D | 9. D | |

二、填空题

1. 海报框架

2. 添加书签

3. 低　　中等　　高　　静音

4. 无

5. 摘要　　指定的节

6. 动画刷

7. 切换　　动画

8. 触发器

三、操作题

略

第 20 章

一、选择题

1. A	2. C	3. D	4. B	5. D
6. C	7. B	8. D	9. A	10. A
11. C	12. D			

二、填空题

1. PowerPoint 放映

2. 粘贴链接

3. 创建为视频

4. Esc

5. 隐藏幻灯片

6. 始终以只读方式打开

7. 云存储

8. 编辑 仅供查看

三、操作题

略